CAMBRIDGE LIBRARY COLLECTION

Books of enduring scholarly value

Earth Sciences

In the nineteenth century, geology emerged as a distinct academic discipline. It pointed the way towards the theory of evolution, as scientists including Gideon Mantell, Adam Sedgwick, Charles Lyell and Roderick Murchison began to use the evidence of minerals, rock formations and fossils to demonstrate that the earth was older by millions of years than the conventional, Bible-based wisdom had supposed. They argued convincingly that the climate, flora and fauna of the distant past could be deduced from geological evidence. Volcanic activity, the formation of mountains, and the action of glaciers and rivers, tides and ocean currents also became better understood. This series includes landmark publications by pioneers of the modern earth sciences, who advanced the scientific understanding of our planet and the processes by which it is constantly re-shaped.

Traité de Géognosie

Jean François Aubuisson de Voisins (1769–1841) was a French geologist and engineer who studied under Abraham Gottlob Werner at Freiberg together with Humboldt, von Buch and Jameson. Werner had coined the term geognosy to define a science based on the recognition of the order, position and relation of the layers forming the earth. His theory of the marine origins of the Earth's crust (Neptunism) was widely accepted at the time. Aubuisson however showed that igneous rocks such as basalt were similar to surface lava flows, and were not chemical precipitates of the ocean. His two-volume *Traité de Géognosie*, published in 1819, was one of the earliest geology books in French. It was highly successful, and gained him wide professional recognition. Volume 2 describes different categories of rocks and minerals, and formations including basalt dykes, ore deposits, and intruded veins. It also puts forward arguments challenging some of Werner's theories.

Cambridge University Press has long been a pioneer in the reissuing of out-of-print titles from its own backlist, producing digital reprints of books that are still sought after by scholars and students but could not be reprinted economically using traditional technology. The Cambridge Library Collection extends this activity to a wider range of books which are still of importance to researchers and professionals, either for the source material they contain, or as landmarks in the history of their academic discipline.

Drawing from the world-renowned collections in the Cambridge University Library, and guided by the advice of experts in each subject area, Cambridge University Press is using state-of-the-art scanning machines in its own Printing House to capture the content of each book selected for inclusion. The files are processed to give a consistently clear, crisp image, and the books finished to the high quality standard for which the Press is recognised around the world. The latest print-on-demand technology ensures that the books will remain available indefinitely, and that orders for single or multiple copies can quickly be supplied.

The Cambridge Library Collection will bring back to life books of enduring scholarly value (including out-of-copyright works originally issued by other publishers) across a wide range of disciplines in the humanities and social sciences and in science and technology.

Traité de Géognosie

*Ou, Exposé des Connaissances
Actuelles sur la Constitution Physique
et Minérale du Globe Terrestre*

VOLUME 2

J.F. D'AUBUISSON DE VOISINS

CAMBRIDGE UNIVERSITY PRESS

Cambridge, New York, Melbourne, Madrid, Cape Town,
Singapore, São Paolo, Delhi, Tokyo, Mexico City

Published in the United States of America by Cambridge University Press, New York

www.cambridge.org
Information on this title: www.cambridge.org/9781108029711

This edition first published 1819
This digitally printed version 2011

ISBN 978-1-108-02971-1 Paperback

TRAITE

DE

GÉOGNOSIE,

ou

EXPOSÉ DES CONNAISSANCES ACTUELLES SUR
LA CONSTITUTION PHYSIQUE ET MINERALE
DU GLOBE TERRESTRE.

PAR

J. F. D'AUBUISSON DE VOISINS,

Ingénieur en chef au Corps royal des Mines ; Chevalier de l'ordre royal
et militaire de Saint-Louis, ancien Officier d'artillerie ; Secrétaire
perpétuel de l'Académie des Sciences, Inscriptions et Belles-Lettres
de Toulouse ; de la Société géologique de Londres, des Sociétés
d'histoire naturelle de Berlin, de Dresde, etc.

TOME SECOND.

F. G. Levrault, Éditeur, à STRASBOURG,
Et rue des Fossés M. le Prince, n.º 33, à PARIS.

1819.

TRAITÉ

DE

GÉOGNOSIE.

SECONDE PARTIE.

CONSIDÉRATIONS PARTICULIÈRES SUR LES DIVERSES MASSES MINÉRALES QUI CONSTITUENT LE GLOBE TERRESTRE.

L'OBJET principal de la géognosie, avons-nous dit (§ 1), est la connaissance des masses minérales, ou plutôt des *systèmes de masses minérales* dont l'ensemble forme la partie du globe terrestre qui nous est connue. Ces systèmes sont, ou des *formations minérales*, ou des *gîtes particuliers de mineraux*. Nous avons exposé, dans la première partie, les considérations générales que nous avions à faire à leur sujet : nous allons passer, dans celle-ci, aux considérations particulières ou aux détails relatifs à chacun d'eux.

En caractérisant les formations (§ 121), nous avons remarqué qu'elles étaient les vraies unités de la constitution minérale du globe, et que leur exacte détermination était le grand objet de

2. I

la géognosie. Mais, dans l'état actuel de la science,
à peine avons-nous de premières notions sur
celles que les géologistes ont été à même de reconnaître, et il n'y en a peut-être pas deux qui
aient été caractérisées et limitées, d'un accord à-
peu-près unanime, de manière à les bien distinguer des autres, et à les reconnaître dans quelque
lieu qu'on les trouve : ce qu'on a fait à cet égard
ne doit être regardé que comme un essai et une
première ébauche. Nous ferons connaître ces
essais, mais nous ne saurions les prendre pour
base de la division de ce traité : nous en pren-
drons une plus certaine et plus stable, en réunissant, en un même article, dans chacune de nos
grandes classes, toutes les formations d'une même
espèce de roche, c'est-à-dire un même *terrain*, et
nous le soudiviserons ensuite en ses formations,
lorsque l'état de nos connaissances le permettra.
Nous aurons donc à traiter des différens *terrains* et
des différens *gîtes particuliers de minéraux :* et
cette seconde partie se divisera ainsi en deux
sections.

PREMIÈRE SECTION.

DES TERRAINS.

Nous avons établi (§ 142) six classes de terrains, que nous avons distingués par les noms de *primitifs*, *intermédiaires*, *secondaires*, *tertiaires*, de *transport* et *volcaniques*. Les considérations relatives à chacune d'elles seront l'objet des six chapitres de cette première section.

CHAPITRE PREMIER.

DES TERRAINS PRIMITIFS.

§ 146. Les terrains primitifs sont ceux dont l'existence est antérieure à celle des êtres organisés.

Caractères généraux.

Nous porterons, en conséquence, dans leur classe, tous ceux dans lesquels on n'aura point trouvé de vestiges de ces êtres, et nous les y laisserons jusqu'à ce que de nouvelles observations y faisant découvrir quelques-uns de ces vestiges, nous mettent dans le cas de les faire passer dans la classe suivante.

Quelques géologistes, pour lesquels je professe d'ailleurs la plus haute estime, ajouteraient peut-être au caractère que nous avons donné, celui de ne contenir aucune espèce de brèche : mais cette addition nous ferait perdre tout l'avantage que nous procure ici un caractère très-précis, le point de repère le

* 1.

plus saillant dans la série des formations minérales. Les
terrains primitifs, quel qu'ait été le mode de leur formation
et de leur consolidation, n'ont point été formés ou conso-
lidés au même instant : il y a eu nécessairement une succession de tems, et les roches de la fin d'une même période peuvent très-bien renfermer des fragments de celles qui
ont été consolidées au commencement. Dans le tems que les
masses minérales étaient encore molles, elles ont certainement éprouvé des tassements inégaux dans leurs diverses parties : de là des fentes, des brisures, et, par suite, des
fragments. Les minéralogistes qui ont étudié les houillères
et leurs *failles,* ne douteront nullement de ce fait ; et ces
failles, ou fentes remplies de roche torturée et brisée, sont
presque contemporaines du terrain qui les renferme.

Les terrains primitifs, formés antérieurement à
tous les autres, doivent se trouver au-dessous d'eux
et leur servir de support ; ce qui d'ailleurs n'empêche pas qu'ils ne puissent constituer et qu'ils
ne constituent en effet les plus hautes sommités
d'un grand nombre de montagnes, et même des
montagnes les plus élevées du globe.

Dans la plupart des grandes chaînes, ils forment
une bande, de part et d'autre de laquelle les
autres terrains sont placés comme autant de
lisières différentes. Assez souvent cette bande primitive occupe le milieu de la chaîne ; elle en fait
la partie la plus élevée, et elle en est comme l'*axe
physique.* Mais souvent aussi, soit par l'effet de
la formation originaire, soit par celui des dégradations postérieures, elle n'est plus exacte-

ment au milieu ; elle est plus près d'un des pieds de la chaîne que de l'autre , et quelquefois même elle coupe la ligne du faîte ; mais c'est toujours parallèlement à cet *axe minéralogique* que les autres terrains sont placés.

Les terrains primitifs portent l'empreinte d'une formation toute cristalline , comme s'ils étaient réellement le produit d'une précipitation faite tranquillement; et leur aspect est , en général , d'autant plus cristallin qu'ils sont plus anciens.

Quelques-uns renferment ou peuvent renfermer des fragments des roches qui les précèdent en âge , ainsi que nous venons de le voir ; mais les exemples en sont rares. D'ailleurs , il n'y a et il ne saurait y avoir des bancs de poudingues et de grès ; l'existence de ces roches supposerait une action violente , des transports mécaniques, et par suite des révolutions et des interruptions dans la suite des productions primitives; et tout indique un état de choses contraire.

Parmi les terrains primitifs, les uns sont distinctement stratifiés, ce sont ceux qui renferment du mica ; les autres ne le sont point ou presque point ; et , en général , ils le sont d'autant moins qu'ils sont plus cristallins (§ 139). Leurs couches sont assez planes , quoique quelques-uns d'eux , notamment les schistes-micacés et les schistes-phyllades, présentent quelquefois des couches plissées , torturées , et comme froissées dans des sens différents, et cela entre des couches assez unies. Malgré les variations partielles et les brisures, la direction générale de la stratification se propage parallèlement à la chaîne, ou plutôt à son axe minéralogique, jusqu'à des distances considérables, et quelquefois avec une régularité vraiment remarquable. Quant à l'inclinaison, elle est habituellement considérable, et au-dessus de 50°.

§ 147. D'après ce que nous avons dit, page 2, nous aurons à distinguer autant d'espèces de terrains primitifs, que nous aurons, dans cette époque première, d'espèces de roches.

Différentes espèces de roches primitives.

Examinons quelles seront ici ces différentes espèces, et arrêtons-nous sur leur génération minéralogique, s'il m'est permis d'employer cette expression.

Les minéraux qu'on trouve abondamment dans les terrains primitifs, sont le feldspath, le quartz, le mica, le talc, l'amphibole et le calcaire (chaux carbonatée). Ce dernier semble faire bande à part; il constitue à lui seul ses roches, et ne se mélange que peu avec les autres. Ceux-ci, au contraire, sont habituellement ensemble, et ils se mêlent en différentes proportions; de là les diverses espèces de roches.

Comme ces mélanges peuvent se faire, et se font même réellement en toutes proportions, il paraît d'abord que le nombre de ces espèces sera très-considérable; mais si l'on se rappelle qu'il faut que les mélanges se retrouvent en masses *d'un grand volume*, *fréquemment* et avec des *caractères particuliers*, pour être regardés et traités comme des espèces de roches (§ 108), et si l'on observe que la nature n'a le plus souvent réuni et mis ensemble que certains minéraux, et dans de certaines proportions, on verra que ce nombre est bien réduit. Quelques minéraux semblent s'exclure, ou plutôt se remplacer; c'est ainsi que le talc ne se présente guère, dans les roches, qu'en remplacement du mica et comme une de ses modifications, que le talc lui-même est quelquefois remplacé par la diallage, que le mica l'est assez souvent par l'amphibole.

Les roches primitives seront donc principalement composées de trois éléments principaux, le feldspath, le quartz, et le mica ou le talc, ou l'amphibole. Ces minéraux se trouvent, ou tous les trois ensemble, ou deux seulement, ou même chacun isolément : dans ces réunions ou mélanges, ils sont tantôt en parties assez grosses pour être reconnaissables à l'œil ; tantôt en parties si petites que nous ne pouvons plus les distinguer, et alors il en résulte des roches d'apparence homogène. Examinons ces diverses combinaisons, telles qu elles existent en réalité.

Le feldspath, le quartz et le mica, se trouvent très-fréquemment ensemble ; le premier étant le principe dominant, et le mica étant en petite quantité : c'est le *granite* proprement dit. Si, dans le mélange, le mica vient à être remplacé par le talc, ou par une autre substance talqueuse, on a une sorte de granite à laquelle M. Jurine a donné le nom de *protogine*. Si c'est l'amphibole qui remplace le mica, on a une *siénite*.

Lorsque, dans la réunion des trois éléments, le feldspath diminue en quantité et que le mica augmente, ce dernier donne au mélange la texture schisteuse, et l'on a un granite feuilleté ou un *gneis*.

Si le mica, augmentant encore, exclut entièrement ou presque entièrement le feldspath, la roche deviendra un *schiste-micacé* (*glimmerschiefer*); ou un *schiste-talqueux* (*talkschiefer*), si le talc y prend la place du mica.

Si, dans la réunion des trois éléments, ce dernier minéral est remplacé par l'amphibole, et que celui-ci devienne le principe dominant, il en résulte une *diabase*, laquelle est ainsi principalement composée d'amphibole et de feldspath.

Assez souvent, dans ce mélange, la diallage se substitue à l'amphibole ; on a alors *l'euphotide*.

Rarement le quartz devient-il le minéral dominant dans le granite ; rarement encore s'y trouve-t-il seul avec le feldspath sur une assez grande étendue de terrain : et ces deux cas, lorsqu'ils se présentent, ne doivent être considérés que comme de simples accidents de composition d'où il résulte des *granites quartzeux* ou *très-quartzeux*.

Le feldspath est encore assez rarement seul avec le mica, il forme alors le *weisstein* des Allemands. Plus fréquemment trouve-t-on la réunion du quartz avec peu de mica ; ce cas a lieu lorsque, dans le schiste-micacé, le quartz devient le principe très-sensiblement dominant ; la roche qui en résulte est le *greisen* des Allemands et *l'hyalomicte* de M. Brongniart.

Les autres combinaisons deux à deux des minéraux constituant les terrains primitifs, ne se sont pas présentées de manière à former des masses de grande étendue.

Ces minéraux se trouvent assez souvent seuls ou presque seuls ; mais il n'y a guère que le quartz qui, dans cet état, occupe d'assez grands espaces pour pouvoir être regardé comme constituant un terrain particulier. Les autres sont plutôt en couches subordonnées au milieu des autres roches ; c'est ainsi qu'on a des couches feldspathiques (*weisstein*) dans les gneis, des couches talqueuses dans les schistes-micacés, des couches amphiboliques dans les diabases.

Les diverses roches, composées de minéraux différents, peuvent devenir et deviennent homogènes en apparence, par une simple diminution dans le volume de ces minéraux, de la même manière que le calcaire grenu devient calcaire compacte : dans ce nouvel état, elles sont principalement distinguées par le caractère du minéral qui domine dans le mélange d'où elles sont résultées. Le granite, et en général les roches où le feldspath domine, en devenant ainsi compactes, formeront l'*eurite*, base de la plupart des *porphyres ;* le schiste-micacé produira le *phyllade* (*thonschiefer*) et quelques schistes siliceux ; les roches tal-

queues donneront la *serpentine;* et la diabase ou les roches contenant principalement de l'amphibole, formeront les *amphibolites*
et les *aphanites*. Quant aux roches quartzeuses, elles ne produi-
ront guère que des quartz plus ou moins purs : cependant quelques
granites très-quartzeux, devenant compactes, formeront une
sorte de jaspe grossier, *hornstein*, qui différera assez sensible-
ment de l'eurite.

En résumé, les roches qui, d'après les observations faites jusqu'ici, constituent les terrains
de notre première classe, sont :

1° Le granite, avec le protogine et la siénite;

2° Le gneis, avec quelques *weissteins ;*

3° Le schiste-micacé, avec les divers schistes-
talqueux ;

4° Le phyllade, avec quelques schistes-sili-
ceux ou lydiennes ;

5° Les porphyres (euritiques) ;

6° La diabase et les amphibolites ;

7° La serpentine avec l'euphotide ;

8° Le quartz ;

9° Et le calcaire grenu.

Ces différentes espèces de roches n'occupent
pas toutes des espaces également étendus sur la
surface du globe : celles qui y forment les terrains les plus considérables, d'après nos observations, sont le schiste-micacé en premier lieu,
et le granite et le gneis en second. Les autres
pourraient même, au moins en Europe, n'être
considérées que comme formant des masses subordonnées à ces trois terrains principaux.

Dans quel ordre disposons-nous nos neuf terrains primitifs ?

§ 148. En géognosie, les considérations du gissement ou de la superposition sont celles de premier
ordre : en conséquence, les masses minérales, ou
leurs divers systèmes, doivent, autant que possible, être disposées ou classées suivant le rang de
leur superposition ou de leur âge relatif. C'est
ainsi que nous en avons usé à l'égard des quatre
classes des terrains non volcaniques ; et c'est ainsi
que nous en agirions envers nos terrains primitifs,
si cela était réellement possible. Mais comme ces
terrains, ou les roches qui les constituent, se reproduisent à diverses époques, et qu'ainsi on a
des granites formés avant le gneis ; qu'on en a
aussi de formés après cette roche, et même après
les schistes - micacés et les schistes - phyllades,
c'est-à-dire qu'il y en a dans toutes les époques de
formations primitives, on ne peut classer les terrains d'une manière absolue, sous le rapport de
leur ancienneté relative. Cherchons cependant à
en approcher autant que possible.

Il paraît, d'après les observations faites jusqu'ici, que la grande masse des granites a été déposée avant celle des schistes-phyllades, et que
l'on passe, en général, de l'une à l'autre par les
gneis et les schistes - micacés. Ainsi, ces quatre
sortes de terrains rempliront l'époque primitive,
et la diviseront aussi bien qu'elle peut l'être.

Je leur rapporterai les autres terrains, considérés également en masse, ainsi qu'il suit : les
porphyres tiennent immédiatement aux granites;
ils ont une même pâte, mais ils ne sont pas aussi
cristallins, et, en général, ils sont moins anciens.
Les quartz en roche sont le plus souvent intercalés dans les schistes-micacés. Les serpentines
font partie de la variété de ce même terrain, qui
est caractérisée par le talc. Les amphibolites me
semblent avoir un grand rapport d'âge avec les
phyllades. C'est encore avec eux et avec les schistes-micacés que se trouveront le plus fréquemment les calcaires. Le carbonne commence à
paraître avec les derniers termes de la classe, et
il les caractérise.

Je le répète, ce n'est qu'en considérant les
terrains dans leur ensemble, qu'on peut ainsi
les rapporter à diverses époques; car, d'ailleurs,
la même époque présente ordinairement toutes
les espèces de roches ; il y a peu de terrains primitifs de quelques lieues d'étendue, dans lequel
on ne trouve, sans ordre de superposition réglé,
des granites, des gneis, des phyllades, des amphibolites, etc Dans ces cas, c'est la roche dominante qui donne son nom au terrain, et qui
fait, par exemple, que dans les montagnes de
la Norwége on est sur un terrain de gneis, et
que dans les Alpes Pennines on est sur un terrain de schiste-talqueux ou micacé.

Peut-être, en voyant le vague et l'incertitude qui règnent dans les déterminations que je viens d'indiquer, et en voyant, d'une autre part, les tableaux portant avec détail et précision la division des terrains primitifs en formations, tels qu'ils sont donnés dans divers traités de géognosie, on pensera que je replonge dans la confusion ce qui avait déjà été mis en ordre, et que je fais ainsi rétrograder la science. Mais qu'il me soit permis de remarquer que cette division, principalement due à mon illustre maître, est plutôt un état de la disposition des roches dans les montagnes, aux environs de Freyberg, que l'expression d'un ordre général reconnu dans la nature. Werner lui-même ne le présentait qu'avec une extrême circonspection, je ne le lui ai jamais entendu exposer d'une manière explicite et positive : c'était un premier essai qu'il hasardait, et qu'il eût certainement changé s'il eût multiplié les observations. Cette disposition ne s'est pas retrouvée ailleurs ; je ne l'ai vue dans aucun des terrains primitifs que j'ai été à même d'étudier : dans aucun, je n'ai pu reconnaître des formations bien distinctes et bien caractérisées. Mieux qu'un autre je connais l'excellence des vues de Werner en géognosie, et je ne dévierai de la marche qu'il a tracée, que lorsque j'y serai contraint par la réalité des faits : mais enfin c'est l'histoire de la nature et non celle de nos systèmes que nous avons à écrire.

ARTICLE PREMIER.

DU GRANITE.

Saxum, quartzo spato scintillante et mica, in diversa proportione mixtis, compositum. Granites, Wallerius.

Granit des Allemands, des Anglais.

Dénomination.

§ 149. Quoique le granite soit une des roches les plus communes et les plus généralement employées, il n'a point reçu de nom particulier des écrivains anciens et de ceux du moyen âge. Pline, il est vrai, donne le nom de *syenites* à la pierre dont les Égyptiens faisaient leurs obélisques ; et il nous dit qu'autrefois elle portait celui de *pyropœcilon*, à cause de sa couleur rouge et bigarrée : mais il paraît que ces noms n'étaient donnés qu'à la seule variété qu'on retirait des carrières de la Thébaïde, près la ville de Syène (1). Agricola et Boëce de Boot ne font pas mention du granite ; et il paraît que ce furent les artistes italiens, auxquels il fournissait en partie la matière de leurs beaux ouvrages, qui lui donnerent le nom qu'il porte actuellement ; ils le dérivèrent de *granito*, grenu (*granum*), cette pierre n'étant effectivement qu'un assemblage de grains de différente nature. Cette étymologie est plus positive que celle qu'on dériverait du mot *geranites*, employé par Pline pour désigner une espèce particulière de pierre. Quoi qu'il en soit, il paraît que Tournefort, dans son voyage du Levant, publié au commencement du dernier siècle, est le premier des écrivains qui ait employé le nom de *granite*. Il le fut, dans le même tems, par Montfaucon, qui, durant son séjour en Italie, avait appris les détails du langage des ar-

---

(1) Voici ce que dit Pline, en parlant de divers marbres : *Circa Syenen vero Thebaidis, syenites, quem ante* Pyropœcilon *vocabant : trabes ex eo fecere reges quodem certamine obeliscos vocantes.* Lib. 36, c. 8.

tistes ; en parlant de cinq statues, déterrées à
Rome au commencement du dernier siècle , il
dit : « Les trois premières sont de granite orien-
» tal ou de pierre siénitique , semblable à celle
» des obélisques , tant par la couleur que par
» la dureté » (1). Dans les premiers tems que les
minéralogistes employèrent cette dénomination,
ils la donnèrent indistinctement à toutes les roches
composées de grains différents , c'est-à-dire de
structure granitique (§ 102), quelle que fût d'ailleurs la nature de ces grains. Dans la suite , on
a restreint l'acception du mot, et on ne l'a plus
donné qu'à une roche formée de grains de feldspath , de quartz et de mica. D'après cela, Werner la définit ainsi qu'il suit :

Composi-
tion.

§ 150. *Le granite est une roche composée de
grains de feldspath, de quartz et de mica, immédiatement et intimement agrégés les uns aux
autres.*

Le feldspath domine presque toujours dans le
mélange , et c'est ordinairement le mica qui y
est en moindre quantité. Au reste , on ne peut
rien dire de positif sur la proportion qui existe
entre ces trois principes intégrants du granite :
elle est sujette à de grandes variations ; il arrive
même quelquefois qu'un de ces principes , no-

---

(1) *Antiquité expliquée*, Supplém. , tom. II , 126, *tres priores
cx marmore granito orientali, lapideque syernitico sunt*, etc.

tamment le mica, diminue en quantité, au point
de disparaître dans quelques portions d'une
masse granitique ; et de là vient qu'on voit quelquefois des échantillons qui ne présentent que
deux substances. Mais ce ne sont que des cas
très-rares, et qui ne doivent être regardés que
comme des anomalies particulières ou des accidents, pour ainsi dire, instantanés dans la composition du granite.

Les grains qui composent cette roche doivent
être regardés comme des cristaux imparfaits qui
se sont gênés mutuellement dans leur formation,
et auxquels il n'a manqué que l'espace nécessaire
pour que leur surface prît la forme polyédrique
propre à leur espèce. Ils décèlent souvent leur
tendance à la prendre, quelquefois même ils la
prennent réellement. Cette forme est le prisme
hexaèdre ou rectangulaire pour le feldspath, la
double pyramide hexaèdre pour le quartz, et la
lame hexagone pour le mica.

Le feldspath des granites est ordinairement à
gros grains (1) lamelleux, d'une couleur blanche, prenant quelquefois une teinte de vert et

---

(1) On se rappellera qu'en minéralogie lorsqu'on parle des grains
(ou pièces séparées grenues) sous le rapport de leur grosseur, on
dit qu'ils sont *fort gros* lorsqu'ils approchent de la grosseur d'une
noisette, *gros* lorsqu'ils approchent d'être comme des ois, *petits*
lorsqu'ils sont comme des grains de chanvre, et *très-petits* lorsqu'ils sont au-dessous.

de jaune, et plus fréquemment encore de rouge ;
il est d'un aspect mat, et quelquefois un peu nacré. Le quartz est communément à grains plus
petits, d'une apparence vitreuse, et d'une couleur grise ; le mica est en paillettes, d'un éclat
semi-métallique, d'un brun noirâtre, et quelquefois d'un gris argentin. Au reste, les caractères que nous venons d'indiquer dans les substances qui constituent le granite, ne sont que
ceux qu'elles présentent dans leur état ordinaire :
car, d'ailleurs, dans chacune d'elles, ils sont susceptibles d'éprouver de très-grandes variations.

La grosseur des grains sur-tout présente de
bien grandes différences. On voit des granites
dans lesquels les grains de feldspath et de quartz
ont quelques pouces, et où le mica est en lames
plus larges que la main; il y en a de pareils près
de Limoges. En Sibérie, le mica se trouve quelquefois dans les granites en lames assez grandes
pour pouvoir servir en guise de carreaux de vitre.
D'un autre côté, les grains diminuent quelquefois de grosseur au point de n'être plus discernables à l'œil, et alors il en résulte une masse
d'un aspect homogène qui est l'eurite.

Le feldspath étant la substance dominante, ses
différences donnent principalement lieu aux différences que l'on remarque dans les granites.
C'est sa couleur qui fait comme le fond de celle
qu'ils présentent : c'est parce qu'il est rouge

dans le granite oriental, que cette pierre offre
une teinte semblable : sa couleur influe d'autant plus sur celle du granite, qu'il est celui
des trois principes intégrants qui varie le plus
sous ce rapport : le quartz conserve presque toujours sa teinte grise, et le mica est habituellement
en trop petites parties et en trop petite quantité
pour se présenter autrement que comme des taches sur un fond d'une autre couleur. C'est encore de la solidité ou plutôt de la plus ou moins
grande aptitude à la décomposition du feldspath,
que dépend le degré de facilité avec laquelle les
granites se décomposent.

§ 151. Des différences dans la proportion, *Ses variétés.*
dans les caractères et la disposition des minéraux constituants, dépendent les différentes
variétés des granites.

Parmi ces variétés, nous nous bornerons à citer *Granite graphique.*
le *granite graphique*, qui est produit par une
cristallisation imparfaite de quartz. Ce minéral
tendait à se former en prismes, ou en pyramides
hexaèdres : à peine quelques faces étaient-elles
ébauchées, car la formation commençait par le
pourtour, qu'elle a été interrompue, et que l'intérieur du cristal a été rempli par un feldspath
pareil à celui qui en enveloppe l'extérieur. De
sorte qu'en coupant un de ces granites perpendiculairement à l'axe des cristaux, les ébauches
ou carcasses des prismes se présentent comme

2. 2

des portions plus ou moins considérables d hexagones, qui offrent, sur un fond feldspathique,
l image de lettres hébraïques : de là le nom de
pierre hébraïque, ou de *granite graphique*, donné
à cette variété. Quelquefois, les lettres ne sont
formées que par de simples lames de quartz
interposées entre celles du feldspath et qui en
suivent les inflexions ; c'est ici la cristallisation
de ce dernier minéral qui a maîtrisé la disposition des lames quartzeuses. Les granites dont
nous parlons ne contiennent que peu ou point de
mica ; et M. Champeaux a remarqué que l'adven-
tion de ce principe lorsqu'elle avait lieu, faisait
disparaître la texture graphique. M. Brongniart,
qui donne à cette variété le nom de *pegmatite*,
d'après M. Haüy, observe que c'est elle qui, par
sa décomposition, fournit tous les beaux kaolins.

Passons à des variétés produites par une différence encore mieux marquée dans la composition.

Protogine. § 152. Le talc, soit à l'état lamelleux, soit à l'état
compacte ou de stéatite, soit dans la modification
d'où provient le chlorite, remplace le mica. Ce
fait est très-commun dans plusieurs contrées,
notamment dans les Alpes : le Mont-Blanc et les
montagnes qui l'entourent sont formées d'une
pareille roche ; dans leurs bases méridionales, je
l'ai vue composée de feldspath blanc à gros grains,
de quartz vitreux et de petits grains stéatiteux ou

chloriteux de couleur verdâtre : Saussure l a trouvée ainsi constituée sur les hautes sommités, elle y contenait, de plus, une quantité notable d'amphibole. Assez souvent la matière talqueuse pénètre le feldspath, le colore, et donne au tout un aspect verdâtre. M. Jurine a cru devoir distinguer ces granites des granites ordinaires, et il leur a donné le nom de *protogines* (*primævi*), « les sommités du Mont-Blanc et de ses satellites lui paraissant pouvoir revendiquer, à juste titre, une priorité de création (1). » Sans discuter sur l'exactitude de cette dénomination, qui serait contestée par M. Buch et par d'autres minéralogistes qui regardent les granites du Mont-Blanc comme moins anciens que beaucoup d'autres, je me bornerai à remarquer que l'introduction d'un nouveau nom n'est commandée ici par aucune circonstance géognostique, et que les granites où le mica est remplacé par le talc, sont suffisamment distingués et caractérisés par la simple épithète de *talqueux* ou *stéatiteux* qu'on leur donne.

§ 153. L'amphibole remplace encore souvent le mica dans le granite, où le feldspath reste toujours le principe dominant; il en résulte alors; ou il peut en résulter une roche que Werner a nommée siénite, du nom de la ville de Syène, en Egypte,

Siénite.

d'où les anciens en avaient tiré de si magnifiques blocs. *La siénite,* d après ce savant, *est une roche à structure granitique, essentiellement composée de grains de feldspath et d'amphibole, contenant quelquefois encore du quartz et même du mica.* Werner ayant remarqué qu'une roche ainsi constituée se trouvait principalement avec les porphyres de la Saxe, crut devoir la comprendre dans leur formation et la séparer du granite. Ainsi, d'après lui, la siénite en diffère, non-seulement par sa composition, mais, et principalement, par son gissement.

Me serait-il permis d'élever quelques doutes sur la réalité de cette séparation. J'observerai d'abord que la roche de Syène en Égypte, le beau granite oriental, consiste en un assemblage : 1° de cristaux imparfaits et hémitropes d'un feldspath incarnat ou rouge, ayant plusieurs lignes de long, et entremêlés de quelques petits grains de feldspath blanc; 2° de mica en paillettes d'un beau noir ; 3° de petits grains ou cristaux de quartz translucide ; 4° et d'un très-petit nombre de grains d'amphibole noir. Ainsi sa composition nous porterait à la considérer plutôt comme un granite : mais son gissement lève tout doute à cet égard; elle est entremêlée de granite gris, et tient à une grande masse de cette substance, qui passe au gneis et au schiste-micacé, d'après les observations de M. Rozière, un des savants

francais de l'expédition d'Egypte; aussi ce minéralogiste qui a retrouvé cette roche sur le mont
Sinaï , avec les porphyres et avec tous les caractères que lui donne Werner , propose-t-il de lui
donner le nom de *Sinaïte* , en continuant de la
distinguer du granite ordinaire.

Mais j'ai vu en Saxe même , entre Dresde et
Meissen , un terrain siénitique donné par Werner comme exemple d'un pareil terrain ; tantôt la roche y était principalement composée de
feldspath et d'amphibole; tantôt, et pendant des
lieues entières , ce dernier minéral disparaissait
et l'on avait évidemment un vrai granite : son
gissement , son mélange même avec le porphyre
ne présentait d'ailleurs rien qu'on ne retrouve
dans les terrains granitiques , et je ne vois pas sur
quel motif on se baserait pour conclure qu'ici
l'on est sur un autre terrain. M. de Bonnard , observant cette même roche , la regardait comme la
suite d'un granite , et elle ne lui paraissait constituer avec lui qu'une seule et même formation.
M. Raumer en examinant, encore en Saxe, la siénite
de la vallée de Tharaut, donnée en quelque sorte
comme le vrai type des siénites , la voit se changer insensiblement en granite (1). M. Mac-culloch,
conclut des observations qu'il a faites dans la
vallée de Tilt en Ecosse, l'identité entre le granite

(1) *Geognostische fragmente* , 1811 , p. 17.

et la siénite, et il ne voit rien dans leur gissement et dans leur connexion qui puisse porter
à les regarder comme appartenant à des époques
de formation différentes (1).

D'après ces diverses considérations, je crois
devoir supprimer la séparation géognostique qui
avait été mise entre ces deux roches ; et dans la
siénite, je ne verrai qu'un granite dans lequel
l'amphibole aura accidentellement remplacé le
mica ; elle ne sera qu'une variété de cette roche
qu'on pourra désigner sous le nom de *granite
amphibolique*, ou sous celui de *granite siénitique*,
pour établir une distinction avec la diabase, qui
me paraît tenir à un système de roches différent.

Passages.   En établissant, d'après l'opinion générale, cette différence
entre la siénite et la diabase, je ne conteste pas qu'il n'y ait,
ou plutôt qu'il ne puisse se trouver des cas où le granite
passe à la diabase ; cela a lieu lorsque l'amphibole devient
décidément partie dominante dans la roche, et cela sur
une étendue considérable : c'est un *passage de composition*. Lorsque le granite, en diminuant graduellement dans
la grosseur du grain, perd la texture granitique et devient une
masse compacte et homogène, au moins en apparence, et qu'il
passe ainsi à l'eurite, il présente l'exemple d'un *passage de
structure*. Enfin il offrira un *passage d'alternative* au gneis,
par exemple, lorsque cette roche, après s'être introduite dans
les terrains qu'il constitue, et après avoir alterné pendant quelque tems avec lui, prendra et conservera définitivement le dessus. Ces trois espèces de passage d'une roche à l'autre, ont été
établis par M. d'Andrada (*Journal des Mines*, tom. 25).

-----

(1) *Transact. of the geological society* tom. 3.

§ 154. Outre le feldspath, le quartz et le mica (ou ses remplaçants), que nous pourrions nommer, avec Werner, les principes *presque essentiels* (1) du granite, puisque cette roche les présente habituellement, et que les cas où un d'eux vient à manquer sont des anomalies assez rares ; elle contient encore quelques autres substances minérales qui y sont accidentelles, et qui sont plutôt renfermées dans sa masse qu'elles n'en font partie. Les principales d'entre elles sont :

1° La tourmaline. Elle s'y trouve si fréquemment que plusieurs auteurs la mettent au nombre des parties constituantes du granite : elle y est tantôt en cristaux isolés et terminés par les deux bouts, tantôt et le plus souvent en prismes imparfaits (pièces séparées prismatiques), tantôt en grains amorphes, tantôt en petits cristaux aciculaires rayonnant autour d'un centre. C'est principalement dans les granites quartzeux qu'elle se trouve, et fréquemment ses cristaux sont comme empâtés dans les quartz. Quelquefois ils tapissent les parois des fissures que la roche présente.

2° Le grenat. Il est rare dans les anciens granites, et plus fréquent dans ceux des dernières for-

(1) *Fast wesentliche*, dit-il dans sa première esquisse sur la classification des roches, publiée en 1787, *Kurze klassification und Beschreibung der Gebirgsarten.*

mations. Il est habituellement rouge', et quelquefois comme de petits points à peine discernables.

3° La pinite. Les rapports de ce minéral avec
le mica et le talc portent à croire que c'est principalement comme un de leurs remplaçants qu'il
se trouve dans les granites. Au reste, il y existe
en plus grande quantité qu'on ne croirait d'a-
bord ; mais sa ressemblance, lorsqu'il est en parties amorphes, avec la stéatite, a fait souvent
prendre pour des grains de cette substance ce
qui était des grains de pinite.

4° La lépidolite. Elle prend encore la place du
mica dans quelques granites, et vraisemblablement aussi par une suite de l'analogie qui existe
entre ces deux minéraux.

5° L'émeraude et l'aigue-marine. C'est dans des
cavités et dans les filons des montagnes granitiques, que se trouvent les belles émeraudes
du Pérou, ainsi que celles, moins précieuses il
est vrai, que M. le Lièvre a trouvées près de Limoges, et qui ont jusqu'à deux ou trois pieds de
long. Les aigues-marines de la Sibérie, celles que
MM. de Bournon, Champeaux, etc., ont découvertes en France, viennent des terrains granitiques,
et paraissent avoir, quant à leur gissement, beaucoup de rapports avec la tourmaline.

6° L'épidote. Il est assez commun dans quelques granites, notamment en Angleterre : M. Hor-

ner l'a observé en assez grande abondance dans quelques granites du Cumberland, des Hébrides et du comté de Worcester, pour y être regardé comme une partie constituante de la roche ; il y est, soit en cristaux imparfaits, soit en grains, soit en petites veines ; il est fréquemment accompagné de quartz et de feldspath (1).

7° La diallage. M. de Buch l'a vue dans des granites, près le Cap-Nord, remplacer d abord le mica, puis exclure, en tout ou en partie, le quartz, et finir par rester seule avec le feldspath, de manière a former un euphotide.

8° Le fer oxidulé est beaucoup plus abondant dans les granites qu'on ne le penserait : il y est, le plus souvent, en grains imperceptibles à la vue simple ; mais leur présence est décelée par l'action qu'un grand nombre de ces roches exerce sur le barreau aimanté, et qui leur donne même quelquefois la polarité magnétique : quelques granites d'Ilsenstein au Hartz ont présenté ce phénomène.

La topaze, le corindon, la chaux fluatée et sulfatée, le graphite, etc., ont été encore souvent trouvés dans les granites.

Parmi les corps que contiennent les granites, nous devons faire mention de petites masses granitiques en forme de boules irrégulières, et

_____

(1) *On the mineralogy of the Malvern hills.*

qui sont principalement formées de mica : elles sont noires et à petits grains, se détachent bien du granite qui les entoure, et ont l'aspect de corps étrangers empâtés dans la roche : cependant elles sont de formation contemporaine, et elles sont des effets de la force d'affinitéqui a groupé et pelotonné si diversement les molécules des minéraux et les minéraux eux-mêmes.

Structure porphyrique.   § 155. Le feldspath se trouve dans un grand nombre de granites, non-seulement en grains ou cristaux imparfaits, comme une des trois parties intégrantes, mais encore en gros cristaux doués de leurs faces et bien distincts du reste de la masse : la plupart sont des prismes hexaèdres équiangles, ayant deux faces opposées plus larges que les autres, et terminés, à chaque extrémité, par un sommet dièdre obtus (100° environ) et quelquefois très-obtus (130° environ), dont les facettes répondent aux deux arêtes comprises entre les faces latérales etroites : quelquefois le prisme se raccourcit au point que les quatre faces latérales étroites disparaissent entièrement ou presque entièrement; alors les deux faces larges, avec les facettes des deux sommets, forment un parallélipipède dont les angles latéraux sont droits, et dont les bases sont inclinées d'environ 100° par rapport à l axe. Mais ce qu'il y a de plus remarquable, c'est que presque tous ces cristaux, au moins parmi ceux que j'ai été à

même d'observer, sont maclés ou hémitropes.
Leur grandeur est quelquefois très-considérable :
M. de Charpentier en a observé dans les Pyrénées, au port d'Oo, au-dessus de Bagnères-
de-Luchon, qui avaient plus de six pouces de
long, et on en a même vus, en Saxe, ayant plus
d'un pied. Ils gisent au milieu de la masse granitique, comme ceux qu'on voit dans la pâte des
porphyres : la seule différence, c'est que dans
ces dernières roches, la masse qui les entoure est
homogène, au lieu que dans les granites elle est
composée de grains différents, et par conséquent
ces granites présentent tout-à-la-fois une *structure
granitique et porphyrique*, et fournissent ainsi
un exemple de ces doubles structures dont nous
avons déjà parlé (§ 106).

§ 156. Nous avons déjà donné (§§ 110-114)
des notions générales sur la stratification des roches et sur celle du granite en particulier. Nous
allons ajouter ici quelques observations relatives
à cette dernière.

Lorsque le granite se trouve en grandes masses
bien cristallines, sans aucun rapport de texture
avec le gneis, il n'est point stratifié : les exemples du fait contraire, que l'on a cités, sont très-
rares, et ils portent vraisemblablement plus sur
de simples apparences que sur des réalités. Lorsque les masses granitiques se déposaient ou se
consolidaient, la force d'affinité qui les for-

Stratifica-
tion.

mait entièrement en cristaux , retenait toutes
leurs parties liées entre elles , et mettait ainsi obstacle à leur séparation en strates et feuillets : le
mica est ici peu abondant, et le feldspath et le
quartz tendent à se former en grains. Cependant
les minéralogistes ont été très-divisés d'opinion sur
la stratification du granite : cette division venait,
en très-grande partie, de la manière que la question avait été posée. Si l'on eût dit : Le granite se
trouve-t-il en couches ou en masses d'une grande
étendue en longueur et en largeur , mais d'une
petite épaisseur, superposées à des couches d'autres roches , ou alternant avec elles ? il me semble que, d'après l'ensemble de nos observations,
on aurait répondu : Le granite se trouve quelquefois ainsi disposé par couches , mais plus souvent
encore il forme de grandes masses continues. Si
ensuite on eût ajouté : Ces masses ou couches sont-
elles divisées en vraies strates ? la réponse eut été
négative : les divisions que ces masses et couches présentent fréquemment, seraient regardées
comme produites par des fentes accidentelles qui
ne sont point les fissures de stratification , c est-
à-dire qui ne sont pas parallèles à la surface de
superposition.

Telle est, ce me semble, l'opinion générale des
géognostes expérimentés qui ont été à même de
diriger leurs observations sur ce sujet , dans ces
derniers tems ; telle est celle que M. de Buch a

consignée dans son excellent mémoire sur le
granite (1) ; telles sont , en général , celles de
MM. de Humboldt et Playfair ; telle est celle de
M. de Charpentier sur le granite des Pyrénées, celle
de M. Rozière sur le granite de Syène , celle de
M. Berger sur le granite de Cornouailles, celle de
M. Maclure sur le granite des Etats-Unis , etc.

Cependant des géologistes très-distingués paraissent avoir eu une opinion contraire. Werner
présente le granite , tantôt comme formant de
grandes masses sans divisions, tantôt comme étant
réellement stratifié ; mais , ajoute-t-il , le plus
souvent il ne l'est point d'une manière bien distincte , et l'épaisseur de ses strates empêchant
de les distinguer , porte à conclure qu'il n'y a
point de stratification. Saussure pensait de même.
« Quant à la disposition du granite par couches ,
dit-il , il ne me reste plus aucun doute.... et je
suis persuadé que les grandes masses de granite
dans lesquelles on n'aperçoit aucun indice de
feuillets ou de subdivisions régulières , ne sont
autre chose que des couches très-épaisses. » (*Saussure*, §§ 604 , 662.) Au reste , cette opinion ren-
tre , au moins en partie , dans la distinction établie plus haut entre l'existence du granite en
couches , et la division des couches en strates.

Deluc a également soutenu la stratification ab-

---

(1) *Journal de physique*, tom. 49.

solue du granite ; il a formellement attaqué l'observation de M. de Buch sur la non-stratification
du granite de la Silésie , en alléguant ce qu'il
en avait vu de ses propres yeux. Mais , sans rien
ôter au mérite de Deluc, on pourrait remarquer que la réputation de M. de Buch , comme
observateur , est bien mieux établie ; et s'il fallait
admettre ici le jugement d'un tiers , j'observerais
que M. Raumer , dans un traité spécial sur le
granite de la Silésie , déclare ne pas y avoir remarqué même un indice de stratification (1).

Autres divisions. § 157. Les masses de granite sont habituellement traversées par un grand nombre de fissures.

Assez souvent elles sont horizontales et divisent
ainsi la roche en énormes plaques : tel est le cas
d'un grand nombre de rochers isolés , ceux de
Greiffenstein en Saxe nous en ont déjà offert
un exemple (§ 86). La décomposition arrondis-
sant quelquefois les angles et les arêtes de ces
plaques granitiques , leur donne la forme de masses sphéroïdales comprimées.

Quelquefois les fissures affectent une direction
parallèle à divers plans , et elles divisent alors le
granite en masses prismatiques qui approchent
plus ou moins de celles qui présentent si souvent
les basaltes (§ 116). M. de Humboldt a observé
une pareille division dans quelques granites de

_____

(1) *Der granit des Riesengebirges ,* 1813.

Caracas : M. Jameson l'a signalée dans des granites de l'Ecosse ; M. Reuss, dans ceux des environs de Carlsbad. Dans la petite île d'Ailsa, en
Ecosse, un énorme rocher de granite siénitique,
est, dans une de ses parties, divisé en prismes
hexagones ou pentagones qui ont six à sept pieds
de large, et qui s'élèvent à plus de cent pieds :
rien n'égale, dit M. Mac-culloch, la magnifi-
cence de cette énorme colonnade; celle de Staffa
est presque insignifiante, en comparaison de
celle-ci, sous le rapport des dimensions (1).

Par suite de la constance que les fissures affectent quelquefois dans leur direction, elles
divisent une masse en polyèdres, qui se représentent avec des formes à-peu-près semblables, et
qui ont été regardés par quelques personnes,
sinon comme de vrais cristaux, du moins comme
les effets d'une attraction moléculaire des principes intégrants du granite.

Nous ne reviendrons pas ici sur les formes globuleuses que présentent quelques granites, et
dont celui de Corse nous a fourni un si bel exemple (§ 118). Ces faits sont assez rares : quelques
masses, sans les présenter avec cette perfection,
montrent cependant, par la disposition rayonnée
de quelques-unes de leurs parties, une tendance à
les prendre. Quant aux boules de granite qu'on

____

(1) *Trans. of the geol. society*, 1814.

trouve à la superficie du sol , soit qu'elles y aient
été portées par une cause mécanique, soit qu'elles
gisent encore dans le lieu où elles ont été formées , il en sera fait mention lorsque nous traiterons de la décomposition des granites.

Diverses   § 158. Après avoir traité du granite considéré
époques de
formation.   en lui-même , voyons-le dans ses rapports avec
les autres roches , et examinons ses diverses manières d'être dans les terrains primitifs.

La grande masse des granites paraît s'être
déposée antérieurement aux autres roches , et
être par conséquent plus ancienne. Mais la formation de cette substance n'a pas cessé tout-à-
coup pour faire place à des formations d'une autre nature ; elle s'est reproduite , et pour ainsi
dire continuée , pendant que celles-ci se déposaient , elle s'est entremêlée avec elles , et cela
jusqu'après l'apparition des êtres organisés, c'est-
à-dire jusque dans les premiers terrains secondaires ; de sorte que , pendant toute la durée des
formations primitives , nous voyons de tems en
tems reparaître le granite. Werner en avait signalé de quatre époques différentes , et avait
ainsi reconnu quatre formations distinctes de
cette roche. M. de Bonnard , dans les seules montagnes des environs de Freyberg , en a compté
au moins six, et peut-être en trouverait-on vingt
dans les Alpes et les Pyrénées. Mais je ne crois pas
qu'on puisse faire des fixations précises , et

on s'exprimera d'une manière plus exacte en
disant que le nombre des formations ou d'époques est indéfini, car il y a presque continuité de
production durant les tems primitifs : il s'est formé du granite à chaque instant, et tantôt dans
un lieu, tantôt dans un autre. Lorsque l'observation ne mettrait pas ce fait hors de doute, la nature même des choses l'indique : par exemple,
pendant qu'il se formait une couche de gneis,
soit par suite d'une précipitation, soit par consolidation, il a très-bien pu se faire que les
éléments de mica ne se soient trouvés qu'en fort
petite quantité sur un point; alors la couche aura
pris la texture granitique, et l'on y aura un
vrai granite, tandis qu'à quelques pas de distance on aura un gneis très-bien caractérisé.
Saussure avait bien connu la cause de ces variations : après avoir remarqué que l'aiguille du
midi, qui est d'un beau granite, présentait, dans
une de ses parties, un mélange ou plutôt un enlacement de cette roche avec une cornéenne grise
et pesante (phyllade compacte et terne), il dit :
« La cristallisation peut seule expliquer des mé-
» langes aussi singuliers. Dans un fluide qui tient
» en dissolution différentes matières qui se cris-
» tallisent, le moindre accident détermine les
» éléments de l'une de ces matières à se réunir
» en très-grande abondance dans certaines par-
» ties du vase. » (*Sauss.*, § 674.) Ces accidents,

2.   3

qui à chaque instant changent en granite quelque
portion d'une couche de gneis ou de phyllade,
peuvent, en agissant sur une grande étendue,
produire une masse considérable de granite sur
ces roches ; et le fait est souvent arrivé.

Palasscu, la Peyrouse nous avaient appris, depuis long-tems, qu'on trouve fréquemment, dans
les Pyrénées, du vrai granite sur des schistes,
sur des calcaires, sur des serpentines, etc. Dans
plusieurs endroits des Alpes, notamment au
Saint-Gothard, on le voit superposé à une grande
masse de schiste-micacé ; et celui qui forme
l'énorme masse du Mont-Blanc et des montagnes
voisines, que M. Jurine présumait être le plus
ancien de tous, et qu'il nommait en conséquence
protogine, n'est qu'une partie d'un grand terrain
de schiste-micacé, ou plutôt de schiste-talqueux,
qui constitue les Hautes-Alpes (*Alpes summœ
vel Penninœ*). Il n'en est, disais-je il y a dix
ans, qu'une anomalie accidentelle produite vraisemblablement par une plus grande quantité de
feldspath dans cette localité (1). Dans les environs de Freyberg même, sur cette terre classique des formations, MM. Raumer et de Bonnard, ont constaté de la manière la plus circonstanciée et la plus positive, l'existence d'un terrain
de granite, ayant peut-être cent lieues carrés,

(1) *Journal des Mines*, tom. 29.

sur un sol de phyllade : je circonstancie ce fait.
L'*Erzgebirge* est traversé, dans sa largeur, par une
bande de phyllade qui repose sur du gneis et sur
du schiste-micacé, et dont les couches inclinent
vers l'est ; elle renferme des bancs de calcaire,
de diabase, de porphyre, etc., et même de granite, tel que celui dont j'ai déjà fait mention
(§ 113). Sur sa partie orientale, à peu de distance de l'Elbe, depuis la hauteur de Meissen
jusqu'au-delà de Dohna, un granite très-bien
caractérisé, passant, par intervalles, à la siénite,
repose immédiatement au-dessus ; la superposition est des plus distinctes ; M. de Bonnard l'a
suivie sur plus de quatre lieues dans les environs
de Dohna (1).

Malgré ces exemples de granite de formation
postérieure à celle des autres roches, exemples
que je pourrais multiplier, la plupart des géologistes n'en regardent pas moins la grande masse
granitique comme la base sur laquelle reposent
les autres, et comme la roche primitive par excellence, pour me servir de l'expression de Saussure. Ce granite, le plus ancien, qui, d'après M. de
Buch, serait principalement le granite des plaines, c'est-à-dire des régions peu élevées, est
habituellement de couleur blanche et d'un grain

---

(1) Raumer, *geognostiche fragmente*, 1811 ; Bonnard, *Essai
géognostique sur l'Erzgebirge.*

3.

plus uniforme, il est peut-être plus porté à la décomposition. Dans les granites postérieurs, le
grain est plus varié, la couleur est souvent rouge,
l'amphibole et les grenats sont plus abondants,
et on y voit des fragments des roches antérieurement formées; c'est ainsi que le granite de
Greiffenstein, en Saxe, superposé à du schiste-
micacé, contient de vrais fragments de gneis (1).

**Filons
de granite.** § 156. Les filons de granite que l'on trouve
fréquemment dans tous les terrains primitifs,
indiquent, au moins dans plusieurs cas, des granites postérieurs à ces terrains.

De pareils filons sont très-fréquents dans les
montagnes granitiques même. Ils ont habituellement une forme plane, leurs parois sont parallèles et bien distinctes, leur largeur n'est le plus
souvent que de quelques pouces, mais ils se
poursuivent à des distances assez considérables.
Presque toujours ils sont d'un grain plus gros que
celui de la roche qui les contient; ils consistent
habituellement en feldspath mêlé de quelques
grains de quartz; le mica et l'amphibole y sont
rares; ils renferment, en outre, sur-tout lorsqu'ils sont un peu larges, des cristaux d'autres
substances, de tourmaline, d'épidote, etc. Rarement se trouvent-ils seuls; on en a habituellement plusieurs dans le même lieu, le plus souvent

(1) M. de Bonnard, *Essai geognostique sur l'Erzgebirge.*

ils sont parallèles ; quelquefois cependant ils se croisent ; en général, ils sont plus durs que la roche voisine, et ils résistent plus à la décomposition, sur-tout lorsqu'ils sont très-quartzeux, et ils le deviennent quelquefois au point de n'être plus que des filons de quartz.

Les gneis m'ont souvent présenté des filons de granite entièrement semblables. La plupart d'entre eux, comme les filons en général, sont partagés, dans le sens de leur longueur, en deux moitiés symétriques; une ligne bien distincte indique le partage.

Werner en a signalé de pareils dans les schistes-micacés des environs de *Johanngeorgenstadt* en Saxe ; ils y sont traversés par des filons argentifères, et ils sont par conséquent plus anciens.

Ces veines ou petits filons de granite, présentent parfaitement l'image d'une fente qui se serait faite dans la roche, et qui aurait été ensuite remplie de matière granitique, laquelle y cristallisant en pleine tranquillité, aurait pris une texture grenue à gros grains. Tout indique même qu'elles ont été ainsi formées ; que la fente s'est faite du tems que la roche était encore molle ; que le fluide, cause de la mollesse, y aura pénétré, amenant avec lui une portion de matière granitique, celle qu'il tenait le plus intimement en dissolution; et que cette matière, cristallisant ensuite sous l'empire des circonstances les plus

favorables , aura donné un produit plus cristallin , plus pur , et même plus précieux, s'il
est permis de le dire ; car c'est dans de pareils
filons qu'on trouve principalement les émeraudes,
les aigues-marines, les belles tourmalines et les
cristaux d'étain oxidé qu'on retire des granites.
Les veines de spath calcaire blanc , qu'on voit
dans les marbres noirs, celles de quartz qui
traversent les lydiennes, nous offrent de pareils
filons d'une matière plus cristalline et plus épurée
que la masse qui les entoure et qui est cependant
de même nature.

Nous aurons encore des filons de granite ayant
un autre mode de formation   ce seront des fentes
faites dans une roche, et qui, postérieurement à sa
consolidation , auront été remplies par une masse
granitique , laquelle se déposait en même tems
sur cette roche. Saussure a observé , près de
Vallorsine , dans les Alpes , dans un phyllade
que tout indiquait être sous un granite voisin ,
des fentes dont quelques-unes avaient jusqu'à
trois pieds de large, et qui étaient remplies de la
matière de ce granite. (*Sauss.*, § 599.) Dans les
montagnes de Mourne en Irlande , sur une masse
de schiste-phyllade , se trouve un granite gris ;
la surface de superposition est nette et bien distincte , et, en la suivant , on voit des parties de
granite qui, semblables à des racines, s'enfoncent
dans le schiste ; elles y forment ainsi des veines

qui se prolongent à des profondeurs assez considérables, et qui, diminuant peu-à-peu de longueur,
finissent par se perdre dans la roche ; elles renferment, comme tous les grands filons, des fragments de cette roche (1).

Il existe encore, au rapport de Hutton et de
plusieurs géologistes anglais, des filons d'une autre espèce et qui sont en quelque sorte l'inverse
des précédents. Le schiste est sur le granite ,
et les veines granitiques , au lieu de s'enfoncer,
comme des racines, dans la masse schisteuse , s'y
élèvent comme des branches ; elles s'y prolongent et s'y ramifient de diverses manières. Hutton insistait beaucoup sur ce fait, un des fonde-
ments de sa théorie de la terre. La matière de
ces veines , disait-il , n'a pu pénétrer dans le
schiste qui repose au-dessus, que par l'effet d'une
force qui , agissant de bas en haut, l'a injectée
dans les fentes de la roche schisteuse : une pareille force existe donc dans l'intérieur du globe,
ajoutait-t-il ; et c'est elle qui a soulevé les couches minérales et porté la surface de nos continents au-dessus des eaux (2). Ces filons si extraordinaires se trouvent, dit-on, dans l'île d'Aran,
où M. Playfair a vu un terrain granitique pous-
ser, dans un schiste surperposé , d'innombrables

(1) *Trans. of the geol. society*, tom. IV, p. 443 et planche 28.
(2) Tom. I , pag. 421 de ce traité.

veines dont plusieurs sont dirigées de bas en haut :
ils se trouvent sur-tout dans le Galloway, où ils
ont été observés par Hutton, Hall, etc.; la superposition du schiste sur le granite y a été reconnue
sur une longueur de onze milles, et sur une
largeur de sept ; « lorsque la jonction du granite
» et du schiste est visible, on aperçoit des veines
» de la première de ces substances, dont la largeur
» varie depuis une ligne jusqu'à cinquante mè-
» tres, pénétrer dans le schiste, et le traverser
» en toutes directions, en tenant toujours par
» leur base à la masse granitique (1). »

Cette ascension de filons dans une roche superposée, est-elle un fait bien positif? est-elle en
réalité ce qu'elle est en apparence? On pourrait
en douter, en voyant M. Jameson affirmer que
l'examen circonstancié des lieux sus-mentionnés
ne lui a pas présenté un seul exemple de veines
s'élevant du granite pour entrer dans les roches
superposées (2). On peut encore en douter, lorsqu'on voit la manière dont M. Berger parle des
veines du pays de Cornouailles citées aussi à
l'appui de la doctrine de Hutton : ce géologiste
expérimenté, après avoir soigneusement examiné
ces prétendus filons, n'y a vu que de simples
protubérances de la roche granitique, lesquelles

(1) *Illustration of the huttonion theory*, § 281 et 282.
(2) *Elemens of geognost.*, pag. 110.

ont été enveloppées et recouvertes par la matière
schisteuse qui s'est déposée dessus. Il fait observer
à ce sujet, que ces veines ou protubérances ne
s'étendent ni loin ni perpendiculairement dans
le schiste, mais qu'elles sont parallèles à la stratification et à l'inclinaison du sol granitique ;
qu'elles ne pénètrent pas dans la matière schisteuse, mais qu'elles y sont simplement juxta-
posées (1).

Au reste, toutes les veines citées par les géologistes anglais ne sont pas dans le même cas :
elles s'enlacent et se fondent souvent dans le
schiste, à tel point qu'il est impossible qu'elles
y aient été portées par injection. On a un exemple de ce fait dans le Glentilt en Écosse. Sur un
terrain de granite assez inégal, reposent des
couches bien réglées de schiste-phyllade, contenant des bancs de calcaire grenu : au contact,
les deux roches se mélangent et se pénètrent :
on voit des parties de granite dans le schiste, et
des parties de schiste ou de calcaire dans le granite. De plus, la matière granitique, qui s'est
trouvée quelquefois mêlée dans le calcaire, s'en
est séparée lors de la consolidation des masses,
et il s'est fait, en quelque sorte, un départ. Elle
s'est réunie et formée, tantôt en masses amorphes, à-peu-près comme nous avons vu des silex

_____

(1) *Trans. of the geol. soc.*, tom. I, pag. 145.

se former dans les craies (§ 119), tantôt en
grosses veines poussant des ramifications de tous
côtés, tantôt en minces cloisons traversant, en
tous sens, la masse calcaire, et y formant un tout
réticulé (*opus reticulum*) : une partie est même
restée comme fondue dans le calcaire, elle en a
altéré le tissu ordinaire, et a rendu la roche plus
dure et plus compacte. Dans les grosses masses
et veines, la séparation et la cristallisation des
éléments ayant pu se faire, on a eu de vrais granites, composés de feldspath rouge, de quartz,
de mica et d'amphibole : dans les petites veines,
il n'y a guère que du feldspath avec des grains
de quartz : enfin, dans les minces cloisons, les
éléments ne s'étant point séparés, on n'a eu
qu'une matière compacte, ou un eurite rougeâtre.
Telle est l'explication, aussi simple que naturelle,
de tous les faits intéressants et curieux que
M. Mac-culloch a consignés dans sa description
de la vallée de Tilt, et qu'il a représentés dans
plusieurs belles planches (1). Au reste, je sais
parfaitement que cette explication ne s'applique
pas aux veines qui s'élèveraient dans des schistes
superposés, tels que nous le représente Hutton :
mais je n'explique point des faits qui n'ont aucun
rapport avec ceux que j'ai vus, que je ne connais

(1) *On the geology of Gleen-Tilt. Trans. of the geol. society,*
tom. III.

pas avec assez de détails, et sur l'existence desquels on a même élevé des doutes.

§ 157. Les granites anciens paraissent assez homogènes, et ils contiennent peu de couches et de masses étrangères. Elles sont en plus grand nombre dans les granites nouveaux; mais encore n'y sont-elles pas bien fréquentes. Les terrains granitiques sont en général assez simples, les circonstances qui ont présidé à leur formation, semblent en avoir éloigné les corps hétérogènes. Parmi les couches qu'on y a trouvées, on en cite :

De quartz : il y en a de telles en Suisse, et elles présentent dans leurs cavités de beaux groupes de cristaux de roche. En Saxe, à Zinnwalde, l'étain est exploité dans une couche quartzeuse au milieu du granite.

De feldspath ou d'eurite.

De calcaire : M. de Charpentier en a observé plusieurs dans les Pyrénées, il en a distingué une entre autres, qu'il a suivie sur une longueur de quatre lieues, et qui a jusqu'à trente mètres d'épaisseur : elle consiste en un calcaire jaunâtre, très-cristallin (1).

Nous ne parlerons pas des couches de gneis,

Couches h térogènes contenues

---

(1) *Mémoire sur le terrain granitique des Pyrénées.* C'est un des mémoires de géognosie les mieux faits que je connaisse : la marche qu'on y a suivie, est très-propre à faire ressortir tout ce qu'une contrée ou un terrain présente d'intéressant et de particulier : elle peut être donnée comme un modèle à suivre.

de schiste-micacé, de phyllade, de diabase, etc.,
sur lesquelles il repose nécessairement dans les
terrains peu anciens, et avec lesquelles il alterne
même quelquefois.

Métaux
contenus.

§ 158. L'éloignement du granite pour les
corps étrangers s'étend jusqu'aux substances métalliques ; elles y sont peu abondantes, et elles
n'y forment point des couches ou de filons puissants et suivis comme dans les montagnes stratifiées.

L'étain est le métal qui paraît le plus propre
au granite : on ne le trouve guère, au moins en
Europe, que dans cette roche : dans les mines de
la Bohême, de la Saxe, et du pays de Cornouailles en Angleterre, il est en petits cristaux ou
grains disséminés, soit dans le granite, soit dans
des couches ou filons quartzeux qui le traversent.
C'est encore dans un terrain granitique qu'on
trouve, à huit lieues à l'ouest de Limoges, du
minerai d'étain, en grains ou points presque
imperceptibles à la vue, disséminés, soit dans
la roche, soit dans de petits filons de quartz ;
et ici, comme en Saxe, ce minerai est accompagné de wolfram. C'est très-vraisemblablement de
la destruction des granites de la Bretagne, qu'on
peut regarder comme le prolongement de ceux
de Cornouailles, que proviennent les fragments
de minerai d'étain, qu'on trouve sur les côtes
des environs de Quiberon.

Le fer est encore assez commun dans les granites. Les mines de Traverselle, en Piémont, sont dans une masse granitique subordonnée au schistemicacé. Celles de fer hydraté de Taurynia et de Fillols, dans les Pyrénées orientales, sont encore dans des terrains granitiques.

Ces terrains contiennent en outre du plomb sulfuré, du graphite, du molybdène, du bismuth, etc. Nous ne poursuivrons pas cette énumération, ainsi que l'indication des localités ; elles seraient sans objet dans un ouvrage destiné aux faits généraux.

§ 159. Nous avons fait connaître les causes de la décomposition des roches (§ 48) ; nous avons vu (§ 118) la tendance qu'elle avait à donner une forme sphéroïdale aux granites sur lesquels elle exerçait son action. Nous allons entrer ici dans quelques détails particuliers à cette roche. *Décomposition.*

Nous rappellerons d'abord qu'elle présente les plus grandes différences dans la facilité avec laquelle ses diverses variétés, et les diverses parties d'une même variété s'altèrent et se décomposent. L'obélisque qui est aujourd'hui sur la place de Saint-Jean-de-Latran , à Rome , et qui fut taillé à Syène , sous le règne de Zétus, roi de Thèbes, 1300 ans avant l'ère chrétienne ; et celui qui est sur la place de Saint-Pierre , encore à Rome , et qu'un fils de Sésostris consacra au soleil , résistent depuis trois mille ans aux injures du tems.

D'un autre côté, il est des granites, notamment
dans le Limosin, qui tombent réduits en gravier dès qu'ils sont exposés à l'air, et qu'on ne
peut employer à aucune construction. Entre ces
extrêmes, la nature nous présente tous les termes intermédiaires : je vais citer un exemple
qui en montre plusieurs réunis sur une même
localité.

En suivant la route de Rennes à Brest, avant
d'arriver à Belle-Ile-en-Terre, on se trouve dans
un chemin creux qui a plus de six mètres de
fondeur en quelques endroits, et qui avait été
excavé depuis six ans seulement, lorsque je
l'observai (en 1805). La roche de droite et de
gauche est un granite ordinaire : dans quelques
lieux, il avait fallu l'entailler à la poudre ; mais,
dans d'autres, à quelques pas des premiers, elle
avait pu se tailler aisément avec le pic, et dans
ces parties l'escarpement présentait une face
plane et unie : elle était traversée, sur quelques
points, par des filons d'un granite dur, qui étaient
en saillie de trois ou quatre pouces, en divers
endroits, au-dessus du granite adjacent. Vers le
haut de l'escarpement, dans la partie la plus altérée, on voyoit, de distance en distance, au
milieu d'un granite réduit presque en gravier,
des boules d'un à deux mètres de diamètre ;
elles étaient aussi traversées par quelques petits
filons quartzeux, lesquels se prolongeaient dans le

terrain décomposé : quelques-unes, qui étaient
en saillie, portaient, dans la partie saillante, une
écorce terreuse composée de trois ou quatre couches concentriques, chacune ayant environ un
pouce d'épaisseur : d'autres boules, qui étaient
sur le chemin, et qui avaient été brisées à l'aide
de la poudre, présentaient un noyau d'un aspect
frais et bleuâtre, très-dur, et ne montrant pas le
moindre indice de fissures : il était entouré, à
quelques pouces de la superficie, de zones grises,
et d'un tissu lâche et terreux. De ces faits on
peut conclure : 1° que l'altération, due aux effets
de l'atmosphère, peut atteindre le granite à une
assez grande profondeur, puisqu'à six mètres au-
dessous de la superficie du sol, on en a trouvé
un assez tendre pour être très-facilement taillé
au pic ; 2° qu'il n'a pas fallu six ans pour faire
tomber en gravier, sur quelques points, le granite qui bordait les filons, et cela jusqu'à une profondeur de trois ou quatre pouces, puisque les
filons sont, sur ces points, en saillie de cette
quantité ; 3° qu'au milieu des parties déjà décomposées, le granite en présentait quelques-unes de
nature à résister à la décomposition, telles que
celle qui formaient les boules et les portions du
rocher que l'on avait attaquées à la poudre, et
qui présentaient encore des arêtes bien vives ;
4° que les boules ne sont que des noyaux d'un granite plus dur, et qu'elles sont encore dans leur gîte

primitif, ainsi qu'il est prouvé par les filons quartzeux qui les traversent et qui se propagent dans le granite circonvoisin ; 5° que leur forme est un effet de la décomposition ; et que dans l'intérieur, là où la décomposition n'a point pénétré, elles ne présentent aucun indice de couches concentriques.

Supposons maintenant qu'un pareil terrain reste long-tems exposé à l'action de l'atmosphère ; la décomposition le pénétrera de plus en plus, les parties tendres seront réduites en sable, entraînées par les eaux, et il ne restera plus que les parties dures et les noyaux globuleux : de là ces rochers qui hérissent presque tous les terrains granitiques ; de là ces tas de blocs arrondis que l'on rencontre en un si grand nombre d'endroits, et dont j'ai déjà cité un exemple (§ 86), pris de la Bretagne même.

Lorsqu'une cause quelconque (§ 45 et 85) vient à produire l'éboulement de quelques rochers de granite, ils se brisent, et leurs fragments livrés à l'action destructive des éléments, perdent leurs angles, leurs arêtes, et finissent par former des masses rondes. Quand on parcourt les terrains de transport qui sont au pied des montagnes granitiques, le Béarn ou les environs de Pamiers, par exemple, on est frappé de la rondeur de tous les blocs et galets de granite au milieu desquels on se trouve. J'ai déjà dit (§ 18) que Werner, et un grand nombre de minéralogistes la regardait, en grande partie, comme un effet de la formation originaire, comme l'effet d'une disposition des principes intégrants autour d'un centre. Mais tant que la cassure de ces blocs et galets, dans la partie non altérée, ne me présentera qu'une structure parfaitement égale dans toutes ses parties, sans le moindre indice d'une disposition radiée ou à couches concentriques, et c'est ainsi que cette cassure s'est toujours offerte à mes yeux, je ne pourrai voir dans la forme ronde qu'un simple effet de la décomposition.

Cependant, lorsqu'on considère que cette forme se trouve plus particulièrement dans les blocs de granite et de quelques autres roches, que dans ceux de calcaire, de serpentine, de gneis, etc., on ne peut méconnaître aussi l'effet d'une cause dépendante de la nature et de la texture de la roche, lequel aura concouru avec la décomposition. D'abord, il est évident que la texture schisteuse du gneis et des autres roches schisteuses, doit éloigner la forme ronde, et que la texture granitique doit, au contraire, la favoriser. De plus, la nature de certaines roches, et principalement de celles à base de feldspath, semble permettre à la décomposition de faire ressentir ses effets à une certaine distance dans l'intérieur de la masse, avant d'avoir entièrement détruit la superficie ; et ce fait me paraît devoir produire

plus promptement la destruction des parties saillantes, et par suite la forme ronde. Les pierres
calcaires, par exemple, ne sont plus dans le même
cas; la décomposition, en agissant sur leurs fragments, n'en attaque guère que la superficie, elle
les atténue et les détruit en les dissolvant, pour
ainsi dire, couche par couche; de sorte qu'ils
conservent plus long-tems leur forme première,
forme qui déjà pouvait être allongée et plate par
suite de la stratification : la décomposition de ces
roches est un effet exactement pareil à celui d'un
fragment de glace qui se fond dans l'air.

C'est encore à la marche progressive de la décomposition dans l'intérieur des masses et boules
de granites, que l'on doit attribuer la division ou
l'exfoliation de leur surface en couches concentriques, et non à une disposition des particules
autour d'un centre commun, disposition qui da-
terait de la formation ou de la consolidation originaire de la roche. Une preuve positive qu'il en
est ainsi, c'est que lorsque nos monuments de
granite se décomposent, le délitement se fait toujours parallélement à leur superficie ; ainsi, les
colonnes de granite se délitent en couches concentriques à leur axe. M. Rozière, à qui l'on doit
cette remarque, l'a faite et répétée un grand
nombre de fois en Égypte, notamment à Alexan-
drie, dans l'ancienne mosquée dite des *mille colonnes*, sur des masses et monuments du beau

granite de Syène. Ce même savant a encore remarqué que les faces polies de ces monuments
résistaient beaucoup plus à la décomposition que
les autres (1).

Nous ne répéterons pas ce que nous avons dit
(§ 86 et suiv.) sur les immenses effets de la décomposition qui a réduit en gravier et en sable, de grandes étendues de terrains granitiques, et sur les nouvelles formations dues à ces *détritus* (§ 50 et 92).
Nous observerons seulement que la terre qui provient de la décomposition des granites est, en général, peu fertile, qu'elle convient principalement aux plantes ligneuses, aux bois, aux bruyères, et que les plantes céréales, notamment le
froment, réussissent beaucoup mieux dans les terrains calcaires. La stérilité qu'on a remarquée dans
les terrains primitifs en général, vient-elle du
manque absolu de matière provenant de la décomposition des êtres organiques; ou de ce que,
consistant principalement en gravier et en sable,
l'argile étant bientôt emportée par les eaux, elle
est peu propre à absorber et à retenir l'humidité et les autres éléments nécessaires à la végétation; ou de ce qu'elle forme un sol ou une char-

---

(1) *Description de l'Egypte* par les savants de l'expédition française. — *Mémoires minéralogiques* de M. de Rozière, ingénieur en
chef des mines. — *Description des carrières* (du granite de Syène)
et *des dégradations qu'il a éprouvées dans les monuments qui
existent encore en Egypte.*

4.

pente peu convenable aux plantes, et au développement de leurs racines, etc. ? Ce sont des
questions que l'on a agitées, mais sur lesquelles
on n'a donné encore aucune solution satisfai-
sante (1). Au reste, la stérilité n'est ici que relative à certaines plantes, car, d'ailleurs, les terrains granitiques sont, en général, plus boisés,
et couverts de plus de plantes que les terrains calcaires.

Aspect des
montagnes
granitiques. §160. La manière dont le granite se décompose
est la cause principale de l'aspect que présentent
les montagnes granitiques. S'il se décompose très-
aisément, par-tout d'une manière à-peu-près égale,
et que le sol soit en outre peu élevé, on aura des
montagnes et des collines d'une forme assez graduellement arrondie, et un terrain fortement
mamelonné; tel est celui qu'on voit dans le Limousin.

Mais si, entre des masses granitiques d'une facile décomposition, il se trouve des granites ou
autres roches plus dures, et c'est presque toujours
le cas, les montagnes présenteront en saillie, de
grands rochers, des pics, des aiguilles, des arêtes tranchantes, des crêtes fortement découpées,
et elles auront l'aspect hérissé et haché qui paraît particulier aux terrains granitiques, et qui

(1) Voyez, entre autres ouvrages, les *Observations on the geologie of the United-States*, M. Maclure, 1817.

de loin les signale au naturaliste exercé. « La lon-
» gue habitude d'observer les montagnes, dit
» Saussure, m'a donné un coup-d'œil à-peu-près
» sûr : je reconnais, à de grandes distances, la
» matière dont une montagne est composée, sur-
» tout lorsqu'elle est d'un granite dur comme
» celui des hautes Alpes. Les montagnes formées
» de ce genre de pierre, ont leurs sommités ter-
» minées par des crénelures très-aiguës à angles
» vifs. (*Sauss.*, § 567.) » Nous rappellerons encore que la situation verticale des couches contribue beaucoup à donner un pareil aspect aux
montagnes qui la présentent.

En parcourant les hautes Cévennes, et en y
passant alternativement du calcaire sur le granite,
j'étais frappé de la différence d'aspect qu'offraient
ces deux sortes de montagnes. Les premières présentaient des cimes plates de grande étendue,
des vallées éloignées, et, en général, peu profondes. Dans les autres, c'était, presqu'à chaque pas,
des gorges enfoncées, ou des coupures à pic séparées par des murs escarpés. Étant sur la cime
du Mont-Mezenc, et portant mes regards sur
le terrain granitique des Bouttières, je voyais,
les uns derrière les autres, plusieurs de ces immenses pans de murailles ; semblables à d'énormes boulevarts, ils comprenaient entre eux d'hor-
ribles précipices plutôt que des vallées ; leurs
crêtes, hérissées de pics décharnés et de rochers

sourcilleux , offraient à l'esprit l'image d'un monde tombant en ruines et périssant de vétusté.

Les fissures dont les rochers granites sont traversés, contribuent beaucoup encore à faire varier l'aspect des montagnes. Nous venons de voir celui qu'elles produisaient lorsqu'elles étaient verticales ; et nous avons remarqué ailleurs (§ 159), que lorsqu'elles étaient horizontales , de concert avec la décomposition , elles changeaient des roches en un tas de blocs de diverses formes et souvent sphéroïdales. Ce fait se présente quelquefois sur de bien grandes dimensions : « Presque toutes les montagnes granitiques de la Sibérie, dit Pallas, semblent composées de masses pour ainsi dire amoncelées , arrondies par la décomposition , et leur aspect rappelle ces montagnes que les géants de la fable entassaient les unes sur les autres pour escalader le ciel. »

Etendue des terrains granitiques. § 161. Le granite est une des roches les plus abondamment répandues sur la surface du globe : il constitue la majeure partie des terrains primitifs , ou du moins il ne l'y cède qu'au schiste-micacé , sous le rapport de l'étendue.

L'énumération de tous les lieux où on l'a trouvé serait hors de notre objet ; et je vais jeter un coup-d'œil sur l'espace qu'il occupe en France , et sur les principales chaînes où il a été remarqué.

Dans les Pyrénées , il forme, sur le versant septentrional et joignant presque le faîte , une bande

d'une à quatre lieues de large, qui constitue, en
quelque sorte, l'*axe minéralogique* (§ 146) de
la chaîne ; c'est le granite le plus ancien : du granite de formation postérieure se reproduit encore,
de part et d'autre de cette bande, en alternant
avec d'autres roches. Au sud-est du royaume, il
constitue, avec les autres terrains primitifs, la
majeure partie du sol de l'Albigeois, du Rouergue, du Gévaudan, du Vivarais, du Dauphiné,
du Forez, du Lyonnais, de l'Auvergne, du Limousin, de la Marche, et d'une partie de la Bourgogne. A l'est, les Vosges en sont en partie composées. Au centre de la France, il s'enfonce sous
le calcaire ; mais il se relève ensuite et reparaît au
jour à l'ouest d'une ligne qui passerait aux environs des Sables-d'Olonne, de Fontenai, d'Alen-
çon et de Cherbourg.

En Saxe, dans l'*Erzgebirge*, il semble former
deux assises principales ; l'une servirait de base
aux gneis, schiste micacé et phyllade, l'autre leur
est évidemment superposée : c'est celle-ci qui passe
souvent à la syénite et dont nous avons parlé page
21 et 35. Le granite paraît encore faire le corps
des chaînes de montagnes de la Silésie (le *Kie-
sengebirge*) et du Hartz ; avec les gneis et les schistes-micacés, il forme celui des Alpes. Suivant
M. Jamesson, il constitue la sommité des plus
hautes montagnes de l'Ecosse, et la partie centrale des monts Grampians. Il est en moindre

quantité en Angleterre, et ce n'est que dans le pays de Cornouailles qu'il occupe des espaces un peu considérables. Il est plus rare encore en Suède et dans tout le nord de l'Europe, et il paraît n'y être qu'un simple accident dans un terrain de gneis.

Il se retrouve en Asie : d'après ce que dit Pallas, il forme comme une bande au milieu du Caucase, des monts Ourals, et de la plupart des montagnes de l'empire russe. Il paraît encore que les monts Himmalaya (l'Imaüs des anciens), les plus hauts points du globe, sont formés de roches granitiques.

En Afrique, les terrains primitifs occupent des espaces très-considérables : en remontant le Nil, on les trouve entre Thèbes et Syène, et ils semblent limités par une ligne allant du sud-est au nord-ouest, au delà de laquelle ils s'étendent dans la Nubie et l'Abyssinie. Ils paraissent composer également une grande partie du mont Atlas, et ils se retrouvent au cap de Bonne-Espérance, où le granite forme la partie inférieure de la montagne de la Table.

On ne l'a trouvé qu'en petite quantité dans l'Amérique septentrionale : les terrains primitifs occupent une bande de dix à quarante lieues de large sur le revers oriental des chaînes de montagnes des États-Unis, et le granite ne forme, à la superficie du sol, qu'une petite portion de cette bande ; il semble en faire la bordure occidentale, celle qui s'enfonce sous les terrains de transport qui longent la côte (Maclure , Cleaveland) : dans le Mexique , M. de Humboldt ne l'a guère vu que près des côtes d'Acapulco ; sur le grand plateau, il est recouvert par d'énormes masses porphyroïdes. Ce savant l'a trouvé à-peu-près dans les mêmes circonstances de position , sur les Andes de l'Amérique méridionale : dans les hauteurs, il est presque toujours caché sous des couches de gneis , de schiste-micacé , de trachyte , et, en général , il ne s'y élève pas à plus de deux mille mètres ; mais il abonde dans les montagnes peu élevées et dans les régions basses de Venezuela , de Parime, etc.; il descend même dans les plaines, et jusqu'au niveau de la mer : les bords de l'Orénoque et les côtes du Pérou en fournissent des exemples.

Roche de topaze, etc.

Werner met au rang des terrains primitifs, la masse dont on tire les topazes de la Saxe ; et il lui en assimile trois ou quatre autres qui ont avec elle quelques rapports. Mais les unes et les autres sont d'un volume trop peu considérable pour être regardées comme des espèces particulières de roches (voyez § 108) ; et leur texture granitique, ainsi que la considération de leur gissement, nous porte à les traiter comme de simples appendices au granite. Je vais exposer succinctement ce que Werner dit à leur sujet.

§ 162. Près d'Auerbach, dans le Voigtland, en Saxe, on voit un rocher assez considérable, connu sous le nom de *Sneckenstein* (pierre des limaçons); il présentait autrefois un pic considérable, qui est aujourd'hui abattu.

Il est principalement composé de quartz, de tourmaline, de topaze et de lithomarge. Il est remarquable non-seulement par la nature des substances qui le composent, mais encore par sa structure. Il consiste en un assemblage de petites masses de la grosseur du poing, terme moyen, et qui ont l'aspect de fragments, quoique Werner les regarde comme les grains d'une roche granitoïde. Chacune est formée de lames minces de quartz, de tourmaline et de topaze, lesquelles alternent entre elles, et sont bien distinctes; elles ont une direction différente dans les diverses masses, et chaque espèce de minéral forme sa lame particulière. Le quartz y est grenu à grains fins : la topaze y est également grenue et amorphe; elle se distingue par sa cassure lamelleuse et par sa dureté ; enfin, la tourmaline est en petites aiguilles noires.

Entre les masses dont nous venons de parler, il se trouve fréquemment des vides ou druses dont les parois sont tapissées de cristaux de quartz, de topaze, et fort rarement de tourmaline; au milieu de ces cristaux est la lithomarge ; sa couleur est blanchâtre, rarement verdâtre, et le plus souvent d'un jaune d'ocre. Il est à remarquer que , dans les diverses parties de la roche , la couleur des cristaux de topaze, ainsi que son intensité, dépend de celle de la lithomarge voisine , comme si l'une et l'autre de ces substances avaient le même principe colorant , ou même comme si les cristaux de topaze étaient colorés par de la lithomarge qui serait entrée dans leur composition.

La stratification du *Sneckenstein* est assez distincte , et les strates en sont épaisses. Le rocher repose sur le granite , et, dans une partie de son étendue , il est recouvert par du phyllade.

Il existe encore , continue Werner , dans nos montagnes , près de Seiffen , une roche composée de quartz et de tourmaline noire : elle ne contient pas, il est vrai , de la topaze ; mais elle n'en paraît pas moins avoir beaucoup de rapports géognostiques avec celle dont nous venons de parler.

Werner regarde comme analogue au *Schneckenstein* la roche d'Oudontchalon, dans la Daourie , d'où l'on tire de belles aigues-marines : elles y sont accompagnées de quartz , de topaze et de lithomarge. Cependant , d'après les rapports de M Patrin , il paraîtrait que cette roche constitue des filons plutôt que des masses de montagnes. La tourmaline y serait remplacée par l'aigue-marine.

ARTICLE SECOND.

DU GNEIS.

Gneis des Allemands et des Anglais.

Gneis et *granite veiné* de Saussure.

§ 163. Le gneis n'étant d'aucun usage particulier, et ne servant guère que dans la bâtisse des édifices que l'on construit dans les lieux où il constitue le sol, ne paraît pas avoir attiré d'une manière particulière l'attention des minéralogistes anciens, ni même celle des modernes, qui jusqu'à ces derniers tems ne l'ont regardé que comme une variété de granite, ou comme une sorte de schiste.

Le nom qu'il porte aujourd'hui n'a d'abord été qu'un terme technique, par lequel les mineurs de Freyberg désignaient la roche adjacente à leurs filons, lorsqu'elle était altérée et d'une apparence stéatiteuse et verdâtre, quelle que fût d'ailleurs sa nature ; granite, porphyre, schiste-micacé, etc., ou véritable gneis. Dans la suite, on a étendu l'acception du mot, et on l'a donné à toute la roche qui compose le sol des environs de Freyberg. Par un passage de la *Pyritologie* de Henkel (1), on voit que du tems de ce métallurgiste, en 1725, on désignait, à

(1) Page 347 de la traduction française.

Freyberg, sous le nom de *gneiss*, ou *kneiss*, ou *kneus*, une roche plus dure et plus noire que le schiste ordinaire : c'était vraisemblablement un gneis très-chargé de quartz et de mica.

Ferber paraît être le premier minéralogiste qui ait employé ce mot dans une acception générale ; il le donne à une roche composée de quartz, de mica, et d'une argile durcie blanchâtre qu'il rapporte à l'argile désignée par Cronstedt sous l'expression de *terra porcellanea phlogisto aliisque heterogeneis, minimâ portione, mixta* : c'est le feldspath décomposé dont Ferber a certainement voulu parler (1). En 1775, Werner, dans le premier cours de géognosie qu'il fit à Freyberg, détermina la composition du gneis ; il mit, au nombre de ses principes intégrants, le feldspath, qui avait jusqu'alors échappé aux minéralogistes, quoiqu'il fût la partie dominante de la plupart de ces roches, notamment du gneis de Freyberg, que l'on avait en quelque sorte pris pour le type de l'espèce. Charpentier, dans sa *Géographie minéralogique de la Saxe*, publiée en 1778, voulut concilier l'ancienne et la nouvelle détermination : « Le gneis, dit-il, consiste en quartz, mica et » feldspath, auquel se joint le plus souvent une » plus ou moins grande quantité d'argile, de

_____

(1) Ferber, *Beytræge zuder mineral-geschichte von Bœhmen*, page 23. 1774.

» stéatite ou de limon durci (1). » Enfin , le petit
traité de Werner sur la classification des roches,
qui parut en 1787, fixa définitivement l'acception
que les minéralogistes attachent aujourd'hui à
ce mot (2).

Saussure était trop bon observateur pour ne
pas avoir remarqué les différences qui distinguent
le gneis des autres roches. Dans le premier volume de ses *Voyages*, publié en 1779, il a très-
bien caractérisé cette substance, et développé
les particularités de sa structure, il a observé
qu'elle formait le passage du granite aux schistes,
et concourait ainsi à prouver l'identité de leur
origine ; il en a fait un genre particulier qui est
le second de ses roches feuilletées, et il lui a
donné le nom de *granite veiné*. Dans la suite, il a
adopté la dénomination de gneis , en conservant
toutefois celle de granite veiné qu'il donnait à
quelques variétés particulières.

Les minéralogistes de toutes les nations, en
admettant le nom de gneis, lui donnent maintenant l'acception fixée par la définition suivante.

Composi-   § 164. *Le gneis*, dit Werner, *est une roche
tion.   composée de feldspath, de quartz et de mica, immédiatement accolés les uns aux autres, et dont la
texture est tout-à-la-fois granitique et schisteuse.*

_____

(1) *Minéralogische-Geographie*, pag. 77.

(2) Werner, *Klassification der gebirgsarten.*

Nous avons dit (§ 106) ce qu'on devait enten-
dre par cette double texture granitique et schisteuse, nous nous bornerons ici à remarquer que le
gneis étant un assemblage de plaques de feldspath et de quartz, courtes, renflées et séparées
par des feuilles de mica, n'est que très-imparfaitement schisteux.

Le gneis diffère du granite non-seulement par
sa texture, mais encore en ce qu'il contient habituellement une plus grande quantité de mica :
c'est d'ailleurs à l'abondance de ce minéral
qu'il doit habituellement son tissu feuilleté (§ 103
et 114).

Le feldspath est encore le principe dominant
dans les gneis, notamment dans ceux qui paraissent les plus anciens ; il y est cependant en moindre quantité que dans le granite, par rapport
aux deux autres principes. Il s'y trouve en grains
de *moyenne grosseur,* ou *petits* et même *très-petits*,
d'une couleur blanche ou blanc-grisâtre, d'un
aspect mat, fort souvent altéré et approchant
plus ou moins de l'état de kaolin. Le quartz est
en grains ordinairement plus petits que ceux du
feldspath ; il a un aspect vitreux, et une couleur
grise cendrée. Le mica est, dans les gneis, en
petites paillettes ou écailles qui sont souvent distinctes ; mais quelquefois aussi elles sont si intimement accolées les unes aux autres, qu'elles
forment des feuillets continus d'une grandeur

plus ou moins considérable : sa couleur la plus
ordinaire est le gris, mais qui passe très-souvent
et par toutes sortes de nuances jusqu'au noir Si,
dans les gneis anciens, le mica est celui des trois
substances qui est en moindre quantité, il domine
fréquemment dans ceux qui avoisinent le schiste-
micacé. On peut même dire, en général, que
c'est des différences qu'il présente que dérivent
celles que les gneis offrent dans leur aspect et
notamment dans leur couleur ; ce qui provient
de ce que ces roches se divisent toujours dans le
sens des feuillets, et que les faces de leurs
fragments sont presque en entier recouvertes
comme d'un enduit de ce minéral.

Diverses
sortes
de gneis.

§ 165. D'après les différences que présentent
les principes intégrants du gneis, d'après celles
qui existent dans leur quantité et leur disposition
réciproque, on peut distinguer un grand nombre
de variétés de cette roche. Nous en signalerons
ici trois principales.

1° Celle dans laquelle le mica se trouve en petite quantité : il est en petites paillettes souvent
séparées les unes des autres, mais toujours sur des
lignes parallèles, suivant lesquelles la roche se
divise : c'est ce parallélisme dans les rangées
de mica qui la distingue du granite, car d'ailleurs le mica n'y est pas en plus grande quantité, et la texture schisteuse est à peine sensible.
Le quartz et le mica forment ici chacun une

couche ou lame particulière; celles de feldspath
sont les plus épaisses, elles ont assez souvent quelques lignes d'épaisseur : la coupe d'un pareil gneis
présente un aspect rubanné, et même *ondulé* si
les lames, au lieu d'être planes, sont sinueuses.
Quelquefois le quartz n'est plus en lames ou en
couches intercalées dans celles du feldspath,
mais en petits barreaux parallèles ; et lorsque la
roche est coupée perpendiculairement à leur
direction, elle présente jusqu'à un certain point
l'aspect d'un bois pétrifié; les barreaux de quartz
y sont comme des fibres longitudinales.

2° Le gneis commun. Il consiste en petites lames
ou plaques lenticulaires, composées de grains
de feldspath et de quartz, placées les unes à côté
des autres, et séparées par des feuillets formés de
paillettes de mica. Dans le gneis de Freyberg, qui
est un des mieux caractérisés, le feldspath, qui
forme la partie dominante, est d'un blanc légèrement grisâtre et en grains d'une à deux lignes : le quartz est en grains un peu plus petits,
d'un gris cendré. Ces deux sortes de grains sont
mêlés, et leur ensemble constitue de petites plaques qui varient beaucoup dans leur grandeur et
leur forme, mais qu'on peut se représenter, terme moyen, comme ayant deux à trois lignes d'é-
paisseur dans le milieu, et un à deux pouces de
diamètre : le mica se glisse entre elles sous
forme de feuillets sinueux, composés d'écailles

2.   5

d'un noir brunâtre. Assez souvent on voit dans ce gneis des grains de quartz, gros comme des noisettes, autour desquels se plient les feuillets de mica, ce qui donne à la pierre un aspect glanduleux. Aux environs de Saint-Flour en Auvergne, et de Rabat dans les Pyrénées, j'ai vu du gneis exactement semblable. Quelquefois les grains de quartz ou de feldspaths acquièrent une grosseur extraordinaire: M. de Buch a observé des cristaux de ce dernier minéral, dans des gneis de la Norwége, qui avaient jusqu'à un pied de long.

3° La troisième sorte est bien feuilletée et est très-chargée de mica ; les écailles de ce minéral ne sont presque plus distinctes ; elles forment des feuillets continus : le quartz et le feldspath sont en grains souvent très-petits, et tellement enveloppés de mica qu'il est quelquefois difficile de les discerner et de les mettre à découvert. Cette variété prend aussi quelquefois l'aspect glanduleux et semble même, dans quelques échantillons, n'être qu'un assemblage de petites boules de mica.

Le gneis passe au granite par la première de ces variétés, et au schiste-micacé par la troisième.

Substances contenues.

§ 166. Les minéraux que les gneis renferment le plus communément, sont :

La *tourmaline;* elle y est ordinairement en

cristaux isolés, mieux terminés et d'une pâte plus fine que dans le granite.

Le *grenat;* on le trouve assez fréquemment dans le gneis du nord de l'Europe : il y en a de tres-beaux dans celui du Groënland ; et dans quelques-uns de ceux de la Norwége, on en a observés dont la grosseur atteignait celle d'une noix, et qui y étaient en nombre prodigieux : M. de Humboldt en a également vu une très-grande quantité, tant rouges que verts, dans les gneis d'Amérique, notamment à Caracas

L'*amphibole;* le plus souvent il est en cristaux imparfaits et aciculaires : quelquefois ils sont groupés autour d'un centre comme autant de rayons.

On trouve encore, dans le gneis, de la chlorite, de l'épidote, du titane, du fer oxidulé, etc.

On y voit aussi, comme dans les granites, des parties, en forme de boules, composées de mica noir. M. de Buch en a même remarqué des lits entiers en Norwége ; ils étaient formés d un mica noir, à paillettes épaisses, brillantes, et d'un aspect entièrement charbonneux.

§ 167. Le gneis est très-distinctement stratifié, et la stratification y est parallèle à la direction des feuillets. Stratification.

Mais ses couches, lorsqu'elles reposent sur une masse granitique, se plient-elles autour d'elle, en suivent-elles toutes les sinuosités, ainsi qu'il

5.

paraît que cela devrait être dans le cas où elles
seraient des précipités déposés sur le granite postérieurement à sa formation ? Les observations
qui mettraient à même de répondre positivement
à cette importante question, sont du plus grand
intérêt pour la géognosie ; et malheureusement
nous n'en avons point qui soient assez circonstanciées et assez multipliées pour qu'on puisse en inférer une conséquence générale. Celles que M. de
Raumer a faites dans les montagnes de la Silésie
(le *Riesengebirge* et la chaîne voisine), sont les
plus détaillées que je connaisse : l'ensemble de
ces montagnes présente une protubérance granitique d'environ quarante lieues de long et
quelques lieues delarge, recouverte (abstraction
faite de la partie la plus élevée) de couches de
gneis, de schiste-micacé, etc., qui l'entourent
de toutes parts, qui sont parallèles à ses pentes,
qui plongent ainsi vers le nord sur le versant septentrional, vers le sud sur le versant méridional, etc., et qui offrent un exemple parfait de
la superposition de couches *en forme de manteau,*
dont nous avons parlé §§ 126 et 131 : le *manteau est complet et complétement fermé*, dit
M. de Raumer (1).

On citait un fait du même genre aux environs
de Freyberg ; le granite qui y paraît était donné

---

(1) *Der granit des Riesengebirges.*

comme un noyau enveloppé par des couches de
gneis qui se pliaient, disait-on, et qui se dispo-
saient de tous côtés parallèlement à sa surface (1).
Mais M. Stroem conclut des observations qu'il a
faites sur ses couches, que leur direction se continue sans dévier autour du noyau, et que leur
inclinaison est la même au nord comme au sud
du granite (2).

Si ce noyau n'était qu'une portion même de la montagne de
gneis, laquelle aurait pris, accidentellement et momentanément,
la structure granitique, et cela pourrait bien être, on n'en saurait rien conclure de relatif à la stratification ; il s'agit ici de
celle que présentent les couches qui se forment sur une masse
préexistante.

Dans les lieux où j'ai pu observer de pareilles couches, j'ai
trouvé leur stratification parallèle à la surface de superposition :
mais je n'ai pas vu ce fait assez souvent répété, et dans des circonstances assez différentes, pour le généraliser. Cependant,
l'ensemble de mes observations et de celles parvenues à ma connaissance, ne me permettent pas d'admettre, sans de nouvelles
vérifications, le cas où l'on représenterait des couches de schiste-
micacé et de calcaire grenu, par exemple, disposées avec une
stratification complétement horizontale, sur un sol de granite
offrant une alternative d'élévations et d'enfoncements ; une pa
reille représentation se trouve dans le tome III des *Transactions de la société géologique* de Londres (planche 21, fig. 3).

§ 168. Dans le gneis comme dans le granite, le Décomposition.

---

(1) M. de Bonnard, *Essai sur l'Erzgebirge.*
(2) *Leonard's Taschenbuch für die mineralogie,* 1814.— *Stroem
über den granit.*

feldspath se décompose par l'action de l'atmosphère, et sa décomposition entraîne celle de la
roche. La destruction est même ici plus prompte :
d'abord le feldspath s'altère et se réduit plus facilement en kaolin ; de plus, la facilité avec laquelle la roche se délite en feuillets, accélère
considérablement sa destruction. De là vient
qu'elle ne présente que rarement ces grands
blocs isolés dont nous avons parlé à l'article du
granite ; de là vient encore que ses montagnes
ont moins fréquemment cet aspect escarpé qu'on
a remarqué dans les montagnes granitiques ; que
leurs cimes, leurs croupes sont ordinairement
arrondies, et qu'elles n'offrent que rarement des
aiguilles élancées et des crêtes fortement découpées.

Quelquefois la décomposition, en pénétrant
le gneis, détruit l'adhérence entre ses parties ;
ses feuillets se brisent alors aisément, et ils tombent en parcelles altérées ; la roche est comme
pourie.

Couches hé-
térogènes.

§ 169. Les couches hétérogènes sont en beaucoup plus grand nombre dans les terrains de
gneis, notamment dans les moins anciens, que
dans ceux de granite ; outre les couches métalliques dont nous parlerons plus bas, on y trouve
assez fréquemment :

Des *couches de calcaire ;* ce minéral y est, en
général, à gros grains et d'un aspect cristallin :

Saussure , principalement dans son voyage au
Simplon et au Mont-Cervin , en a décrit plusieurs ; j'en ai vu un grand nombre dans les Pyrénées, etc. ; M. Schreiber en a signalé dans le gneis
des montagnes de Chalances , en Dauphiné ;
M. de Humboldt dans ceux de l'Amérique, etc.

Des *couches amphiboliques* ; leur substance est
très-souvent mêlée de gneis , de sorte qu'il est
souvent difficile, en les observant, de prononcer
sur leur véritable nature.

Des *couches de porphyre euritique* quelquefois
très-épaisses , et dont nous parlerons à l'article
des porphyres.

Des couches de *feldspath compacte* ou *granuleux ;* c'est le *weisstein* de Werner J'ai vu cette
roche , dans les montagnes de la Saxe , tantôt en
couches minces de quelques pouces seulement
d'épaisseur , parfaitement planes et semblables
à des tables intercalées dans le gneis ; tantôt
en couches si épaisses , qu'elles formaient des
masses de montagnes. Le feldspath y était blanc,
dur , et avait un aspect grenu à grains extrêmement fins, comme les dolomies ; il renfermait
une multitude de petits points rouges, qui m'ont
paru être des grenats , et on y voyait quelques
paillettes de mica blanc.

M. de Bonnard, qui a fait une étude particulière des *weisstein*
en Saxe , notamment à la partie nord-ouest de l'*Erzgebirge*,
où il forme une grande masse de montagnes , observe qu'il est

placé sous le gneis , et il ne pense pas pouvoir le regarder comme
subordonné à cette roche ; il lui semble tenir plutôt à un granite
particulier auquel il passe quelquefois : ce ne serait alors qu'un
eurite , c'est-à-dire un granite compacte ou presque compacte.

M. Hausmann a remarqué un *weisstein* en Suède , qui serait
dans le même cas : en suivant le granite siénitique, il a vu l'amphibole disparaître , et bientôt il n'a plus eu qu'une roche composée de feldspath compacte , avec quelques grains de quartz et
quelques petites paillettes de mica qui avaient peine à lui donner l'aspect stratifié : c'est, dit ce savant minéralogiste, un vrai
weisstein. Ailleurs , et dans le même pays , il a remarqué un eurite , formé de feldspath et de quartz comme fondus ensemble ,
se rapprocher de cette roche (1).

Dans tous les cas , le *weisstein* n'est à mes yeux qu'un feldspath habituellement granuleux , contenant quelques paillettes
de mica avec quelques grains de quartz et d'autres minéraux.

Il n'a d'ailleurs été observé qu'en Suède , en Saxe et en
Moravie , où il constitue aussi des montagnes.

Je ne parlerai pas des couches de granite , de
schiste-micacé et de phyllade , qui se trouvent
souvent dans le gneis, et avec lesquelles il alterne.
Je me bornerai à remarquer que dans quelques-
unes de ces couches de granite , j'ai vu le feldspath presque à l'état terreux ou de kaolin : tout
indiquait que cet état n'était nullement l'effet
d'une décomposition due à l'action de l'atmosphère, ou à d'autres agents étrangers : le feldspath
aurait donc été ainsi formé ; ses molécules, au lieu
de se serrer et de se lier de manière à faire un

_____

(1) *Reise durch Scandinavien* , tom. V.

corps cristallin ou lithoïde, seraient restés incon-
hérentes, et il en serait résulté une masse terreuse.
Nous verrons par la suite plusieurs exemples de
ce fait remarquable.

Outre les couches dont nous venons de parler, le gneis renferme encore des filons des
mêmes substances. Il contient en outre beaucoup
de filons de quartz : j'en ai vu un qui était d'un
beau noir ; et en l'examinant avec attention ,
j'ai reconnu qu'il ne devait sa couleur qu'à de la
tourmaline dont il était en quelque sorte imprégné. Nous avons déjà parlé (§ 156) des filons de
granite , habituellement à gros grains cristallins
et surchargé de feldspath, qu'on y trouve. « Il est
vraiment remarquable , dit M. de Buch à leur sujet , de voir que par-tout où la matière du gneis
jouit de quelques repos , comme dans les fentes
des filons , le feldspath augmente , le mica diminue et le granite se forme : nouvelle confirmation , ajoute-t-il , de cette vérité à laquelle ramè-
nent tous les phénomènes géologiques, que toutes
les différences dans les formations ne viennent
que des mouvements extérieurs, modifiés par les
forces d'affinité intérieure(1).» Sans adopter cette
opinion dans tout son entier, nous croyons qu'elle
mérite d'être prise en grande considération.

_____

(1) *Voyage en Norwége*, tom. I, pag. 393 et 410 de l'édition allemande.

§ 170. Le gneis succède immédiatement au granite , dans la *suite des formations schisteuses* (§ 144) : il est entre lui et le schiste-micacé , et il forme l'anneau qui joint ces deux roches ; on peut même dire qu'il va de l'une à l'autre par des nuances insensibles , et qu'entre elles il présente tous les intermédiaires imaginables sous le rapport de la texture et de la composition. Cependant, malgré ce passage, malgré l'alternance très-fréquente entre ces roches , malgré leur mélange, quelquefois dans la même couche (§ 155), la plupart des minéralogistes regardent sa masse générale comme d'une formation postérieure à la masse générale du granite ; quoique d'ailleurs il n'y ait eu aucune interruption entre les deux formations ; et , dans le fait , la moindre quantité de feldspath , la plus grande abondance de mica , la moindre grosseur et le moins de *cristallinité* des grains, semblent indiquer un autre ordre de choses , et un rapprochement vers cette époque subséquente , où les formations minérales ont été moins pures et plus troublées. Le grand nombre de couches étrangères , et la quantité des substances métalliques que le gneis renferme , le distinguent encore géognostiquement du granite ; et toutes ces diverses circonstances motivent suffisamment la séparation faite par Werner et adoptée aujourd'hui par tous les minéralogistes.

Certainement il existe de bien grands rapports entre ces deux
sortes de roches, et nous y avons insisté : mais ce n'est pas une
raison suffisante pour les confondre; c'est bien en géognosie
que l'on peut dire, avec pleine raison, ce que Saussure disait
dans la minéralogie en général : Si l'on réunit et confond, sous
le même nom, deux substances du moment qu'elles ont des
rapports, on finira par n'avoir plus, dans le règne minéral, qu'un
seul nom et qu'une seule chose. Lors même que nos divisions
et nos dénominations seraient moins l'expression de ce qui existe
réellement dans la nature, qu'un moyen d'en faciliter l'étude et
la connaissance, il faudrait encore les conserver. Je me suis
prononcé (§ 108) contre l'introduction de nouvelles dénominations dont l'expérience n'aurait pas justifié la nécessité; mais
je n'en dis pas moins que, dans l'état actuel de la géognosie,
on nuirait bien plus à ses progrès par la suppression des dénominations déjà reçues, que par l'admission de quelques autres.

Le gneis ayant été formé à diverses époques,
peut renfermer, et renferme effectivement quelquefois des fragments des roches préexistantes.
M. de Buch en a vu un exemple au Rostenberg,
en Norwége : la roche y est un gneis très-chargé
de mica et tres-schisteux ; elle contient des fragments d'un autre gneis, formé de bandes ou
plaques de feldspath avec un peu de quartz, et
séparées par des feuillets de mica, comme dans
la première variété que nous avons décrite : ces
fragments sont anguleux, quelquefois quadrangulaires, et ont jusqu'à un pied et plus ; ce sont,
dit M. de Buch, les débris d'un gneis plus ancien
qui fut détruit à l'époque de la formation du
gneis nouveau. La vue de cette roche lui rappela

les poudingues de Vallorsine (§ 135) , et il l'eût
regardée comme un poudingue si les fragments
y eussent été plus nombreux (1).

Substances
métalliques. § 171. Le gneis est peut-être la roche qui renferme le plus de substances métalliques, au moins
en Europe : il n'en est presque aucune qui n'y
ait été trouvée et en assez grande abondance pour
être l'objet d'une exploitation ; elles y sont le
plus ordinairement en filons, mais souvent aussi
en couches.

C'est dans les gneis de la Gardette en Dauphiné, que M. Schreiber a fait exploiter le seul filon
d'or, où le mineur français ait attaché ses travaux (2). C'est dans les gneis, au pied du Mont-
Rose, que gisent les mines d'or de Macugnaga (3).
Celles de Rauris, Gastein, Schellgaden, dans le
pays de Salzbourg, sont encore dans cette même
roche (4).

Les filons et veines de la montagne de Chalances, près d'Allemont, qui ont livré de l'argent,
du cobalt, de l'antimoine, etc., sont dans du
gneis. Cette roche renferme encore, dans les Vosges, les filons de Sainte-Marie-aux-Mines, lesquels
ont prouvé leur richesse et leur étendue, par

---

(1) *Voyage en Norwége et en Laponie*, ch. 4.

(2) *Journal de physique*, tom. 36.

(3) Saussure, §§ 2132 et suiv.

(4) Moll, *Ober Teutche Beytrœge*, 1787.

les longs travaux qu'on y a poussés, et par
l'abondance des métaux qu'on en a retirés. C'est
dans le gneis de l'Auvergne que j'ai vu les filons
de plomb et d'argent de Pontgibaud, ainsi que
ceux d'antimoine près de Massiac. C'est dans celui de la Saxe que sont les riches et célèbres mines d'argent, de plomb, etc., de Freyberg,
Marienberg, Annaberg, Glashutte, Ehrenfri-
dersdorff, etc.; c'est dans celui de la Bohême
que sont les exploitations de Joachimsthal et de
la contrée environnante. Presque par-tout, dans
ces lieux, le minerai métallique est en filons.

Il est en amas dans les fameuses mines de cuivre de Fahlun en Suède. Le gneis renferme encore
une grande quantité de minerai de fer : presque
tout celui qu'on exploite dans la Scandinavie est
dans cette roche ; par exemple, au Taberg, à Dannemora, à Utoë, à Gellivara et à Arendal. Nous
parlerons plus bas de ces gîtes célèbres.

En Amérique, d'après la remarque de M. de
Humboldt, le gneis est beaucoup moins métallifère.

§ 172. Le gneis accompagne presque par-tout   Etendue.
le granite, il se retrouve dans les mêmes contrées que lui ; mais resserré, en quelque sorte,
entre cette roche et le schiste-micacé, il occupe
moins d'étendue qu'eux en France, en Suisse,
en Allemagne et en Angleterre. Cependant ailleurs, notamment en Norwége et dans le nord de

l'Europe en général , il est la roche dominante ;
le terrain de gneis y est en quelque sorte l'unique ;
il enveloppe toutes les autres roches , et elles y
occupent si peu d'étendue, dit M. de Buch, qu'on
peut les regarder comme lui étant subordonnées.

Le gneis est encore abondant dans les États-
Unis d'Amérique : il y constitue peut-être la moitié des terrains primitifs ; il y renferme des masses
ou bancs de granite qui ont plus de trois cents
pieds d'épaisseur, et il y contient une multitude
de couches de calcaire , de roches amphiboliques , de serpentine , de fer oxidulé , etc. Dans
l'Amérique méridionale , M. de Humboldt l'a vu
dominer sur la haute chaîne des Andes de Quito ;
il l'a observé dans les montagnes de Parime , et
dans celle de Venezuela.

ARTICLE TROISIEME.

DU SCHISTE-MICACÉ.

Saxum fornacum et saxum molare de Wallerius.
Roche feuilletée , quartz et mica, ou *schiste-micacé* de Saussure.
Glimmerschiefer des Allemands.
Mica slate des Anglais.

Composi-
tion.

§ 173. *Le schiste-micacé est une roche de texture schisteuse, composée de mica et de quartz*(1).

_____

(1) Le *glimer schiefer*, formé des deux mots *glimmer* (mica) et
schiefer (schiste), est déduit et du principe dominant et de la
structure de la roche.

Celui de *schiste-micacé* en est la traduction naturelle, et quoi-

Le mica domine presque toujours, ou du moins il est plus apparent ; il est communément gris, il tire cependant quelquefois sur le jaune, plus rarement sur le brun, et assez souvent sur le vert ; dans ce dernier cas, il se rapproche du talc. Il n'est plus ici en paillettes comme dans le granite, ni en écailles souvent distinctes comme dans les gneis : presque toujours les ecailles, ou cristaux imparfaits, sont tellement tissues et fondues les unes dans les autres, que leur ensemble forme des feuillets continus semblables à des pellicules. Le quartz a sa couleur grise et son aspect vitreux ordinaires ; il est en petites lames de forme à-peu-près lenticulaire et interposées à plat entre les feuillets de mica. Souvent ces lentilles augmentent d'épaisseur jusqu'à avoir un demipouce dans le milieu ; elles deviennent même

---

que imparfaite elle est aussi exacte que possible dans une langue qui ne compose pas ses noms, comme l'allemand, l'anglais, le grec, etc., de substantifs simplement juxta-posés. Ce mot est employé depuis plus de trente ans par Saussure et par tous les minéralogistes français. Il est évident, d'après la définition ci-dessus, qu'il ne saurait être donné à une roche par cela seul qu'elle serait schisteuse et qu'elle contiendrait du mica : cependant, pour prévenir cette fausse application, M. Brongniart lui a substitué celui de *micaschiste*. Je ne connais aucun exemple de la méprise susmentionnée ; si je l'eusse crainte, j'aurais donné au *glimmerschiefer* un nom français simple ; mais cela m'a paru superflu ; dans l'état actuel de la nomenclature on s'entend complétement ; le nom existant remplit son objet, et il est consacré par l'usage.

quelquefois presque entièrement globuleuses : les
feuillets de mica continuent toujours de se plier
tout autour, et lorsqu'on casse de pareils schistes, comme ils se délitent dans le sens des feuillets, ces boules, ou nœuds de quartz, étant en
saillie sur le fragment, présentent, sous la pellicule de mica qui forme la surface, une image
semblable à celle des tumeurs ou glandes sous la
peau des animaux. D'autres fois les grains de quartz
sont si petits et tellement enveloppés dans les
feuillets de mica, qu'on ne peut les discerner,
et que la roche ne paraît composée que de cette
dernière substance.

Quoiqu'en général le mica constitue la masse
principale du schiste-micacé, et que ce soit de
ses différences que dérivent celles que présente
la roche, il arrive cependant quelquefois que le
quartz est en grande quantité, et qu'il forme
seul des lames qui se continuent à plusieurs pouces de distance ; la coupe transversale de la pierre
présente alors un aspect veiné ; d'autres fois
il augmente tellement qu'il fait la majeure
partie de la masse ; le mica n'y est plus qu'en feuillets aussi rares que minces, ou même il n'y
est qu'en petites ecailles séparées les unes des
autres, et alors le schiste passe à la roche de
quartz dont nous parlerons dans la suite.

Les schistes dans lesquels le quartz abonde, se
délitent quelquefois en plaques plates et d'une

assez grande étendue , on s'en sert dans quelques
endroits, en guise d'ardoise, pour couvrir les
toits : c'est le vrai *saxum fornacum* de Wallérius.
Mais le plus souvent le mica domine , et le schiste
se divise en feuillets courts, épais et contournés :
ce caractère sert assez souvent à le faire distinguer au premier aspect du gneis , celui-ci ayant
en général les feuillets plus plats et plus réguliers:
au reste , c'est dans la présence ou l'absence du
feldspath que consiste la principale différence
entre ces deux roches, au moins lorsqu'on les
considère en petits échantillons.

§ 174. Le gneis passe au schiste-micacé, mais   Variétés.
ce passage ne se fait pas brusquement : de sorte
que les premières variétés de cette dernière roche,
celles qui tiennent de plus près au gneis , renferment encore quelques grains de feldspath , et
quelquefois même de petits rognons de ce minéral ; leurs feuillets sont en outre moins fins. Ensuite nous avons le schiste-micacé ordinaire, composé de mica et de quartz en parties bien distinctes.
Enfin le mica augmentant, le quartz ne se montrera plus qu'en petits grains qu'on a quelquefois même de la peine à apercevoir entre les
feuillets de mica; le tissu de la roche sera très-fin;
souvent ces feuillets s'appliqueront intimement
les uns contre les autres , et si l'aspect cristallin
diminue , on passera au schiste- phyllade.

Outre les diverses variétés de schiste-micacé

qui peuvent résulter du changement graduel de
composition, nous remarquerons celle qui présente l'aspect glanduleux dont nous avons indiqué la cause.

Le mica passe souvent au talc, et par suite le
schiste-micacé passera au schiste-talqueux; mais
le passage entre ces deux roches, comme le passage entre les deux minéraux, est si insensible et
si fréquent, que je ne saurais voir dans ces deux
termes que deux simples variétés. Un des exemples
les plus frappants que j'aie vus de ce passage,
est en Auvergne, près Saint-Sernin, sur la
route de Mauriac à Aurillac : le schiste-micacé
y passe, sans changer même de couleur, à un
schiste-talqueux, tellement smectite (onctueux
au toucher), que pour peu que la roche soit
inclinée, il est difficile de s'y tenir debout; on
y glisse comme si elle avait été frottée avec du
savon. Quoique le passage entre les deux variétés
ne soit le plus souvent qu'instantané, cependant
il se maintient quelquefois sur des espaces d'une
très-grande étendue : c'est ainsi que sur le revers
méridional des grandes Alpes, depuis le Mont-
Rose jusqu'au Mont-Blanc, la roche dominante est
presque toujours du schiste-talqueux ; mais elle
retourne, par intervalles, au schiste-micacé, et elle
présente d'ailleurs tous les mêmes caractères géognostiques que lui : ainsi, il n'y a nullement lieu
à les séparer comme deux formations distinctes.

§ 175. Le schiste-micacé renferme très-fré-quemment diverses substances. Les principales sont :

1° Le *grenat*, soit en grains amorphes, soit en cristaux ; il s'y trouve si souvent qu'on pour-rait presque le regarder comme un des princi-pes intégrants de la roche. J'ai vu peu de schistes-micacés qui, pris dans une certaine étendue, n'en continssent un plus ou moins grand nombre: j'en ai trouvé dans ceux du Languedoc, des Alpes, de la Saxe, de la Silésie, etc. M. de Buch en voyait presqu'à chaque pas qu'il faisait dans les schistes-micacés de la Scandinavie. Ils sont quelquefois en grand nombre et d'une grosseur considérable dans le même lieu : Saussure, des-cendant du Simplon à Duomo d'Ossola, marchait sur un chemin qui en semblait presque pavé ; ils y étaient, dit ce naturaliste, saillants hors du ro-cher comme les clous d'une charrette. (*Sauss.* , § 1760.) M. de Humboldt en a également observé dans les schistes-micacés d'Amérique ; mais ils y sont en moindre quantité que dans le gneis ; ils diminuent dans cette roche lorsqu'elle se rap-proche des schistes, tandis qu'en Europe, c'est à l'époque de ce rapprochement qu'elle com-mence à prendre des grenats.

Les feuillets de mica se plient tout au tour des cristaux de grenat, comme nous avons dit qu'ils le faisaient autour des nœuds de quartz : et

Substanc coutenue

6.

lorsque ces cristaux sont un peu gros , ils contribuent beaucoup à donner au schiste-micacé
l'aspect glanduleux dont nous avons parlé. On
peut en dire autant des cristaux de quelques-unes
des substances que nous allons encore citer. Ces
nodules présentant des parties dures , quelquefois très-rapprochées et saillantes au-dessus du
reste de la roche , la rendent propre à servir de
pierre meulière , de là le nom de *saxum molare*
qu'elle porte en Suéde : Wallérius en distingue un
grand nombre de variétés ; dans les unes les nœuds
saillants sont des grenats, dans d'autres des quartz;
ailleurs c'est de la tourmaline avec du quartz.
J'ai vu , dans le pays d'Aoste , une grande quantité
de meules faites d'un schiste-micacé chloriteux
rempli de grenats rouges et gros comme des pois.

2° La *tourmaline :* en cristaux souvent bien
terminés.

3° L'*amphibole :* en cristaux habituellement
imparfaits , et quelquefois en faisceaux formés
de fibres divergentes ; souvent ils sont comme
fondus dans la masse du schiste , et n'y paraissent
que comme des taches noires sur un fond de couleur différente.

4° La *staurotide :* elle n'a encore été trouvée
que dans cette espèce de roche , tant en Suisse
qu'en Bretagne.

5° La *macle :* elle est abondante dans les Pyrénées.

6° La belle *émeraude* trouvée par M. Caillard en Égypte, est dans un schiste-micacé.

On a encore, dans cette roche, des disthènes, des graphites, des titanes, de l'idocrase, etc.

§ 176. Le schiste-micacé est très-distinctement stratifié, moins cependant que le gneis ; sa structure, si souvent glanduleuse, donne fréquemment à ses feuillets une forme contournée, qui ne permet pas d'en suivre aussi aisément la direction que s'ils étaient plans.

Ce contournement se retrouve aussi dans les strates : j'en ai vu de nombreux exemples dans les petites montagnes d'Arré en Bretagne : entre deux strates assez planes, on en voit quelquefois une, tantôt toute tordue et repliée sur elle-même, tantôt renfermant une bande de quartz qui y serpente, et parallèlement à laquelle les feuillets se disposent, etc. La matière de cette strate se sera tourmentée vraisemblablement par un mouvement intestin, lorsqu'elle est passée, par cristallisation, de l'état de mollesse à l'état solide ; de là tous les plis et toutes les formes singulières de ses feuillets.

§ 177. Le schiste-micacé est de toutes les roches primitives celle qui contient le plus de roches étrangères. Nous y remarquerons d'abord celles qui sont en grand rapport de composition avec lui ; telles que :

1° Des *couches de talc :* Dans plusieurs schistes-

Marginal note beside § 176: Stratification.

Marginal note beside § 177: Couches hétérogènes.

micacés, le mica est remplacé par le talc , et
lorsque celui-ci vient à dominer considérablement , il en résulte les couches dont nous parlons
ici. On en a plusieurs exemples dans les Alpes,
si riches en matière talqueuse : ainsi , sur les
bords de la Doire-Baltée , au Mont-Jovet , on
voit une couche dont le talc est pur , et par suite
très-réfractaire ; on en taille les pierres pour les
creusets des fourneaux à fondre le minerai de
fer : ailleurs , les lamelles cristallines du talc
sont tellement enlacées , soit entre elles , soit
avec la partie compacte , que la roche qui en résulte , quoique très-tendre , a assez de consistance pour pouvoir être travaillée au tour ; c'est
une pierre ollaire.

La serpentine n'étant, en quelque sorte , qu'un
schiste très-talqueux à l'état compacte , nous en
trouverons fréquemment des couches dans les
terrains dont nous parlons ici. Le Piémont en
offre encore plusieurs exemples , sur lesquels
nous reviendrons , en parlant des terrains de serpentine.

La chlorite tenant de même très-intimement,
par sa nature, au talc , et par suite au mica , se
trouvera souvent en couches au milieu de celles
du schiste-micacé.

Quant à des couches de mica pur , ou presque
pur , elles sont assez rares , du moins n'en ai-je
vu qu'un bien petit nombre. Mais souvent on

trouve des masses ou portions de couches qui semblent n'être qu'un assemblage confus de paillettes de mica, petites, incohérentes, noires et dures.

2° Les *couches de quartz*, au contraire, sont très-communes dans le schiste-micacé, elles n'y sont pas, il est vrai, ordinairement pures; elles contiennent presque toujours une plus ou moins grande quantité de mica, qui donne à la roche une texture schisteuse, et qui en fait un *hyalomicte* (*greisen* des Allemands). Le quartz y est souvent en parties qui montrent une tendance à se former en grains; elles sont même quelquefois si distinctes que la roche a une texture entièrement granuleuse, et qu'elle a même été quelquefois prise pour un grès, comme dans la pierre dite *grès flexible* du Brésil, laquelle n'est qu'un quartz formé en grains bien distincts et entremêlés de quelques paillettes de mica : elle fait très-vraisemblablement partie d'une couche dans un terrain de schiste-micacé. Quelquefois le mica n'est, dans l'hyalomicte, que comme un léger enduit, ou en minces pellicules interposées entre les plaques quartzeuses et servant à les séparer les unes des autres : lorsque la roche se brise, ou plutôt qu'elle se délite, la pellicule enveloppant les fragments, ils paraissent être des morceaux de mica ou de talc; mais bientôt la décomposition détruisant la pellicule, ils se présentent comme des échantillons de quartz pur.

Souvent les couches et masses quartzeuses pures augmentent de volume, de manière à former des montagnes et des terrains de quartz ; ils seront l'objet d'un article particulier.

3° Non-seulement le *grenat* se trouve en grains ou cristaux disséminés dans les montagnes de schiste-micacé ; mais encore il y forme des couches particulières : j'en ai vu une auprès d Ehrenfriedersdorff en Saxe : il y en a dans les montagnes de la Scandinavie.

4° Les *couches calcaires* sont très-abondantes dans le schiste-micacé : je puis même dire qu'il est leur gîte le plus habituel dans les terrains primitifs. Les schistes-micacés des Alpes, des Pyrénées, de la Saxe, de la Montagne-Noire en Languedoc, etc., m'en ont présenté un grand nombre ; il serait superflu d'insister sur ces localités, ainsi que sur celles qui sont rapportées par les auteurs ; le fait est trop général.

Le schiste se mêle très-souvent avec le calcaire : quelquefois le mélange n'a lieu qu'au contact des couches ; d'autres fois il existe sur des masses considérables, et les deux substances sont absolument mêlées ; les feuillets présentent une matière calcaire contenant de petits grains de quartz, et ils sont séparés les uns des autres par des lames composées de feuillets de mica. On voit un exemple d'un pareil fait entre Aoste et le Petit-Saint-Bernard, à la jonction du terrain primitif et du terrain intermédiaire. Le calcaire se mêle aussi dans le schiste-micacé, sous forme de petits grains, qui semblent faire une de ses parties constituantes. Très-souvent les couches calcaires renfermées dans les schistes-micacés, contiennent des paillettes de mica ou de talc, qui, quoiqu'en très-petite quantité, leur communiquent une texture schisteuse : nous traiterons de ces divers objets à l'article des calcaires primitifs. Nous nous bornerons ici à remarquer que parmi les variétés de calcaire qui se trouvent dans le schiste-micacé, il en est une qui doit être remarquée ; c'est celle qui, mêlée de magnésie et ayant une texture granuleuse, a été nommé *dolomie;* elle est sur-tout commune dans les Alpes du Saint-Gothard et du Splugen. M. de Buch a vu, dans cette dernière localité, le calcaire accompagné de gypse (1).

5° Des couches de diabase, d'amphibolite, d'actinote, de trémolite, etc. — Elles seront regardées comme exemple de couches *accidentelles ;* les calcaires seront comme exemple de couches *habituelles*, et celles de talc, de serpentine et de quartz, comme *subordonnées* (§ 122).

Il est superflu de faire mention des assises de granite, de gneis et de phyllade, qui alternent quelquefois avec celles de schiste-micacé : et nous parlerons bientôt des nombreuses couches

(1) *Magazin der naturforschender Freunde.* 1809.

métallifères qu'on trouve au milieu d'elles.

Age. § 178. Le schiste-micacé vient après le gneis, dans la *suite des formations*, c'est, dans la *suite schisteuse* (§ 145), l'anneau qui le joint au phyllade ; il passe d'un côté à la première de ces roches, et de l'autre à la seconde. Quoique le schiste-micacé, pris en général, paraisse se trouver entre les grands terrains de ces deux roches, très-fréquemment on en voit des couches placées avant ou après, en suivant l'âge relatif des formations ; on en voit même qui s'enfoncent sous le granite.

Non-seulement le schiste-micacé alterne avec le granite, le gneis et le phyllade, mais encore il passe immédiatement à ces roches dans le même terrain, et quelquefois dans la même couche : ainsi, une assise sera de granite sur un point, et de schiste-micacé sur un autre ; la présence d'une plus grande quantité de feldspath, peut-être plus de tranquillité dans la précipitation, auront suffi pour déterminer la production du granite, ainsi que nous l'avons déjà remarqué (§§ 155 et 160).

Métaux § 179. Le schiste-micacé est une des roches qui contenus. renferment le plus de substances métalliques : elles y sont plus souvent en couches qu'en filons, quoique ceux-ci ne laissent pas que d'être en assez grand nombre ; et l'on peut dire que si le gneis est la roche qui contient le plus de filons métalli-

fères, le schiste-micacé est celle qui renferme le
plus de couches.

Les mines d'or exploitées au pied du Mont-
Rose, du côté de Duomo d'Ossola, sont en grande
partie dans cette roche. Il en est de même de
quelques-unes de celles du pays de Salzbourg ;
telles sont entre autres celles de Raminstein
Murwinke, etc.

Les exploitations d'argent de Johan - Geor-
genstadt, de Braunsdorf, une partie de celles
d'Ehrenfriedersdorff en Saxe, une partie de celles
de la Suède et de la Norwége, notamment celles
de Kongsberg, etc., sont dans le schiste-micacé.

La majeure partie des mines, dans les montagnes
qui séparent la Silésie de la Bohême, existent dans
cette roche : il en est de même de celles de cuivre
près de Kupferberg, de celles d'étain à Gieren,
et de celles de cobalt à Querbach, en Silésie.

Le fer se trouve fréquemment dans les couches
que renferme le schiste-micacé, notamment près
Ehrenfriedersdorff en Saxe.

§ 180. Le schiste-micacé se délite et se décom- Décompose avec beaucoup de facilité : il se réduit en position.
une terre contenant des grains de quartz, ainsi
qu'on le voit dans tous les éboulements qui sont
au pied de ses montagnes. Si le talc domine, la
terre est douce et onctueuse au toucher, et peu
propre à la végétation, comme toutes les terres
magnésiennes.

D'après cette aptitude à la décomposition, ses montagnes ne peuvent guère présenter que des formes et des cimes arrondies; à moins qu'elles ne renferment des roches d'une autre nature, tels que les quartz, les calcaires : celles-ci restant en saillie, peuvent constituer dans ces terrains des pics d'un volume considérable. Les Alpes et les Pyrénées en offrent un très-grand nombre d'exemples.

Etendue. § 181. Les terrains de schiste-micacé sont peut-être les plus étendus des terrains primitifs, au moins dans les Alpes, en France, en Allemagne, etc. Dans les Pyrénées, cependant, la formation du schiste-micacé, principalement composée de couches de ce schiste, de phyllade et de calcaire, présente une longue bande morcelée reposant immédiatement sur le granite, et bien moins étendue que lui. Dans la partie la plus septentrionale de l'Europe, le schiste-micacé est presque aussi abondant que le gneis : il paraît qu'il est en moindre quantité en Angleterre, quoique cependant il ait été remarqué sur plusieurs points, notamment en Ecosse. On le retrouve en divers lieux des montagnes des Etats-Unis d'Amérique. M. de Humboldt l'a observé auprès de Cumana.

Cet illustre voyageur l'y regarde comme appartenant à la formation de micaschiste (schiste-micacé) proprement dite. Il admet, pour l'Amérique équinoxiale, les cinq formations, ou grandes assises, qui, d'après M. de Raumer, constituent les montagnes du *Riesengebirge*, en Silésie, et que cet habile minéralogiste désigne, suivant les roches qui les composent, sous les noms de *granite, granite-gneis, gneis, gneis-micaschiste* et *micaschiste*. Les parties des Alpes, des Pyrénées et de la France que j'ai été à même de voir et d'étudier, ne m'ont présenté aucune indice d'une division de ces formations.

ARTICLE QUATRIEME.

DU PHYLLADE.

Thonschiefer des Allemands.

Clay slate des Anglais.

Schistus mensalis, tegularis, durus, de Vall.

Ardoise, schiste de Saussure et des anciens minéralogistes.

Schiste argileux de M. Brochant.

§ 182. La roche, objet de cet article, était désignée par les anciens minéralogistes français sous le nom vague de *schiste*, et lorsqu'elle se divisait aisément en feuillets plats, de manière à pouvoir être employée à couvrir les toits ou à faire des tables, ils lui substituaient la dénomination d'*ardoise*. Le nom de schiste ayant été donné ensuite à toutes les roches d'une texture fissile, n'a pu être, plus long-tems, celui d'une roche particulière ; et pour le faire servir à cet usage on y a joint l'adjectif *argileux*, traduisant ainsi, autant que l'esprit de notre langue le permettait, le mot allemand *thonschiefer* (*argila schistus*). Mais outre que la traduction est imparfaite, et que l'usage général n'a point attaché le nom *schiste-argileux* à une roche particulière, deux inconvénients majeurs exigeaient sa réforme. 1° Nous avons, en géognosie, une autre substance connue sous le nom d'*argile schisteuse* (*schieferthon*); or il faut presque de la subtilité pour maintenir une différence entre ces deux noms, et dans la pratique, il y a de continuelles méprises. 2° Le mot *argileux* éveille nécessairement l'idée d'argile, et

Dénomination.

semble dire que notre roche est composée de cette terre ; elle ne l'est pas plus que le schiste-micacé : elle a seulement un aspect moins cristallin, et par suite plus terreux : l'argile, *détritus de* roches préexistantes, n'a son véritable gissement que dans les terrains secondaires, et non dans les terrains primitifs ou intermédiaires auxquels appartient le prétendu schiste argileux.

Ces considérations nous ont portés, M. Brochant et moi, à lui substituer le nom de *phyllade*, déduit de sa texture feuilletée (φυλλὰς, tas de feuilles).

Caractère.   § 183. *Le phyllade est une roche simple, schisteuse, présentant une cassure transversale mate, terreuse, à grains fins, opaque, tendre, donnant une poussière grise, quelle que soit d'ailleurs sa couleur, et fondant en une scorie noirâtre.*

Ses couleurs les plus ordinaires sont le gris plus ou moins foncé et le noir bleuâtre, très-souvent encore le gris verdâtre, plus rarement les gris jaunâtres et le rouge brunâtre. L'oxide de fer est le principe colorant habituel ; mais dans les variétés noires, c'est une matière charbonneuse, soit à l'état de carbure de fer, soit à l'état d'anthracite. La plupart des phyllades se délitent très-aisément en feuillets minces, tantôt plans, tantôt plus ou moins contournés : leur surface est quelquefois lisse, d'autres fois elle est traversée par des stries profondes, et est comme froncée : elle est tantôt terne, tantôt luisante, d'un éclat nacré ou soyeux.

Rapport du phyllade au schiste-micacé.   § 184. Les derniers schistes-micacés, ceux qui s'éloignent le plus du gneis, ne paraissent presque

composés que de mica, le quartz y est en parties
presque imperceptibles, et le tissu en est très-fin ;
mais encore le mica s'y distingue, soit en petites
paillettes, soit en pellicules tres-minces : ensuite,
ces paillettes ou ces pellicules se lient plus intimement les unes aux autres, elles ne se séparent
qu'en feuillets plus épais, formés de leur réunion,
et on a déjà un phyllade : cependant en l'examinant
à une vive lumière, ou à l'aide d'une loupe, on
aperçoit encore sur la surface des feuillets, une
multitude de petites écailles de mica extrêmement déliées, et l'on voit que tout le corps en est
composé : ses reflets sont encore, en partie, ceux
du mica ; mais bientôt les écailles se fondent les
unes dans les autres, l'aspect cristallin disparaît,
et on a un tout d'apparence homogène ; c'est le
vrai phyllade. Les paillettes de mica que l'on voit
quelquefois sur ses feuillets, sont plutôt renfermées dans sa pâte qu'elles n'en sont partie :
les points quartzeux, qui ont d'ailleurs diminué
en quantité, sont entièrement invisibles, ils sont
en tout ou en partie fondus dans la masse. C'est
ainsi que s'établit, de la manière la plus continue
et la mieux graduée, le passage entre ces deux roches, et par suite le passage du phyllade au gneis
et au granite.

Ce fait est un des plus positifs de la science ;
tous les géognostes sont unanimes sous ce rapport. Ferber, en donnant la première descrip-

tion du gneis, ne voyait en lui qu'une roche qui tenait d'un côté au granite, et qui de l'autre passait au phyllade (1) Charpentier, décrivant le schiste-micacé, le donne comme l'intermédiaire entre cette même roche et le gneis (2) Haydînguer s'exprime de même dans son traité sur les roches (3). Saussure insiste souvent sur la transition des granites feuilletés à l'ardoise. M. de Buch a très-bien développé ce fait dans un mémoire particulier (4), et il a vu, pour ainsi dire à tout instant, les schistes-micacés de la Norwége et de la Suède se changer en phyllades. Dans les Pyrénées, M. Cordier est arrivé par un passage insensible d'une de ces deux roches à l'autre (5). Je ne multiplierai pas les citations ; celles que nous avons données suffiront pour mettre à même de conclure que le phyllade n'est qu'un schiste-micacé, surchargé de mica, dont les éléments sont fondus les uns dans les autres ; en un mot, qu'il n'est qu'un mica plus ou moins chargé de quartz et à l'état compacte.

J'aurais désiré confirmer par l'analyse chimique cette identité de nature ; mais les données relatives à chacun des deux

---

(1) *Bytrœge zur naturgeschichte von Bœhmen*, pag. 24.

(2) *Mineralogische geographie der Chursœchsischen Lœndesr*, pag. 280.

(3) *Entwurf einer systematische Darstellung der Gebirgsarten*, pag. 21.

(4) *Bibliothèque britannique*, tom. 15.

(5) *Journal des Mines*, tom. 16, pag. 254.

termes de comparaison nous manquent : nous ne connaissons pas la composition du mica et de ses diverses variétés, du talc, etc. : et malgré les rapports que la minéralogie et la géognosie montrent entre ces substances, il paraît qu'elles diffèrent dans leur essence, c'est-à-dire qu'elles ne sont pas pétries de la même pâte. Notre ignorance est encore plus grande à l'égard du phyllade ; c'est une roche réellement mélangée, et la plus ou moins grande quantité de quartz qu'elle renferme doit influer sur les résultats de l'analyse. J'ai voulu cependant voir quels seraient ces résultats sur une des variétés les mieux caractérisées, l'ardoise tégulaire de Paris, et l'analyse m'a donné les résultats suivants, que je mets en comparaison avec ceux que M. Klaproth à retirés du mica en larges feuillets de Sibérie (1).

	PHYLLADE.	MICA.
Silice.	48,6	48
Alumine	23,5	34,25
Magnésie.	1,6	
Peroxide de fer.	11,3	4,50
Oxide de manganèse.	0,5	0,50
Potasse.	4,7	8,75
Carbonne.	0,3	»
Soufre.	0,1	»
Eau et matières volatiles.	7,6	1,25
Perte.	1,8	2,75

Si la comparaison entre ces deux analyses n'établit pas l'identité de composition, elle ne met du moins aucun obstacle aux rapprochements que nous avons faits, et elle permet bien de regarder le phyllade comme ayant pour base les principes du mica et contenant de plus une quantité notable de quartz ou de silice.

§ 185. Le phyllade passant du schiste-micacé à l'ardoise, par des nuances insensibles et diver- Variétés.

(1) Voyez les détails de mon analyse, *Journ. de phys.*, t. 68.

2.   7

sifiées sous tous les rapports , le nombre de ses variétés est presque indéfini ; je me bornerai à signaler les trois suivantes :

1° L'ardoise tégulaire dont nous avons dejà fait mention.

2° Un schiste noir , plus dur que l'ardoise commune , d'un grain plus serré , se délitant moins aisément en feuillets , lesquels sont d'ailleurs plus épais : c'est la *pierre de touche* la plus ordinaire. Elle doit les qualités qui la distinguent à une multitude de petits grains de quartz, en partie indiscernables, et peut-être même à de la silice dont elle serait imprégnée.

3° Dans les terrains de phyllade , j'ai souvent vu une roche particulière qui me paraissait tenir à leur masse principale , et par conséquent n'en être qu'une espèce , quoique d'ailleurs elle en différât pour ses caractères extérieurs. Elle est plutôt fendillée dans tous les sens qu'elle n'est schisteuse ; ses feuillets ou fragments sont épais, leur superficie est d'un brun sale et foncé (par suite de l'altération due au contact de l'air) ; l'intérieur est d'un gris verdâtre ou noirâtre ; il présente une cassure terreuse, se rapprochant quelquefois de la cassure compacte. Le défaut de caractères positifs ; l'aspect non stratifié de ces masses m'ont quelquefois porté à la prendre pour un eurite terreux ; mais l'ensemble de ses propriétés et son gissement m'engagent plutôt à l'annexer au phyllade. Nos anciens minéralogistes eussent vu en elle une *pierre de corne* ou *cornéenne :* nous l'appellerons *térénite.* (*Voyez* le chapitre suivant, art. Ier.)

§ 186. Indépendamment des petits grains de quartz et des paillettes de mica que l'on voit dans les phyllades, on y trouve encore souvent :

Minéraux contenus.

1° Du *quartz :* tantôt en petites lames interposées dans les feuillets de la roche ; tantôt en grains ou rognons, autour desquels se plient ces mêmes feuillets ; tantôt en petits filets et veines qui traversent les strates dans toutes sortes de directions ; tantôt en vrais filons ; tantôt, enfin, en grandes couches, ainsi que nous le dirons dans peu. Cette fréquence du quartz, sous toutes sortes de formes, est un fait général qui a été remarqué par tous les minéralogistes.

2° L'*amphibole :* le plus souvent en faisceaux, composés de fibres divergentes, en forme de gerbes. Plusieurs schistes, ceux de Schneeberg, en Saxe, par exemple, présentent des taches noires et oblongues qui paraissent être des cristaux informes de ce minéral.

3° La macle (*chiastolite*) : elle a été trouvée principalement dans le phyllade, en Bretagne, dans les Pyrénées, en Allemagne, en Angleterre, etc. : la partie noire qui est dans l'intérieur de ce minéral, ressemble beaucoup à celle de la roche.

On a observé encore, dans les phyllades, des

parties ou des cristaux de feldspath, de grenat,
de tourmaline, de fer oxidulé, de pyrites, etc.

§ 187. Le phyllade est peut-être la roche la
plus distinctement stratifiée ; les feuillets y sont
parallèles aux fissures de la stratification ; mais
quelquefois ils sont tellement contournés ou plis-
sés, et les plis se conservent, dans un même sens,
sur une si grande étendue, qu'une portion des
feuillets est inclinée ou même perpendiculaire à
la stratification, dans une portion de la couche.
De là une grande partie des irrégularités que
présentent si souvent les strates de phyllade, et
qui ont fait émettre des opinions extraordinaires
sur leur division en feuillets : telle serait, par
exemple, celle de M. Voigt. Ce géognoste, juste-
ment célèbre d ailleurs, pense que les phyllades
ont été déposés en couches à-peu-près horizontales, et qui sont encore dans cette même position ; mais qu'elles se divisent en feuillets, faisant
ordinairement un angle droit avec leur plan ; ce
qui leur donne l'apparence d'une stratification
verticale. Il observe que si la division en feuillets perpendiculaires ne se voit pas en plusieurs
lieux, c'est que les couches étant très-épaisses,
on n'aperçoit point les faces qui les terminent,
et qu'on ne peut ainsi juger de leur vraie position.
Il fonde son opinion sur des couches horizontales
qu'il a vues dans le *Thüringerwald* alterner avec
des couches calcaires, et qui étaient divisées en

feuillets à-peu-près perpendiculaires à la stratification (1).

Sans admettre l'opinion de M. Voigt, je n'en dois pas moins remarquer qu'il y a réellement des cas où la roche présente des feuillets obliques au plan des couches. J'en ai vu un exemple frappant en Saxe, à quatre lieues au nord de Freyberg : la montagne consistait en couches bien distinctes mêlées de beaucoup de calcaire, alternant avec d'autres couches imprégnées de carbure de fer, ce qui rendait la stratification bien visible. Les premières se délitaient très-nettement, en faisant avec la surface de superposition un angle d'environ 60°. Ce fait, qui nous frappa beaucoup (j'étais avec M. Mohs), est, d'après Werner, une suite du double feuilletage que présente quelquefois le phyllade. M. le comte de Bournon a remarqué que plusieurs schistes se délitent assez habituellement sous des angles de 60 à 120°, et il est tenté de voir ce fait comme résultant de la présence du mica.

Les strates des terrains de phyllade sont en général fort inclinées : la majeure partie d'entre elles a été formée à-peu-près horizontalement, et elle a été ensuite portée dans sa position actuelle, par l'effet d'une cause qui a agi sur elles après leur consolidation; cela est incontestablement

---

(1) *Practische Gebirgskunde*, pag. 56.

prouvé par la situation des fragments de forme
plate , que renferment plusieurs de celles qui
composent les terrains intermédiaires (les *grau-*
wacke) ;   ce fait détruit l'assertion de M. Voigt
sur la position encore horizontale des strates.

Couches
renfermées.

§ 188. Les terrains de phyllade renferment un
très-grand nombre de couches : les unes leur sont
subordonnées , telles sont , d'après Werner , celles de schistes-alumineux, de schiste-graphique, de
pierre à aiguiser, de schiste-chlorite et de schiste-
talqueux ; je pourrais ajouter celles de lydienne ,
d'anthracite et de carbure de fer. D'autres , telles
que celles de quartz , de diabase et de calcaire , y
sont *habituelles* , et peut-être même les deux premières seraient-elles dans le cas des précédentes ;
enfin, on y trouve quelquefois et *accidentellement*,
des couches de feldspath , de serpentine , etc.;
sans parler de celles de granite , de gneis, schiste-
micacé et porphyre , qui alternent dans certaines
contrées avec le phyllade. Comme cette roche se
trouve en partie dans les terrains primitifs et en
partie dans les terrains intermédiaires ; il en sera
de même des couches que nous venons de nommer ; cependant , celles de schistes alumineux et
graphique , ainsi que celles d'anthracite, appartenant exclusivement aux terrains intermédiaires,
nous n'en parlerons pas dans cet article ; nous
allons y dire quelques mots sur les autres.

1° Le *talc-schisteux* , ou schiste composé pres-

que entièrement de talc , appartient plus particulièrement aux derniers terrains de schiste-micacé ,
à ceux presque entièrement composés de mica, et
qui par conséquent se rapprochent des terrains de
phyllade et y passent même : c'est dans de pareils
terrains que nous trouvons ordinairement les
couches de talc-schisteux : elles y proviennent du
passage du mica au talc dans certaines assises ou
parties d'assises.

2° Le *schiste-chlorite*, ou plutôt le chlorite-
schisteux , ne diffère vraisemblablement de la
substance précédente , qu'en ce qu'elle est plus
chargée de fer ; elle a encore de grands rapports de gissement avec elle.

Ces roches ne se trouvent guère qu'en petites
masses ou couches , et sont au moins aussi fréquentes dans les schistes-micacés et les serpentines que dans les phyllades.

3° Le *schiste-coticule* n'est qu'un phyllade un
peu talqueux de couleur claire , et contenant du
quartz en grains plus ou moins fins. Lorsqu'ils ont
un grand degré de ténuité et que la roche offre
d'ailleurs une certaine consistance et dureté , elle
sert de pierre à aiguiser.

4° La *lydienne*. Nous avons vu que le phyllade renfermait très - souvent , et sous différentes
formes , beaucoup de quartz ; ce qui indique que
la silice était en grande quantité dans la dissolution ou dans la substance qui a produit cette ro-

che. Il sera arrivé quelquefois que les molécules
siliceuses seront restées dispersées dans la masse
du phyllade, lequel en sera ainsi imprégné; il
sera plus dur et à feuillets plus serrés : telle est
la *pierre de touche* dont nous avons fait mention
page 98. Si la quantité de silice augmente, et qu'elle
finisse par prédominer notablement, on aura une
couche de *schiste - siliceux* (*kieselschiefer*, *silex-
schiste* des Allemands) plus ou moins mêlé de
matière phylladique : ce fait a lieu principalement dans les phyllades, où la force de cristallisation a eu le moins d'action, c'est-à-dire dans
ceux qui sont homogènes, noirâtres, colorés
par le carbone, tels que les ardoises; alors le
schiste-siliceux est également noir ; c'est la *lydienne* de Werner (*lydischerstein*). Très-souvent
les molécules siliceuses qui la constituent, au lieu
de former des couches ou assises, se sont réunies
et groupées au milieu des phyllades, en entraînant une petite portion de leur substance, à-peu-
près de la même manière qu'elles se réunissent
dans les craies pour former des rognons et tubercules de silex : de là, les masses arrondies et les
boules de lydienne qui existent en grande quantité
dans les phyllades Elles y sont presque toujours
traversées, en tous sens, par une multitude de veinules de quartz blanc et hyalin ; ce sont de petits
filons formés presque en même tems que la pierre : du tems qu'elle était encore molle, elle se

sera fendillée , et les fentes se seront remplies de la partie la plus pure de la substance : les parties hétérogènes et le principe colorant seront restés dans la masse.

D'après ce qui vient d'être dit, la lydienne n'est qu'un quartz ou silex souillé d'une petite quantité de matière étrangère ; il est possible, d'apres cela, que sous les rapports oryctognostiques, elle ne mérite pas une considération particulière : mais il n'en est plus de même en géognosie ; elle se trouve si fréquemment, et on est si souvent dans le cas d'en faire mention, qu'il convient qu'elle soit désignée sous un nom particulier; d'autant plus qu'elle porte des caractères suffisants pour la distinguer des autres mineraux ; je les fais connaître, en disant : « La lydienne est une pierre d'un *noir grisâtre* ou *bleuâtre ;* elle se brise en fragments irréguliers qui montrent cependant quelque tendance à la forme rhomboïdale ; sa cassure est *lisse*, habituellement *unie* ou approchant du *concoïde évasé ;* elle a un *faible éclat* (est un peu luisante) ; elle est *opaque, dure*, assez facile à casser, et presque toujours traversée par des veines de quartz blanc. » Quelques minéralogistes allemands, prenant principalement en considération celle d'Andreasberg dans le Hartz, l'ont nommée *jaspe noir*, et cette dénomination est bien en rapport avec son essence; je remarquerai seulement que le jaspe est en général plus terne. M. Brongniart a compris la *lydienne* et le *kieselschiefer* proprement dit , sous le nom de *jaspe-schisteux ;* et je les vois reproduits, dans le traité des roches de M. de Bonnard (1) , sous celui de *quartz argilifère schistoïde* ou *phtanite*. Le *kieselschiefer* commun n'est d'ailleurs qu'un quartz grossier ordinairement grisâtre , terne , tenace, à cassure imparfaitement schisteuse dans un sens, et écailleuse dans l'autre.

---

(1) *Dictionnaire d'histoire naturelle*, art. ROCHE.

La lydienne forme quelquefois , quoique assez rarement, de grandes masses ou couches : je n'en ai vu de pareilles qu'à Andreasberg au Hartz ; la roche y est d'un beau noir, sans vénules de quartz, et à cassure concoïde. Quoiqu'on trouve des exemples de son gissement dans la plupart des auteurs, on peut cependant dire qu'ils sont en général assez rares, et cependant cette pierre est bien commune ; car, dans un grand nombre de terrains de transport , dans la plupart des lits des torrents et ruisseaux qu'on voit couler sur des terrains primitifs ou intermédiaires, ses fragments sont très-nombreux : abstraction faite du quartz, il n'est peut-être pas de roche qui en fournisse un plus grand nombre , sur-tout dans les lieux éloignés des montagnes d'où les galets ont pu venir. On ne la voit que rarement en place , et on trouve ses débris presque par-tout : son mode de formation est en grande partie la cause de ce fait assez singulier (1). La lydienne est une concrétion siliceuse, opérée au milieu du phyllade , et le plus souvent , les limites entre ces deux minéraux ne

---

(1) Son explication a donné lieu à une hypothès plus singulière encore. Fichtel , minéralogiste d'ailleurs distingué , admet que les lydiennes que nous voyons dans les terrains de transport, sont de simples fragments de phyllade qui sont tombés dans les ruisseaux des vallées, et que là ils ont été imprégnés d'un suc siliceux qui leur a donné la dureté que nous leur voyons. Mais les filets de quartz blanc qui les traversent? ils datent incontestablement de l'époque de la formation de la roche.

sont nullement tranchées, ils passent insensiblement de l'un à l'autre ; au milieu d'une masse, on
aura donc comme un noyau presque entièrement
siliceux ; la silice ira en diminuant peu-à-peu tout
à l'entour , jusqu'à ce qu'on n'ait plus qu'un phyllade : de sorte que le noyau , ou la lydienne, sera
enveloppé et comme caché sous une croûte plus
ou moins épaisse , et il ne deviendra visible que
lorsque la décomposition l'aura détruite.

La lydienne se trouve encore dans des terrains
autres que les phyllades ; M. Voigt attribue aux
terrains houillers la plupart de celles dont on
trouve les fragments dans les ruisseaux d'une partie de la Saxe. M. Omalius de Halloy en a observé
une grande quantité dans les calcaires bitumineux
noirs du pays de Namur, de Liége , etc.

5° Les *couches de quartz* pur , soit hyalin, soit
à l'état terne et écailleux ou granuleux , sont assez communes dans les phyllades. Elles s'y trouvent de toute grandeur depuis celles qu'on peut
regarder comme de simples lames interposées
entre les feuillets de la roche , jusqu'à celles qui
sont d'une épaisseur assez considérable pour être
regardées comme des masses de montagnes : quelquefois la matière de ces couches est entremêlée
de phyllade , et elle prend un aspect feuilletée.

6° Les *couches de diabase.* La plupart des couches et masses de cette roche que j'ai été à même
de voir , sont dans des phyllades, et je les regarde

comme y étant subordonnées. Dans le plus grand
nombre, les deux principes intégrants, le feldspath et l'amphibole, sont rarement distincts : ils
forment une masse compacte verte dans laquelle
on voit habituellement des points ou grains pyriteux. Je reviendrai sur ces couches à l'article des
roches amphiboliques, et je me bornerai seulement à dire ici que j'en ai vu de fréquents exemples
dans les phyllades de la Saxe.

7° Les *couches calcaires* se trouvent en grande
quantité dans la plupart des terrains de phyllade.
Presque toujours elles sont mélangées avec leur
masse, soit au voisinage de la superposition, soit
dans toute leur épaisseur Lorsque le mélange n'a
lieu qu'au voisinage de la superposition, il se fait
souvent d'une manière assez remarquable et que
j'ai eu occasion de constater en plusieurs endroits:
le phyllade, aux approches de la couche calcaire, commence à se charger de sa substance; il
s'en charge de plus en plus jusque vers la partie
qu'on pourrait regarder comme la ligne de démarcation entre les deux couches, s'il était possible d'en tracer une; au-delà, le phyllade diminue graduellement, et bientôt on est dans le
calcaire pur. La disposition réciproque des deux
substances est encore digne de remarque : les
deux matières se forment chacune en parties distinctes; le calcaire prend la forme des petites
masses aplaties qui se disposent à-peu-près sur

un même plan, et qui sont entourées et enveloppées par le phyllade, lequel est en plus grande
quantité : mais lorsqu'il est en moindre quantité,
il se présente en portions très-aplaties, disposées sur des lignes parallèles dans la masse calcaire, laquelle a ainsi un aspect stratifié ; quant
aux feuillets, ils sont si courts, si épais, si diversement contournés et enchevêtrés, que leur ensemble n'a que très-imparfaitement la texture
schisteuse. Quelquefois, lorsque le phyllade domine notablement, il arrive que les feuillets sont
formés de sa propre substance sur les faces, et
de calcaire dans leur intérieur : Saussure a remarqué une pareille disposition de ces substances
dans les montagnes des environs de Gènes.

La Bretagne m'a offert un exemple de couches
de feldspath, et les Pyrénées de couches de serpentine, intercalées dans les phyllades.

§ 189. Le phyllade est le dernier anneau dans
la suite des *formations schisteuses primitives*. Il est
même déjà, au moins à moitié, dans les terrains
intermédiaires. Nous le considérerons sous ce
dernier point de vue, dans le chapitre suivant,
et nous verrons ses rapports avec les autres roches des mêmes terrains : nous avons vu ceux qu'il
avait, d'autre part, avec le schiste-micacé, et par
suite avec les autres roches primitives. Mais quoiqu'à l'extrémité de la série primitive, il ne s'en
retrouve pas moins en petites masses dans les

Age.

termes antérieurs de la série ; nous l'avons vu
(§ 155) placé sous un granite, en Saxe. M. de
Buch nous fournit un autre exemple d'un pareil fait : près de Kielvig, à l'extrémité septentrionale de l'Europe, on a un phyllade contenant
une multitude de petites paillettes de mica et
des cristaux imparfaits de macle ; plus loin est
un granite à petits grains, contenant, avec des
lames de mica noir, beaucoup d'amphibole ; on
peut suivre, sur un long espace, la superposition
de ces deux roches, et l'on voit évidemment, et
sans le moindre doute, dit M. de Buch, que
le phyllade s'enfonce sous le granite. Ailleurs on
le voit alterner avec le gneis et le schiste-micacé.

Décomposi-
tion.

§ 190. Quoiqu'en général les phyllades cèdent
facilement à la décomposition, ils ne laissent pas
de présenter des différences assez sensibles à cet
égard. Ceux qui sont imprégnés de silice y résistent davantage. Cette circonstance, les masses de
quartz que cette roche contient, et la position si
souvent verticale des couches, donnent assez
souvent à ses montagnes un aspect fortement
découpé, et des vallées profondes séparées par
des crêtes aiguës.

La décomposition fait souvent perdre aux phyllades noirs leur principe colorant, le carbone ;
il s'unit avec l'oxigène de l'atmosphère, et il se
dissipe sous forme de gaz acide carbonique. J'ai
quelquefois vu, dans des carrières d'ardoise,

des masses de cette roche traversées par des fissures, à l'aide desquelles l'action décomposante s'était introduite et avait décoloré les parties adjacentes jusqu'à quelques lignes de distance ; de sorte que la coupe de ces masses présentait l'aspect d'une marqueterie formée de pièces noires encadrées de blanc.

La terre qui résulte de la décomposition des phyllades paraît très-propre à la végétation ; et la plupart des sols formés de cette roche sont en général bien boisés.

§ 191. Le phyllade est riche en métaux ; mais la plupart des dépôts métalliques qui ont été observés dans cette roche, tels que ceux du Hartz, de la Bretagne, du Mexique, etc., appartiennent aux phyllades intermédiaires : nous en parlerons dans le chapitre suivant.

Je ferai une observation semblable, relativement à l'étendue. Les phyllades se trouvent souvent dans le règne minéral, et ils occupent d'assez grands espaces : mais encore la plupart sont dans les terrains intermédiaires ; et peut-être en est-il ainsi de tous ceux qui ont une grande extension en surface ; c'est du moins l'opinion de quelques géognostes.

Métaux et étendue.

ARTICLE CINQUIÈME.

DU PORPHYRE.

Saxum jaspide et spatho scintillante mixtum Porphyr. Wal.

Porphyr des Allemands, des Anglais, etc.

**Déno-
mination.** § 192. Le nom de *porphyre*, ou plutôt de *por-
phyrite*, qui signifie *couleur de pourpre*, a été donné par les anciens à une pierre rouge renfermant
des points ou taches blanches, susceptible de poli,
et que l'on tirait principalement d'Égypte (1).

Les naturalistes des seizième et dix-septième
siècles ont continué d'employer ce nom dans le
même sens. Agricola, sans rien prononcer sur
sa nature, l'a rangé, comme Pline, parmi les
marbres, nom par lequel on désignait alors toutes
les pierres polissables.

Les artistes italiens ont ensuite étendu l'acception du mot *porphyre ;* ils l'ont donné aux pierres dures, opaques, qui renfermaient des particules blanches bien distinctes du reste de la
masse, et ils ont eu autant de porphyres différents que cette masse avait de couleurs diverses ;
de là leurs *porfido rosso*, *porfido nero*, *porfido
verde antico*, etc. Cette acception a été généralement conservée : Linné, Croustedt, Walle-

(1) *Rubet porphyrites in eâdem Ægypto : ex eo candidis in-
tervenientibus punctis leucostictos vel leuptosephos vocatur.* Plin.,
liv. 36.

rius, Romé-de-Lisle, Saussure, etc., l'ont adoptée. On a cependant toujours conservé le nom de porphyre proprement dit, à celui de couleur rouge.

Werner a distingué les roches à structure porphyrique, ou *porphyroïdes*, des *porphyres*. Il a placé parmi les premières, toutes celles qui présentent, au milieu d'une masse principale, des cristaux ou grains cristallins qui en sont distincts, et qui ont été formés en même tems qu'elle (§ 104). Il réserve le nom de porphyres à des roches porphyroïdes qui appartiennent à une même suite de formations, dont la pâte est homogène, et qui contiennent principalement des cristaux de feldspath.

§ 193. Dès le dernier siècle, les minéralogistes s'étaient aperçus que les taches blanches qui sont dans les porphyres n'étaient que des cristaux de feldspath plus ou moins parfaits ; mais ils ne furent pas également d'accord sur la nature de la pâte qui les entourait dans les porphyres ordinaires, ceux de couleur rouge ou même verte : les uns la regardèrent comme quartzeuse ; d'autres, tels que Cronstedt, Wallérius, Gerhard, Romé-de-Lisle, la prirent pour une sorte de jaspe. Saussure partagea d'abord cette opinion (*Sauss.*, §§ 156, 157); mais il reconnut ensuite qu'elle était erronée, et il regarda très-justement cette pâte comme la *terre du feldspath non cristal-*

lisée (§ 1136). M. Faujas, frappé également de la différence qu'il y avait entre la base des porphyres et le jaspe, sous le rapport de la fusibilité, se prononça, en 1788, sur leur non-identité. (*Essai sur les roches de trapp.*) Ensuite, Dolomieu détermina la nature de cette base, il établit ses rapports avec le feldspath, et il lui affecta le nom de *pétrosilex,* ou de *roche pétrosiliceuse.*

Werner regardant cette substance, avec tous les naturalistes, comme une sorte de jaspe, la plaça parmi ses *hornstein (lapides cornei)*, c'est-à-dire, parmi les quartz ternes ou non vitreux, que Lamétherie a nommés *kératites;* mais ensuite il s'aperçut qu'un grand nombre d'échantillons qu'il en examina n'appartenaient point aux espèces de la famille des quartz, mais qu'ils étaient feldspathiques, et il les regarda comme des *feldspaths compactes;* de sorte qu'une partie de ses *horstein-porphyr* prit le nom de *feldspath-porphyr.*

D'après les observations que j'ai eu occasion de faire, je suis persuadé que non-seulement une partie des *horstein-porphyr*, mais encore presque tous sont de nature feldspathique, et de plus, que leur base n'est pas un simple *feldspath compacte,* mais bien un *granite compacte.* Arrêtons-nous quelques instants sur ce fait, qui nous indique la vraie nature, et en quelque sorte la génération des porphyres.

Rapports du porphyre au granite. § 194. Le rapport qu'il y a entre le granite et le

porphyre a été connu et signalé par plusieurs observateurs. Saussure, remarquant des roches formées de petits grains ou points brillants, voyait
en elles un intermédiaire entre les vrais granites
et les vrais porphyres ; pour peu que les grains
eussent été plus atténués, observe-t-il, on aurait
eu des porphyres proprement dits : « Je suis d'au-
» tant plus porté à admettre cette transition,
» ajoute-t-il, que j'ai vu la nature la suivre dans
» les montagnes mêmes. (*Sauss.*, § 155.) Dolomieu a très-bien développé cette transition dans
son Mémoire sur les roches composées ; il y remarque que les porphyres ne sont fréquemment
que des granites déguisés. « Souvent la nature, dit-il
» encore, comme si elle voulait montrer l'iden-
» tité de ces deux roches, opère elle-même, dans
» certains blocs, la transformation successive du
» granite en porphyre, en ôtant et rendant par in-
» tervalle au feldspath son tissu lamelleux ; et elle
» produit des masses qui, d'après l'expression des
» définitions, pourraient se placer en partie parmi
» les granites, en partie dans le genre des porphy-
» res ». Werner, en traitant de la formation de
cette roche, observe que, lorsque la précipitation
d'où elle est résultée a pu se faire avec tranquillité,
les éléments se sont séparés et ont produit une
siénite, c'est-à-dire une roche granitique, composée de grains de feldspath, d'amphibole, de
quartz et de mica.

Bientôt après avoir ouï Werner, j'ai cru pouvoir étendre à la formation du granite en général, ce qu'il disait du granite siénitique en particulier. J'y ai été porté en voyant, aux environs
de Meissen, des veines d'une belle siénite se fondre
insensiblement dans une masse de porphyre, et
puis cette même siénite se lier indissolublement
avec un pur granite ; en voyant, entre Altenberg
et Zinnwalde, ainsi que dans le Riesengebirge
en Silésie, la roche sur laquelle je marchais, être
tantôt un granite, tantôt un porphyre, sans qu'on
pût apercevoir aucune solution de continuité.

M. d'Andrada, énumérant les diverses manières
dont les roches passent les unes aux autres, remarque que le granite passe au porphyre par une
simple diminution dans la grosseur du grain.
M. Heim, dans sa description du *Thüringerwald*,
entre la Saxe et la Franconie, insiste beaucoup
sur ce passage, et il le développe avec tous ses
détails : dans cette contrée où le porphyre abonde,
il a vu de tous côtés le granite montrer une tendance manifeste à se changer en cette roche. « On
ne doit pas oublier, dit M. Buch, que la masse
de tout porphyre n'est jamais un minéral simple,
et que si on n'en voit point la composition minéralogique, c'est que nos yeux ne peuvent plus
distinguer les différentes parties qui la constituent
lorsqu'elles ont dépassé un certain degré de ténuité. » (*Reise durch Norwegen*, tom. 1, p. 139.)

Ainsi les porphyres, ou plutôt les bases des porphyres ne sont que des roches granitiques compactes : elles sont à ces roches, ainsi que nous l'avons remarqué, ce que le calcaire compacte est au calcaire grenu. Les cristaux qu'elles renferment y auront été formés de la manière que nous avons indiquée (§ 104), et ils nous présenteront les principales parties intégrantes de la pâte dans toute leur pureté.

§ 195. Dans le porphyre ordinaire, celui qui correspond au granite proprement dit, cette pâte aura le feldspath pour principe principal : nous lui donnons le nom d'*eurite*, et nous la définissons en disant : *L'eurite est un granite compacte*, ou plus généralement, *l'eurite est une roche composée, mais d'apparence homogène, dans laquelle le feldspath est le principe dominant, et dont les divers principes sont comme fondus les uns dans les autres.* S'il était possible de la redissoudre, et de faire cristalliser tranquillement la solution, de manière à ce que les principes intégrants pussent se former en cristaux distincts, elle produirait un granite.

Masse du
porphyre.
Eurite.

Cette substance n'étant point décrite dans les traités de minéralogie, je vais en donner ici la caractéristique. L'eurite (*feldspathum eurites*) est une pierre *dure* (mais moins que le quartz), à cassure *mate* et *compacte*, *fusible en émail blanc* ou peu coloré, et non effervescente dans les acides (lorsqu'elle n'est pas accidentellement mêlée de calcaire). Sa couleur la plus ordinaire est le rouge grisâtre, allant quelquefois jusqu'au rouge ; souvent encore elle est d'un vert grisâtre, rarement elle est blanche ou jaunâtre (la couleur est ici une suite de celle des minéraux composants). Sa pesanteur spécifique est de 2,6 à 2,7.

Sous le rapport de la texture, nous pouvons en distinguer trois variétés principales : 1° La commune ou *compacte* : quelquefois elle est *écailleuse ;* sa cassure est plus ou moins parfaitement concoïde, ses fragments sont aigus et très-faiblement translucides sur les bords : on pourrait la soudiviser en deux variétés d'un ordre inférieur , la rouge et la verte. 2° La *terreuse :* sa cassure est terreuse à grains fins ; elle est opaque , et d'autant moins dure que l'aspect en est plus terreux. 3° La *schisteuse :* ses feuillets sont épais , serrés, leur cassure transversale est compacte et souvent écailleuse.

Si, dans le granite qui a produit l'eurite, ou qui est censé l'avoir produit, en devenant compacte , le feldspath était en très-grande quantité, l'eurite se rapprochera beaucoup du feldspath compacte , sans cependant lui être identique ; j'ai vu souvent des couches de cette dernière substance , blanchâtres , à cassure céroïde , translucides sur les bords , et qui n'étaient point de l'eurite. Mais si le quartz est abondant dans le granite , la roche deviendra plus dure , plus difficile à fondre , et se rapprochera du quartz compacte (*hornstein*) ou kératite : c'est ainsi que M. Hausmann a vu , dans les gneis de la Suède , le mica ou la chlorite se séparer, le feldspath et le quartz former une masse homogène à l'œil nu , et qui participait du caractère de ces deux minéraux : c'est , dit-il , *l'haelleflinta* des Suédois. Enfin , si le granite contenait beaucoup de mica ou d'amphibole , elle sera d'un vert prononcé, se fondra en un émail coloré ou tacheté de points noirs ; elle se rapprochera de *l'aphanite*, et finira même par y passer et par fondre en émail noir , dans le cas où le granite, d'où elle dérive , serait passé à la diabase.

L'eurite avait été nommé *pétrosilex* par Dolomieu ; mais ce nom ne peut être conservé : 1° parce qu'il est faux dans son essence; car il n'y a en réalité aucun rapport entre ce pétrosilex et le silex : il importe d'éloigner , même dans la dénomination , toute idée d'analogie entre ces substances , vu qu'elle a été cause de la confusion qui a eu lieu jusque dans ces derniers tems a leur égard. 2. Parce que ce nom a été employé avec des accep- tions différentes par divers auteurs : le pétrosilex des anciens minéralogistes , de Cronstedt, de Wallérius, etc. , n'était qu'un quartz ou jaspe grossier qui se trouvait en filons , et ne consti- tuait jamais des roches (1) , tandis que c'est le gissement presque unique de notre eurite ou pétrosilex de Dolomieu. Saussure pre- nait ce mot dans un sens encore différent ou au moins plus étendu. Or , il est dans les principes d'une bonne nomenclature , lorsqu'un nom a été donné à plusieurs choses différentes , et qu'il a ainsi occasioné des erreurs, de le changer plutôt que de le restreindre, même en fixant avec précision, l'acception qu'on entend lui donner : la restriction n'obvie point au mal ; le public l'oublie, et il n'en confond pas moins les choses qui ont porté le même nom : on n'a pu remédier efficacement au dé- sordre occasioné par les noms de schorl , schiste, cornéenne , qu'en les supprimant. Saussure, il est vrai , avait proposé de dé- signer le pétrosilex primitif, celui de Dolomieu , par le mot de *palaïopètre;* mais outre que ce nom se rapportait plutôt au feld- spath compacte qu'au granite compacte , il est si long , et il est resté dans un oubli si complet, qu'il nous a paru plus convenable d'en employer un autre ; nous avons pris *eurite* , qui présente le caractère principal de notre roche , celui de fondre au feu.

§ 196. Les diverses sortes de porphyres se dis- tinguèrent par les différences dans leur masse principale ; et sous ce rapport nous aurons :

Diverses sortes de porphyres.

---

(1) *Petrosilices... in rupium venis , glandulis vel stratis hos- pitant, rupes autem ipsas nullibi constituunt,* Wall.

1° Le porphyre à base d'eurite , ou *porphyre euritique :* c est le porphyre proprement dit , et c'est celui qui se trouve le plus abondamment répandu dans la nature. C'est lui qui constitue les terrains porphyriques de la Silésie , de la Saxe, du *Thüringerwald*, des Vosges, etc. Nous pouvons lui rapporter le porphyre antique de couleur purpurine que l'on désigne souvent sous le nom de porphyre oriental , et que les anciens tiraient principalement d'Egypte; M. Rozière pense que les carrières en étaient près du mont Sinaï : sa pâte est un eurite d'un rouge brun parsemé d'une multitude de points noirs presque invisibles , et qui paraissent être de l'amphibole : elle renferme , en outre , quelques aiguilles de cette même substance , ainsi qu'un très-grand nombre de petits cristaux de feldspath : au chalumeau , elle fond en un émail légèrement grisâtre , et les points amphiboliques en émail noir : sa pesanteur spécifique est 2,75.

2° Le porphyre à base d'*hornstein* ou de *kératite :* sa pâte est très-chargée de quartz , et fond ainsi plus difficilement que l'eurite. D'ailleurs, la ressemblance entre ces deux variétés , sous le rapport des caractères extérieurs, est ou peut être parfaite et ce n'est que par l'essai au chalumeau que l'on peut reconnaître ce qui est vraiment *eurite* ou *kératite*. Au reste , je rappelle que , d'après l'essence de ces deux porphyres , il y a un passage parfait de l'un à l'autre ; que les caractères qui les différencient varient du plus au moins ; et par suite, que l'application du nom convenable est quelquefois fort difficile à faire.

3° Le *porphyre siénitique* (*sienit-porphyr* de Werner) : il dériverait d'un granite contenant beaucoup d'amphibole, c'est-à-dire d'un granite siénitique. Il se distinguerait en ce que sa pâte (eurite imprégné d'amphibole) fondrait en émail coloré, sans être cependant entièrement noir ; par suite, sa couleur serait intense et habituellement d'un vert bien prononcé. Au reste, nous ne donnons pas la couleur comme caractère distinctif de ce porphyre, nous prenons ce caractère dans l'essence même de la roche ; nous remarquerons même que la couleur, quoique ayant quelque rapport avec cette essence, n'en est pas un signe bien positif : un granite presque entièrement feldspathique, mais à feldspath blanc, lors même qu'il ne contiendrait point d'amphibole, pourrait encore produire un porphyre vert, lequel serait coloré par les éléments du mica ou du talc : tout comme une vraie siénite pourrait donner un porphyre rouge ; par exemple, si le feldspath avait une très-forte teinte de cette couleur, et que l'amphibole, restant en grains réunis, ne répandît pas dans la masse son principe colorant : tel est peut-être le cas du porphyre oriental.

En résumé, sous le rapport de l'essence, ou de l'influence exercée plus particulierement par chacun des trois principes intégrants du granite, nous aurons trois sortes de porphyres : 1° le porphyre euritique, correspondant au granite ordinaire, celui où le feldspath domine notablement; 2° le porphyre kératique, correspondant à un granite chargé de beaucoup de quartz ; 3° le porphyre siénitique, dérivant d un granite très-chargé d'amphibole, ou de mica, ou de talc. La considération de la texture nous donne encore :

4° Le *porphyre terreux*, ou à base d'eurite terreux. C'est le *thonporphyr* (ou porphyre à base *thon tein*) de Werner et de son école. Les observations que j'ai faites sur des terrains porphyriques m'ont convaincu que l'eurite, dans une même masse ou montagne, pouvait être tantôt compacte, et tantôt d'un grain terreux, c'est-à-dire d'un grain grossier, terne et lâche, à-peu-près comme celui d'une masse terreuse fortement endurcie; et qu'ainsi la pierre que Werner désignait sous le nom de *thonstein*, et que M. Brongniart a nommé *argilolite*, tout en indiquant sa nature, n'était qu'une simple variété d'eurite; que l'aspect terreux était quelquefois dû à un relâchement de tissu produit ou par l'action décomposante des éléments atmosphériques, fait si commun dans toutes les roches feldspathiques, ou par quelque circonstance de la formation

primitive, ou par quelque mouvement intestin
survenu dans la masse générale de la roche.

Je crois, d'après cela, qu'en géognosie on doit faire disparaître le nom de *thonporphyr*, tout comme celui de
thonstein. Lorsque Werner fit son premier système de minéralogie, il y a quarante ans, on donnait le nom d'argile à une
substance qu'on croyait simple, et être à son plus grand degré
de pureté dans le kaolin provenant de la décomposition ou désagrégation totale du feldspath : d'après cette opinion, Werner,
en divisant la classe des pierres en genres, établit un *genre argileux*, à la tête duquel se trouvait le feldspath de la même
manière que le quartz était à la tête du genre siliceux. Le kaolin,
en se durcissant fortement, c'est-à-dire en passant à l'état de
pierre, formait un feldspath : par suite de l'opinion alors
reçue, l'argile en se durcissant dut former une pierre moins
pure, mais du même genre. Werner la nomma d'abord
verhærteter thon (*argilla indurata*), et puis *thonstein*
(*lapis-argilla*). Mais aujourd'hui que nous savons que l'argile
n'est qu'un mélange de diverses substances provenant de la
destruction de roches préexistantes, ces dénominations ne
sauraient être conservées ; et en suivant les idées de Werner sur
la génération de son *thonstein*, il est évident que cette pierre
n'est que *l'eurite terreux*, et qu'elle ne saurait être plus convenablement désignée que par cette dénomination.

Nous avons un bel exemple de cette variété,
ainsi que du porphyre siénitique en général,
dans le terrain métallifère de la Hongrie, notamment dans celui qui renferme les fameuses mines
d'argent et d'or de Schemnitz ; terrain que Born
nommait *Saxum metalliferum*, qui a été pris pour
un produit volcanique par les uns, et pour une

siénite décomposée par les autres. M. Beudant,
après l'avoir examiné dans toutes ses circonstances et dans ses rapports tant avec les terrains environnants qu'avec ceux de même nature qui existent en d'autres contrées, vient d'éclaircir cet
objet dans un des plus intéressants mémoires qu'il
y ait encore en géognosie. — Sur un schiste-talqueux entremêlé de calcaire gris, on a un terrain
porphyrique dont la partie inférieure est une siénite composée de feldspath blanc , tantôt compacte, tantôt lamelleux , d'un amphibole tendre,
peu lamelleux et presque stéatiteux , de mica et
de quelques grains de fer oxidulé ; quelquefois il
s'y mele du quartz, l'amphibole reprend sa dureté,
et la siénite passe au granite proprement dit , et
même au gneis; d'autres fois, par une augmentation, elle passe d'amphibole à la diabase. Au-
dessus, et alternant quelquefois avec elle, on a la
même roche, mais à l'état compacte, et formant
ainsi un eurite vert, tantôt homogène , tantôt contenant des cristaux de feldspath lamelleux , et
quelques cristaux d'amphibole ; le quartz y est
rare, il s'y trouve plutôt en petites masses et en
veines qu'en cristaux ; on y voit une plus ou moins
grande quantité de points pyriteux. De même que
quelques variétés de la siénite passent ici·à la diabase , quelques variétés de l'eurite passeront à
l'aphanite : nous reviendrons sur ce passage dans
l'article suivant,

Cet eurite, notamment dans la partie supérieure,
dans celle qui constitue la superficie du sol, présente un tissu lâche, un grain grossier et mat,
qui le rapproche beaucoup de l'eurite terreux, et
que M. Beudant désigne aussi sous le nom de *porphyre terreux;* des échantillons vus à la loupe, lui
ont paru un composé de substances différentes,
altérées et confusément réunies, de l'amphibole
terreux, du feldspath à l'état de kaolin ou très-
tendre ; le mica seul avait conservé sa fraîcheur :
quelquefois toutes ces substances se fondent entièrement les unes dans les autres, et il en résulte
un vrai eurite. Au reste, M. Beudant établit très-
bien que l'aspect terreux, ainsi que l'altération
des minéraux, ne saurait être l'effet d'une décomposition due à l'action de l'atmosphère, et qu'elle
paraît un effet immédiat de la formation primitive. Cet eurite est d'un vert clair, quelquefois cependant il est gris ou rougeâtre : il contient des
cristaux de feldspath, d'amphibole, de mica
de laumonite, il est traversé par quelques veines
de jaspe. Tout ce terrain porphyrique, remarquable par la rareté du quartz, l'abondance
de l'amphibole et d'un principe stéatiteux, l'est
encore plus par la terre calcaire dont il est comme
imprégné, et qui s'élève jusqu'à vingt pour cent (1).

_____

(1) M. Beudant observe très-justement que le caractère de la
fusibilité sur de pareils échantillons ne peut être essayé qu'après
les avoir laissé digérer dans l'acide nitrique.

C'est dans un porphyre semblable, de couleur généralement verte, que M. de Humboldt a vu, en partie, les filons du Mexique, les plus considérables et les plus riches de l'univers.

Nous devons encore faire mention du *porphyre rétinitique* (*pechstein-porphyr* des Allemands). Sa base est la substance décrite par M. Brongniart, sous le nom de *rétinite* ; elle a un éclat qui approche de celui de la résine, sa couleur la plus ordinaire est le vert, mais quelquefois elle est rouge, brune et même noire ; elle est en pièces séparées grenues ; elle se boursoufle au chalumeau et donne un émail blanc : elle renferme habituellement des cristaux de feldspath et des grains de quartz.

Ce porphyre est remarquable, non-seulement par sa composition, car il contient une quantité d'eau qui est quelquefois le douzième de son poids, mais encore parce qu'il se trouve fréquemment dans des terrains volcaniques, et qu'il y forme de vraies laves vitreuses, ainsi que nous le verrons dans la suite. Aussi, sa position dans les terrains primitifs est-elle un fait à bien constater dans toutes ses circonstances. A l'époque où j'ai observé celui de la vallée de Triebisch en Saxe, je ne connaissais pas toute l'importance d'un pareil gissement, et par suite je n'y ai pas donné toute l'attention qu'il méritait; je puis cependant dire que je l'y ai vu entremêlé avec le porphyre euritique ordinaire, lequel, un peu plus loin, était mélangé avec le porphyre terreux, et qu'il est d'ailleurs identique, au moins sous les rapports de la composition, avec celui qui, dans la même contrée, auprès de Freyberg, est en couches dans le gneis : il renfermait une grande quantité de cristaux de feldspath et de quartz, et il contenait encore cette dernière substance à l'état calcédonieux, sous forme de plaques et de boules. M. Voigt a trouvé encore du *pechstein* dans les montagnes porphyriques du *Thüringerwald*.

M. Brongniart a cru devoir désigner par des noms différents les diverses sortes de porphyres, ou même de porphyroïdes à pâte homogène ; il a laissé au seul porphyre rouge le nom de porphyre, et il a donné celui d'*ophite* au porphyre vert, celui de *mélaphyre* au porphyre noir, celui d'*argilophyre* au porphyre terreux, et son *stigmite* comprend le *pechstein-porphyr*.

§ 197. Les minéraux en cristaux, ou grains cristallins, renfermés dans les masses dont nous venons de parler, sont :

Cristaux contenus dans les porphyres.

1° Le *feldspath*. Il s'y trouve toujours en quantité plus ou moins considérable, le plus souvent même il y est seul, et on peut dire qu'il y est essentiel ; c'est en quelque sorte lui qui constitue une roche à l'état de porphyre, même dans l'acception que les artistes donnent à ce nom. Les porphyres rouges, noirs, bruns, verts, contiennent tous des cristaux de feldspath : les taches blanches du porphyre oriental, auquel elles ont fait donner le nom de *leucostictos*, c'est-à-dire tacheté de blanc , ne sont que de pareils cristaux.

Ils sont habituellement blancs ou blanchâtres, quoique la pâte qui les entoure soit souvent très-foncée en couleur ; mais nous avons fait observer (§ 104) que lorsque les cristaux renfermés dans les porphyres se sont formés , leurs molécules ont abandonné, dans la pâte , la presque totalité des impuretés avec lesquelles elles étaient mê-lées. Quelquefois cependant elles ont entraîné une petite portion du principe colorant ; de là vient qu'on voit , dans quelques porphyres , des cristaux rougeâtres ou verdâtres , selon que la base est rouge ou verte : c'est ordinairement le milieu qui est le plus coloré ; il est entouré d'un bord blanc. M. Beudant , dans ses intéressantes observations sur les cristaux mélangés , a remar-que que la partie centrale était toujours celle qui renfermait le plus de substances hétérogènes. Nous avons vu encore que dans les roches à struc-ture globuleuse , c'est le milieu des globules qui était la partie la plus confusément cristallisée, ou la moins dure (§§ 108 et 109). J'ai encore observé qu'en général les cristaux , dans les porphyres , étaient d'autant plus parfaits qu'ils étaient plus gros : les petits ne sont fréquemment que des grains informes , et même de simples lames qui paraissent naître du milieu de la masse compacte. Quelquefois même il semble , ou que les molécules sollicitées à former un cristal n'ont pu venir à bout de se réunir entièrement, ou que le cristal, déjà formé, a été en partie dissous par la pâte environnante ; car on le voit se fondre de tous côtés dans cette masse ; ce n'est même souvent qu'une tache de même couleur que la pâte, mais plus claire, qui se perd d une manière diffuse au milieu d'elle, et dont la forme allongée, ainsi que la fréquence et la disposition, décèlent l'origine.

Les formes des cristaux de feldspath dans les porphyres, sont en général assez simples ; ce sont celles que nous avons observées dans les granites : elles sont ordinairement hémitropes.

Le feldspath de ces cristaux est ordinairement inaltéré, ayant son éclat nacré ; quelquefois cependant il a un aspect terreux, de sorte qu'il paraît sous forme de taches blanches et comme farineuses au milieu de la masse. Enfin, lorsque la décomposition l'a entièrement détruit, les espaces qu'il occupait restent vides, et le porphyre présente un aspect bulleux qui lui donne l'apparence de certaines laves, et qui l'a quelquefois fait prendre pour elles.

2° Le quartz est, dans les porphyres, en grains qui montrent presque toujours une tendance à la double pyramide hexaèdre ; quelquefois ils prennent entièrement cette forme, et certains porphyres de Hongrie la présentent dans toute sa perfection ; mais le plus souvent les arêtes sont

2. 9

oblitérées et comme émoussées, et les grains sont entièrement amorphes. Leur couleur est habituellement grise et leur aspect vitreux.

Le quartz est bien moins fréquent que le feldspath dans les porphyres ; il est cependant assez abondant dans ceux à base d'eurite compacte. Nous avons vu qu'il était rare dans le porphyre terreux de Schemnitz, et comme il l'est extrêmement dans ceux d'origine volcanique, les observateurs doivent signaler sa présence, afin de la faire servir à la détermination des formations.

3° L'amphibole est rare dans les porphyres euritiques, il est plus commun dans ceux de nature siénitique, et plus encore dans ceux à base d'aphanite : on a, dans ce fait, une nouvelle preuve de l'analogie entre la pâte des porphyres et celle des cristaux qu'elle renferme. Nous avons vu que l'amphibole était en assez grande quantité dans les porphyres de Schemnitz, et nous avons noté la singulière altération qu'il y avait éprouvé : dans les granites de cette formation, il a sa dureté ordinaire ; dans les siénites, cette dureté diminue ; enfin, dans les porphyres, « l'am- » phibole, dit M. Beudant, est extrêmement ten- » dre, sa cassure transversale a un éclat céroïde, » sa cassure longitudinale n'est plus distincte- » ment lamelleuse, souvent même il est tout- » à-fait terreux, et sa forme seule peut le faire » reconnaître. »

4° Enfin, dans quelques porphyres, principalement dans ceux d'aspect terreux, on a remarqué des lames de mica, le plus fréquemment noires.

Les porphyres euritiques renferment souvent des boules de leur propre substance, mais plus dures et plus compactes : on dirait que les particulès siliceuses y sont en plus grande quantité, sur-tout vers la partie centrale, qui est souvent du quartz ou de la calcédoine : ce sont des formations globuleuses dues à un pelotonnement des molécules de la masse (§ 119). Au reste, il serait possible que quelques-uns des noyaux quartzeux eussent une origine pareille à celle des noyaux des roches amygdaloïdes : c'est ainsi que dans divers endroits du *Thüringerwald*, le porphyre euritique est rempli de petites cavités ayant tantôt quelques lignes, et tantôt quelques pouces de diamètre, lesquelles sont entièrement remplies de calcédoine, ou présentent seulement un revêtement de cette substance, avec de petits cristaux de quartz, etc. Ce porphyre forme une excellente pierre meulière. La partie qui entoure le nœud quartzeux est elle-même imprégnée de silice ; et elle résiste, par conséquent, plus à la décomposition que la masse environnante, de sorte que dans les ruisseaux de la contrée, on trouve une grande quantité de boules de porphyre dont l'intérieur est un noyau de calcédoine, ou une petite géode. Cette

roche porte, dans le pays, le nom de *kugelporphyr*
(porphyre en boules).

Les taches que l'on remarque dans quelques
porphyres et qui les ont quelquefois fait prendre pour des brèches (*trümer-porphyr* des Allemands, *porfidi breciati* des artistes italiens), ne
sont peut-être encore que des effets du groupement des molécules similaires. Lors de la coagu-
lation de la roche, en se réunissant, elles auront
laissé dans le reste de la masse, une portion de
leur principe colorant, et formeront ainsi des taches de teinte claire sur un fond plus foncé.
Dolomieu a même observé qu'il suffisait que quelques parties prissent un commencement de structure granitique, pour qu'il en résultât une différence dans la teinte, et pour donner à la masse
une apparence de brèche ; au reste, ce que nous
venons de dire n'empêche pas que les montagnes
de porphyre ne puissent quelquefois présenter de
vraies brèches et des fragments de roches préexistantes agglutinés par un ciment porphyrique.

Stratifica-
tion et divi-
sion.

§ 198. Les porphyres que j'ai été à même d'observer ne m'ont présenté absolument aucun indice
de stratification.

Lorsqu'on en trouve diverses variétés dans
un même terrain, leur superposition les unes
aux autres, si elles sont sous forme de couches,
peut bien indiquer le sens de la stratification;
mais le plus souvent j'ai vu ces variétés en masses

n'ayant encore aucune forme déterminée, et se fondant, pour ainsi dire, les unes dans les autres. Au reste, le fait n'est pas général, et le porphyre de Hongrie, dont nous avons parlé, est très-distinctement stratifié, d'après le témoignage de M. Beudant.

Les porphyres sont quelquefois divisés en prismes : j'ai vu un exemple de ce fait à *Grunde*, entre Freyberg et Dresde : la masse euritique y est partagée, sur une étendue de quelques mètres carrés, en prismes à cinq ou six pieds, ayant environ un pied d'épaisseur, et présentant exactement le même aspect qu'un groupe de prismes basaltiques. M. Heim signale, au milieu des porphyres du *Thüringerwald*, un beau groupe de prismes quadrangulaires verticaux, de vingt pieds de long sur deux de large, et dont les faces sont parfaitement planes.

La division en plaques se retrouve plus fréquemment dans les porphyres : sur le Petersberg, près de Hall, elle présente des plaques entièrement planes, ayant plus d'un demi-mètre d'épaisseur et de trois à quatre mètres de long et de large.

§ 199. Les terrains porphyriques sont tout aussi peu composés, c'est-à-dire qu'ils renferment tout aussi peu de couches étrangères que le granite. Je n'en ai point vu dans les porphyres que j'ai eu occasion d'observer, abstraction faite des masses de granite, de gneis, de diabase, d'a-

Couches étrangères

phanite, etc. , qui leur sont entremêlées et qui ne paraissent être qu'une modification différente de la même substance. Les descriptions géognostiques donnent peu d'exemples de couches réellement hétérogènes contenues dans les terrains porphyriques. Un des plus remarquables est celui, rapporté par M. Beudant, de trois sortes de couches dans le porphyre siénitique des environs de Schemnitz ; ce sont : 1° des couches peu étendues, mais bien caractérisées de schiste-micacé, qui alternent principalement avec les siénites à petits grains; 2° des couches de quartz ordinaire, tantôt compacte , tantôt grenu , et quelquefois se divisant en plaques séparées par des lames de mica ; 3° des couches de calcaire compacte, imprégnées de stéatite , d'un jaune-serin, mêlées de serpentine contenant de l'asbeste et même quelques grenats rouges.

Age.

§ 200. Werner, considérant les porphyres sous le rapport de leur âge relatif, les comprend sous trois formations principales.

1° La première , ou la plus ancienne , est antérieure aux phyllades ; elle se trouve dans les schistes micacés, les gneis, et vraisemblablement aussi dans les granites ; elle ne consiste guère qu'en porphyre à base d'eurite compacte , et se trouve en assises plus ou moins considérables dans les roches que nous venons de citer , et principalement dans les gneis. Elles y sont, dans ma manière de voir, un gneis passé, par quelques circonstances particulières de formation, à l'état compacte. M. de Buch a vu au centre des Alpes un eurite de structure porphyrique passer à un gneis à feuillets épais (1).

2° La seconde formation est beaucoup plus étendue et plus considérable ; c'est elle qui constitue, dans l'époque primitive, les terrains de porphyre proprement dits. Sa masse principale est l'eurite ordinairement compacte, et quelquefois terreux ; elle est accompagnée de granite siénitique, auquel elle tient et elle passe de la manière la plus évidente en plusieurs endroits, ainsi que l'ont bien constaté MM. de Raumer et de Bonnard On y trouve aussi quelquefois du *pechstein*, comme en Saxe et dans le *Thüringerwald*.

Werner remarquant que ce porphyre repose, ou semble reposer sur la tranche des couches de roches placées au-dessous, en conclut qu'il appartient à une formation entièrement différente, et qu'il constitue une de ces formations particulières dont nous avons parlé (§ 143); peut-être est-elle, dit-il, le produit d'une dissolution particuliere, à-peu-près comme celle des trapps secondaires. Je ne discuterai pas cette opinion, à laquelle les observations dernièrement faites sur le porphyre de Christiania, en Norwége, semblent prêter une nouvelle force, et je me bornerai à dire que ce second porphyre, comme le premier, ne me paraît qu'une roche formée des mêmes éléments que le granite, mais dans un état d'agrégation confuse.

_____

(1) *Magazin der naturforchender Freunde*, 1809, p. 115.

Il est d'ailleurs très-possible qu'il soit de formation postérieure
à la masse générale des granites de la contrée ; à-peu-près comme
la grande masse des calcaires compactes est postérieure à celle
des calcaires grenus

3° Werner reconnaît encore, en Saxe, une
troisième formation de porphyre, dans laquelle
l'eurite terreux domine considérablement. Elle
est d'une époque postérieure à la précédente, et
peut-être appartient-elle aux terrains secondaires,
car elle se trouve souvent avec et même sur les terrains houillers ; sa pâte renferme des cristaux de
feldspath et quelques paillettes de mica : on n'y
voit point ou presque point de quartz : elle contient en outre des boules calcédonieuses et des
géodes, et présente ainsi une structure amygdaloïde. C'est principalement avec le porphyre de
cette troisième formation que l'on a souvent confondu des porphyres à base de trachyte, qui appartiennent aux terrains volcaniques.

Décompo-
sition.

§ 201. Le porphyre, ainsi que toutes les roches
feldspathiques, est sujet à la décomposition. Les
nombreuses fissures qui le traversent, favori-
sent singulièrement cette action et lui servent
comme de véhicule : lorsqu'on brise ces roches,
on voit que les parties adjacentes aux fissures
sont beaucoup plus altérées que le reste de la
masse. Au reste, ici comme dans les granites, il
y a d'assez grandes différences dans l'aptitude à la
décomposition des divers porphyres ; cependant,

il y en a un peu moins ; la texture compacte
mettant jusqu'à un certain point plus d'obstacle
à l'action des agents destructeurs, semble en
mettre aussi aux grandes inégalités.D'après cela,
les montagnes porphyriques ne présenteront pas
autant de dentelures et autant de déchirements.
Elles affectent, dans un grand nombre d'endroits, en Silésie et en Saxe, par exemple, la
forme conique ; d'autres fois, semblables à des
cônes tronqués, elles constituent la sommité
de quelques autres proéminences du terrain. Ailleurs, leur sommet s'arrondit et se présente
sous l'image d'un dôme plus ou moins parfait et
plus ou moins surhaussé : c'est ainsi que Dolomieu
a vu les principales sommités porphyriques des
Vosges, et de Born celles de la Hongrie.

La plupart des terrains de porphyre que j'ai été
à même d'observer sont arides. Aucun ne m'a
paru moins propre à la végétation : peut-être ce
fait n'est-il particulier qu'à ceux que j'ai vus.

§ 202. Les terrains porphyriques renferment
beaucoup de substances métalliques. Elles y sont
plus fréquemment en filons qu'en couches; cependant, comme le porphyre n'est point ordinairement stratifié, et que la surface de superpos-
sition ne peut être que très-rarement observée,
il est souvent fort difficile de décider à laquelle
de ces deux classes appartiennent les gîtes de minerai.

Métaux
renfermés

Les mines les plus riches que nous connaissions, celles du Mexique, sont en énormes filons dans un porphyre siénitique. Celles de la Hongrie, les plus considérables de l'Europe, qui livrent annuellement cinq ou six millions d'or et d'argent, se trouvent de la même manière dans un pareil porphyre, lequel justifie bien ainsi le nom de *saxum metalliferum* qui lui avait été donné. Il paraît que c'était dans des roches porphyriques que les anciens avaient leurs fameuses mines de cuivre dans l'île de Chypre (1). En Saxe, c'est dans un porphyre euritique que sont les exploitations de Mohorn : je ne parlerai pas de celles d'Altenberg, qui fournissent une quantité considérable d'étain, le porphyre qui les renferme étant d'une nature particulière. Les nombreux filons de plomb, cuivre et argent qu'on a exploités ou reconnus à Giromagny, dans les Vosges, sont encore dans un terrain porphyrique (2).

Etendue.   § 203. Quoique le porphyre, sous le rapport de son essence, puisse être regardé comme une simple modification du granite, il est cependant loin d'occuper sur notre globe, dans les terrains primitifs, une aussi grande étendue que lui. Il

(1) C'est de l'île de Chypre que le cuivre a pris son nom (*cuprum*). M. Buch, d'après des échantillons d'euphotide venant de Famagusta dans cette île, pense que les gîtes cuprifères y étaient dans cette roche.

(2) *Journal des Mines*, n°ˢ 39 et 40.

semble restreint à certaines localités particulières.
Pris dans son ensemble, et d'après les observations faites jusqu'ici, il se trouve en moindre
quantité que les roches dont nous avons déjà parlé;
mais plus abondamment que celles dont il va être
question dans la suite de ce chapitre.

L'indication des lieux où il existe, présente
bien des difficultés. Les porphyres primitifs ressemblent complétement à des porphyres intermédiaires, et même secondaires; et il est presque
impossible de classer convenablement ceux qu'on
trouve et qui n'ont pas été étudiés sous tous les
rapports de gissement. De plus la ressemblance
avec certains produits de la voie ignée vient encore augmenter ici l'embarras. Aussi n'est-ce
point avec pleine certitude que nous plaçons tous
les porphyres suivants dans les terrains primitifs.

En France, le porphyre constitue la partie des
Vosges voisine de Giromagny, et il est en général assez fréquent dans cette chaîne : il forme
encore des montagnes au milieu des granites du
Forez, et il se représente, en Provence, au
nord de Fréjus. Je n'en ai point vu dans les Pyrénées, et je ne sache pas qu'on y en ait trouvé. Il
manque également dans les Alpes suisses, et sur
le revers septentrional de la grande chaîne alpine;
mais il occupe un espace considérable sur le versant méridional, depuis le lac de Come jusqu'en
Carinthie et en Carniole; et peut-être encore ce

porphyre appartient-il aux terrains intermédiaires ou secondaires.

Il en sera de même de celui qui forme, en Silésie, plusieurs montagnes dans les environs de Landshutt et de Schweidnitz (1). Avec probabilité, nous rapporterons aux terrains primitifs celui qui se trouve dans le *Thüringerwald*, en si grande quantité, que M. Hoff croit pouvoir appeler montagnes de porphyre celles qui constituent le sol de cette contrée : le porphyre y tient indissolublement au granite ; et ici, comme par-tout ailleurs, cette roche doit être laissée dans les terrains primitifs, jusqu'à ce que la présence des débris d'êtres organiques ait été constatée dans le terrain qu'elle constitue, ou dans celui qui lui sert immédiatement de support. J'en dirai autant de la grande masse de porphyre de l'*Erzgebirge*, qui se lie au granite superposé au phyllade (§ 158), quoique quelques brèches trouvées dans cette roche aient porté

---

(1) Il consiste en un eurite compacte, d'un rouge brun, contenant des cristaux de feldspath, quelques grains de quartz et même d'amphibole. Lorsque je l'ai vu il était regardé comme une formation primitive, et encore aujourd'hui il n'est pas bien prouvé qu'il en soit autrement. M. de Buch, qui en a donné une description, en le plaçant dans les terrains primitifs, remarquait en même tems que les circonstances de sa superposition n'etaient pas connues. Depuis, ce savant a dit que rien ne s'opposait à ce qu'il fût regardé comme de formation intermédiaire ; et depuis encore, on a cru pouvoir le placer dans les terrains secondaires, ainsi que nous le verrons par la suite.

des géognostes d'un mérite distingué à le placer dans les terrains intermédiaires. C'est à ce
même porphyre, et par conséquent à ce même
granite, que M. Beudant croit devoir rapporter le
porphyre siénitique de Schemnitz. M. Jameson
met encore dans la classe des porphyres primitifs
plusieurs de ceux des îles d'Arran, de Sky et autres
îles de l'Ecosse.

ARTICLE SIXIÈME.

DES AMPHIBOLITES.

Urtrapp (trapp primitif), ou *Hornblendgestein* et *Urgrüns-
tein* de Werner.
Plusieurs variétés du *saxum trapezium*, *saxum ferreum*, *corneus spathosus,corneus fissilis durior. Ophites.* Wall.
Primitive trapp et *greenstone* des Anglais.
Granitelles, *trapps*, *cornéennes*, *ophites* de Saussure et autres
minéralogistes français.

§ 204. Le mot *trapp*, qui signifie escalier en
suédois a été donné à des roches qui, se brisant en
fragments rhomboïdaux, ou même par la retraite
de leurs couches les unes sur les autres, présentent
réellement l'image d'un escalier.

Il paraît que c'est Rinmann qui le premier en
a fait usage dans un mémoire sur les pierres ferrifères qui parut en 1754; il y cite, parmi les
cornéennes, un trapp qui se trouve, dit-il, avec
d'autres minerais dans les filons, qui se brise en
fragments rhomboïdaux, se fond en un verre noir,
et donne de 14 à 15 pour cent de fer.

Origine et acception du mot trapp.

Quatre ans après, Cronstedt reproduisit ce
nom dans sa *Minéralogie*, et il définit la roche
à laquelle il le donne *saxum compositum, jaspide martiali molle*, *seu argillâ molli induratâ.*
Il donne pour ses caractères, de fondre en
un verre compacte noir, de se décomposer à
l'air en prenant une couleur brune. Il ajoute
qu'elle se trouve en filons, et en outre qu'elle
forme des masses de montagnes, parmi lesquelles
il cite le Henneberg et la sommité du Kinnekulle,
dans la Westrogothie, où elle se délite de manière
à présenter l'aspect d'un escalier : il fait observer encore que ce n'est pas une roche homogène (1).

Bergmann, dans sa *Géographie physique*, a
donné le même nom aux mêmes masses.

Linné, dans l'édition de son *Systema naturæ*,
qu'il publia en 1768, conserve le nom de *saxum
trapezium*, et il donne celui de *grünstein* (*grœn-
sten*) à une sorte de trapp qui lui paraît contenir
de l'amphibole et du mica, et qui forme, dit-il,
la sommité du Kinnekulle.

Wallérius, dans la seconde édition de sa *Minéralogie*, admet également parmi les roches un
saxum trapezium dont la base lui paraît être le *corneus trapezius* (2). Il le regarde comme composé

(1) Cronstedt, § 267.
(2) Wallérius, tom. I, pag. 418 et 361.

de particules d'amphibole (*particulis basalticis*) enlacées les unes dans les autres ; et il donne encore le Henneberg et le Kinnekulle comme exemple de localités.

D'après ce que les auteurs suédois ont dit du trapp, et surtout d'après les exemples qu'ils en ont cités, tels que les cimes du Kinnekulle, du Henneberg, il paraît que cette roche appartient aux terrains volcaniques, et que ces cimes isolées sont les restes d'anciennes coulées de laves, comme le sont celles de l'Auvergne et de la Saxe (§ 87). Cette roche, dit M. Hausmann, qui l'a soigneusement examinée sur les lieux, ressemble beaucoup, en certains endroits, à la dolérite (*grünstein*) du mont Meisner, dans la Hesse ; elle consiste en grains extrêmement petits d'augite et de feldspath compacte. Elle repose sur un terrain composé de couches de grès, de phyllade, et de calcaire renfermant des orthocératites : M. Hausmann la regarde comme appartenant aux terrains intermédiaires (1).

Dolomieu désignait sous le nom de trapp, des roches qui appartiennent réellement aux terrains primitifs, et qui portent les caractères que Wallérius donne au *corneus trapezius :* c'étaient des cornéennes dures. Son exemple a été suivi par M. Brongniart.

Quant à Saussure, il avait formellement désigné sous ce nom une pierre composée, appartenant aux terrains primitifs, et qui me paraît tenir le milieu entre la diabase et l'aphanite, dont nous parlerons incessamment.

(1) *Reise durch Scandinavien,* tom. I, ch. V.

Werner a conservé le nom de trapp, mais il en a généralisé l'acception; il l'emploie pour désigner, non une seule roche, mais une grande classe de masses minérales. D'après lui, *les trapps sont des roches qui appartiennent à une même suite de formations, et qui sont principalement caractérisées par l'amphibole : ce minéral s'y trouve presque pur dans les formations les plus anciennes, il diminue dans les subséquentes, et dans les dernières il dégénère en une argile ferrugineuse, formant une masse noirâtre et compacte :* quelques grains ou cristaux d'amphibole contenus dans ces dernières formations, leur impriment encore le caractère de cette grande classe.

Werner avait ainsi des trapps dans les terrains primitifs, intermédiaires et secondaires : ces derniers étaient les basaltes avec les roches de la même formation (1). En nous bornant aux seuls terrains primitifs, nous pourrions très-bien adopter le nom de trapp dans l'acception que lui donne ce savant, c'est-à-dire en le restreignant aux roches amphiboliques ; mais outre l'inconvénient attaché aux anciennes dénominations que l'on conserve, en modifiant leur acception (§ 195), ce nom est très-naturellement remplacé par un mot usité dans notre minéralogie, et qui, expri-

_____

(1) Voyez le chapitre des *Terrains volcaniques.*

mant l'essence minéralogique des substances auxquelles on l'applique , est très-convenable ; c'est
celui d'*amphibolites* pris dans toute son étendue ,.
c'est-à-dire comme synonyme de *roches amphiboliques.*

§ 205. Ces roches sont ou de l'amphibole presque
pur, ou de l'amphibole mêlé avec du feldspath, et
formant ainsi la diabase. D'après les observations
faites jusqu'ici , le géognoste peut, avec Werner,
les diviser et soudiviser ainsi qu'il suit :

    1° Amphibolite (*hornblendegestein*)

        1) grenue ou lamellaire ;

        2) compacte , avec indices de cristallisat. ;

         a) commune ;

         b) schisteuse.

   2° Diabase (*grünstein*)

        1) granitoïde ;

        2) schisteuse (*grünsteinschiefer*) ;

        3) compacte ;

         a) commune ;

         b) porphyroïde (*grün porphyr*).

Faisons quelques courtes observations sur ces
diverses roches. L'amphibolite grenue ou lamellaire n'est que l'amphibole ordinaire mêlé de
quelques autres minéraux. L'amphibolite schisteuse est une roche mélangée et à parties difficilement discernables : l'amphibole y domine, ou
du moins il masque les autres substances ; il
se reconnaît par ses rayons et ses fibres , qu'on

Diverses sortes d'am-phibolites.

voit dans la pierre et principalement sur la surface des feuillets : cette roche contient fréquemment des paillettes de mica et des grains de feldspath, et elle se rapproche alors de la diabase schisteuse.

La diabase, dit Werner, est une roche à structure granitique, principalement composée de grains d'amphibole et de feldspath; l'amphibole y est habituellement la partie dominante. Outre ces deux minéraux, on y trouve assez souvent des paillettes de mica et quelques grains de quartz. Elle contient encore, presque toujours, ainsi que toutes les variétés de roches amphiboliques, une quantité plus ou moins considérable de pyrites martiales, en petits grains disséminés : ce fait, digne de remarque, est donné comme un des caractères qui servent à distinguer les trapps primitifs. Werner, qui, le premier, a séparé la diabase des autres roches granitoïdes, lui a donné le nom allemand de *grünstein* (pierre verte) : mais comme ce nom ne peut être admis dans notre langue, nous lui avons substitué celui de diabase, introduit par M. Brongniart, et dont nous nous servons depuis plusieurs années. M. Haüy a dernièrement donné à cette même roche le nom de *diorite*.

La diabase schisteuse, d'apres Werner, est composée de feldspath compacte et d'amphibole; elle renferme quelquefois un peu de mica, et

rarement des grains de quartz. Le feldspath y est,
ainsi que nous venons de le remarquer, à l'état
compacte; il est mélangé avec l'amphibole, sans
aucune régularité, et tantôt l'une tantôt l'autre
de ces substances domine. Les feuillets sont épais
et serrés, de sorte que la texture schisteuse est
quelquefois difficile à reconnaître.

Lorsque la diabase passe à l'état compacte, soit
par une extrême diminution dans la grosseur des
grains d'amphibole et de feldspath, soit même
par une fusion complète de leurs éléments les
uns dans les autres, elle produit l'aphanite, de la
même manière que nous avons vu le granite produire l'eurite.

J'entre dans quelques détails sur cette roche, qui
a été jusqu'ici, et qui sera encore long-tems une
des plus embarrassantes à bien reconnaître et à
bien distinguer.

§ 206. D'après ce que nous venons de dire, l'*a-
phanite est une roche composée, mais d'apparence
homogène, dans laquelle l'amphibole est le principe
dominant ou caractéristique.* Elle se présente
comme une pierre *d'un vert noirâtre, fusible en
un verre noir, demi dure et d'une cassure mate.*
Ses variétés principales seront : 1° la *compacte*,
à cassure concoïde et lisse; elle est rare, et forme
la base de quelques porphyres noirs : 2° la *commune* (le *grünstein*, à parties indiscernables);
sa cassure est grenue, à grain terne et grossier,

Aphanite

10.

sa couleur est verte : 3° la *terreuse;* à grain encore
plus grossier que la précédente, et ayant moins
de consistance ; c'est la base de plusieurs amygdaloïdes : 4° la *schisteuse.*

L'aphanite a de grands rapports avec l'eurite ; elle y passe, comme le granite ou la siénite
passe à la diabase granitoide ; elle s'en distingue
principalement par sa couleur plus foncée, au
moins relativement au verre obtenu au chalumeau, par sa moindre dureté, et par un peu plus
de pesanteur. D'une autre part, elle a aussi
beaucoup de ressemblance avec le basalte ou certaines dolérites compactes ; quelquefois même
elle leur ressemble entièrement par ses caractères minéralogiques, et ne peut plus en être
distinguée que par les circonstances de son gissement, ou en ce qu'elle ne contient point d'olivine et d'augite.

Je ferai à ce sujet une remarque : l'aphanite est un mélange de
feldspath et d'amphibole à l'état compacte; la dolérite compacte
est, de son côté, un pareil mélange de feldspath et d'augite :
or, les caractères géométriques qui seuls établissent la différence essentielle entre l'amphibole et l'augite ayant disparu,
il n'y a plus de moyen de distinguer les deux roches, elles auront tous les mêmes caractères. Cependant l'intérêt de la
science exige qu'on leur conserve un nom différent. Il faut
élever un mur de séparation entre les produits volcaniques et
ceux qui ne le sont pas : il vaut mieux que l'observateur, lorsque les caractères tirés du gissement ne lui permettront pas de
prononcer, dise, par exemple, que la roche qu'il signale est une

diabase compacte, ou une dolérite compacte, et qu'il tienne ainsi dans le doute, que de confondre dans un seul nom, les choses qu'il importe le plus à la géognosie de tenir distinctes.

L'aphanite est comprise parmi les roches que les anciens minéralogistes nommaient *pierres de corne* ou *cornéennes*. Mais ces noms ont été donnés à tant de substances différentes, ils ont occasioné tant de confusion, que l'on dòit les bannir entièrement de la minéralogie. Les minéralogistes allemands les ont donnés et les donnent encore a des pierres purement quartzeuses (*hornstein* ou *lapis corneus*). Wallerius en a beaucoup étendu et généralisé l'acception : il a fait quatre espèces de cornéennes qui comprennent des minéraux entièrement différents. Ayant eu occasion d'étudier, dans le cabinet de minéralogie de M. le Lièvre, une suite de roches étiquetées d'après la méthode du savant suédois, et vraisemblablement sous ses yeux, j'ai vu, 1° que sa cornéenne luisante (*corneus nitens*) contenait principalement des phyllades à feuillets durs et épais, et des schistes chloritiques ; 2° que sa cornéenne schisteuse dure (*corneus fissilis durior*) n'était que la diabase compacte et schisteuse, et que la variété tendre (*mollior*) renfermait beaucoup de phyllades et de schistes talqueux ; 3° que la cornéenne spathique (*corneus spathosus*) n'était qu'une amphibole lamellaire ; 4° enfin que le *corneus trapezius* comprenait des aphanites, des dolérites, des basaltes et des lydiennes. Saussure, après avoir pris le mot de cornéenne avec toute la latitude que lui avait donnée Wallérius, avait fini par le restreindre aux roches amphiboliques, soit schisteuses, soit compactes, qui étaient homogènes en apparence et qui ne présentaient aucun indice de cristallisation : et c'est la roche nommée très-convenablement, sous tous les rapports, *aphanite* par M. Haüy. Certainement on a fait faire à la science un pas vers sa perfection, en caractérisant l'aphanite, et en la séparant de la dolérite, qui porte aussi le nom de *grünstein* en allemand : mais toutes les diffi-

cultés, toutes les incertitudes ne sont pas levées, et c'est encore
ici le point de la minéralogie géognostique où il y aura le plus
de confusion : c'est la roche sous le nom de laquelle on confon
dra le plus de substances différentes. Autrefois on rejetait parmi
les cornéennes un grand nombre de roches qu'on ne savait pas
caractériser ; l'école Wernérienne en a rejeté plusieurs parmi
ses *grünstein*, et nous serons obligés d'en laisser aussi parmi
nos aphanites : le mal tient en partie à la nature même des choses ; là où les caractères manquent , il est impossible de nommer avec précision.

§ 207. Les diverses sortes d'amphibolites dont
nous venons de parler n'ont pas été trouvées jusqu'ici sur des espaces assez étendus , et avec des
caractères distinctifs assez prononcés , pour être
regardées comme constituant des terrains particuliers d'une étendue pareille à ceux que nous
avons déjà cités. Elles peuvent être regardées
comme faisant partie de ces derniers : chacune
d'elles semble en outre se trouver plus habituellement dans un d'entre eux.

Les variétés granitoïdes, l'amphibole lamellaire et la diabase proprement dite , se voient
principalement dans les granites ; et le plus souvent elles semblent n'en être qu'une variété, dans
laquelle l'amphibole aurait pris momentanément
le dessus : c'est ainsi que m'a paru être la diabase des environs du lac d'Aida , en Auvergne.
Ailleurs , notamment en Piémont , auprès de Ta-
vigliano , au nord de Bielle , et aux environs
d'Ivrée , de belles diabases occupent bien des es-

Gissement. Rapport avec les au-tres terrains

paces de quelques lieues carrées ; mais elles y sont
entourées de toutes parts du granite ordinaire à
cette partie des Alpes, elles se fondent en quelque
sorte en lui : ce sont des portions d'une grande assise granitique, et je ne saurais les regarder comme
en étant géognostiquement distinctes. Dans la partie méridionale de la Suède , dans le Smoland ,
M. Hausmann a bien vu dominer un *grünstein*, composé d'amphibole et de feldspath , tantôt granitoïde , tantôt schisteux , et contenant des couches
de chlorite : mais encore, d'après les observations
de ce savant et de M. de Buch , ce ne serait qu'un
membre subordonné du terrain de gneis qui
règne dans toute la Scandinavie.

Les couches de diabase et notamment de diabase schisteuse (*grünsteinschiefer*), mélanges de
feldspath compacte et d'amphibole qu'on voit
en Saxe, dans le *Fichtelberg* et dans plusieurs
autres contrées , au milieu des phyllades , se présentent avec des caractères particuliers : elles
m'ont réellement paru être des membres distincts , quoique d'ailleurs elles eussent avec les
phyllades bien des rapports , et qu'elles fussent
positivement des couches subordonnées dans leur
terrain. Ce sont ces diabases qui m'ont semblé
appartenir plus particulièrement que toute autre
aux trapps primitifs.

Quant à l'amphibolite - schisteuse , composée
d'amphibole plus ou moins mêlée de diverses

autres substances, et que l'on trouve très-souvent en couches dans les gneis et les schistes-micacés, elle appartient aux terrains propres à ces
roches : elle y est fréquemment mélangée avec
elles, et forme ainsi comme des couches mixtes.
Il y a peu de minéralogistes qui n'aient eu occasion d'en observer. Quelques-unes des exploitations de fer oxidulé que l'on a en Saxe, et dans
certaines parties de la Suède, sont dans de pareilles amphibolites.

La diabase compacte, ou aphanite, se trouve
dans les terrains primitifs, moins en assises considérables, qu'en portions d'assises, qui consistent, soit en porphyre, soit en diabase, soit en granite, etc. Ce que nous avons dit sur la nature de
l'aphanite le fait aisément concevoir ; il indique
ses rapports avec les autres roches, notamment
avec le porphyre euritique ; ces deux masses passent continuellement de l'une à l'autre, et ont
la plus grande connexion.

On a un exemple de ces faits dans le *Thüringerwald*, où le porphyre forme la majeure partie du sol de cette contrée, ainsi que nous l'avons
vu. Il y dégénère souvent en un porphyre aphanitique, lequel est en général d'un vert foncé, quelquefois noirâtre ; il contient des cristaux de feldspath, d'amphibole et de mica. Sa base, qui est
mêlée d'une quantité assez considérable de terre
calcaire, est assez souvent compacte, plus sou-

vent terreuse , et quelquefois cellulaire ou bulleuse ; d'un point à un autre , elle présente les
plus grandes variations à cet égard. Les variétés
compactes sont celles qui contiennent le plus de
cristaux de feldspath et même quelques grains de
quartz ; elles présentent des porphyres qui ont
l'aspect du *porfido nero*, lequel , au milieu d'un
aphanite noir et compacte , présente des cristaux
ou points feldspathiques blancs. Ailleurs , elles
ressemblent au porphyre ophitique dont nous
parlerons dans peu. Dans les variétés terreuses ,
le quartz disparaît , le feldspath diminue , et le
mica et l'amphibole augmentent. Ce sont ces va-
riétés· qui présentent souvent la structure amygdaloïde : les cavités sont quelquefois très-petites ,
d'autres fois elles sont comme de grosses noix ;
elles sont tantôt vides, tantôt pleines, en tout ou en
partie , de spath calcaire , de terre verte , et assez
rarement de calcédoine. M. Heim remarque
que de pareilles roches , en se décomposant ,
prennent un asₓ ct sale , ferrugineux ; ce qui ,
joint aux vacuoles vides qu'elles présentent , leur
donne l'apparence de laves , et qu'elles ont même
été prises pour des produits volcaniques ; mais il
remarque aussi que, malgré cette apparence, malgré l'aspect terreux et altéré qui les ferait prendre souvent pour des *trass* , il est impossible de
ne pas les placer à côté du granite bien cristallin et à gros grains , auquel elles tiennent in-

contestablement (1). Ces roches, ou plutot ces
montagnes dont elles font partie , sont-elles primitives? Malgré quelques apparences, regardons-
les comme telles , jusqu'à ce que des faits positifs
les fassent passer dans une autre classe.

L'incertitude qui règne à cet égard se reproduit, lorsqu'il s'agit de classer la plupart des porphyres aphanitiques, par exemple , le beau porphyre antique connu des artistes sous le nom de
serpentino verde antico, appelé *ophite* par Wallérius et la plupart des minéralogistes, et désigné
par Werner sous le nom de *grun porphyr* (porphyre
vert). Sa base est une aphanite compacte , à cassure égale et quelquefois écailleuse , d'un vert
foncé , et contenant des cristaux allongés d'un
feldspath presque compacte , vert clair, ayant
toutes sortes de directions , et se croisant en différents sens (ce croisement se fait vraisemblablement sous un angle dépendant des lois de la
cristallisation ; et l'apparence compacte des
cristaux provient de ce que leurs lames très-ser-
rées les unes contre les autres , ne sont pas discernables). Werner et la plupart des minéralogistes le placent dans les terrains primitifs , et
malgré les pyrites qu'il contient et qui semblent
caractériser les amphibolites de ces terrains :

---

(1) *Geologische Beschreibung der Thüringerwaldgebirges*, t. III,
pag. 113 et 117.

ce n'est qu'avec défiance que je suis l'exemple de ces savants : il serait possible qu'il fût du
domaine volcanique. J'ai vu, dans les monts Cantals, en Auvergne, des masses porphyroïdes d'un
vert noirâtre, renfermant des cristaux d'un vert
clair et ayant la plus grande ressemblance avec
l'ophite Ces masses, comme tout ce qui constitue les Cantals, me paraissaient volcaniques : mais
M. Beudant présume que la base de ces monts
est de nature analogue au porphyre siénitique de
Hongrie, et que c'est à un porphyre analogue
qu'appartiennent les masses sus-mentionnées.
D'un autre côté, M. Cordier croit avoir des raisons minéralogiques de regarder la pâte de l'o-
phite comme appartenant à la dolérite, et non à
l'aphanite ou à la diabase.

Non-seulement le premier de ces deux minéraux constitue la base de quelques amygdaloïdes
et de quelques porphyroïdes, mais encore celle
de plusieurs variolites, et en particulier de celle
de la Durance, donnée habituellement comme le
type de ces sortes de roches (§ 104). Sa pâte est
d'un vert noirâtre, d'une cassure compacte et
écailleuse, assez dure, pesant 2,9, et fondant au
chalumeau en émail noir: elle contient des noyaux
de feldspath à rayons divergents et quelquefois à
couches concentriques, d'un blanc verdâtre, d'un
éclat un peu gras et qui fond en un verre blanchâtre. Saussure après avoir porté une attention

particulière sur cette pierre , a donné à sa pâte,
qu'il regardait comme analogue à celle de l'ophite,
le nom d'*ophibase*. (*Saussure*, § 1539.) Je l'avais
adopté, il y a quelques années (1), pour désigner
l'aphanite , mais ce dernier nom, récemment introduit en géognosie, me paraît plus convenable.

Décompo-
sition.

§ 208. Les amphibolites , ainsi que toutes les
roches contenant une quantité notable de feldspath , se décomposent aisément. Elles se recouvrent, par l'effet de la décomposition, d'une
croûte terreuse, roussâtre, dont la couleur est
due à l'oxide de fer passant à l'état d'hydrate.
Quelquefois des roches noires, et qu'à leur aspect
on eût pris pour de l'amphibole pur ou presque
pur, se décomposent en une terre grisâtre comme
le feraient des eurites : ce sont effectivement de
vrais eurites, mais ils étaient, en quelque sorte,
masqués par un principe colorant particulier et
qui est étranger à l'amphibole, peut-être par le
carbone : ces pierres essayées au chalumeau y
blanchissent et se fondent en un verre blanc ou
peu coloré.

L'amphibole cède, en général , moins facilement à la décomposition que le feldspath ; et cette
différence met quelquefois à même de distinguer
ces deux éléments, dans des amphibolites ou aphanites qui se présentent sous une apparence par-

(1) *Journal des Mines*, tom. XXIX, pag. 310. 1811.

faitement homogène et sous une couleur verte uniforme. Dans les échantillons qui ont resté long-tems exposés à l'action de l'atmosphère, le feldspath a pâli, et l'amphibole paraît, au milieu de la masse, sous forme de taches plus foncées. Au reste, il est des variétés où le feldspath, par l'effet d'une formation particulière, résiste plus à la décomposition : c'est le cas de plusieurs variolites ; les globules blancs de feldspath restant alors en saillie sur une masse plus colorée, présentent l'image de grains de petite-vérole ; de là le nom de variolite.

Les amphiboles, en se décomposant, prennent très-souvent la forme de boules. J'en ai vu un exemple assez singulier en Bretagne, à trois ou quatre lieues au nord de Poullaouen : le sol y est formé par un aphanite d'un tissu peu serré, les chemins semblent pavés de petites boules de cette pierre, ayant trois ou quatre pouces de diamètre: j'ai cru même pendant un instant qu'il en était ainsi; mais un examen plus attentif m'a évidemment montré que je marchais sur la roche en place, et que c'était la décomposition qui, en pénétrant par les fissures, l'avait ainsi divisée et façonnée. En traitant des diabases globuleuses, dans le chapitre suivant, nous verrons de nouveaux exemples de cette division. Je me borne à citer un fait très-remarquable observé par M. de Humboldt aux environs de Venezuela. Dans un filon d'un gneis très-altéré , au milieu de schistes-micacés, on voit des boules de diabase composées d'amphibole et de feldspath lamellaire, ayant depuis trois pouces jusqu'à quatre pieds de diamètre, présentant des couches concentriques, et renfermant de beaux grenats rouges, lesquels ne se trouvent pas dans les roches environnantes.

Quelquefois la diabase est convertie, par la décomposition, en une terre douce et onctueuse au toucher, dont on peut se servir, et dont on se sert effectivement comme d'une terre à foulon. Telle est celle de Roswein, en Saxe ; la roche dont elle provient est en place ; c'est une diabase granitoïde ; j'ai vu distinctement, dans une carrière, les grains d'amphibole et de feldspath ; les premiers étaient verts , et les seconds blancs ; les uns et les autres étaient absolument terreux, et formaient comme une pâte (car le terrain était humide). les parties vertes étaient les plus douces au toucher. M. de Buch a vu , en Silésie , près de Wartha et de Riegelsdorff, une terre à foulon provenant également de la décomposition d'une diabase (euphotide), et quoique le feldspath fût coloré par l'amphibole, il distinguait fort bien ces deux substances (1).

§ 209. Nous n'avons rien de particulier à dire sur la stratification des amphibolites; celles à struc-

---

(1) *Geognostiche beobachtungen*, tom. I , pag. 71.

ture granitique sont dans le même cas que les
granites, et celles à structure schisteuse sont comme
les gneis et les schistes-micacés qui les contiennent; je remarquerai seulement qu'elles se divisent
moins facilement en feuillets que ces roches; les
feuillets en sont habituellement plans et épais ,
leur surface présente des rayons , ou un aspect
strié et soyeux , qui y fait encore reconnaître la
présence de l'amphibole.

Les amphibolites, au moins d'après les documents parvenus à ma connaissance , s'étant plutôt
trouvées comme portions des autres terrains que
constituant elles-mêmes de grands terrains , nous
n'aurons aucune remarque particulière à faire relativement aux substances métalliques qu'elles
peuvent renfermer : elles seront dans les cas des
roches qui les contiennent. Je ferai seulement
observer que les filons qui traversent ces roches
se poursuivent dans les couches amphiboliques
sans varier de richesse , et même que dans quelques cas ils paraissent augmenter. Je rappelle-
rai encore l'affinité géologique qu'il paraît y avoir
entre ces couches et le fer oxidulé.

Par une cause semblable à celle que nous venons de donner , nous ne nous arrêterons pas sur
l'énumération des lieux où l'on a trouvé des masses amphiboliques d'une étendue assez considérable , d'autant plus qu'une partie d'entre elles,
regardées comme primitives jusque dans ces der-

niers tems , sont aujourd'hui classées dans les terrains intermédiaires. Nous reviendrons sur cet objet dans le chapitre suivant, et nous y ajouterons quelques considérations particulières à certains amphibolites.

ARTICLE SEPTIEME.

SERPENTINE.

Steatites opacus, particulis distinguendis, solidus, coloribus eminentioribus maculosus, durus (cultro tamen rasibilis), polituram admittens. Serpentinus. Wall.

Serpentin des Allemands.

§ 210. Les grandes masses de serpentine qu'on trouve dans la nature , sont presque entièrement composées du minéral décrit sous ce nom dans l'oryctognosie, et dont nous rappelons en peu de mots les principaux caractères.

La serpentine est une pierre *tendre*, passant quelquefois au *semi dur*, donnant par la raclure une poussière d'un *gris verdâtre* et *douce* au toucher, ayant une cassure *mate* et *grenue* à grain fin ; sa couleur est presque toujours *verte*, et elle ne fond pas au chalumeau lorsqu'elle n'est pas mêlée de beaucoup de matières étrangères.

Substances qu'elle contient.

§ 211. Elle est principalement composée des éléments du talc, ainsi que nous le verrons dans peu: la magnésie entre ainsi, comme principe caractéristique, dans sa composition ; et il est à remarquer qu'elle sert de gangue ordinaire a la plu-

part des pierres du genre magnésien ou talqueux.
Elles se trouvent presque toutes dans la serpentine, et ne se rencontrent guère ailleurs. Parmi
ces pierres nous distinguerons :

1° Le *talc* proprement dit et ses variétés, telles
que la *stéatite* ou talc compacte, la *chlorite*, la
pierre ollaire ;

2° La *magnésie native*, trouvée par M. Bruce,
en petites veines, dans la serpentine de New-Jer-
sey en Amérique ;

3° La *magnésie carbonatée ;* elle n'a été trouvée
qu'en deux endroits bien pure, à Rubschitz en
Moravie, et à Gassen en Stirie, toujours dans de
la serpentine ;

4° L'*écume de mer* ou *magnésite* de M. Brongniart ;

5° L'*asbeste* et ses diverses variétés, telles que
l'*amiante*, le *liége fossile :* le gissement habituel
de cette substance est en petites veines ou filons,
dans lesquels les fibres de l'asbeste sont toujours
perpendiculaires au plan des filons ;

6° La *diallage*, que quelques personnes ont
regardée comme une serpentine cristallisée : elle
se trouve en outre dans les terrains serpentineux,
formant avec le feldspath une roche particulière
dont nous parlerons dans peu.

La serpentine contient encore fréquemment
diverses concrétions siliceuses qui y sont en filets
ou rognons. On en a des exemples :

2. II

1° A Kosemutz en Silésie, où cette roche renferme des opales, des calcédoines, et de la chrysoprase;

2° En Piémont, où le mont Musinet présente une multitude de veines et rognons de semi-opale et d'hydrophane. (*Sauss.*, § 1308.)

Parmi les autres minéraux qu'on trouve encore dans les serpentines, nous citerons le mica, l'amphibole, le grenat-pyrope, etc.

Couches.
Quant à des couches d'autres masses minérales, je n'en connais point dans la serpentine, en exceptant toutefois le calcaire qui se trouve très-souvent mélangé avec elle, et l'euphotide qui lui paraît subordonnée.

Age et gissement.
§ 212. Werner a observé, en Saxe, deux serpentines d'époque différente.

La première, qui est celle où cette substance se trouve mêlée avec la pierre calcaire, forme des couches dans les montagnes de gneis et de schiste-micacé; elle est, par conséquent, de même âge que ces roches. On lui rapporte le *verde antico*, et le *verde di Susa*, qui ne sont que des mélanges de serpentine à grain extrêmement fin et de calcaire blanc.

La seconde formation, dit Werner, est beaucoup plus étendue que la première; elle se trouve à Zœblitz, en Saxe, elle y remplit une espèce de bassin de deux lieues de long et d'une de large; elle y repose sur le gneis; mais sa surface de su-

perposition n'est point parallèle à la stratification
de cette dernière roche , ce qui indique une formation postérieure. Au reste, Werner ajoute qu'il
n'a pas recueilli un assez grand nombre d'observations sur cette formation, pour déterminer son
âge relativement aux autres masses qui entrent
dans la composition de l'*Erzgebirge*.

La serpentine se trouve principalement dans les
terrains où les principes du talc abondent. Aussi
existe-t-elle en grande quantité dans les Alpes :
j'ai eu occasion d'y en voir un grand nombre de
masses et de couches ; quelques-unes avaient plus
d'une lieue d'étendue , et plus de deux cents mètres d'épaisseur : c'étaient des assises dans le terrain de schiste-talqueux ou micacé , qui constitue
la masse principale des Grandes-Alpes.

Les principes intégrants de ce schiste-talqueux sont le quartz,
le talc et un peu de feldspath. La proportion entre ces substances éprouve fréquemment des changements aussi brusques que
variés d'une couche à l'autre : quelquefois le feldspath devient
plus abondant que les autres principes, et l'on a des gneis et
même des granites ; ailleurs , c'est le quartz qui domine, et il
en résulte des masses où ce minéral se trouve presque pur ; plus
souvent encore, c'est le talc qui prend le dessus, et il donne
naissance à des couches talqueuses ou chloritiques. Si les diverses substances qui entrent dans leur composition sont en
parties si petites qu'elles ne puissent plus être distinguées les
unes des autres , ou si leurs divers principes constituants, n'ayant
pas obéi à l'action de l'attraction moléculaire qui les sollicitait à
former des minéraux différents , restent confondus les uns
avec les autres, il en résulte une masse compacte qui est la ser-

pentine. Ainsi, dans les montagnes dont nous parlons, cette dernière roche n'est autre chose qu'un schiste-talqueux, dans lequel le talc domine, et dont les éléments sont fondus les uns dans les autres. Plus le talc aurait été abondant dans le schiste, plus la serpentine sera douce au toucher, et plus elle se rapprochera de la *stéatite ;* elle passera entièrement a ce minéral, si elle ne contient que les principes composants du talc. J'ai eu un grand nombre d'occasions d'observer ce passage des couches talqueuses à la serpentine, de celle-ci à la stéatite, et de cette dernière au talc laminaire : aussi crois-je pouvoir le donner comme un fait positif.

Il suit encore de ce que nous venons de dire, que, dans les Alpes, le granite, le gneis, le schiste-micacé ou talqueux, et par suite la serpentine, appartiennent à une seule et même formation; et que, pris en général, ils y sont du même âge.

Si, dans les couches de schiste-talqueux qui deviennent compactes, le feldspath et le quartz sont en quantité considérable, la serpentine augmentera en dureté et se rapprochera de l'eurite vert et quelquefois même du *hornstein.*

Lorsque le talc était très-chargé de fer, qu'il était à l'état de chlorite, la serpentine, à laquelle il donne lieu, perd un de ses caractères habituels, et devient fusible.

Cette roche a encore beaucoup de rapports avec les amphibolites, et en particulier avec l'aphanite commune (*grünstein*); elles se trouvent assez souvent ensemble, et leur ressemblance porte quelquefois à les confondre. Cependant la serpentine présente une poussière plus douce au toucher , et est plus difficile à fondre : mais encore il peut se trouver des termes intermédiaires que l'on sera souvent embarrassé de rapporter à l'une ou à l'autre de ces roches.

§ 213. Werner ne connaît point de serpentine stratifiée ; toute celle que j'ai été à même d'observer ne l'est pas , et d'après ce que j'ai dit sur sa nature , je crois pouvoir avancer qu'en général elle ne l'est point. Cependant celle du *Fichtelberg* a paru l'être à MM. Goldfuss et Bischof (1). La serpentine n'affecte pas non plus de forme régulière , et elle ne présente que des fissures qui la divisent en blocs très-irréguliers.

§ 214. Lorsque ces blocs sont attaqués par l'action décomposante de l'atmosphère, leur surface, par un relâchement de tissu, prend un aspect terreux , et devient fréquemment d'une couleur de rouille ; ce qui provient du passage du fer protoxidé à celui de fer hydraté.

La serpentine résiste d'ailleurs assez bien à la décomposition , et beaucoup plus que les gneis , les schistes-micacés, les phyllades , etc. au mi-

Stratification.

Décomposition.

---

(1) *Beschreibung des Fichtelgebirges* , tom. I , pag. 144. Les savants auteurs de cette description disent encore que le granite du *Fichtelberg* est stratifié, et en strates de 2 à 8 pieds d'épaisseur. Cette stratification ne serait-elle pas une simple division en plaques comme celle que présentent les rochers granitiques de *Greiff enstein* (§ 86)?

lieu desquels elle se trouve habituellement : de
là vient une partie des rochers et pics qu'on
voit au milieu des terrains formés par ces roches,
notamment dans les Alpes : la plus considérable
des pyramides qui s'élèvent sur le faîte de ces montagnes, le mont Cervin, en est en partie formée ;
et elle constitue la cime de la grande aiguille appelée *Breithorn,* et dont l'élévation est de quatre
mille mètres au-dessus de la mer.

Comme toutes les roches magnésiennes, la
serpentine est peu propre à la végétation. Les
montagnes qu'elle constitue sont nues, et cette
nudité, jointe à leur couleur sombre, donne un
aspect triste et monotone aux terrains qui en
sont formés.

Métaux
contenus.

§ 215. La serpentine, ainsi que les roches talqueuses et amphiboliques, avec lesquelles elle a tant de rapports, contient
habituellement une quantité plus ou moins considérable de fer
oxidulé, et la présence de ce minerai me paraît y être une suite
de la nature même de la roche. La couleur verte, dans le talc,
est due à l'oxide vert de fer (protoxide des chimistes), et elle
s'y présente si souvent, dans toute espece de localité, que l'on
peut en conclure qu'il y a dans les principes essentiels du talc,
une force d'affinité qui les a portés à se saisir et à se charger de
cet oxide, par-tout où il s'est trouvé à leur portée, lors de la
formation de la roche. Lorsqu'il a été en quantité suffisante, il a
changé le talc en chlorite ; s'il a augmenté au-delà du terme de
saturation, il est trouvé en excès, et ses molécules, en se réunissant, ont formé les grains, veines et masses de cet oxide, ou
fer oxidulé des minéralogistes, qu'on voit si fréquemment dans
les masses talqueuses, et par conséquent dans les serpentines.

Lorsque le fer oxidulé est en petits grains imperceptibles à la vue, il donne à la roche la propriété magnétique, et quelquefois la polarité qu'on a remarquée dans quelques échantillons. Il s'y trouve aussi très-fréquemment en grains, rognons et filets, qui y sont quelquefois en assez grande quantité pour devenir l'objet d'une exploitation : c'est ainsi qu'au pied méridional du mont Rose, entre les vallées de Gressonney et de la Sésia, près du passage d'Olent, on a une énorme assise de serpentine, tellement chargée de ces filets et de ces grains, qu'on exploite pour le service des fonderies de fer, les blocs de cette roche qui tombent dans le vallon d'Olent. Enfin le fer oxidulé se trouve dans la serpentine en masses ou amas d'un volume quelquefois très-considérable ; dans la vallée d'Aoste, au-dessus du village de Cogne, au milieu d'une montagne de schiste-micacé calcarifère, on a une couche de serpentine de plus de cinquante mètres d'épaisseur, et de mille de long, et dans laquelle se trouve une énorme masse du fer oxidulé le plus compacte ; son épaisseur est d'une trentaine de mètres.

C'est dans de la serpentine qu'on a trouvé, en Provence, le fer chromaté : il y est en veinules et en rognons.

A l'exception du fer, cette roche contient peu de substances métalliques ; cependant, près de Joachimsthal, en Bohème, on y a exploité quelque peu de plomb ; dans celle de Cornouailles, on a trouvé une quantité assez considérable de cuivre natif ; il y est en filets et en veines.

Etendue.   § 216. La serpentine est très-abondante dans les Alpes, ainsi que nous l'avons remarqué. Saussure, et tous les minéralogistes qui ont parcouru ces montagnes, ont fait mention des masses et couches qu'elle y forme dans un grand nombre de localités : quelques-unes sont assez étendues pour être regardées comme des masses de montagnes ; l'assise qui est sur le flanc méridional du mont Rose, au *passo d'Olent*, a plus de deux lieues d'étendue, et souvent plus de trois cents mètres d'épaisseur. Dans le val Tornanche, dans la vallée de Brusson, en Piémont, on parcourt des lieues entières dans cette roche. Nous avons remarqué qu'elle constituait en partie les hautes cimes du mont Rose, du mont Cervin, du *Breithorn*, etc.

Dans les Pyrénées, elle est en bien moindre quantité : je n'y en ai vu que de petites masses : elle est également assez rare dans les terrains primitifs du centre de la France ; cependant, en Limousin, près de Saint-Yriex, on a des exploitations sur un banc de cette roche qui s'étend à plusieurs lieues de distance.

Elle est plus commune dans les montagnes du centre de l'Allemagne ; il y en a dans le *Fichtelberg*, en Saxe, en Silésie, etc.

L'Angleterre n'en présente que sur un point, au

cap Lizard, sur sa côte méridionale : la serpentine, qui y occupe plusieurs milles carrés, repose sur un sol primitif, elle renferme des couches de schiste-micacé, et est bordée de phyllade de formation intermédiaire ; leur rapport respectif de gissement n'ayant pu être déterminé, on ne saurait indiquer avec précision à quelle classe elle appartient. M. Berger, en nous la faisant connaître dans tous ses détails, a essayé de la rapporter à une des deux formations reconnues par Werner en Saxe, et il a accompagné cet essai de très-judicieuses réflexions. Cette serpentine contient de grandes masses d'une stéatite demi-transparente, qu'on peut pétrir comme de la pâte, lorsqu'elle sort de la carrière ; elle est mêlée, en outre, avec une roche dont nous allons parler (1).

Elle est assez commune dans les montagnes des États-Unis de l'Amérique : elle y est mêlé avec du calcaire, elle est traversée par des veines d'asbeste, et elle contient du fer oxidulé et du fer chromaté.

Au Mexique, dans la mine de Valenciana, au milieu d'un terrain de phyllade, M. de Humboldt a vu une vraie serpentine alterner avec des couches de siénite et de schistes amphiboliques. A l'île de Cuba, il a trouvé cette même roche encore accompagnée de siénite et contenant une grande quantité de diallage.

---

(1) *Trans. of the geol. soc.*, tom. I.

De l'Euphotide.

§ 217. La serpentine est très-étroitement liée, sous le rapport géognostique, et en partie sous celui de sa nature, avec une masse minérale dont nous avons fait mention, et qui est abondamment repandue dans plusieurs contrées. M. de Buch a le premier fixé l'attention des géologistes sur elle, et il l a élevée, à juste titre, au rang des roches. Nous allons en traiter ici comme d'un appendice à la serpentine, et d'après les écrits de ce savant (1) : il a conservé à cette substance le nom de *gabbro*, qui lui a été donné par les artistes italiens ; mais les minéralogistes français l ayant désignée, d'après M. Haüy, sous celui d *euphotide*, nous emploirons cette dernière dénomination.

L euphotide est essentiellement composée de feldspath et de diallage. Le premier de ces deux minéraux s'y présente très-souvent à l'état de *jade*, substance que M. de Buch croit devoir continuer à séparer du feldspath ordinaire ; et le second s'y montre à-peu-près avec toutes ses variétés connues. Indépendamment de ces principes composants, on y trouve encore accidentellement du talc, de l'amphibole ou actinote, des grenats, des grains de pyrite, etc.

(1) *Ueber den Gabbro.* Dans le *Magazin der naturforschender Freunde, zu Berlin,* tom. IV et VII. M. de Bonnard a donné un extrait de ces mémoires dans le tom. I des *Annales des Mines*

Cette roche est abondante dans les Alpes : elle
avait fixé l'attention de Saussure , qui l'avait
trouvée en grande quantité parmi les cailloux roulés des environs de Genève , et qui avait bien reconnu la nature de ses principes composants.
Mais c'est M. de Buch qui en a le premier fait
connaître le gissement : il l'a vue sur les parties
élevées du mont Rose formant des masses considérables superposées au schiste-micacé, et mêlées,
en plusieurs endroits , avec la serpentine. Dans
cette même chaîne , sur les montagnes talqueuses
de Saint-Marcel, près d'Aoste, j'ai été frappé de la
grande quantité de diallage qui y brille dans les
roches , et qui très-vraisemblablement constitue
plusieurs d'elles à l'état d'euphotide. Les sommités
des montagnes du pays de Gênes, qui dominent
le golfe de la Spezzia, en sont principalement composées. Elle forme encore, en Corse, des terrains
d'une assez grande étendue, d'où l'on tire le *verde
di Corsica,* qui n'en est qu'une belle variété. Le
nero di prato, le *verde di prato*, le *granito di
gabbro* des Florentins, ne sont encore que des
diallages , habituellement métalloïdes , et mêlés
tantôt avec de la serpentine , tantôt avec du feldspath ou du jade , qui viennent des montagnes de
la Toscane.

L'euphotide se trouve dans un grand nombre
d'endroits de l'Allemagne. Celle de Crems , en
Autriche , sert au pavé des rues de Vienne , et sa

grande ténacité la rend très-propre à cet usage.
On l'a encore observée en plusieurs endroits de
la Silésie ; elle y fait le corps de la grande montagne isolée du Zobtenberg, la serpentine en
est la base. Dans la serpentine de Cornouailles,
M. Berger avait déjà trouvé et signalé cette roche, il l'avait vue composée de feldspath compacte et de diallage métalloïde ; et il avait marqué ses rapports avec celle qui forme les galets
des environs de Genève, et qu'il avait lui-même
observée en place sur le mont Rose.

M. de Buch a retrouvé son euphotide en plusieurs lieux des montagnes de la Norwége, et il
l'a en quelque sorte poursuivie jusqu'à l'extrémité de l'Europe. Près le Cap-Nord, on a, sur
un terrain de phyllade, un granite à petits grains
(*voyez* § 189), chargé de mica et d'amphibole,
et se changeant quelquefois en gneis; d'autres fois,
l'amphibole augmente, le quartz et le mica diminuent, et l'on a une diabase ; enfin la diallage
se substitue à l'amphibole, et il en résulte une
euphotide d'abord à grains fins, et puis à gros
grains. Elle y est, dit l'auteur, ainsi qu'en Silésie,
à Prato, à Gênes et à Cuba, aux derniers termes
des formations primitives, et elle touche aux formations intermédiaires.

Si en Laponie elle n'est pas , comme presque
par-tout ailleurs, avec la serpentine, c'est, remarque M. de Buch, que dans le nord de l'Europe, la

force de la cristallisation paraît avoir agi avec plus d'intensité qu'ailleurs ; elle y a formé, en cristaux distincts, les masses qui, dans d'autres contrées, ont une apparence compacte ou sédimentaire ; par suite, elle a produit une euphotide, là où, sans cette intensité d'action, il n'y eût eu qu'une serpentine : car ce savant regarde cette dernière roche comme une euphotide à grains fins ou indiscernables mêlée de talc. J'ai dit plus haut ce qu'était la serpentine des Grandes-Alpes, un schiste - talqueux compacte : cette opinion n'est point, ce me semble, en opposition avec celle de M. de Buch : dans les roches talqueuses de ces montagnes, nous avons vu la diallage quelquefois en grande quantité. Si une pareille roche diminuait, dans la grosseur du grain, jusqu'à être d'apparence homogène, ce serait encore une serpentine dans laquelle les éléments de la diallage seraient fondus avec ceux du feldspath, d un peu de quartz et beaucoup de talc : je crois seulement que ceux-ci dominent dans les serpentines, au moins dans celles des Alpes. Je remarquerai, en outre, qu'il y a une grande analogie entre la pâte ou composition chimique du talc et de la diallage (1), et par conséquent que la masse qui a été produite principalement par le talc dans les

_____

(1) On jugera de cette analogie, en comparant les analyses

Alpes, peut l'avoir été par la diallage dans la
Norwége.

ARTICLE HUITIÈME.

DU QUARTZ en roche.

Quartzfels des Allemands.
Quartzrock des Anglais.
Quartzite de MM. Brongniart et Bonnard.

§ 218. Le quartz existe dans les terrains primitifs , non-seulement comme partie intégrante des
granites, gneis et schistes-micacés , et en forme
de couches ordinaires au milieu des terrains cons-
titués par ces roches , mais encore en assises d'un
volume quelquefois très - considérable et même
en masses de montagnes.

Le quartz qui les compose est une roche simple , de couleur blanche et grisâtre , tantôt compacte et d'aspect vitreux, c'est le quartz commun,
tantôt grenu (*à pièces séparées grenues*), tantôt
à cassure écailleuse et presque terne.

J'explique ici , d'une manière précise, ce que j'entends par
texture grenue. Lorsque les roches se sont consolidées dans

suivantes de la diallage métalloïde, et d'une variété de talc ; elles
sont de Klaproth.

	TALC.	DIALLAGE.
Silice.	61,75	60
Magnésie.	30,50	27,5
Potasse.	2,75	»
Oxide de fer.	2,50	10,5
Eau.	0,25	0,5
Perte.	2,25	1,5

des circonstances favorables à la cristallisation, elles se sont formées en grains cristallins ou cristaux imparfaits , dénués du
pourtour polyédrique : si les roches contenaient des principes
différents, chacun s'étant formé à part , on aura des grains différents de quartz, de feldspath, d'amphibole, en un mot une roche granitoïde. Mais si la roche ne contenait qu'un seul principe , tous les grains seront de même espèce , et la texture sera
simplement *grenue :* les grains seront lamellaires dans les minéraux à structure lamelleuse , comme dans les marbres ,
les feldspaths, etc. ; mais dans les minéraux qui n'ont plus
cette structure , tels que le quartz , alors les grains seront compactes , mais très-souvent ils seront distincts. Un quartz ainsi
constitué, est ce qu'on nomme un quartz *grenu,* et quelquefois
granuleux , lorsque les grains sont bien séparés. Il devient
ensuite, par une diminution dans la grosseur du grain, ou compacte , ou écailleux ; de la même manière que le calcaire lamellaire devient compacte et écailleux. Dans quelques cas même ,
la structure grenue du quartz pourra être la suite d'une cristallisation confuse, analogue à celle qui a produit les grains des
dolomies ou des oolites (§§ 118 et 119).

J'ai cru devoir insister sur ce mode de formation ou de
structure , pour prévenir une erreur dans laquelle plusieurs minéralogistes sont tombés , et qui leur a fait prendre des quartz
grenus pour des grès. Saussure relève lui-même, dans les derniers volumes de ses ouvrages , plusieurs méprises de ce genre
qu'il avait faites dans les premiers , et M. Brochant a eu encore
à faire rentrer dans les quartz , plusieurs des grès de cet illustre naturaliste (1).

Les roches de quartz, sur-tout lorsqu'elles sont
d'un volume considérable, se présentent fréquem-

_____

(1) *Journal des Mines,* tom. XXIII , pag. 335.

ment sans aucun minéral étranger; mais plus souvent encore elles contiennent des paillettes de mica, qui leur donnent quelquefois une texture feuilletée, et qui, en augmentant en quantité, les font passer au *greisen*, et même au schiste - micacé, ainsi que nous l'avons dit (§ 177) Quelques masses de quartz renferment encore des grains de feldspath, de tourmaline, etc.

Quant aux substances métalliques, qui sont si abondantes dans les quartz des filons et des couches, elles sont rares dans les masses des montagnes, et je ne connais pas d'exemple d'une exploitation dans une pareille roche.

Gissement

§ 219. Nous avons vu les granites, les gneis, les schistes - micacés et les phyllades, renfermer des couches de quartz ; mais c'est dans les deux dernières roches qu'elles se trouvent en quantité plus considérable ; et presque toutes les grandes masses de quartz que l'on a observées paraissent être subordonnées aux terrains de schiste-micacé et de phyllade. C'est, ce me semble, dans l'époque mitoyenne que le quartz en couches et en roches prédomine.

Décomposition.

§ 220. Ces roches, quoique très-fendillées, sont encore celles qui résistent le plus à l'action décomposante et destructive des éléments : telle est la cause des nombreuses cimes et crêtes de quartz que l'on voit dans les montagnes ; telle est encore la cause de cette multitude de galets de ce minéral que l'on trouve dans les lits des rivières, dans les terrains de transport, dans les poudingues et les grès. Ils y dépassent presque toujours ceux qui proviennent de la destruction des autres roches. Lorsque le feldspath, l'amphibole, le mica, etc., cèdent aux effets destructeurs du tems, ils se réduisent en terre, et il n'en reste plus de vestige reconnaissable : le quartz, au contraire, ne fait que se briser, se réduire en fragments de plus en plus petits, et jusque dans ceux du moindre volume, dans les grains de sable, on le retrouve avec ses caractères minéralogiques.

§ 221. Le quartz en roche formant des masses Localités. de montagnes, est assez rare en France ; dans les schistes-micacés du Maine et de la Bretagne, il y en a quelques-unes, mais étant de quartz grossier, écailleux ou à texture grenue, elles ont quelquefois été prises pour des masses de grès. Le quartz est plus commun en Angleterre, et sur-tout en Ecosse, où il a été l'objet des observations de M. Macculloch, auquel il a fourni plusieurs mémoires intéressants : il forme des montagnes coniques dans l'île de Jura. M. de Humboldt en a observé en Amérique une assise qui avait près de trois mille mètres d'épaisseur ; il la regarde comme une formation particulière (elle appartient peut-être aux quartz granuleux des terrains secondaires).

12

ARTICLE NEUVIEME

DU CALCAIRE PRIMITIF.

Calcareus micans de Wall.

Urkalkstein des Allemands.

Primitive limestone des Anglais.

§ 222. Quoique la pierre calcaire (chaux carbonatée) ne soit pas aussi abondante dans les terrains primitifs que dans les secondaires, elle ne
laisse pas de s'y rencontrer fréquemment, soit en
couches renfermées dans les roches dont nous
avons déjà parlé, soit en masses de montagnes :
quelquefois elle est pure, mais souvent elle est mélangée avec la matière des schistes Le calcaire primitif est habituellement grenu, à grains plus ou
moins gros, il a un aspect cristallin, il est translucide, au moins sur les bords, et sa couleur est
le plus souvent blanche ou grise.

En général, les calcaires les plus anciens, ceux
qu'on trouve dans les granites et les gneis, ont
le grain plus gros et l'aspect plus cristallin que
ceux qu'on voit dans les derniers terrains primitifs, comme le phyllade : mais il y a ici un grand
nombre d'exceptions; et il arrive assez fréquemment de rencontrer dans des terrains anciens,
tels que les schistes-micacés, des calcaires presque compactes, et colorés principalement en gris
bleuâtre. Cependant il est très-rare d'en voir
d'entièrement compactes; et Saussure lui-même,

qui ne s'était aperçu que bien tard de la texture habituellement grenue des calcaires primitifs, termine ses observations sur cette roche par faire remarquer qu'on trouve bien des calcaires grenus dans les montagnes secondaires, mais non des calcaires compactes dans les montagnes primitives. (*Sauss.* , § 2235.)

§ 223. Les couches calcaires renferment fréquemment des minéraux étrangers; ceux qu'on y rencontre le plus souvent sont le mica et le quartz. Leur présence me paraît y être, dans quelques terrains, notamment dans les schistes-micacés, une suite naturelle de la formation. On sait qu'une couche, placée entre deux couches d'une autre substance, est fort souvent mélangée, au moins dans le voisinage du contact, avec leur masse; d'après cela, le mica et le quartz étant les principes dominants dans les schistes-micacés, doivent se trouver mêlés avec la masse des calcaires intercalés dans ces roches.

Le mica, en se mêlant au calcaire, lui donne souvent un aspect schisteux, et forme des schistes-micacés calcaires. Les Alpes pennines en présentent une très-grande quantité : je me bornerai à citer celui que Saussure a observé au pied du *Roth-Horn*; les paillettes de mica, accolées et presque fondues les unes dans les autres, y forment des feuillets fort minces, bruns, brillants et ridés, entre lesquels on voit un calcaire blanc en lames

Minéraux contenus.

12.

dont l'épaisseur va quelquefois jusqu'à une ligne,
(*Sauss.*, § 2157.)

Le quartz étant à-peu-près de même couleur
que le calcaire, dans lequel il se trouve, y est
quelquefois difficile à discerner, et l on est souvent étonné de la grande quantité de celui qui
reste dans les résidus de la dissolution des pierres
calcaires primitives.

Minéraux   § 224. Parmi les autres minéraux qu'on trouve
contenus.
dans ces roches, nous citerons encore

L'*amphibole ;*

L'*actinote ;*

La *trémolithe ;* ce minéral n'a pour ainsi dire
été trouvé jusqu'ici que dans le calcaire primitif,
principalement dans celui qui, étant mélangé de
magnésie carbonatée, forme une dolomie.

Le *talc :* on sait quelle est l affinité de ce minéral avec le mica, et combien ils se substituent
l'un à l'autre dans les terrains primitifs ; ainsi,
par la même raison que le calcaire de ces terrains
contient fréquemment du mica, il doit aussi contenir souvent du talc, et effectivement il en contient quelquefois beaucoup. Dans cet état, lorsqu il est d'ailleurs d'un beau grain, il forme un
marbre mélangé de vert, que les artistes italiens
ont nommé marbre *cipolin*, à cause de l exfoliation à laquelle il est sujet, par suite du talc
qu il renferme, exfoliation qui rappelle celle de
l'ognon (*cipolla* en italien).

Le *feldspath* : il a été observé en cristaux dans des calcaires presque compactes des Alpes , par Dolomieu et par M. Brochant. La Peyrouse l'avait déjà signalé dans les calcaires des Pyrénées.

On trouve encore dans cette roche de l'épidote, de l'asbeste, des pyrites , etc.

§ 225. Le calcaire primitif, grenu et entièrement pur ne paraît point stratifié, du moins en général, et les exemples du contraire sont assez rares. J'en ai vu un très-remarquable à l'extrémité de la montagne Noire , en Languedoc : un rocher calcaire qui domine la petite ville de Sorèze, et qui fait partie d'une couche de plus de cent mètres de puissance , au milieu d'un schiste – micacé , est tout divisé en petites plaques qui n'ont que quelques pouces d'épaisseur ; et, cette division étant exactement parallèle au plan de la couche, on ne peut y méconnaître une vraie stratification (1). Quant aux calcaires qui contiennent du mica , et qui , par suite , ont une structure schisteuse ; ils sont stratifiés de la manière la plus évidente : c'est ainsi qu'il est difficile de voir une stratification

Stratifica-
tion.

---

(1) Ce que nous disons du calcaire grenu, s'applique également aux roches granitoïdes et aux vrais granites. Quoique en général ils ne soient pas stratifiés, il est cependant des cas , rares à la vérité, où ils se présentent comme tels : par exemple, M. de Humboldt a vu en Amérique, entre Nueva-Valencia et Porto-Cabello, du granite divisé en strates dans toute sa masse, et de la manière la plus distincte.

mieux caractérisée et plus régulière que celle
qu'offrent les montagnes du Petit-Saint-Bernard
jusqu au Pré-Saint-Didier.

Métaux
renfermés.

§ 226. Les couches de calcaire sont traversées
par les filons des terrains dans lesquels elles se
trouvent; et quelques-unes d'elles; en particulier,
renferment des minerais quelquefois en assez
grande abondance pour y être l'objet de quelque exploitation : c'est ainsi qu'en Saxe, auprès de
Schwartzenberg, on extrait du plomb dans une
couche calcaire; qu'en Silésie, près de Reichen-
stein, on a des exploitations de pyrite arsénicale
et aurifère au milieu d'un calcaire primitif; qu'en
Suède, la mine de plomb argentifère de Sala est
dans une pareille roche. C'est encore au milieu
d'un calcaire grenu et très-vraisemblablement
primitif, que se trouve, dans le pays de Foix, la
couche ou colonne aplatie de fer hydraté, objet
des célèbres exploitations de Rancié. A Planaval,
dans le pays d'Aoste, un grand banc de pareil
calcaire, renfermé dans un schiste-micacé, et
ayant six à dix mètres de puissance, contient des
veines et des massifs de fer oxidulé.

Etendue.

§ 227. Il y a peu de terrains primitifs d'une
étendue considérable, dans lesquels on ne rencontre des couches ou même des masses de montagnes de calcaire. Il se trouve sous cette dernière
forme dans la Dalmatie, dans la Grèce, dans l'Archipel, d'où on tire le célèbre marbre de Paros.

Ces montagnes renferment quelquefois des grottes, telle est celle d'Antiparos. J'en ai vu deux
assez spacieuses dans le banc de calcaire grenu
qui termine la montagne Noire, en Languedoc,
banc dont nous venons de parler (§ 225).

Il serait superflu d'entrer dans l'énumération
des lieux où se trouve le calcaire, et je me bornerai à quelques observations sur celui des Pyrénées. La Peyrouse ayant observé les différents
calcaires qui se trouvent dans cette chaîne, et
ayant pris en considération les circonstances de
leur association avec les roches voisines, vit qu'il
y en avait d'antérieurs à l'existence des êtres organisés, et même à celle de certains granites ; et
il est peut-être le premier de nos auteurs qui ait
explicitement reconnu un calcaire primitif (1).
Outre celui qui est en couches dans le granite
et dans les schistes-micacés, les Pyrénées en pré
sentent une masse assez considérable pour être
regardée comme une assise particulière de leur
édifice : M. de Charpentier la présente comme une
bande d'environ vingt-cinq lieues de long sur une
de large, dirigée parallèlement à la chaîne, et reposant immédiatement sur le granite ; elle est vers
le milieu du versant septentrional.

Ce minéralogiste admet trois assises principales, ou trois
terrains (primitifs) dans la constitution des Pyrénées : 1° le

---

(1) *Traité sur les mines et les forges du comte de Foix.*

terrain granitique; 2° le terrain de schiste-micacé , schiste-talqueux et phyllade ; 3° le terrain calcaire (1).

Couches heterogènes.

§ 228 Lorsque le calcaire forme des assises d'un très-grand volume , on y trouve quelquefois des couches de substances étrangères. Sans parler de celles de la roche constituant le terrain qui le renferme, nous citerons, comme couches les plus ordinaires ,

La *serpentine ;* nous en avons déjà fait mention;

La *diabase :* la vallée de Vicdessos en offre un exemple.

---

(1) J'en étais à cette partie de l'impression de ce Traité, lorsque M. de Charpentier a bien voulu me communiquer la *Description des Pyrénées*, qu'il est au moment de donner au public. Toutes les parties en sont traitées avec l'ordre et la méthode qu'on avait déja remarquees dans le *Memoire sur le terrain granitique* de ces montagnes. Il est à souhaiter que le public jouisse bientôt de cette Description : dans l'intérêt de la géognosie, je crois devoir la proposer comme le modèle le plus propre à imiter lorsqu'il s'agira de décrire une chaîne de montagnes ou une contrée : avec un pareil ordre , aucun fait important ne peut être oublié ; tous s'y trouvent, mais bien distincts et à leur vraie place : peut-être pourrait-on supprimer quelques détails, principalement en ce qui concerne les localités.

M. de Charpentier, directeur des salines de Bex en Suisse, fils du vice-capitaine-général des mines de la Saxe, formé à l'école de Werner, a été porté par les circonstances dans les Pyrénées, où il a resté quelques années occupé à les parcourir et à les étudier avec une activité et une intelligence dont j'ai été souvent témoin , et avec un succès auquel je prenais d'autant plus d'intérêt , que recu autrefois dans la famille de M. de Charpentier , j'avais vu se développer ces talens sur lesquels la géognosie fonde en partie l'espoir de ses futurs progrès.

Cette même vallée , dans un terrain calcaire,
renferme encore une roche particulière, qui se
trouve en d'autres endroits des Pyrénées, et très-
vraisemblablement aussi dans plusieurs contrées.
C'est le *pyroxène* en grandes masses : il doit être
ici l'objet d'une considération spéciale.

Ce minéral avait d'abord été remarqué dans la
vallée que nous venons de nommer, auprès de
l'étang de Lherz, de là le nom de *lherzolite* qui lui
fut donné par Laméthcrie. Dernièrement, M. de
Charpentier l'ayant retrouvé dans plusieurs autres lieux des Pyrénées, en a fait l'objet d'un
examen particulier : il a été reconnu, et j'ai eu
quelque part à cette reconnaissance, qu'il était
de la même espèce que le pyroxène; et qu'ainsi
ce n'était qu'un pyroxène en grandes masses ou
en roche (1).

Celui que M. de Charpentier a observé dans les
Pyrénées est habituellement de couleur verte , à
pièces séparées grenues , portant quelquefois des
indices d'une cassure lamelleuse , et doué d'un
faible éclat : sa poussière est rude au toucher.

---

(1) J'emploie ici le nom de *pyroxène* , et ailleurs j'ai employé
celui d'*augite* pour désigner un minéral de la même espèce. Je
crois qu'il convient , dans l'intérêt de la géognosie (§ 205), de
distinguer le pyroxène des terrains ordinaires d'avec celui des terrains volcaniques , et de laisser à celui-ci le nom d'augite qui est
admis en Allemagne et en Angleterre , et que M. Brongniart a
conservé, comme nom de la sous-espèce volcanique, dans son *Traité
de minéralogie*.

Il a été observé dans la vallée de Vicdessos, et à quinze lieues plus à l'ouest, dans les environs de Saint-Béat. Il s'y trouve, dans le calcaire, en couches, ou masses aplaties, d'un volume quelquefois considérable. Auprès de l'étang de Lherz, M. de Charpentier en a suivi une sur une longueur de plus de deux lieues ; elle constituait les montagnes du pays, et avait plus de 600 mètres d'épaisseur.

Cette roche renferme, 1º du talc, souvent en assez grande quantité pour la faire passer à la serpentine; 2º de l'amphibole ; 3º de l'asbeste ; 4º un minéral qui a paru à M. de Charpentier former une nouvelle espèce, et qu'il a nommé *Picotite*, en l'honneur de M. Picot La Peyrouse.

Le pyroxène paraît avoir de grands rapports géologiques avec la serpentine et l'aphanite (*grünstein*) : c'est sur le même rang que M. de Charpentier le place dans la série des roches considérées sous le rapport de leur âge. Dans la vallée de Vicdessos, l'ordre de succession lui a présenté, 1º le granite, passant tantôt au gneis, tantôt au schiste-micacé ; 2º le calcaire primitif, renfermant des *grünstein*, des pyroxènes, etc.; 3º un phyllade intermédiaire. Voyez de plus grands détails sur le pyroxène des Pyrénées, dans le *Mémoire* de M. de Charpentier (1).

_____

(1) *Journal des Mines*, tom. XXXII.

§ 229. Dans les terrains primitifs, le calcaire Gissement. s'est produit à-peu-près à toutes les époques, ainsi il forme plusieurs anneaux de la *suite des formations calcaires* que nous avons signalée (§ 144). Nous allons rappeler ceux qui se présentent dans les grandes divisions de la période primitive : nous les aurons,

1° Dans le *granite*. Les exemples de couches calcaires dans de vrais granites, dans ceux dont la texture n'est nullement schisteuse, sont rares. Il en est quelques-uns dans les Pyrénées. M. de Charpentier y a vu une de ces couches au port d'Oo, près Bagnères-de-Luchon, sur le revers méridional de la chaîne ; elle a de deux à trois mètres de puissance, et elle se trouve dans un granite bien caractérisé : des couches chargées de granite et d'épidote, qui sont dans le voisinage, et qui lui sont parallèles, indiquent que ce n'est point un filon. Mais la plus considérable de celles que ce minéralogiste a remarquées, est dans le pays basque, à quatre lieues au sud de Bayonne : elle s'étend de l'est à l'ouest comme les autres couches des Pyrénées ; elle a été reconnue sur une longueur de près de quatre lieues, et son épaisseur est de plusieurs mètres ; elle en a de vingt à trente, dans une carrière près de Louhassoa : le granite qui la contient passe quelquefois au gneis Le calcaire y est d'un blanc grisâtre, très-cristallin et à gros grains : il est très-phos-

phorescent et il exhale, par le frottement, une
odeur d hydro-sulfure ; il contient du graphite en
paillettes, qui y sont disposées comme le sont or-
dinairement·celles du mica : on y trouve aussi des
lamelles de talc, de la trémolithe, de la chaux
fluatée, du fer oxidé et sulfuré.

2° Dans les *gneis*. Les exemples de ce gissement
sont fréquents ; on en a plusieurs dans les montagnes de Saxe, ainsi que dans les Alpes. M. de Humboldt a observé, au milieu des gneis de Caracas, en Amérique, des bancs puissants de calcaire grenu et d'un gris bleuâtre.

3° Dans les *schistes-micacés*. La majeure partie
des calcaires primitifs sont dans une pareille roche Ils y sont souvent melés avec sa substance,
et de là une multitude de couches mixtes formées
de calcaire et de schiste-micacé, dans lesquelles
tantôt l'une tantôt l'autre de ces matières domine.
Telle est la masse de montagnes qui constitue le
Mont-Cénis sur une largeur de plus de dix lieues :
rarement les couches calcaires y sont-elles entièrement pures et exemptes de mica et de quartz :
telle est encore la masse du Mont-Cervin, qui, d'a-
près les observations de Saussure, est un assemblage de couches de serpentine et de schiste-
micacé calcaire. Nous avons vu (§ 188) la ma-
niere assez régulière dont se faisaient ordinairement ces mélanges ; mais souvent aussi ils sont
extrêmement confus ; on en a un exemple au pic

du midi de Tarbes, lequel n'est, d'après M. Ramond, qu'un bizarre assemblage de granite, de schiste-glanduleux et de calcaire primitif (1).

4° Dans le *phyllade*. Le calcaire y est encore en très-grande quantité ; il y porte déjà l'empreinte d'une époque moins cristalline ; il est moins pur, est mêlé avec la matière du schiste, et souvent il est très-coloré.

Le calcaire renferme quelquefois des brèches de sa propre substance. J'ai été frappé de celles que j'ai vues souvent sur les cols les plus élevés des Alpes. M. de Charpentier a retrouvé le même fait dans les Pyrénées ; il y a observé assez souvent des crêtes terminées par des brèches composées de fragments anguleux de toutes les grandeurs, et des mêmes variétés que celles qui constituent le corps de la montagne : ces fragments sont agglutinés par un calcaire blanc grenu : les circonstances du gissement le portent à penser que la formation de ces brèches est antérieure à celle des terrains intermédiaires : une d'elles, formant une couche de deux pieds d'épaisseur, lui a paru même intercalée dans la masse de la montagne.

Gypse primitif.

§ 230. Le gypse a tant de rapports avec le calcaire ; ils se trouvent si souvent ensemble dans les terrains

---

(1) *Voyage au Mont-Perdu*, pag. 308.

secondaires et intermédiaires , qu'il devrait sem-
bler extraordinaire de ne pas les y voir dans les
terrains primitifs. Cependant, si le gypse y
existe, ce n'est qu'en bien petite quantité , et jusque dans ces derniers tems, on n'en avait cité
aucun exemple. Il y a environ vingt ans que
MM. Freiesleben et de Humboldt observèrent
dans le val Canaria , près d'Airolo , au pied méridional du Saint-Gothard, une masse gypseuse
mêlée de beaucoup de mica, et qui reposait sur un
terrain de schiste-micacé. Ces savants pensèrent
qu'elle en faisait partie , et depuis cette époque,
ce gypse a été donné comme un exemple de gypse
primitif dans tous les traités de géognosie.

Mais M. Brochant étant allé sur les lieux, il y a
quelques années , et ayant examiné, autant que
les localités le permettaient, la disposition du
terrain et des couches, tant du schiste que du
gypse, a révoqué en doute la contemporanéité de
leur formation ; et, dans un mémoire remarquable, comme tous les écrits de ce savant professeur,
par une sagesse et une modestie, apanages du
vrai savoir, il a regardé ce gypse comme de formation postérieure. Il a étudié , en même tems,
les circonstances du gissement de plusieurs autres
gypses des Alpes, et il pense n'en avoir vu aucun
qu'il ne soit fondé à considérer comme étranger
aux terrains primitifs.

Il a même étendu cette conséquence à un gypse

situé dans la vallée d'Aoste, au-dessus du village
de Cogne, et dont j'avais fait connaître, en 1807,
le gissement (1). Je retrace les principaux faits.
La montagne où il se trouve appartient à la formation du schiste-talqueux qui constitue le sol de
cette vallée ; c'est elle qui renferme la grande couche de serpentine, au milieu de laquelle est l'é-
norme masse de fer oxidulé dont nous avons fait
mention (§ 214). La partie supérieure de la montagne est formée d'un schiste-micacé ou talqueux
très-chargé de calcaire ; et c'est à sa cime, à 3060
mètres environ de hauteur, et intercalée, de la manière la plus évidente, entre ses strates, que se
trouve une petite couche de gypse d'environ un
mètre d'épaisseur ; le minéral est d'un beau blanc,
grenu à grains fins, renfermant beaucoup de talc,
tantôt en paillettes isolées ou groupées en petites
pelotes, tantôt en fibres déliées et semblables à
l'amianthe. Ici le gypse est réellement partie constituante de la montagne, c'est une des assises qui
en forment l'édifice. Or, cette montagne fait partie des Grandes-Alpes, qui s'étendent depuis le
Mont-Blanc jusqu'au Mont-Rose ; elle est de même
nature. « Voilà donc un gypse de même forma-
» tion que ces hautes montagnes, qui ont toujours
» été regardées comme primitives, c'est-à-dire
» antérieures à l'existence des êtres organisés, et

(1) *Journal des Mines*, tom. XXII.

» que tout indique *encore* être telles (1). » Je per-
siste dans cette conclusion, en insistant sur le mot
encore. Peut-être un jour de nouvelles découvertes
nous apprendront-elles que toutes les Grandes-
Alpes reposent sur des calcaires coquilliers, ou sur
des schistes à impressions de plantes ; alors elles
passeront, avec le gypse de Cogne, dans la classe
des terrains intermédiaires : mais en attendant une
pareille découverte, que rien ne fait d'ailleurs pres-
sentir , je les laisserai dans la classe où elles sont
placées par les observations de Saussure , et de
tant de naturalistes qui ont parcouru ces contrées ,
et qui n'ont rien vu dans leurs bases qui indiquât
des vestiges d'êtres organiques.

Je sais que des géognostes , d'un mérite très-distingué d'ailleurs , mus par quelques rapports observés au contact des
Grandes-Alpes , avec des terrains secondaires (intermédiaires)
de la Savoie , ont la plus grande propension à regarder toutes
ces montagnes comme étant de même formation. Je ne saurais
partager cette opinion , et cependant je suis peut-être le premier qui ait montré ces rapports ; voici en quoi ils consistent. A l'extrémité occidentale des Grandes-Alpes , au Petit-
Saint-Bernard , on a des phyllades noirs , imprégnés de carbone ,
lequel s'est même trouvé sur quelques points en assez grande
quantité , pour donner lieu à des masses d'anthracite , près desquelles on voit des impressions végétales. En s'avançant vers l'est,
le carbone diminue et disparaît, le grain des roches devient
plus cristallin , le phyllade passe au schiste micacé ; mais ce passage se fait plutôt par oscillations que d'une manière continue
(ainsi qu'ont lieu presque tous les passages en géognosie) ;

_____

(1) *Journal des Mines* , tom. XXII.

et j'ai vu, auprès du Grand-Saint-Bernard, un de ces schistes-charbonneux s'enfoncer sous un schiste-quartzeux, tenant aux schistes-micacés. Je concluais de ces faits que les *schistes-charbonneux des Alpes-Graies* (Petit-Saint-Bernard) *se lient et s'enlacent avec les schistes-talqueux des Alpes-Pennines*, ou Grandes-Alpes; et la dernière conclusion géologique que j'en tirais, était le *passage insensible des terrains primitifs aux terrains secondaires* (1). Mais il ne s'ensuit pas, et c'est cependant la conséquence qu'on tirerait de cet enlacement, que les terrains primitifs sont de la même classe, ou époque de formation, que les terrains secondaires. Je le répète, tous les terrains non volcaniques se lient par des nuances insensibles : je me suis expliqué, en général, à ce sujet (tome Ier, page 367); et je m'explique ici d'une manière particulière à la question actuelle. Avant que les terrains composés des roches dont nous avons parlé dans ce chapitre aient fini de se déposer, les êtres organisés ont commencé à paraître ; et ce qui est antérieur à cette apparition constitue les terrains primitifs : la masse des Grandes-Alpes, d'après les observations faites jusqu'ici, appartient à leur classe.

(1) *Constitution minéralogique du département de la Doire.* *Journal des Mines.* Mai 1811.

CHAPITRE II.

DES TERRAINS INTERMÉDIAIRES.

Notice
historique. § 231. Dès que les minéralogistes portèrent leur attention sur les montagnes et sur les terrains, ils durent être frappés d'une différence marquée dans la nature et dans la disposition de leurs masses. Les uns, composés de roches dures, cristallines, en couches inclinées, renfermant beaucoup de filons métalliques, furent nommés *terrains à filons* (*ganggebirge*) : les autres, d'un aspect entierement différent, contenant beaucoup de débris d'animaux et de végétaux, formés par des couches déposées les unes sur les autres comme des sédiments, et dont quelques-unes étaient un objet d'exploitation, furent les *terrains à couches* proprement dits (*floetzgebirge*). Ce sont les mineurs qui ont fait presque toutes nos premières divisions géognostiques, comme ils ont fait une partie de nos premiers noms minéralogiques. Les terrains de la première classe, servant de base aux autres, et étant par conséquent plus anciens, furent aussi nommés *terrains antiques* ou *primitifs* (*urgebirge*); et par opposition, les autres furent les terrains *secondaires ;* l'existence des êtres organisés dans leur masse était le caractère de postériorité. Telles sont les grandes

divisions géognostiques qui existèrent jusque vers
la fin du dernier siècle.

A cette époque, vers 1780, les minéralogistes
du Hartz, au milieu de leurs riches montagnes,
terrains à filons par excellence, remarquèrent
une grande quantité de brèches et de grès,
qui, étant formés évidemment des débris de roches préexistantes, déposaient contre l'antiquité
qu'on leur avait attribuée ; ils y trouvèrent des empreintes végétales, et même quelques débris de
zoophytes, et quelques coquilles, et leurs montagnes devinrent ainsi, par le fait, des terrains
secondaires.

Cependant Werner, prenant en considération
leur grande analogie de composition et de structure avec les autres terrains primitifs, crut qu'il
était plus convenable d'en former une classe intermédiaire entre les deux terrains, et il donna
aux montagnes de cette classe le nom de *übergangs-
gebirge*, c'est-à-dire *terrains de passage* ou de
transition ; et, effectivement, ils font le passage
des sols primitifs aux sols secondaires proprement
dits. Quoique le nom de terrain de transition, introduit par M. Brochant, soit assez généralement
adopté, je conserverai celui de *terrains de formation intermédiaire*, ou simplement de *terrains intermédiaires*, que j'ai toujours employé : il me
paraît plus adopté au génie de notre langue, et
sa signification d'ailleurs est très-exacte.

13.

On ne comprit d'abord dans la nouvelle classe
que le terrain de la partie centrale du Hartz,
composé de phyllade, de grès et de calcaire, et
bientôt après un terrain analogue des montagnes
de la Saxe. On y joignit ensuite quelques roches
amphiboliques, et quelques lydiennes. M. de
Buch, dans un mémoire publié en 1798 (1), et
c'est, je crois, le premier des écrits sur les terrains intermédiaires, recueillit les faits déjà connus à leur sujet, et il y ajouta de nouveaux exemples pris en grande partie de la Silésie.

Les choses étaient dans cet état, lorsque
M. Brochant, professeur de minéralogie et de
géologie à l'école des mines, alors établie à Mou-
tiers, dans la Tarentaise, en observant divers
points de cette contrée, fut frappé de la multitude
de brèches et de poudingues qui s'y trouvaient ;
il vit les roches de ces montagnes alterner avec
ces poudingues, et avec un terrain anthraciteux
contenant des empreintes végétales. Il exposa ces
faits dans un mémoire qu'il publia en 1808, et
dans lequel on nous montra, pour la première
fois, des schistes-micacés, des serpentines,
des quartz en roche et des calcaires grenus, hors
de la classe des terrains primitifs, et postérieurs
à l'existence des êtres organisés (2). Ce mé-

_____

(1) *Jahrbücher der Berg und hutten kunde.* 1798.
(2) *Journal des Mines*, tom. XXII.

moire classique et fondamental, pour employer
les expressions de M. de Buch, fait époque dans
cette partie de la science.

L'année suivante, un géologiste d'un mérite
distingué, M. Omalius d'Halloy, dans son *Essai
sur la géologie du nord de la France*, plaça parmi les terrains intermédiaires, plusieurs parties
de la contrée qu'il décrivait, et qui, étant formées d'ardoises, de quartz et d'amphibolites, se
trouvant riches en métaux, avaient été regardées
jusqu'alors comme primitives.

Mais quelque extraordinaires que fussent ces résultats de l'observation, ils le furent encore bien
moins que ceux que MM. de Buch et Hausmann
rapportèrent de leur voyage de Norwége. Avec
surprise, nous vîmes le granite lui-même, et un
granite des plus beaux et des plus cristallins,
superposé à des bancs de calcaire coquillier. Ce
fait, jusqu'ici le seul dans son genre, était si extraordinaire, et tellement opposé aux idées que
l'étude des montagnes avaient fait naître en nous,
qu'on aurait pu en désirer une nouvelle vérifica-
tion avant de l'admettre définitivement ; mais il
était rapporté, dans tous ses détails, par le plus
habile des géognostes actuels, et il était confirmé par un minéralogiste très-distingué. Il y a
donc des granites secondaires, et la géognosie
n'a plus une seule roche essentiellement primitive.

A peine ce fait fut-il publié, qu'un grand

nombre d'autres arrivèrent de tous côtés comme
pour en affermir la conséquence. MM. Brongniart
et Omalius virent aux environs de Cherbourg un
granite siénitique, et même un vrai granite, alterner avec un phyllade qui paraissait identique avec
un autre placé à peu de distance, et renfermant
des empreintes végétales et même des fragments
d'entroques. M. de Raumer, mu par des analogies,
rapporta au granite siénitiqne de Meissen et
de Dohna, superposé aux phyllades (§ 155), une
grande partie des granites de l'Allemagne, et on
les porta dans le terrain de transition (1). M. de
Buch croit maintenant devoir y mettre les gneis
de Martigni et de Saint-Maurice, en Suisse.
Quelques personnes y rapporteraient même
toute la masse des Grandes-Alpes. Enfin, dans le
moment actuel, on ne sait plus où s'arrêter pour
trouver même un granite incontestablement primitif; et il semblerait, comme le dit très-bien
M. Brongniart, qu'il n'y a presque plus que les
terrains granitiques et porphyriques peu connus,
qui restent encore dans les terrains *primitifs*.

Telle est la marche de l'esprit humain : on s'empresse autour
d'une nouveauté, et lorsque l'impulsion est donnée, sur de
simples aperçus, sur des rapports même éloignés, on ren-
verse l'ancien édifice, et on s'empresse d'établir un nouvel ordre de choses. Mais cette marche, ces grands mou-

---

(1) *Geognostiche Fragmente*, 1811.

vemen!s oscillatoires, ne conviennent nullement aux progrès
de nos connaissances, sur-tout de celles qui, comme la géognosie, ne sont, en quelque sorte, que des sciences d'observations. Tenons nous toujours près des faits; attendons qu'une
observation bien positive et bien constatée, ait prouvé directement ou indirectement la superposition d'un terrain à des
couches renfermant des débris d'êtres organiques, avant de le
sortir de la classe où les observations faites jusqu'ici l'ont placé:
c'est ainsi que je crois qu'on doit en agir, et que j'en ai agi
dans l'intérêt de la science. Parce qu'à Christinia on a trouvé
un granite siénitique superposé à une assise coquillière, et que
par conséquent il est secondaire, il ne faut pas conclure que
le granite siénitique des Alpes n'est plus primitif : je me suis
déjà expliqué à cet égard (page 193). Depuis assez long-tems
les géologistes sont accoutumés à voir des calcaires primitifs et
des calcaires secondaires; il en sera de même du granite, du
gneis, etc.

§ 232. Quelques géologistes, déterminés en partie par ces nouveaux faits, pensent qu'on pourrait
supprimer la classe des terrains intermédiaires.
Je suis loin de partager cette opinion ; l'idée de
Werner, en l'établissant, a été très-heureuse : elle
laisse, je pourrais dire, dans toute la pureté possible, les deux autres classes, celles des formations cristallines, et celles des formations sédi-
mentaires. Elle se rapporte à l'époque où le
mélange de ces deux sortes de formations a
commencé à se faire, et à une époque où il
s'est opéré dans la nature une révolution qui,
d'après les nombreux indices que nous en voyons,
est peut-être la plus violente de celles qui sont

Circons-
cription de:
terrains in
termédiai .
res.

survenues durant la formation de l'écorce minérale du globe.

Certainement il y a du vague dans la fixation
des limites entre cette classe et celles qui l'avoisinent ; mais il est inhérent à la nature des choses.
Cependant, je crois encore qu'on définirait assez
exactement les terrains intermédiaires, en disant
qu'ils sont composés des mêmes roches que les
terrains primitifs ; mais que ces roches y alternent avec quelques-unes d'elles qui contiennent des débris d'êtres organiques, et avec un
grès particulier. On pourrait peut-être dire encore que *les terrains intermédiaires sont ceux
qui remontent, en suivant l'ordre des tems, depuis le terrain houiller jusqu'à la première apparition des êtres organisés* (1).

Rapport
avec les au-
tres terrains.

§ 233. Ce que nous avons déjà dit suffit pour
montrer leur grande analogie avec les terrains
primitifs ; ils sont composés, à l'exception du
grès, des mêmes substances, et elles y sont
disposées de la même manière. Ainsi que je l'ai
dit, ils ne sont que le prolongement des premiers ;
seulement il y a, dans ce prolongement, des vestiges
d'animaux et de végétaux ; il y a des poudingues et

---

(1) C'est à dessein que je n'ai pas dit, dans cette définition, si
le terrain houiller était compris dans la classe intermédiaire. Les
géologistes hésitent à ce sujet : si l'on prononçait affirmativement,
il n'y aurait qu'à ajouter le mot *inclusivement* après l'expression
terrain houiller.

des grès , et les masses y sont moins cristallines ; car , d'ailleurs , il y a continuité parfaite , et ils s'engrènent aux points de contact.

Le rapport est encore bien intime avec les terrains secondaires ; le grès intermédiaire (*grauwacke*) passe au grès houiller , il y a même continuité ; et les géognostes ne savent plus comment distinguer certains calcaires intermédiaires du plus ancien des calcaires secondaires (*alpenkalkstein*).

§ 234. D'après ce que nous venons d'exposer, nous aurons ici à considérer les mêmes roches dont nous avons fait mention dans le chapitre précédent, en y ajoutant le grès intermédiaire ou traumate (*grauwacke*).

Toutes ces roches ne se trouvent pas ici en égale quantité, quelques-unes même y paraissent comme de rares phénomènes. Celle qui y domine, qui semble presque essentielle, est le phyllade: elle s'y trouve ou comme partie constituante d'un terrain , ou au moins comme partie de celui qui sert de support à un autre. Elle a de plus une affinité singulière avec le traumate , et elle alterne habituellement avec un calcaire particulier. Nous commencerons par traiter de ces roches , et puis nous examinerons ce que chacune des autres présente de spécial aux terrains intermédiaires.

ARTICLE PREMIER.

DU TRAUMATE (1).

Grauwacke des Allemands.

Grey-wacke des Anglais.

Sorte de *Brèche*, *Poudingue* et de *Grès* de la plupart des miné‑
ralogistes français ; sorte d *Psamite* de M. Brongniart.

ET DU PHYLLADE INTERMÉDIAIRE,
ou Schiste-traumatique.

Grauwackenschiefer des Allemands.

Gray-wacke slate des Anglais.

Schiste de transition de quelques minéralogistes.

Traumate. § 235. Le traumate n'est, à proprement parler,
que le grès qui se trouve dans les terrains inter‑
médiaires.

___

(1) Je pense qu'en général les roches doivent recevoir un nom
indépendamment de leur ordre dans la série des roches; prises sous
le rapport de leur âge relatif, c'est-à-dire indépendamment de toute
considération de superposition : c'est ainsi que M. de Buch a
décrit et par conséquent nommé les porphyres de Schweidnitz
en Silésie, sans connaître la roche sur laquelle ils reposent; sans
même connaître la classe à laquelle ils appartiennent. Mais cette
règle souffre aussi des exceptions : nous en ferons une pour le grès
qui se trouve dans les terrains intermédiaires ; uniquement d'a‑
près la considération de son gissement, il sera une *grauwacke*.
L'accord presque unanime de tous les géognostes allemands, an‑
glais et français, qui donnent un nom particulier à ce grès, montre
le nécessité d'en agir ainsi, et justifient l'exception. Le mot
grauwacke, qu'on emploie fréquemment chez nous, m'a paru trop
étranger à notre langue pour être conservé, comme mot français,
dans un traité de géognosie écrit en cette langue, et je l'ai remplacé

Il est ordinairement composé de grains ou fragments de quartz et de lydienne, parmi lesquels
on a très-fréquemment des fragments de phyllade, etc. Ces parties sont agglutinées par un ciment qui est encore de la nature du phyllade,
mais plus grossier et habituellement imprégné
de silice : en général il est en petite quantité,
proportionnellement à celle des fragments. La
grosseur des grains de quartz et de lydienne
excède rarement celle d'une noix ; mais les
morceaux de schiste-phyllade y sont très-souvent plus grands que la main. Les fragments et
grains diminuent fréquemment de grosseur ,
au point de n'être plus perceptibles ; la roche
prend en même tems une texture schisteuse ; elle
se rapproche du phyllade, et finit même par y
passer entièrement lorsqu'il n'y a plus de grains.

Nous aurons donc ici : 1° le traumate proprement dit, ou *grauwacke* commune; 2° le traumate
schisteux, ou *schieffrige grauwacke ;* 3° enfin le
phyllade intermédiaire , ou schiste traumatique
(*grauwacken schiefer*) : le terme moyen peut être

par celui de *traumate* (dérivé de θραῦσμα, fragment), qui désigne
la nature de la roche.

Le nom de *grauwacke* lui a été donné par les mineurs du
Hartz, qui désignent sous le nom générique de *wacke* , les roches
qu'ils rencontrent dans leurs travaux, lorsqu'elles ne sont point
métallifères : ils appellent l'une *rauhwacke* (wacke rude), à cause
de sa rudesse au toucher, et ils ont nommé celle-ci *grauwacke*
(wacke grise), à cause de sa couleur habituelle.

supprimé , et suivant que les grains y seront
plus ou moins apparents , on le rapportera à un
des deux extrêmes.

En définitive, le traumate sera un grès imprégné
de silice. Saussure avait déjà remarqué cette qualité ; et après avoir fait observer que les grès des
terrains secondaires ont un ciment calcaire, il
ajoutait : « Ceux que l'on trouve immédiatement
sur les rocs primitifs , dans l'intervalle qui les
sépare des premiers rocs secondaires , sont liés
par un gluten quartzeux. (*Sauss.*, § 690.) »

Indépendamment du traumate dont nous venons de parler, et qui est proprement le grès des
terrains intermédiaires , il s'en trouve encore un
autre à gros grains ; quelquefois c'est un poudingue composé de fragments arrondis de granite,
gneis, de phyllade, etc. ; tel est celui de Valorsine : d'autres fois les fragments sont anguleux; ils.
forment , au milieu des terrains de phyllade , des
brèches composées presque entièrement de morceaux de cette roche , qui excèdent quelquefois.
en volume la grosseur de la tête. De pareilles brèches , uniquement formées des fragments de la
roche au milieu de laquelle elles se trouvent,
pourraient quelquefois n'être point de vrais
traumates , c'est-à-dire ne point appartenir à
des terrains intermédiaires ; mais bien être, dans
un sol primitif, le résultat d'un accident particulier et uniquement local , tel qu'un affaissement

qui aurait occasioné le *brisement* d'une roche
presque au moment de sa formation.

Le traumate-grès est toujours une production
moins locale : ce sont des fragments d'anciennes
roches, amenés par un agent mécanique : ils sont
les indices comme le résultat d'une révolution
dans la nature.

Cette origine exclut toute idée du passage des
traumates au quartz grenu et à l'aphanite ou cornéenne, passage admis par quelques écrivains, et
qui les a portés à confondre ces diverses substances.
Dans le quartz grenu et oolitique, les grains ont
été chimiquement formés dans les lieux mêmes où
on les trouve, et nous venons de voir que ceux
des traumates avaient été amenés par un agent
mécanique. Dans les aphanites, ainsi que dans les
cornéennes de quelques minéralogistes, il n'y a
point de pareils grains. J'en dirai autant du phyllade intermédiaire, ou schiste-traumatique ; et
son passage au traumate, si toutefois on peut
dire qu'il en existe un, n'est que l'effet d'un
simple mélange : lors de la formation du schiste,
des grains ou fragments étrangers seront advenus,
et ils auront été enveloppés par la substance
schisteuse.

Le traumate est en général peu abondant dans
les terrains intermédiaires, le plus souvent il n'y
forme que des couches assez minces, et qui son
intercalées entre celles du schiste.

§ 236. C'est ce dernier qui constitue la masse principale des terrains traumatiques.

Il ne diffère en rien, ou presque en rien, sous les rapports minéralogiques, du phyllade que nous avons décrit dans le chapitre précédent. Werner observe, il est vrai, que celui des terrains intermédiaires est en général d'un gris de fumée, qu'il a moins d'éclat, qu'il a un aspect plus terreux, que les paillettes de mica y sont isolées et dispersées, et qu'elles ne forment point de feuillets continus et luisants, qu'on n'y voit point de cristaux de feldspath, de tourmaline, etc.; mais toutes ces différences ne sont que locales, car, d'ailleurs, dans les Alpes, les Pyrénées, les Ardennes, on voit des phyllades ou ardoises intermédiaires, se rapprocher par leurs caractères des plus beaux schistes talqueux, et y passer entièrement.

La variété de phyllade à feuillets très-épais, à cassure transversale, terne et terreuse, dont j'ai parlé (§ 185), se trouve abondamment dans les terrains intermédiaires : elle y a même été prise souvent pour un traumate à grains très-fins.

Cette substance, que j'ai fort souvent rencontrée dans la nature, et que j'ai toujours été embarrassé de rapporter à aucune des roches déjà dénommées, me paraît mériter un nom particulier ; j'ai fait connaître son essence : elle se rapproche du phyllade et paraît pétrie d'une même pâte, mais moins fine : on ne peut cependant pas la nommer *phyllade compacte et grossier*. Elle se rapproche beaucoup de la wacke décrite par M. Brongniart, dans son *Traité de minéralogie* : mais comme je crois qu'il convient de ne point sortir ce nom des terrains volcaniques où il est particulièrement usité, je propose de nommer cette sorte de phyllade *térénite*, à cause de son peu de dureté.

§ 237. Le phyllade intermédiaire présentera encore les mêmes couches que nous avons remarquées dans le phyllade primitif; nous aurons encore ici :

Couches hétérogènes.

1° Des *couches ou masses de talc*. Je viens d'indiquer des montagnes qui en présentent assez souvent; et je me bornerai ici à dire que les phyllades de Glaris, en Suisse, célèbres par leurs empreintes de poissons, sont accompagnés de roches talqueuses;

2° Des *couches de schiste-coticule*, ou pierre à rasoir;

3° Des *couches de serpentine*;

4° Des *couches de quartz*. Ce minéral est aussi commun dans les phyllades intermédiaires, qu'il l'est dans ceux des terrains primitifs; il s'y trouve sous toutes les formes possibles, en veines, en filons, en rognons, en couches, etc.

5° Il y est encore sous forme de *lydienne*. Nous avons fait connaître la nature et le mode de formation de cette substance, page 103 : et je me bornerai à dire qu'elle est plus abondante encore dans les terrains intermédiaires; elle leur appartient même exclusivement, d'après quelques géognostes. Encore ici on en trouve une multitude de

galets dans les ruisseaux ou dans les brèches, et on
la voit assez rarement en place. M. de Charpentier
l'a observée , dans son gissement primordial , en
deux endroits différents des Pyrénées : dans
l'un, elle se présente comme une grande masse
faisant partie d'une couche très-puissante qui s'enfonce sous le phyllade ; elle se divise en strates de
quelques pouces d'épaisseur , et est traversée par
des filets de quartz blanc : dans l'autre, elle forme
une couche de huit pieds d'épaisseur.

Si la présence du carbone dans les lydiennes
semble les lier aux phyllades intermédiaires, son
abondance dans les couches et masses suivantes les
y unira indissolublement ; ces couches charbonneuses seront :

6° L'*ampelite alumineux (alaunschiefer*). Cette
substance n'est qu'un phyllade imprégné de carbone et de soufre. Ce dernier principe s'y trouve,
ou dans un état particulier de combinaison avec
le premier, comme le pense Klaproth, ou à l'état
de sulfure de fer, comme semblerait le dénoter la
multitude de grains et de points pyriteux qu'on y
remarque. Il est peu de terrains de phyllade qui
ne présentent de ces couches alumineuses : j en
ai vu à Huelgoat, en Bretagne. Lorsqu'elles sont exposées à l'air, elles s'effleurissent, le soufre passe
à l'état d'acide sulfurique , lequel se porte sur
l'alumine, et forme un sulfate d'alumine : l'action
du feu, opérée par un grillage , contribue beau-

coup à accélérer et à produire une pareille combinaison. Le phyllade intermédiaire de la Suède
méridionale et de la Norwége, contient une grande
quantité de ces couches : elles y sont assez riches
pour être l'objet d'exploitations importantes.

7° Si, dans le phyllade carburé, les feuillets
sont assez serrés pour que la pierre ait un peu de
consistance, et qu'en même tems, elle soit tendre,
elle pourra être taillée en forme de crayons pour
dessiner. C'est l'*ampelite graphique* (*zeichen-
schiefer*).

8° Le carbone s'accumule quelquefois dans
des portions du terrain de phyllade, de manière
à y former des masses d'anthracite. J'en ai observé une dans les phyllades intermédiaires du petit
Saint-Bernard, près le village de la Thuile ; elle
a une trentaine de mètres de long et deux ou trois
mètres d'épaisseur ; elle brûle difficilement, et
n'est employée qu'à cuire de la chaux. Il y en a
plusieurs semblables dans cette contrée ; elles
s'étendent sur le revers des montagnes qui regardent la Savoie; et M. Brochant les a décrites dans
son *Mémoire sur la Tarentaise :* le schiste qui les
entoure présente des empreintes végétales de
roseaux ou plantes analogues. C'est encore au
phyllade intermédiaire que nous rapporterons les
couches d'anthracite que M. Héricart de Thury
a observées, à de très-grandes hauteurs, dans les
Alpes du Dauphiné, et qui y sont dans un terrain

2. 14

de schiste et de grès (traumate) à empreintes végétales, lequel repose immédiatement sur le sol
primitif : un échantillon de ces anthracites, soumis à l'analyse chimique, a donné 97 pour cent
de carbone ; le reste n'étant qu'un résidu terreux
et ferrugineux, on peut en conclure que l'anthracite est un carbone pur (1). A Lischwitz, près
de Géra, en Saxe, dans une montagne de phyllade, et entre deux bancs de traumate contenant
des empreintes végétales et même des débris de
corps marins, on a une couche d'anthracite, souvent citée par les auteurs allemands ; elle a environ un mètre d'épaisseur, et est mêlée de quartz :
elle brûle difficilement, sans flamme, sans fumée
et sans odeur.

Presque par-tout les masses d'anthracite sont accompagnées
d'empreintes de végétaux : la multitude de ces empreintes dans
les terrains houillers, jointe à d'autres considérations, porte la
plupart des naturalistes à regarder les houilles comme un produit de l'altération et de la décomposition des substances végétales, ainsi que nous le verrons dans la suite. Par une raison
analogue, les anthracites des phyllades seraient d'origine végétale ; le carbone, ou matière anthraciteuse qui colore ces roches en noir, aurait aussi une pareille origine ; donc tous les
phyllades noirs seraient postérieurs à l'existence des êtres organisés, donc ils appartiendraient tous aux terrains intermédiaires ; et la couleur seule, ou plutôt la nature de principe
colorant, serait ici un indice de la classe : au reste, quelque
exactes que me paraissent ces conséquences, je dois cependant

(1) *Journal des Mines*, tom. XIV.

remarquer qu'il n'est pas complétement prouvé que tout carbone dans le règne mineral soit d'origine végétale; que le
carbure de fer se trouve quelquefois en paillettes ou cristaux,
au milieu des plus anciens granites, et que ce carbure est souvent le principe colorant des ardoises ou phyllades noirâtres.

Parmi les minéraux qui se trouvent en couches
dans les phyllades intermédiaires, je dois encore
signaler les suivants :

9° Le *feldspath compacte.* Dans un terrain de
phyllade incontestablement intermédiaire, près
de Poullaouen, en Bretagne, j'ai vu une couche de
feldspath compacte, blanc, mat, opaque, d'une
cassure cireuse et d'un aspect gras, contenant de
petits cristaux de quartz, et quelques paillettes de
mica-argentin : elle a quelques mètres d'épaisseur
et s'étend à trois mille mètres environ de distance.
C'est au milieu des ardoises entremêlées de grès et
de poudingues (ceux de Trient et de Valorsine), et
par suite dans un phyllade vraisemblablement intermédiaire, que Saussure a remarqué, à *Pissevache*, entre Saint-Maurice et Martigni, plusieurs
couches de feldspath compacte, feuilleté, dur,
verdâtre, translucide aux bords, fondant en verre
blanc, et contenant quelques cristaux de feldspath
et des lames de mica : après avoir complétement
déterminé la nature de cette roche, il l'a nommée
pétrosilex primitif ou *palaïopètre* (1). M. de Char-

_____

(1) §§ 1057 et 1194, Saussure était encore un excellent minéralogiste : l'oryctognosie lui doit la découverte et la détermination

14.

pentier a remarqué plusieurs de ces couches dans
les phyllades des Pyrénées : quelques-unes lui
ont paru passer au schiste-coticule (pierre à rasoir) : d'autres, renfermées dans le traumate même, contenaient des filets d'asbeste : quelquefois
on y voit des cristaux de feldspath, de quartz et
de mica ; ils paraissent contenir les éléments du
granite, et n'être ainsi que de vrais eurites. Un
bloc de ces feldspaths compactes, trouvé dans
un ruisseau, et absolument semblable à celui de
Pissevache, mais entremêlé de calcaire, a présenté un fait digne de remarque : il contenait des
fragments d'entroques à l'état de spath calcaire,
tant dans la partie feldspathique que dans la partie calcaire.

10° *La diabase* et les *amphibolites* (*grünstein*)
Les couches ou masses de ces roches sont fort
communes dans les phyllades. Je me borne à citer celles que j'ai vues en Bretagne ; leur épaisseur est très-variable ; quelquefois elle n'est que
de quelques pouces, ailleurs elle atteint plusieurs
mètres ; ces couches sont si nombreuses et à si peu
de distance dans quelques localités, que le sol
en paraît presque entièrement formé. Rarement
l'amphibole et le feldspath y sont-ils distincts ;
presque toujours ils sont mêlés, ou du moins le

---

exacte d'un grand nombre de minéraux, du jade, de la diallage,
du disthène, du sphène, etc.

feldspath imprégné d'amphibole ou de son principe colorant ne peut se distinguer. Les amphibolites intermédiaires abondent encore dans les Pyrénées, elles y ont été depuis long-tems l'objet des observations de M. Palassou, qui en avait désigné la substance sous le nom d'*ophite*.

§ 238. Les phyllades intermédiaires renferment assez souvent des empreintes végétales, notamment aux environs des masses anthraciteuses : ces empreintes se rapportent à des plantes monocotylédones, et ressemblent d'ordinaire à d'énormes roseaux : au Hartz, on y a trouvé, dit-on, des troncs, des feuilles, et même des fruits d'une sorte de palmier qu'on regarde comme différent de celui qui se rencontre dans les houillères.

Vestiges d'êtres organiques.

Les vestiges d'animaux sont rares dans les phyllades, et plus rares encore dans les traumates intercalés : ce sont, d'après M. Schlottheim, des *madrépores*, des *trilobites*, notamment la *trilobites paradoxus*, des *ammonites* d'une espèce particulière, et des *hystérolites* que ce savant regarde comme caractéristiques pour cette formation, et qui lui semblent être des noyaux de térébratules (*terebratules valvarius et paradoxus*). On y voit aussi quelques coquilles de turbinites, de camites striée. M. Brongniart a remarqué une trilobite particulière et très-bien caractérisée dans les ardoises d'Angers ; il la désigne sous le nom d'*ogygie de Guettard*.

Mais ce que les phyllades présentent de plus

remarquable , sous le rapport des indices d'êtres
organiques , sont les empreintes de poisson que
l'on a remarquées dans le phyllade du Plattenberg , à deux lieues au sud-est de Glaris en Suisse:
elles consistent en des squelettes plus ou moins
complets , et placés dans le sens des feuillets de
la pierre. M. de Blainville qui s'est occupé de leur
détermination , en a reconnu huit espèces , toutes
marines , et dont une se rapporte au genre *ha-*
reng (1) : elles sont accompagnées , dans cette
localité , de vestiges de tortues ; fait bien extraordinaire dans une roche intermédiaire ; à
la vérité , elle est à l'extrémité des formations
de cette époque : M. de Buch l'a regardée pendant long-tems comme appartenant aux terrains secondaires ; M. Ebel la considère comme
telle , et M. Escher la met dans le *calcaire des*
hautes montagnes qu'il place entre les terrains
intermédiaires et les terrains secondaires. M. Ebel
fait encore mention de serpents trouvés dans le
Plattenberg ; il s'agit vraisemblablement des pré-
tendues *anguilles de Glaris*, que M. de Blainville
a montré n'être que des poissons (2).

Métaux
ontenus.

§ 239. Les phyllades intermédiaires sont très-
riches en métaux. C'est au milieu d'eux, et notam-

---

(1) *Dictionnaire d'histoire naturelle* , art. POISSONS FOSSILES.

(2) Etranger à la zoologie, c'est sur la foi des auteurs et avec
les noms qu'ils ont employés que je citerai les fossiles dans cet
ouvrage : je n'entrerai dans aucun détail de nomenclature.

ment d'un traumate schisteux à très-petits grains,
que sont les célèbres mines du Hartz, qui livrent
annuellement soixante mille quintaux de plomb,
et une quantité considérable d'argent. Une grande
partie des mines de la Hesse, du pays de Nassau,
des Ardennes, etc., sont dans un terrain semblable. Il en est de même, dit-on, des mines d'or
de Vorespotack en Transilvanie. C'est encore dans
un pareil terrain que sont les mines de plomb argentifère de la Bretagne, notamment celles de
Poullaouen et d'Huelgoat.

Je m'arrête un instant sur ce dernier gissement. J'ai décrit,
il y a plus de dix ans, la contrée où sont ces mines (1); elle
est composée de phyllade, de quelques bancs de traumate, de
plusieurs couches de *grunstein* et de quartz. J'étais loin de
la regarder comme étant de formation secondaire : j'avais bien
signalé quelques analogies avec les ardoises à empreintes végétales d'Angers ; j'avais bien vu une couche de grès à gros
grains, ou un poudingue composé de petits galets de quartz bien
arrondis, agglutinés par un ciment siliceux; et j'avais engagé
les géognostes à porter leur attention sur un fait si extraordinaire, que je n'avais pas eu le tems de constater dans tous ses
détails: mais, d'un autre côté, ce terrain me paraissait tellement
se lier avec le schiste-micacé et le granite qui constituent les
montagnes voisines, que je n'élevai aucun doute sur l'époque
de sa formation. Depuis on a revu des bancs de traumate évidemment intercalés dans le phyllade, et dans ce traumate on a
trouvé des térébratules, et cela même dans un des puits de la
mine d'Huelgoat. Le filon qu'on y exploite traverse seulement

(1) *Journal des Mines*, tom. XX.

le terrain traumatique, et il s'arrête au granite; ainsi, il est très-possible que les deux terrains constituent des formations distinctes, quoique quelques circonstances puissent porter à croire qu'ils passent l'un à l'autre.

Plusieurs des riches filons du Mexique, et en particulier le plus riche des filons connus, *la veta madre*, à Guanaxuato, est en partie dans un phyllade regardé d'abord comme primitif par M. de Humboldt, mais qu'il place aujourd'hui dans les formations intermédiaires : c'est encore dans un phyllade que se trouvent les fameuses mines du Potosi. Les traumates qui sont au milieu de cette roche sont également métallifères en Amérique ; ce sont eux qui renferment la plupart des filons de *Zacatecas*, l'un des districts du Mexique les plus productifs.

Étendue. § 240. Le terrain de phyllade intermédiaire est très-étendu, peut-être même comprend-il tous les phyllades noirs, toutes les ardoises : il y a très-long-tems que j'étais dans cette opinion, et ce fut leur présence au milieu des amphibolites, des quartz et feldspaths de la Bretagne, qui ébranla ma croyance (1); mais ce que nous venons de rapporter est bien propre à la raffermir. Cependant je n'oserais étendre cette conséquence jusqu'à quelques petites masses de schiste ardoisé, qu'on voit au milieu de terrains bien cristallins, et qui

_____

(1) *Description de la mine de Poullaouen*, pag. 365.

pourraient être colorés par du carbure de fer.

Il serait superflu de faire l'énumération des lieux où se trouve le phyllade ; il est, en quelque sorte, partie constituante essentielle de tous les terrains intermédiaires, et je.me borne aux localités les mieux connues.

En Flandre et dans les Ardennes, le phyllade fait partie d'une large bande de terrain intermédiaire qui borde la France au nord, s'étend jusqu'au Rhin vers Coblentz, et se continue au-delà de ce fleuve jusqu'au Hartz : il y alterne avec des traumates et des calcaires noirâtres. A l'ouest du royaume, en Bretagne et dans les provinces adjacentes, il constitue une portion considérable d'un sol autrefois regardé comme primitif, et il se joint avec les ardoisières d'Angers. Au midi, dans les Pyrénées, il se trouve en couches alternant avec du calcaire, du quartz et des amphibolites ; il forme deux bandes qui bordent, au nord et au sud, le terrain primitif, en suivant la direction de la chaîne, et qui sont, en surface, d'après M. de Charpentier, les deux tiers des Pyrénées.

Dans les Alpes, les terrains intermédiaires ont une disposition analogue : sur la bande septentrionale, le phyllade, alternant avec un calcaire noir, des traumates et des lydiennes, forme une lisière d'environ six à dix lieues de large, qui règne tout le long de la chaîne, et qui repose immédiatement sur le sol primitif (1).

Nous avons déjà vu qu'en Allemagne le phyllade occupe des espaces très-considérables ; toute la région comprise entre le Hartz et le Rhin en est principalement composée ; il se retrouve encore dans la Thuringe , en Franconie , etc.

En Angleterre, il paraît former une bande dirigée du nord au sud , qui gît sur les terrains primitifs de la partie occidentale de cette île , et qui d'ailleurs éprouve de fréquentes et fortes interruptions. Au reste, il est possible qu'on ait classé parmi les schistes-traumates des phyllades qui appartiennent aux terrains primitifs; et je partage pleinement l'opinion de M. Conybeare, qui pense qu'on a trop abusé du nom de *granwackenschiefer*, et que souvent on n'a pas assez motivé les raisons qui ont porté à le donner à certaines roches : comme lui , je ne vois pas trop pourquoi on placerait parmi les traumates les phyllades de Cornouailles, appelés *killas* dans le pays, qui reposent immédiatement sur le granite, qui contiennent, comme lui, de l'étain et d'autres métaux, qui alternent peut-être même avec lui, et qui sont traversés par des filons de cette roche : ces filons sont d'un granite à très-petits grains, passant au porphyre, et appelé *elvan* dans cette province (2).

_____

(1) Ebel. *Ueber den Bau der Erde in den Alpen-Gebirge.*
(2) *Trans. of the geol. soc.* , tom. IV.

C'est encore sous forme d'une lisière de trois cents lieues de long sur une largeur qui ne dépasse guère quinze lieues, que les terrains intermédiaires des États - Unis d'Amérique sont placés entre le sol primitif des Alleghanys et le calcaire secondaire des vastes plaines du Mississipi. Ces terrains consistent principalement en phyllade, en calcaire de diverses couleurs, en traumate, en poudingues, dont quelques-uns présentent, d'après M. Maclure, un ciment euritique contenant des cristaux de feldspath (1).

ARTICLE SECOND.

DU CALCAIRE INTERMÉDIAIRE.

Uebergang's kalkstein des Allemands.
Transition-Limestone des Anglais.

§ 241. Le calcaire intermédiaire se distingue Caractères. essentiellement des autres calcaires par son gissement; car il peut d'ailleurs présenter les mêmes caractères minéralogiques. Cependant on peut dire qu'en général son grain quoique cristallin est fort petit, et qu'il est même rare d'en trouver, sur une grande étendue, qui soit d'une texture décidément grenue. Le plus souvent sa cassure est écailleuse et se rapproche du compacte, et souvent même elle l'est entièrement. Il est habituellement translucide sur les bords, à moins qu'il ne

_____

(1) *Observations on the geologie of the United-States.*

soit mêlé d'une trop grande quantité de matières
étrangères.

Sa couleur éprouve de grandes variations;
très-souvent elle est noirâtre ; en général, lorsque le calcaire est entremêlé de schiste, ce qui
a fréquemment lieu dans les terrains intermédiaires, ses teintes dépendent de celles du schiste;
et selon que celles-ci sont grises, rouges, jaunes,
vertes ou noires, on a des masses ou marbres gris;
rouges, jaunes, verts ou noirs ; ils sont en outre
traversés par un grand nombre de veines blanches, ou petits filons de spath calcaire, formés
avant que la masse fût entièrement consolidée,
et de la partie la plus pure de sa substance, ainsi
que nous l'avons dit ailleurs. La plupart des marbres que l'on emploie en architecture viennent
des terrains intermédiaires : le calcaire primitif
étant d'un plus beau grain et incolore est le marbre des statuaires ; quant au calcaire secondaire,
soit mélange de matières étrangères, soit défaut
de *cristallinité* dans le grain, il ne prend pas un
poli convenable, et ne peut ainsi servir comme
marbre.

Nous avons vu (§ 188) que, dans les mélanges
de schiste et de calcaire, chacune des deux substances se formait isolément, et que le calcaire
se présentait comme masses aplaties, ovoïdes ou
lenticulaires, disposées sur des plans à-peu-près
parallèles, séparées et enveloppées par la masse

schisteuse. Les carrières du beau marbre de Campan, dans les Pyrénées, m'ont présenté de la manière la plus distincte ce fait, que j'avais eu occasion de voir dans celles de Wildenfels , en Saxe Dans la vallée de Campan , le marbre est tantôt vert, tantôt rouge, et le schiste-phyllade ou talqueux qui l'accompagne est habituellement de même couleur ; ils ont le même principe colorant. Au reste , le tout forme une masse assez confusément feuilletée et stratifiée : elle contient beaucoup de pyrites ; et M. de Charpentier y a trouvé des fragments d'entroques.

§ 242. Parmi les minéraux que contient le calcaire intermédiaire, nous distinguerons :

Minéraux contenus.

1° Le *quartz* hyalin. Il s'y trouve très-fréquemment en grains, en cristaux et en veines.

2° La *lydienne*. M. Omalius l'a vue en grande quantité dans les calcaires bituminifères du nord de la France ; elle y est le plus souvent en masses arrondies et disposées comme les silex dans la craie ; d'autres fois elle forme de petites plaques ou tables ; enfin , quoique rarement, elle constitue de vraies couches , dans lesquelles elle est très-schisteuse; elle n'est alors qu'un phyllade fortement imprégné de silice. J'ai observé dans les filons quartzeux de Poullaouen, des fragments de phyllade qui , s'étant imbibés de silice lors de la formation des filons, ont pris l'aspect et tous les caractères des lydiennes ordinaires. Quant aux rognons, ce sont des concrétions de matière siliceuse, pareilles à celles qui ont formé les tubercules de silex ; mais ici les particules siliceuses, en se pelotonnant, auront entraîné une portion de principe colorant, et la masse sera noire. Ces divers faits se reproduisent dans un grand nombre de calcaires intermédiaires : les Pyrénées, les Alpes, les Alleghanys, etc., en offrent des exemples.

3° Le *mica*, et plus souvent encore le talc, passant quelquefois à la stéatite.

On trouve fréquemment encore dans les calcaires de cette classe des pyrites et du fer hydraté. Dans ceux qui sont noirs et colorés par une matière charbonneuse, cette matière s'y accumule au point d'y former des masses anthraciteuses, qui se rapprochent même quelquefois de la houille : les calcaires du nord de la France en offrent des exemples.

Vestiges
organiques.
§ 243. Les débris d'animaux sont assez rares dans les premiers calcaires intermédiaires, ou du moins de grandes étendues de cette roche n'en renferment point ou presque point, tandis qu'ils s'accumulent dans quelques localités.

Dans les plus anciens calcaires de la Flandre, ceux qui avoisinent les terrains primitifs, M. Omalius a trouvé une grande quantité de zoophytes, et très-peu de mollusques : ce fait, qui se représente en plusieurs autres lieux, avait déjà été remarqué. Les zoophytes, madrépores et millépores sont

quelquefois en si grande abondance dans quelques
calcaires intermédiaires, que M. de Schlottheim
serait tenté de les regarder comme étant l'ouvrage
de ces animaux, ainsi que le sont incontestablement plusieurs calcaires de la mer du Sud (§ 37).
Les orthocératites, qui se rapprochent de cet
ordre d'animaux, s'y trouvent encore en assez
grande quantité : on y voit aussi des entroques ou
fragments d'encrinites : les coquilles qu'on y a
trouvées le plus souvent, sont des térébratules,
des turbinites, quelques ammonites et bélemnites ;
mais celles qui paraissent caractéristiques pour le
calcaire intermédiaire, sont les trilobites, et principalement, d'après M. Brongniart, les *calimènes*
et les *paradoxites* de Linné.

§ 244. Nous allons faire connaître quelques lo-   Localités.
calités où le calcaire intermédiaire a été principalement observé.

Au Hartz, en un grand nombre de points, notamment du côté de Blankenburg, il fournit un beau
marbre pareil à celui que les Italiens nomment
rosso corallino.

En Saxe, il se trouve dans les environs de Kalk-
grun et de Wildenfels, d'où il s'étend jusque dans le
pays de Bareuth : il y forme divers marbres, dont
un est noir et approche beaucoup de celui qui est
connu en Italie sous le nom de *nero d'Egitto ;* il est
plein de fragments d'entroques. Werner observe
à ce dernier sujet, que ce fossile se voit particu-

lièrement dans les marbres de cette couleur, tandis que les coraux sont plus communs dans les marbres rouges.

Dans le midi de la France, aux Pyrénées, le calcaire est très-abondant : il forme la portion principale des terrains intermédiaires de ces montagnes. Dans le nord, il fait partie de la grande bande intermédiaire qui s'étend depuis la Flandre jusqu'au Hartz : il y alterne, à diverses reprises, avec les ardoises ; c'est lui qui fournit à Paris les marbres noirs (de Namur et de Dinant), et ce marbre noirâtre, parsemé d'une multitude de taches blanches, qui est si répandu dans toute la France, et que les artistes nomment *marbre granite*, ou *petit granite* ; il vient des *Ecaussines*, à quatre lieues au nord de Mons : les taches blanches sont des fragments de coquilles, et sur-tout d'encrines convertis en spath calcaire. Ce terrain intermédiaire sert de base au terrain houiller de la Flandre.

Les Alpes sont bordées au nord par une énorme bande calcaire, qui s'étend depuis la France jusqu'en Hongrie, qui a de huit à quinze lieues de large, et qui constitue des montagnes dont la hauteur est de quatre mille mètres. Les géognostes, MM. Escher et Ebel en particulier, la soudivisent en des bandes partielles, et ils regardent comme appartenant aux terrains intermédiaires celles qui confinent immédiatement au terrain primitif,

qui alternent avec le phyllade, et qui consistent
en un calcaire noir ; mélangé d'alumine et de silice, d'une cassure grenue et souvent écailleuse,
contenant quelques pétrifications, et principalement des trochites et des encrines. M. Escher désigne une partie de cette bande sous le nom de
Hochgebirgskalkstein (calcaire des hautes montagnes), et il y voit comme un terme moyen entre
le vrai calcaire intermédiaire, et le vrai calcaire
alpin.

Il y a en Angleterre, principalement dans le
Derbyshire et le Northumberland, un terrain composé de calcaire, de grès, d'argile schisteuse et
de houille, qui renferme, sur-tout dans la partie
calcaire, un grand nombre de filons de plomb et
d'autres substances métalliques, et qui sert de
support au terrain houiller de Newcastle. Quelques
auteurs, tels que M. Thomson, le regardent comme
membre de la grande formation houillère (1);
d'autres, tels que M. Winch, à qui l'on doit une
description très-circonstanciée de la partie qui
est dans le Northumberland (2), le désignent sous
le nom de *terrain plombifère*, ou de *calcaire mon-
tagneux* (*mountain - limestone*). Il a de grands
rapports de gissement, et même de composition,
avec le calcaire bituminifère du nord de la France :

---

(1) Thomson, *Annals of philosophy*, tom. IV.
(2) Winch, *Transactions of the geological society*, tom. IV.

Werner en place une partie, celle qui contient les mines du Derbyshire, dans les terrains intermédiaires. La roche caractéristique, dit M. Winch, est ici le calcaire : il y est en couches , qui vont jusqu'à dix et douze mètres d'épaisseur ; la pierre en est d'un brun noirâtre ou bleu foncé ; elle est dure , et forme un assez beau marbre avec des encrines : on y trouve encore des madrépores (*junci lapidei*), des millépores , des pectinites et de grandes huîtres. Il est à remarquer que les filons qui traversent ce terrain sont plus larges et plus riches dans le calcaire que dans les grès et autres couches adjacentes.

ARTICLE TROISIÈME.

DU GRANITE ET DU PORPHYRE.

Le fait le plus intéressant qui ait été porté à notre connaissance , depuis bien des années, celui qui apporte les plus grandes modifications dans les conséquences que nous avions tirées , et dû tirer des faits connus jusqu'alors, est l'existence d'un granite, ou roche granitique, superposé à du calcaire coquillier. Nous n'avons qu'un seul exemple direct de cette superposition, et il convient de le faire connaître avec quelques détails ; nous le ferons en suivant les descriptions qu'en ont données les deux savants géognostes, MM. de Buch et Hausmann (1), qui l'ont observé à-peu-près à

_____

(1) *Reise durch Norwegen und Lappland, von Leopold von*

la même époque, en 1806 et 1807 , aux environs de Christiania, en Norwége.

§ 245. Le sol de la contrée y est formé par le gneis, que nous avons vu être la roche dominante dans le nord, et par un granite qui paraît en être indépendant. Au-dessus se trouve un terrain de phyllade entremêlé de calcaire. Le phyllade est noirâtre, chargé de carbone ; il renferme des couches alumineuses et quelques rognons d'anthracite : ailleurs, et principalement dans ses parties supérieures, il contient beaucoup de silice, et passe au schiste-siliceux ou lydien : on y a trouvé quelques empreintes végétales qui paraissent appartenir au *lycopodium*. Le calcaire est noir , compacte ; il contient des orthocératites qui ont plusieurs pieds de long, ainsi que des pectinites, des camites, des trilobites, etc. ; et il forme des couches qui ont rarement plus d'un pied d'épaisseur. La stratification de ce terrain est très-tourmentée, les couches sont tantôt horizontales, tantôt verticales. Remarquons encore, comme une particularité de ce terrain, que, dans un point, il présente un beau calcaire blanc, grenu, renfermant de la trémolite, de l'épidote, des grenats, du zinc sulfuré, etc. Sur le schiste, on trouve, en quelques endroits, une couche de grès ou traumate souvent fort épaisse ,

Granite et porphyre de Christiania.

Buch, 1810 : on en a une traduction française sous le titre de *Voyage en Norwége et en Laponie.*

Reise durch Scandinavien, von J. Hausmann.

et dont la partie supérieure présente des galets de la grosseur d'un œuf de pigeon.

Ce terrain, qui ne s'élève qu'à quelques centaines de mètres au-dessus de la mer, est recouvert par une énorme assise d'un porphyre qui atteint jusqu'à cinq ou six cents mètres de hauteur. Sa masse est d'un gris de fumée foncé, quelquefois rougeâtre, compacte, semi-dure, écailleuse; elle contient des cristaux de feldspath blanc, de quartz, d'épidote, d'amphibole, de pyrite, de fer magnétique, et quelques veinules de sulfure de plomb et de zinc. En plusieurs endroits, la superposition est évidente, on pourrait, dit M. de Buch, couvrir le joint avec deux doigts. Le porphyre se retrouve près de Christiania, sur les bords de la mer, dans le terrain schisto-calcaire, en gros filons qui ont jusqu'à trente mètres d'épaisseur : leur masse est la même que celle des hauteurs ; il paraît cependant que le grain en est plus développé, et qu'elle approche du *grünstein* (diabase) : l'amphibole et le feldspath y sont quelquefois très-distincts; et l'on a une siénite à petits grains, contenant de gros cristaux de feldspath.

Dans quelques endroits, notamment dans sa partie inférieure, la masse porphyrique devient bulleuse, et forme une amygdaloïde ; la pâte en est aphanitique, et les nœuds qui remplissent les cavités sont de spath calcaire : la roche est quelquefois plus compacte et prend l'aspect d'un basalte ;

elle contient, dit M. Hausmann, des cristaux d'augite, noirs, verdâtres, de la forme la plus distincte ; et à leur aspect tout doute sur la nature
basaltique de la roche se dissipe. Ce savant l'a vue
reposer sur le grès ; mais, comme elle n'est pas
recouverte, il n'ose prononcer sur son âge relatif ;
elle lui paraît faire partie de l'assise porphyrique
et passer au porphyre par des nuances insensibles :
elle est à ses yeux un vrai basalte intermédiaire,
qu'il croit d'ailleurs d'origine neptunienne. —
Dans la même contrée, mais sur un autre point,
à Holmestrand, au bord de la mer, M. de Buch
a vu, de la manière la plus évidente, le porphyre
superposé au grès et passer, par les nuances
les plus insensibles, à un basalte très-noir,
à grains fins, contenant des cristaux d'augite
brillants, d'un noir verdâtre, et que leurs sommets bien distincts ne permettaient pas de confondre avec l'amphibole. Quelquefois ce basalte
devient bulleux, et prend même un aspect rouge
et scorifié au contact du porphyre. D'autres fois
il passe à une wacke d'un rouge brun, à texture amygdaloïde, renfermant encore de très-
beaux cristaux d'augite, contenant de plus de
petites boules de spath calcaire, de stéatite, et
des druses de quartz : et, ce qui est encore bien
extraordinaire, ces basaltes poreux reposent sur
des poudingues (*conglomerat*). Suis-je en Italie
ou en Auvergne ? s'est écrié M. de Buch à une pa-

reille vue. Un peu plus loin il trouvait ces masses
problématiques recouvertes par un porphyre
euritique, rempli de grands cristaux de quartz.

Ce porphyre passe, principalement dans sa partie supérieure, à un granite siénitique qui est
d'une rare beauté dans quelques endroits : le feldspath y est tantôt rouge, tantôt blanc, à grandes
lames brillantes comme l'adulaire ou la pierre de
Labrador ; l'amphibole est d'un beau noir à lamelles très-éclatantes ; le quartz est en grains ordinaires : presque toujours la roche renfermé des
zircons habituellement bruns, en cristaux prismatiques, et qui se trouvent principalement dans
les petites druses qu'elle présente ; de là le nom
de *siénite - zirconienne* qui lui a été donné. On y
trouve encore du spath-calcaire que l'on prendrait
pour du feldspath, mais que son peu de dureté
fait bientôt reconnaître, des paillettes de mica, de
la cornaline en gouttelettes dans les druses, de
l'épidote, de la wernérite, de l'émeraude, etc., elle
forme des rochers fendillés et d'un aspect hérissé :
M. Hausmann, se trouvant au milieu d'eux, près
de Laurvig, par un beau soleil, était comme ébloui
des reflets de toutes les grandes lames de cette
belle pierre ; le règne minéral ne lui avait encore
présenté rien de plus beau. Cette roche contient
des lits de porphyre, et alterne avec eux, et cela
de manière qu'on peut en détacher des échantillons qui sont porphyre d'un côté et siénite de

l'autre : en examinant la première de ces roches
à une forte lumière, dit M. de Buch, on y voit une
multitude de petits cristaux de feldspath avec
peu d'amphibole : et dans le fait, ajoute-t-il, ce
porphyre n'est autre chose qu'une siénite à grains
d'une extrême petitesse (1)

Enfin la siénite-zirconienne passe à son tour
à un granite ordinaire:

En résumé, nous avons ici, sur la formation
générale du gneis primitif, 1° une formation de
phyllade intermédiaire, contenant des couches
de calcaire coquillier et de lydienne : le grès qui
la recouvre en est peut-être dépendant. 2° Une
formation de porphyre tantôt euritique, tantôt
aphanitique (et peut-être doléritique), passant,
d'une part, à la plus belle des roches granitiques,
et même à un vrai granite ; et, de l'autre, a un
basalte des mieux caractérisés, et à une wacke
poreuse. Cette dernière formation est évidemment superposée au grès ; elle l'est aussi au terrain
coquillier, les localités l'indiquent ; et les énormes
filons qu'elle pousse comme des racines dans ce
terrain, ne laissent aucun doute à cet égard.

Voilà des faits qui confondent tous les résultats de nos observations antérieures, et qui mêlent tout ce qu'avec beaucoup
de peines et de travaux nous pensions être venus à bout de
distinguer ; qui nous montrent le granite, la roche antique par

_____

(1) *Voyage en Norwége*, tom. I, pag. 139 de l'éd. allemande.

excellence, postérieure à l'existence des êtres organisés, formée
après un grès, et recouvrant des masses d'apparence volcanique;
qui nous montrent un basalte rempli de cristaux d'augite tenant à un porphyre plein de cristaux de quartz ; et l'augite nous
paraissait caractéristique pour les produits volcaniques, et le
quartz pour les produits neptuniens. Mais, je l'ai dit, ces faits
ont été observés à deux reprises différentes, par deux de nos
plus habiles géognostes qui les ont décrits avec détail, et il me
semble que le scepticisme le plus complet ne saurait élever de
doute sur leur existence.

Autres gra-
nites inter-
médiaires.

§ 246. Peu après qu'ils furent connus, M. Brongniart eut occasion d'observer les terrains des environs de Cherbourg : il y vit des phyllades contenant des impressions végétales, et alternant avec un
calcaire noirâtre et de formation intermédiaire :
un peu plus loin, il vit des phyllades, des quartz
grenus, des aphanites, des eurites, des diabases,
des siénites et des granites alterner ensemble : il
regarda ces roches granitiques comme de formation postérieure au phyllade, et il les rapporta au
granite siénitique de Meissen et de Dohna, en Saxe
(§ 155). Bientôt après, M. Omalius observa ce
même terrain, et il le suivit jusqu'aux environs
de Morlaix, en Bretagne : il y remarqua encore
une alternative de couches de schiste-phyllade, de
quartz grenu, d'eurite et de siénite ; auprès de Morlaix, on avait trouvé un fragment d'entroque dans
un de ces schistes. De ces faits, on peut conclure
la superposition des roches granitiques à des phyllades ; et, si ceux-ci sont identiques avec les phyl-

lades qui, dans la même contrée, contiennent des débris d'êtres organiques, et alternent avec un calcaire renfermant des zoophytes et des térébratules, on aura encore ici des granites intermédiaires. Au reste, je dois dire que l'identité n'est pas entièrement prouvée, et même que M. Brongniart a indiqué des différences entre les deux sortes de phyllades.

Nous avons déjà fait connaître (§ 155) le granite de la Saxe, qui est superposé au phyllade. M. de Raumer, après avoir très-bien constaté sa superposition, et mis hors de doute son identité de formation avec le porphyre de la même contrée, a indiqué ses rapports avec les granites du Hartz, de la Thuringe, etc. : ils lui ont semblé appartenir tous à une même formation, et à une formation intermédiaire.

§ 247. Je l'ai déjà dit, une brèche de phyllade, dans le terrain phylladique de la Saxe, comme de toute autre contrée, n'est pas à mes yeux une preuve que ce terrain et ceux qui le recouvrent sont de formation intermédiaire. M. Weaver, élève de l'école de Freyberg, a émis la même opinion, dans la description qu'il vient de donner de la partie orientale de l'Irlande. Au milieu d'un terrain de phyllade, dans lequel on a un grand nombre de couches de quartz, de granite, de diabase, de porphyre et d'une aphanite (*grünstein*) approchant du basalte, il a trouvé des brèches consistant en fragments souvent très-gros de phyllade, en grains anguleux et même arrondis de quartz, en paillettes de mica, en parcelles de feldspath, etc., contenus dans un phyllade, lequel, dans le même

Observations relatives à l'identité d'époque.

234   TERRAINS INTERMÉDIAIRES.

lieu, comprenait des bancs de granite. Mais n'y ayant vu aucun vestige ni indice d'êtres organiques, il n'a pu, dit-il, souscrire à la dénomination de terrain de transition que quelques personnes voudraient donner à cette contrée (1).

De simples ressemblances ne suffisent pas encore pour conclure à l'identité d'époque. La nature, dans sa marche oscillatoire (§ 140), a reproduit, après l'existence des êtres organisés, des masses minérales, en petit nombre à la vérité, semblables à celles qu'elle avait formées antérieurement ; ainsi, lors même que le phyllade de Saxe serait postérieur à cette existence, je ne vois pas pourquoi il en serait de même de celui de la vallée du Terek, dans le Caucase, par exemple : d'après les observations de M. d'Engelhardt, le sol de cette contrée est formé de phyllade de diverses variétés, dans lequel on a des couches de calcaire, quelques bancs ou masses d'amphibolite, de diabase, de granite siénitique, de gneis, et d'un porphyre tantôt rougeâtre, tantôt noirâtre, contenant des cristaux de feldspath vitreux et même de quartz (2). M. d'Engelhardt, qui a coopéré au travail de M. de Raumer sur le granite siénitique de Dohna, a remarqué qu'il y avait une grande analogie entre le terrain de cette contrée et celui du Terek ; en conséquence, plusieurs géognostes placent déjà ce dernier dans les terrains intermédiaires ; et cependant rien n'y indique la présence des êtres organisés ; il n'y a même point, dit M. d'Engelhardt, de ces brèches (grauwacke) qu'on a remarquées dans celui de la Saxe. S'il m'était permis d'avoir un avis sur une formation si éloignée, je n'y verrais qu'un simple terrain de phyllade, où la roche dominante est passée, dans quelques parties, à l'amphibolite, et de là graduellement à la diabase, à la siénite et au granite : il faut observer que ces roches granitoïdes sont ici en quantité peu

(1) *Transactions of the geological society*, tom. V.
(2) *Reise in die Krym und den Caucasus*, par MM. d'Engelhardt et Parrot. 1815.

considérable. Quant au porphyre à feldspath vitreux , je n'ose
rien dire, quoique, d'après le récit de M. d'Engelhardt, il paraisse bien être intercalé dans le phyllade.

§ 248. En résumant tout ce qui a été dit sur le granite des
divers âges, et en admettant·la division qui nous paraît la plus
convenable dans la période primitive (§ 148). Nous rapporterons les granites à cinq époques principales, et nous aurons :

Granites des divers- ses épo- ques.

1° Les granites formant les terrains granitiques proprement dits;

2° Les granites renfermés dans les terrains de gneis ;

3° Les granites compris dans les terrains de schiste-micacé;
tel est vraisemblablement le granite talqueux du Mont-Blanc;

4° Les granites des terrains de phyllade ; comme cette dernière roche , ils pourront être en partie dans les terrains intermédiaires, tel est peut-être celui de Dohna (1);

5° Enfin les granites de formation décidément intermédiaire, c'est-à-dire postérieure à l'existence des êtres organiques. Le seul granite de Christiania nous offre une preuve directe de ce fait.

Au reste, en distinguant ces granites de diverses époques,
je n'en rappelle pas moins que c'est uniquement pour prendre
quelques points de repère dans la série d'ailleurs continue que
présentent les granites ; et en les prenant je ne parle qu'en
général , car il est très-possible que dans un terrain de
gneis, il se trouve une mince couche de phyllade; et l'on
pourra avoir un granite de la seconde époque, postérieur à
cette couche, quoique le phyllade, en général, appartienne à
la quatrième époque.

---

(1) Quoique l'amphibole se trouve souvent dans ces derniers
granites, elle n'y est pas exclusive : c'est ainsi que M. de Buch a
vu en Laponie un granite de première formation contenant une
grande quantité de lames de ce minéral. (*Voyage*, etc. , tom. II,
pag. 231.)

Quant aux porphyres, ils paraissent descendre plus bas encore dans la série des roches. M. de Humboldt, après avoir
étendu considérablement la grande formation des porphyres de la
Saxe et des contrées voisines, après y avoir rapporté les porphyres de la Hongrie (*saxum metalliferum*) et de Guanaxuato, la
lie à celui de Christiania, et elle lui paraît être le centre des plus
anciennes révolutions volcaniques (1). Quoi qu'il en soit de
cette dernière opinion, il n'en est pas moins très-remarquable de voir toutes les masses de porphyre d'une grande étendue
prendre, sur quelques points, une couleur sombre, verte ou
noire, perdre de leur *compacité*, abandonner leur quartz,
devenir amygdaloïdes, présenter des parties rétinitiques (*pechstein*), contenir de l'augite, et se diviser en prismes; caractères qui semblent tous plus particuliers aux produits volcaniques; tandis que d'un autre côté, ces mêmes porphyres tiennent aux granites et à toute la série des roches primitives.

ARTICLE QUATRIEME.

DES GNEIS, SCHISTES-MICACÉS ET SERPENTINES.

Ces roches, considérées comme faisant partie
des terrains intermédiaires, n'ont guère été jusqu'ici l'objet que d'un seul travail : nous allons le
faire connaître.

§ 249. M. Brochant, dans ses observations géologiques sur les terrains de la Tarentaise, en Savoie (2), a montré, au milieu de ces terrains, deux
systèmes de couches particuliers, l'un formé de
phyllade, de poudingues, de schiste-anthraciteux

---

(1) *Voyage aux régions équinoxiales*, liv. I, ch. 11.
(2) *Journal des Mines*, tom. XXIII.

avec impressions de plantes ; et l'autre consistant en calcaire grenu contenant beaucoup de brèches calcaires, et dans lequel on a trouvé une coquille que ses caractères rapprochent des nautiles. Ce professeur nous a ensuite fait voir que ces deux systèmes alternaient, 1° avec des gneis, quoique en petite quantité ; 2° avec de vrais schistes-micacés à feuillets brillants, contenant même un peu de feldspath ; 3° avec des quartz renfermant des paillettes de mica (hyalomictes), passant quelquefois au quartz compacte, et plus souvent encore au quartz grenu ; 4° avec de la serpentine contenant de la belle amianthe ; 5° vraisemblablement encore avec des amphibolites. Ces diverses masses, postérieures à l'existence des êtres organisés, n'appartiennent donc pas aux terrains primitifs.

M. Brochant a poursuivi, dans les Alpes qui avoisinent la Tarentaise, les conquêtes qu'il venait de faire aux formations intermédiaires, et il ne s'est arrêté que devant le Mont-Blanc et les Grandes-Alpes, retenu par un reste de considération pour leur ancienne prérogative de primordialité, et par cette élévation qui les place au premier rang parmi les montagnes de l'Europe : mais sans désespérer qu'un jour de nouvelles découvertes ou de nouvelles analogies ne les fissent passer dans les terrains intermédiaires ; et en remarquant formellement que lors même que ces

hautes Alpes appartiendraient aux terrains primitifs, elles n'étaient séparées, par aucune interruption, du terrain intermédiaire de la Savoie, et qu'il
y avait continuité entre la formation de ces deux
terrains : conclusion très-importante, et sur laquelle nous avons déjà insisté.

Je remarquerai ici que lorsqu'en 1807, M. Brochant fit le
mémoire dont les conséquences ont été adoptées par tous les minéralogistes, ce savant manquait encore d'une partie des preuves
qui les rendent aujourd'hui incontestables ; alors on n'avait pas
encore trouvé des coquilles dans les calcaires de la Tarentaise.

« Depuis les observations de M. Brochant, dit
M. de Buch, je commence à croire que le gneis
même, entre Martigny et Saint-Maurice, que tous
les singuliers poudingues de la vallée de Trient
jusqu'à Valorsine, que les rochers de gneis entre
Martigny et Saint-Branchiez, appartiennent au
terrain de *grauwacke*, et ne sont pas primitifs.
Ces roches se retrouvent dans tout le Valais, quoique sans poudingues (1). »

M. Mac-Culloch, dans sa description de l'île de
Skye, indique une alternative et même un passage
entre le gneis, le quartz en roche, et même le
grès(2); mais je crains qu'il n'y ait ici quelque mal-
entendu, et que nous ne désignions peut-être
sous le même nom des substances différentes.

---

(1) *Leonhard's Taschenbuch fur die gesammte mineralogie.*
1812, pag. 335.
(2) *Transactions of the geological society*, tom. IV, pag. 165.

ARTICLE CINQUIÈME.

DU QUARTZ.

§ 250. Nous avons vu le quartz très-abondant dans les phyllades intermédiaires : il y forme des couches, mais qui deviennent quelquefois assez considérables pour constituer des masses de montagnes ; et il est à remarquer que presque tous les terrains qui ont été portés dans la classe intermédiaire contiennent un grand nombre de ces couches.

M. Brochant a placé parmi les roches intermédiaires de la Tarentaise, des quartz le plus souvent grenus, et qui avaient été pris pour des grès par Saussure.

MM. Brongniart et Omalius ont vu ce même quartz grenu, former une partie du sol des côtes de la Normandie et de la Bretagne. Dans cette dernière province, au milieu des phyllades intermédiaires, j'ai observé plusieurs couches de cette roche ; une, entre autres, à deux lieues au nord de Poullaouen, occupait, perpendiculairement à la stratification du terrain, un espace d'environ deux mille mètres, et elle s'étendait à une très-grande distance dans le sens de sa direction : elle était formée d'un quartz grossier, écailleux, et traversé par des veines de quartz hyalin.

Plusieurs des quartz en roche, signalés par MM. Mac-Culloch et Horner, en Écosse et dans le Sommersetshire, notamment ceux qui sont avec les vraies *grauwacke*, appartiennent aux terrains intermédiaires.

Je remarquerai a ce sujet que j'ai peine à concevoir le passage qui existe, d'après ces savants, entre ces deux espèces de roches ; lorsqu'ils disent, par exemple, que la *grauwacke*, ou grès quartzeux , en perdant le ciment qui unissait ses grains, passe au quartz en roche , ou au quartz granuleux. Dans cette dernière substance, les grains sont des produits de la cristallisation, formés au même moment que toute la masse ; et dans la *grauwacke*, ce sont des fragments d'anciens quartz , charriés mécaniquement dans le lieu où on les trouve maintenant : ces deux choses sont absolument différentes, et il importe de les distinguer. Certainement il est quelquefois difficile de prononcer sur celle des deux origines qu'on doit attribuer aux grains de certains échantillons ; j'ai été souvent embarrassé de décider si des globules de quartz que je voyais dans des masses quartzeuses , étaient de vrais cailloux roulés , ou s'ils étaient de formation contemporaine, comme les grains d'un oolite le sont dans des calcaires : sur de petits échantillons , on est quelquefois embarrassé de distinguer le granite d'avec le grès, et cependant ce sont des roches essentiellement différentes : la différence est de même nature entre la *grauwacke* et le quartz en roche ; il n'y a pas plus de passage entre l'un et l'autre, qu'il n'y en a entre les grès et le granite.

ARTICLE SIXIÈME.

DES AMPHIBOLITES.

Uebergang's trapp (trapp intermédiaire) des Allemands.

§ 251. Nous voici peut-être à l'article le plus embarrassant de la géognosie; c'est ici spécialement que commencent les incertitudes et les discus-

sions sur l'origine ignée ou non ignée de plusieurs roches. Nous avons vu , en parlant des porphyres du *Thüringerwald*, que d'un côté ils pas-
saient au granite de la manière la plus incontestable , et que de l'autre ils dégénéraient en une
roche à tissu lâche, bulleuse , d'un vert ou d'un
brun foncé , renfermant des nœuds de spath calcaire ou de calcédoine , ayant l'aspect de certains produits volcaniques ; elle est généralement
regardée comme d'origine neptunienne , par les
savants qui l'ont considérée. Nous venons encore
de voir le porphyre de Christiania , tenir d'une
part à un magnifique granite , et de l'autre à un
basalte bulleux, renfermant des cristaux d'augite,
et passant à une wacke amygdaloïde : M. Hausmann ne voyait dans ces wackes et basaltes qu'un
produit neptunien ; M. de Buch y trouvait un sujet
d'énigme qu'on serait long-tems embarrassé d'expliquer ; et M. de Humboldt paraît enclin à y
voir des effets volcaniques.

Ce sont ces amygdaloïdes si problématiques ,
qui constituent principalement les trapps intermédiaires de Werner , lesquels , d'après ce savant , sont des *roches dont la masse principale*
est un grünstein (*amphibolite ou aphanite*) *en*
partie décomposé, et formant une wacke à grains
fins ; elles sont très-souvent à structure amygda-
loïde ; les *vacuoles sont ordinairement remplis, en*
tout ou en partie, de géodes quartzeuses, et quel-

2.						16

quefois de spath calcaire et de terre verte (chlorite
baldogée). Werner place dans cette classe les
toadstones du Derbyshire , les roches contenant
les agates d'Oberstein , etc. ; et quelques roches
du *Erzgebirge* et des montagnes voisines.

Le *toadstone* (pierre à crapaud) des Anglais
est une amygdaloïde dont la pâte est d'un brun
foncé , ayant souvent une teinte de vert , tantôt
compacte et ressemblant au basalte , tantôt bulleuse et contenant des nœuds de spath calcaire et de terre verte. Elle est en couches ou
masses informes interposées dans le calcaire appelé *mountain limestone*, dont nous avons parlé.
Elle paraîtrait devoir être regardée comme une
amphibolite, ou aphanite, d'un tissu un peu lâche;
cependant M. Cordier, y ayant trouvé des grains
ou cristaux d'augite , croit devoir la rapporter
à la dolérite , et par suite aux produits volcaniques. Les géologistes sectateurs de Hutton voient
ici un exemple de leurs *whinstones ;* roches qu'ils
regardent comme congénères du basalte , et comme ayant été fondues dans le fond des mers, sous
des couches de matières minérales , et ensuite in-
jectées , par une force agissant de bas en haut,
entre ces couches. (*Voyez* tome Ier, page 421.)

L'Irlande nous présente des faits de même
espèce. Dans le grand terrain de calcaire qui
s'étend à l'ouest de Dublin , et que tout indique
être de même formation que celui du Derbyshire,

on a , sur divers points , de grands bancs de trapp,
qui , ayant plus résisté à la décomposition que le
calcaire adjacent, forment des monticules de cent
mètres et plus au-dessus du sol environnant. Leur
masse consiste le plus souvent en une aphanite d'un
gris ou d'un vert noirâtre , tantôt elle est terreuse ,
présente une texture amygdaloïde , renferme des
nœuds et des veines de spath-calcaire; et lorsqu'elle
est altérée, et que la décomposition a fait disparaître les parties calcaires , elle offre l'aspect d'une
scorie volcanique : tantôt l'aphanite est compacte
et se rapproche du basalte ; dans cet état, elle est
quelquefois divisée en prismes, et contient des
cristaux d'amphibole ; ailleurs c'est un porphyre
euritique, ressemblant au phonolithe, et qui contient des cristaux de feldspath vitreux. Quelquefois encore on a une diabase éminemment cristalline, présentant de grands cristaux d'amphibole
avec du feldspath aciculaire : enfin , ailleurs on
trouve des brèches composées de fragments de
trapp , de calcaire, de lydienne, unis par un ciment calcaire. Les couches de ces diverses substances sont assez souvent peu inclinées , et leur
alternative avec le calcaire est visible sur plusieurs
points : quelquefois même ces substances sont
mêlées au contact. Dans un de ces points , au
milieu d'une aphanite , d'ailleurs dure et solide ,
M. Weaver a trouvé des entroques , des ammonites et des térébratules. Ainsi , ces trapps et le

16.

calcaire ont été formés en même tems, et ils ont un même mode de formation (1).

La roche qui contient les belles agates d'Oberstein, est encore d'une origine et d'une époque fort douteuse. Elle se trouve dans le pays de Deux - Ponts, à la superficie du terrain ; elle y forme des collines assez étendues, tantôt elle est dure, noire, c'est une aphanite compacte ; tantôt son tissu est relâché, elle prend une couleur rougeâtre, et dans cet état elle sert de matrice aux agates calcédonieuses dont nous avons parlé (§ 105). Faujas, après avoir examiné les localités, pensait qu'elle ne pouvait être d'origine volcanique. M. Omalius d'Halloy la rapporte aux amphibolites ; il la place dans les terrains intermédiaires, et semble croire qu'elle tient aux plus anciennes parties de ces terrains, dans le nord de la France (2). M. de Humboldt la classe dans la formation du grès rouge et des porphyres se condaires (3) : et M. Cordier retrouvant encore ici des grains ou cristaux d'augite, voit en elle un produit volcanique. Au reste, cette roche n'étant pas recouverte par d'autres couches minérales, il est difficile de prononcer sur son âge relatif.

_____

(1) Voyez de plus grands détails, sur ces faits si intéressants, dans la description géologique de la partie orientale de l'Irlande, par M. Weaver, *Transact. of the geol. soc.*, tom. V.

(2) *Journal des Mines*, tom. XXIV, pag. 136 et 141.

(3) *Voyage*, tom. I, pag. 343, in-8.

Werner place encore, et d'une manière spéciale , dans les trapps intermédiaires , une roche
dont la masse a d'ailleurs beaucoup de rapports
avec les précédentes , et qui occupe d'assez grands
espaces dans la partie occidentale de la Saxe , le
Voigtland, et dans la partie de la Franconie adjacente , le *Fichtelberg* ; elle se divise souvent en
boules, et on lui a donné, en conséquence, le nom
de *kugeltrapp* (trapp en boules) Les montagnes
des ces contrées présentent , principalement
dans un terrain de phyllade , un très-grand nombre de couches d'amphibolite ; quelques-unes,
formées d'une masse verdâtre (*grünstein* ordinaire) ayant deux ou trois cents mètres d'épaisseur , contiennent une multitude de boules dont
le diamètre varie depuis deux ou trois lignes jusqu'à deux ou trois pieds ; elles se divisent, presqu'en totalité , en couches concentriques qui laissent au milieu un noyau très-solide : cette forme
est ici un effet de la formation primitive ; c'est
une de ces formations globuleuses dont les porphyres de la Saxe , de la Hongrie et du *Thüringerwald* , nous ont déjà offert des exemples.

Les amphibolites du *Voigtland* et de *Fichtelberg* , dont M. Goldsfuss a donné la description ,
offrent à-peu-près toutes les variétés possibles de
ces roches : celle qui se divise en boules passe
d'un côté à une diabase à grains très-distincts , et
de l'autre à une aphanite , tantôt compacte, dure,

ayant l'aspect du basalte et contenant même des
cristaux d'augite , d'après le minéralogiste que
nous venons de nommer ; tantôt, avec un tissu
moins serré , elle prend une structure amygdaloïde, conserve l'augite , renferme des nodules
de spath calcaire , et est traversée par des veines
de cette substance (1). Ces roches occupent un
grand espace , et reposent soit sur le granite,
soit sur le phyllade ; quelquefois elles sont intercalées dans ce dernier ; mais souvent encore
elles sont à découvert ; et il est possible que,
d'après cette dernière circonstance , on leur ait
annexé quelques vrais basaltes qui n'appartenaient point à leur formation , mais avec lesquels
certaines de leurs variétés avaient quelques ressemblances.

Je ne m'arrêterai pas plus long-tems sur une espèce de terrain que je n'ai pas été à même d'observer, et sur laquelle il
n'y a d'ailleurs rien de particulier à dire; car toutes les vraies
amphibolites observées jusqu'ici pourraient être regardées
comme des roches subordonnées au terrain de phyllade.

Quant à celles qui leur ressemblent à beaucoup d'égards,
mais qui ont aussi de l'analogie avec des produits volcaniques,
qui ne sont point recouvertes, ou qui sont dans un gissement
extraordinaire, comme les *toadstone* du Derbyshire , elles méritent une considération toute particulière. Les substances que
nous trouvons dans les terrains volcaniques présentent des caractères si spéciaux et si différents de ceux des autres roches,

_____

(1) MM. Goldfuss et Bischof. *Beschreibung des Fichtelgebirges.*
1817.

que lorsqu'on trouve parmi elles une masse qui présente
quelqu'un de ces caractères, on est tenté de lui attribuer une
origine ignée. Il faut cependant observer : 1° que les caractères des produits volcaniques n'ont pas été encore assez complétement discutés et assez généralement reconnus ; 2° que les
circonstances du gissement doivent être très-exactement déter-
minées. Ce dernier point est essentiel ; par exemple, lorsqu'on
dira qu'on a trouvé, en Silésie, dans du schiste-micacé, un
basalte contenant de l'augite et de l'olivine, et par conséquent une substance réputée volcanique, on ne doit point, en
bonne critique, prendre en considération un fait aussi extraordinaire, jusqu'à ce qu'il soit démontré que cette substance est
réellement recouverte par le schiste-micacé. Je remarquerai
à ce sujet, que lorsque les sciences sont arrivées a un certain
point, les observations ne peuvent contribuer à leurs progrès
qu'autant qu'elles sont faites avec soin et detail : l'astronomie et
même la meteorologie ne sauraient plus tirer aucun secours de
celles qui ne sont pas d'une extrême exactitude. La géognosie
est à-peu-près dans le même cas ; nous avons aujourd'hui assez
d'aperçus, ils nous ont mis en etat de nous former des idees sur
l'ensemble de la science, et de poser des questions : maintenant, pour aller plus loin, pour résoudre ces questions, il
faut des observations très - exactes et très - circonstanciées
(voyez tome Ier, page xxxiij) ; toutes celles qu'on fait en traversant simplement un pays, peuvent bien servir à la géographie; ma's elles sont à-peu-près sans intérêt pour notre science.

ARTICLE SEPTIEME.
DU GYPSE.

§ 252. Le gypse (sulfate de chaux), soit anhydre,
c'est-à-dire sans eau de cristallisation, soit dans
son état ordinaire, est assez commun dans les terrains intermédiaires.

M. Brochant qui a fait, dans les Alpes, une étude particulière des gypses de ces terrains, observe qu'ils sont en général d'un très-beau blanc, d'un grain très-fin et quelquefois compactes ou presque compactes, et qu'ils contiennent des parties calcaires, du mica ou talc, du sel gemme et du soufre. Il rapporte à ces gypses, celui qui, dans la mine de Pesey, est au-dessus de la masse métallifère ; celui de Brigg dans le Vallais, qui est recouvert par un calcaire saccaroïde schisteux et micacé ; celui du Val-Canaria, dont nous avons parlé (§ 230); celui de Cogne, que nous regardons comme de formation contemporaine à la masse générale des Grandes-Alpes; celui de l'Allée-Blanche, qui est en masses placées sur la tranche des couches du sol de la contrée , etc. J'ai vu de pareilles masses dans la même vallée d'Aoste ; mais comme elles ne sont point recouvertes , je ne saurais rien dire sur leur âge relatif. Saussure avait observé , au Mont-Cénis , des couches considérables de cette même substance , et il s'était trouvé dans le même embarras sur leur classement.

Les terrains de phyllade intermédiaire du pays de Salzbourg, contiennent fréquemment du gypse, tantôt interposé entre les feuillets de la roche , tantôt en rognons , quelquefois même en masses assez considérables. Dans la vallée de Leogang , au milieu d'un gîte de minerai de plomb et de cuivre , on a plusieurs couches de gypse grenu ,

à grains fins, ayant plusieurs mètres d'étendue et
contenant aussi du minerai (1).

M. de Charpentier, directeur des mines et
salines de Bex, pense que le gypse salifère de
cette contrée est en couches dans un calcaire
intermédiaire très-argileux et carburé. A Bex,
l'exploitation a lieu sur deux couches de plus de
cent mètres d'épaisseur; leur masse, contenant du
sel gemme, en grains souvent imperceptibles,
est du gypse anhydre, dans lequel on trouve,
1º des couches plus petites de calcaire compacte
noir et avec des parties anthraciteuses; 2º des
couches de phyllade (*grauwacken schiefer*) passant
à la *grauwacke*, et contenant une assez grande quantité de sel, soit en grains, soit en rognons, soit en
veines de sept à huit pouces d'épaisseur. M. Struve,
inspecteur-général du même établissement, regarde le gypse comme superposé au calcaire intermédiaire, mais sans faire partie de sa formation; il serait, d'après lui, au milieu d'une masse
argileuse comme les gypses du Tyrol, de Salzbourg,
de Wieliczka, etc. M. de Charpentier fait observer
que dans l'intérieur des mines le gypse est anhydre; mais qu'à cent ou soixante pieds de la superficie
du sol, l'atmosphère ayant fait ressentir son action
l'a altéré, a porté de l'eau dans sa composition, et
en a fait une pierre à plâtre ordinaire. Il pense

(1) De Buch. *Geognostiche Beobachtungen.*

que la plupart des gypses des terrains intermédiaires de la Suisse, et peut-être de tous les pays,
sont dans le même cas. C'est encore aux terrains
intermédiaires que ce naturaliste rapporte le
gypse des environs de Tarascon, dans les Pyrénées, lequel repose sur le sol primitif, et est
recouvert par un calcaire contenant des ammonites.

CHAPITRE III.

DES TERRAINS SECONDAIRES.

Caractères
généraux.

§ 253. Nous voici parvenus à un nouvel ordre
de choses : ce ne seront plus ces roches composées de minéraux et d'éléments si différents, lesquels en se combinant diversement suivant les lois
de l'affinité, selon le degré d'agitation du dissolvant, et les diverses circonstances locales, produisaient des corps très-variés. Ici, nous aurons
plus d'uniformité, ce seront des masses assez simples déposées les unes sur les autres en forme de
sédiments d'une étendue considérable. Les superpositions seront évidentes, les âges relatifs
seront incontestables, et les systèmes des couches
formant un même tout, c'est-à-dire les formations seront plus aisées à saisir et à déterminer.

Des assises de pierre calcaire, alternant avec
des assises composées de débris de roches primi-

tives, formeront la masse entière des terrains secondaires.

Au calcaire proprement dit se joindra quelquefois le sulfate de chaux ou gypse . les débris des
anciennes roches seront des brèches, des poudingues, des grès, des sables, des argiles et des
marnes. Ces diverses matières, par les différences
qu'elles nous présenteront dans leurs assemblages,
dans les substances qui les accompagnent ou qu'elles
renferment, nous mettront à même de déterminer les différences d'époque ou de formation.

Les nombreux vestiges d'animaux et de végétaux qui se trouvent dans les terrains secondaires,
nous donneront une grande facilité pour effectuer ces déterminations ; les diverses formations
ayant toujours quelque fossile qui leur est propre
et qui met en état de les reconnaître, même lorsque se trouvant isolées, on ne peut plus conclure
d'après les rapports de gissement.

Malgré ces ressources, nous n'aurons encore
ici que de premiers essais à faire connaître : la
science est au berceau, la conchyologie n'a pas
fourni encore les moyens de détermination nécessaires, et peu de terrains ont été observés en
détail. De plus, si, dans l'époque secondaire, on a
plus de facilité à constater les superpositions, d'un
autre côté, les circonstances locales ont exercé
une bien plus grande influence, et amené des
changements particuliers à certains lieux ; elles y

ont même produit des formations purement spéciales.

Résultats principaux de l'observation. § 254. Exposons les résultats les plus généraux de nos observations. Les terrains secondaires, qui ont été le plus étudiés, sont ceux du centre de l'Allemagne, de l'Angleterre et du nord de la France.

Dans la partie centrale de l'Allemagne, dans la Thuringe, le Mansfeld, etc., un grand nombre d'exploitations de houille, de cuivre et de sel ont mis à même de reconnaître le sol de ces contrées. Déjà, vers le milieu du dernier siècle, Lehmann avait publié une description de ces couches : les minéralogistes de diverses opinions, MM. Werner, Voigt, Heim, Hoff, Freiesleben, etc., ont revu et discuté leur ordre de superposition ; et cette partie de l'Europe, peut-être la mieux connue, fournit aujourd'hui le type auquel les géologistes cherchent à rapporter les diverses formations de même époque qu'ils observent en d'autres pays. Nous ferons connaître, par la suite, avec quelque détail ces terrains, termes de comparaison, et nous nous bornerons à dire ici qu'ils présentent quatre grandes assises ou formations : la première, celle qui repose immédiatement sur le terrain primitif ou intermédiaire, est principalement composée de grès, et porte le nom de *grès rouge* ; nous l'appellerons *grès houiller*, le terrain à houille en faisant partie : la seconde, qui comprend le plus an-

cien des calcaires secondaires, se divise en deux
assises partielles : la troisième est un grès plus
nouveau, appelé *grès bigarré* ou *grès avec argile ;*
et la dernière est un calcaire renfermant beaucoup de coquilles, et nommé, en conséquence,
calcaire coquillier. M. de Humboldt, mu par l'analogie que l'assise inférieure de la seconde formation a avec la roche faisant la majeure partie
de la bande calcaire qui borde les Alpes au nord,
lui a donné le nom de *calcaire alpin ;* par une raison analogue, il a nommé *calcaire du Jura* l'assise
supérieure : ces dénominations, introduites depuis
plus de vingt ans, sont aujourd'hui généralement
adoptées.

Ce que les minéralogistes les plus distingués
ont fait dans une petite partie de l'Allemagne,
en un demi-siècle, un seul homme (M. William
Smith, ingénieur des mines) l'a entrepris et ef-
fectué pour toute l'Angleterre ; et son travail,
aussi beau par son résultat, qu'il est étonnant par
son étendue, a fait conclure que l'*Angleterre est
régulièrement divisée en couches, que l'ordre de
leur superposition n'est jamais interverti ; et que
ce sont exactement des fossiles semblables qu'on
trouve dans toutes les parties de la même couche et
à de grandes distances.* Voici cet ordre tel qu'il est
donné par M. Smith lui-même. Sur le terrain primitif qui forme la partie occidentale de l'Angleterre, on a un grès rouge ou brun, qui paraît

être un traumate (*grauwacke*), et au-dessus duquel se trouve le calcaire encrinitique (*encrinal
limestone*, ou *mountain limestone*) que nous avons
placé dans les terrains intermédiaires : on a ensuite, et successivement, en s'avancant vers l'est,
une succession de grandes assises qui plongent
vers cette partie de l'horizon, et qui sont :

1° Terrain houiller ;

2° Calcaire magnésien jaunâtre ;

3° Marne et grès rouge , gypse , sel gemme ;

4° Calcaire argilo-bitumineux (*lias*) contenant beaucoup d'ammonites ;

5° Marne bleue avec bélemnites , gyphytes ;

6° Calcaire oolitique ;

7° Calcaire compacte avec de l'argile schisteuse;

8° Calcaire blanc et sablonneux , mince assise;

9° Argile schisteuse d'un bleu foncé , calcarifère et bitumineuse ;

10° Sable ferrugineux , contenant des masses
calcaires, de la terre à foulon, de l'argile;

11° Calcaire avec débris de madrépores et pi-
solites ;

12° Marne bleuâtre ;

13° Sable vert et souvent grès chlorité à ciment calcaire ;

14° Craie ;

15° Sable ;

16° Argile plastique ;

17° Argile bleuâtre de **Londres**.

Voyez l'ordre de ces diverses formations et la hauteur qu'elles atteignent, dans la coupe transversale de l'Angleterre, depuis le Mont-Snowdon, dans le pays de Galles, jusqu'à Londres. (*Planche II, fig.* 1ère.)

Tout en payant au travail de M. Smith le tribut d'admiration qui lui est dû, il me sera permis de désirer que des observations ultérieures en confirment l'exactitude, et déjà, sur plusieurs points, les travaux des minéralogistes anglais l'ont confirmée.

M. de Humboldt compare ces formations à celles du continent ainsi qu'il suit :

« La position de nos houilles entre les formations intermé-
» diaires et le grès rouge, la position du sel gemme qui se
» trouve sur le continent dans le calcaire alpin, la position de
» nos oolites dans le calcaire du Jura ou dans le grès de se-
» conde formation, peuvent guider le géologiste dans le rap-
» prochement des formations. Je trouve, en Angleterre, les
» houilles, avec leurs grès, sur le calcaire de transition du
» Derbyshire, qui renferme les *toadstone*, comme nos *grès*
» *rouges* (grès de première formation) renferment les amphi-
» bolites amygdaloïdes (*mandelstein*). Je reconnais dans le
» *magnesian limestone*, le *red marl* salifère et le *lias*, les deux
» formations réunies du calcaire alpin avec le sel gemme, et
» du calcaire du Jura ; dans les oolites d'Angleterre, je crois
» voir le grès à oolites (grès de seconde formation) de la
» Thuringe. Au reste, dans les deux contrées, ce ne sont pas
» entièrement les mêmes formations, ce sont des *équivalents*,
» c'est-à-dire des formations parallèles qui se représentent les
» unes les autres.

Les terrains secondaires du nord de la France, ont été, dans ces dernières années, l'objet des études de MM. Cuvier, Brongniart et Omalius d'Halloy ; d'après ces savants, on y trouve, au-dessus du terrain houiller :

1° Un calcaire, que M. Omalius appelle *ancien calcaire horizontal*, qui a quelques caractères du calcaire alpin, et peut-être plus de rapports encore avec les couches supérieures du calcaire du Jura ;

2° Une argileuse marneuse et chloritée, contenant un calcaire dur, jaunâtre, des huîtres et sur-tout beaucoup de madrépores;

3° La craie ;

4° Le calcaire grossier ou à cérites ;

5° Le gypse, avec ses marnes (formation d'eau douce) ;

6° Des marnes marines, sables et grès ;

7° Un terrain calcaire d'eau douce.

Les quatre dernières formations appartiennent aux terrains tertiaires dont nous traiterons dans le chapitre suivant.

§ 255. En suivant ici la marche que nous avons tenue pour les terrains primitifs, nous distinguerons autant de sortes de terrains que nous aurons de roches, couvrant des espaces d'une grande étendue ; d'après cela, nous n'aurons, strictement parlant, que deux grands terrains, savoir, le grès et le calcaire.

Diverses sortes de terrains secondaires.

Le premier se divisera en trois formations principales :

1° Le grès ancien, ou *grès houiller* ;

2° Le grès mitoyen, ou *grès avec argile* ;

3° Le grès nouveau, ou *grès quartzeux.*

Le calcaire, de son côté, nous présentera les trois formations suivantes :

1° Le calcaire ancien, placé entre les deux premiers grès :

    a) *Calcaire alpin* ;

    b) *Calcaire du Jura* ;

2° Le *calcaire coquillier,* placé entre les deux derniers grès;

3° La *craie.*

Le gypse pourrait être placé à la rigueur dans les formations que nous venons d'indiquer ; cependant, comme c'est une substance particulière, qu'elle nous intéresse spécialement à cause du sel qu'elle renferme, nous en ferons l'objet d'un article particulier.

§ 256. Avant d'entrer dans les détails qui concernent ces diverses formations, jetons un coup-d'œil sur les rapports qui lient les terrains secondaires à ceux dont nous avons déjà parlé. Considérons chacune de nos deux grandes parties constituantes, le grès et le calcaire. *Rapports avec les terrains intermédiaires.*

Le grès tient, par une continuité non-interrompue, à la *grauwacke;* c'est la même substance sous tous les rapports; seulement celle qui alterne avec le phyllade est regardée comme étant dans le terrain intermédiaire. Le grès houiller tient encore, par enlacement, à d'autres roches qui s'étendent, jusque dans les terrains primitifs :

nous avons vu , au *Thüringerwald* , le porphyre
euritique et aphanitique passer au granite , de la
manière la plus positive : d'une autre part, ce porphyre s'avance dans le terrain de grès, s'entremêle
avec ses couches , tantôt il les recouvre, et tantôt
il en est recouvert : de sorte qu'on ne sait plus
où placer les limites entre les deux terrains et entre les époques de leur formation ; MM. Heim,
Hoff et Freiesleben , historiens de ces contrées,
insistent sur ce fait : et nous verrons bientôt de
grandes masses de porphyre se reproduire dans
les derniers moments de la formation houillère.

Le calcaire secondaire nous présente également
une continuité parfaite avec celui des terrains intermédiaires. Dans les Alpes , après que le calcaire a cessé d'alterner avec le phyllade , et qu'il
est ainsi entré dans les terrains secondaires , il
présente encore, pendant quelque tems, le même
grain , la même couleur , tous les mêmes caractères, et peut-être les mêmes fossiles : la continuité est telle que M. de Charpentier , et les derniers géologues qui ont observé la grande bande
calcaire qui constitue la partie septentrionale de
la Suisse , des Grisons , etc., la placent en entier
dans les terrains intermédiaires , tandis que jusqu'à ce moment on l'avait partagée en bandes particulières , dont les plus anciennes seulement
étaient comptées parmi ces terrains ; les suivantes formaient le calcaire alpin , et les der-

nières étaient même regardées comme appartenant au calcaire du Jura : le minéralogiste qui a
le plus étudié et qui connaît le mieux cette bande,
M. Escher, n'a pu reconnaître aucune limite
entre ses parties. L'enlacement du calcaire intermédiaire avec le terrain houiller est encore incontestable : en quittant la contrée de Newcastle,
qui présente ce terrain dans toute sa pureté, et
en s'avançant vers le Derbyshire, on voit d'abord
quelques couches de calcaire encrinitique (*mountain limestone*) se placer entre les couches de grès;
ensuite elles augmentent en nombre, et on finit
par être dans un terrain où ce calcaire domine.
MM. Weaver et Thomson, conduits par cet enchaînement incontestable, portent ce terrain dans
la classe secondaire, tandis que Werner, M. de
Humboldt, etc., le placent avec les formations
intermédiaires ; j'ai suivi leur exemple, et je serais fort enclin à y mettre encore tout le terrain
houiller.

En voyant l'extension que l'on donne aujourd'hui aux terrains intermédiaires ; d'un côté, en remontant vers l'époque
primitive, et de l'autre, en descendant dans les terrains secondaires, on peut en tirer une conséquence bien positive ; c'est
que dans la succession des formations minérales, il y a un tel
enchaînement et un tel rapport, que lorsqu'on part d'un point
on ne sait plus où s'arrêter, soit en remontant, soit en descendant dans la suite des âges : on ne trouve de limite précise
en aucun point ; et, entraîné involontairement par les rapports
les plus frappants, on regarde comme ne faisant qu'un seul tout,

17

et on réunit à la même formation, des masses qui, prises isolément et à de grandes distances, sont encore très-distinctes.

ARTICLE PREMIER.

GRÈS (Terrains DE)

Saxa aggregata. Lapides arenacei (la plupart des). **Wall.**

Sandstein ou *Sandsteingebirge* des Allemands.

Sandstone des Anglais.

Gres de Saussure et des minéralogistes français.

Psamites de M. Brongniart.

Définition
et division
des grès.

§ 257. D'après ce qui a été dit (§ 101), *les grès
sont des roches formées de grains ou fragments
provenant de la destruction de roches préexistantes , lesquels ont été transportés par un agent
mécanique dans le lieu où ils sont maintenant, et
où ils ont été agglutinés par un ciment de nature
différente, et qui est ainsi de formation postérieure.*
De sorte que tous les grès sont des roches à
structure fragmentaire (ou à *structure arénacée ,*
selon l'expression de M. le professeur Brochant).

Ils se divisent en *grès* proprement dits, ce sont
ceux où la grosseur des grains n'excède pas celle
d'une noisette ; en *poudingues*, dans lesquels les
fragments dépassent cette grosseur, mais sont arrondis ; et en *breches*, lorsqu'ils sont anguleux.
Cette distinction dans la forme des fragments est
importante en géognosie : elle est en rapport avec
les circonstances de la formation ; ainsi, lorsque
ces parties sont arrondies, on en conclut que la

roche qui les a produites était brisée depuis long-
tems, et que ses fragments avaient été long-tems
roulés ou exposés à l'action délétère des éléments,
avant la formation du grès.

L'acception que nous attachons ici à ces diverses dénominations, est celle que leur ont donnée presque tous les minéralogistes français, et en particulier Saussure (*Sauss.*, § 196 : il
regardait seulement les brèches comme plus spécialement composées de fragments calcaires). Il peut se présenter quelques
cas embarrassants dans l'application, et il est impossible de
prévenir cet embarras, mais l'on s'entend en principe; et d'a-
près cela, je ne sens pas l'avantage de la réforme proposée par
M. Brongniart, qui donne le nom de *psamite* au grès proprement dit, tel que nous venons de le définir, et qui réserve
le nom de *grès* à des minéraux simples, qui ne sont vraisemblablement que des quartz granuleux.

En considérant les grès en eux-mêmes, nous
pouvons les diviser en *siliceux*, *argileux*, *marneux* ou *calcaires*, selon que le silice, l'argile, la
marne, ou le calcaire dominent dans la pâte qui
réunit les grains : ceux-ci sont presque toujours
quartzeux dans les grès et dans les poudingues :
nous en avons indiqué la cause; le quartz, exposé
aux effets du tems et des agents qui exercent
une action à la surface du globe, se brise et produit des grains, tandis que les autres minéraux se
réduisent en terre.

Dans le grès siliceux, la pâte est habituellement
un silex corné ; quelquefois, cependant, elle
prend un aspect un peu vitreux, et forme un quartz

ordinairement grenu, quelquefois cependant compacte. Ce grès se trouve principalement dans les terrains calcaires, et notámment dans ceux de dernière formation. Saussure en a observé un dans les montagnes calcaires des environs de Nice , qui consistait en grains de médiocre grosseur , agglutinés par un ciment quartzeux , présentant des fentes dont les parois étaient tapissées de petits cristaux de roche ; preuve incontestable qu'il était le résultat d'une formation chimique.

Le grès argileux , ou plutôt le grès marneux est le plus commun. Souvent le ciment, qui est en petite quantité , est assez dur pour que la roche ait de la consistance et qu'elle puisse être employée comme pierre de taille. Quelquefois ce grès est imprégné d'un suc ferrugineux qui lui donne une dureté considérable. D autres fois, au contraire, il est très-tendre et presque mou , de là le nom de *mollasse* qui lui est donné dans plusieurs lieux.

Nous verrons , dans la suite de cet article , divers exemples de ces différentes sortes de grès.

Cette roche s'est produite à toutes les époques dans les terrains secondaires , aussi y a-t-il peu de ces terrains d'une grande étendue , qui n'en renferment quelques couches. Mais, en nous arrêtant seulement aux grès qui présentent un volume très-considérable , nous aurons à distinguer les trois formations principales que nous avons indiquées. Nous allons considérer ce que chacune d'elles presente de particulier, dans les trois sections de cet article.

SECTION PREMIÈRE.

Du Grès houiller.

§ 258. La grande formation de grès houiller se divise très-convenablement en deux parties; l'une comprend le *terrain houiller* proprement dit; et l'autre le grès, appelé, dans la Thuringe, *gres rouge*, avec ses couches subordonnées : mais tout en distinguant ces deux parties, nous remarquerons qu'elles appartiennent à la même formation; et quoique le terrain houiller soit le plus souvent au-dessous, il lui arrive quelquefois d'être entremêlé et même d'être superposé au grès rouge.

a) *Terrain houiller* proprement dit.

Steinkohlengebirge des Allemands.
Coal-measures ou *coal-field* des Anglais.
Terrain à charbon de terre des anciens minéralogistes francais

§ 259. Ce terrain est un des plus interessants que présente la géognosie, tant par la nature que par la constance de sa composition; il est en outre un des plus importants, sous le rapport économique, par les substances que nous en retirons; et c'est encore un des mieux connus, ainsi nous en traiterons avec quelques détails.

Composition géné rale.

Il est principalement composé de *couches de*

grès, alternant avec des *couches d'argile schis-*
teuse, et des *couches de houille.* On y trouve encore, dit Werner, quoique rarement, des couches de marne, de calcaire, d'argile endurcie
passant au porphyre, et de minerai de fer. Voyons
ce que ces diverses masses, et principalement
celles qui sont parties essentielles, présentent de
plus remarquable.

De la houil-
le et de ses
couches.

§ 260. La houille (*lithantrax*), vulgairement
appelée *charbon de pierre* ou *charbon de terre*, est
un minéral composé de carbone plus ou moins
chargé de bitume, noir, tendre ou friable, schisteux, à feuillets plats et épais ; sa cassure transversale est imparfaitement concoïde et brillante:
il se délite en fragments rhomboïdaux ou cubiques,
et pèse 1,3.

Le carbone forme comme la base de la houille ;
il en est la partie principale : selon que le bitume y est en plus ou moins grande quantité, le
minéral est plus ou moins combustible, et plus
ou moins approprié à nos usages ; de là, la
grande division en *houilles grasses* ou *collantes* et
houilles maigres ou *sèches* ; celles de la première
sorte, réputées les meilleures, contiennent de
trente à quarante pour cent de bitume, et rarement au delà, dans les vrais terrains houillers.
Le bitume diminue quelquefois au point de disparaître entièrement, et l'on a alors des houilles
entièrement sèches, nommées *anthracites*, pres-

que uniquement composées de carbone, et qui ne brûlent que très-difficilement On retire encore de plusieurs houilles un peu d'eau ammoniacale. Quant aux autres matières qu'on en obtient par l'analyse, telles que des substances terreuses, sulfureuses, ou métalliques, elles ne sont point essentielles à leur composition, et n'y sont souvent qu'en quantité absolument insignifiante : M. Proust a analysé des houilles qui n'en contenaient qu'un centième (1).

Le détail des variétés de houilles appartient entièrement à l'oryctognosie ; nous n'en parlerons point ici.

La houille se trouve en couches dont l'épaisseur, ou la puissance, est le plus souvent au-dessous d'un mètre, elle va quelquefois à deux, mais rarement à trois. Parmi plus de cinquante couches que j'ai vues à Anzin, en 1805, il n'y en a qu'une douzaine assez puissantes pour être susceptibles d'exploitation, et la plus épaisse n'avait que onze décimètres. Dans toute la riche bande houillère qui traverse la Flandre, la Belgique et le pays de Liége, il est rare que les couches atteignent deux mètres : il en est de même de celles de Newcastle en Angleterre ; et d'après les états donnés par M. Winch en 1814,

(1) Voyez, sur l'analyse des houilles, la *Bibliothèque britannique*, tom. VIII, (mémoire de Kirwan); le *Journal des Mines*, t. XXVIII; et *Journal de physique* (mémoire de Proust), t. LXIII.

la plus épaisse n'avait que six pieds un pouce
(mesure anglaise), ou 1,85 mètre (1). Sur trente
couches reconnues par les exploitations de Wal-
denbourg, en Silésie, deux seulement ont 2 ½
mètres. On cite, comme un fait extraordinaire,
une autre couche, encore en Silésie, auprès de
Beuthen, qui a environ six mètres de puissance:
et M. Voigt, qui a fait une étude très-particulière
des terrains houillers, ne connaît que trois couches dont l'épaisseur ait atteint quatre mètres; une
en Angleterre, l'autre à Saarbruck, et la troisième
près de Dresde (2). Cependant le centre de la
France en présente de bien plus puissantes:
d'après M. Beaunier, l'épaisseur moyenne de
celles de Saint-Etienne en Forez et de Rive-de-
Gier, est de 1 à 5 mètres, et dans les renflements
elle va jusqu'à 16 et 20 mètres. Dans les environs d'Aubin, en Rouergue, on en voit de plus
considérables encore : un célèbre géologue dit
même qu'il y en a qui ont 103 mètres de puissance
et dont l'allure est parfaitement réglée (3) : je n'y
en ai point vu de pareilles, et je me bornerai à
observer que les houilles de cette contrée forment plutôt d'énormes amas ou rognons, que
des couches.

On voit fréquemment les couches de houille

(1) *Transactions of the geological society*, tom. IV.
(2) *Journal des Mines*, tom. XXVII.
(3) M. Cordier, *Journal des Mines* tom. XXVIII, pag. 404.

conserver, sur d'assez grandes étendues, la même
puissance ; les deux faces de la couche gardant
parfaitement le parallélisme, et cela au point
que, dans quelques mines, les diverses couches y
portent des noms dérivés de leur épaisseur. Mais
ailleurs, elles présentent des variations considérables dans la puissance ; tantôt ce sont des
renflements qui forment des ventres ou *boules de
houille* d'une grande dimension ; tantôt, au contraire, ce sont des étranglements produits par le
rapprochement du toit et du mur, et qui se propagent quelquefois à des distances considérables,
en suivant la même direction. Ces étranglements,
dont les mineurs ont le plus grand intérêt à connaître toutes les circonstances, sont nommés par
eux *crains* ou *crans*. Quelquefois ils sont absolus,
le toit et le mur se touchent, ou ne sont plus séparés que par une fissure, et la houille a disparu ;
mais le plus souvent il en reste au moins une
trace noire qui guide les mineurs et leur fait
retrouver la couche au-delà du crain.

La houille est loin d'être entièrement pure
dans toute l'étendue des couches ; elle y est
ordinairement mélangée avec une plus ou moins
grande quantité de matières terreuses qui en
altèrent la qualité. Ces matières forment, très-
souvent une argile schisteuse plus ou moins imprégnée de houille : elle en contient quelquefois au point de servir elle-même de combusti-

ble ; de là le nom de *brandschiefer* (schiste combustible) qui lui est donné par les Allemands,
que M. Brochant a convenablement traduit par
schiste bitumineux, et que Wallérius nommait
schistus carbonarius. Ce schiste se trouve souvent
en feuillets minces, entremêlés avec ceux de la
houille, dont il se distingue par une cassure transversale d'un aspect mat et terreux : quelquefois
il est en feuillets courts et épais, de forme lenticulaire, que les houilleurs du nord de la France
nomment *escaillages* ; d'autres fois il forme des
strates entières de plusieurs pouces d'épaisseur,
intercalées dans des couches de houille qu'il
divise ainsi en deux ou trois parties dans le sens de
la stratification ; d'autres fois encore, des couches
entières et même des terrains houillers en sont
presque entièrement formés : tel est le cas de
presque toutes les houillères du pays de Namur ;
le schiste y a peu de consistance, et il y est appelé
terre houille ; c'est, ainsi que le nom l'indique, un
mélange de terre et de houille dans lequel la première de ces deux substances domine notablement. En général, le schiste bitumineux est très-
abondant dans les houillères, et il est peu de morceaux de houille d'un volume considérable qui
en soient totalement exempts. Quelquefois il se
charge de beaucoup de silice, et passe alors au schiste siliceux, ou lydienne, en restant toujours imprégné de carbone ; de là les nombreux fragments de

cette pierre que l'on trouve dans les lits de rivières qui traversent certains pays houillers. C'est surtout dans les couches épaisses et dans les renflements, que ces schistes abondent, et qu'ils altèrent la qualité des houilles : il en est de même dans les plis que forment souvent les couches, ainsi que dans le voisinage des *failles* qui les traversent ; les feuillets de houille y sont brisés, entremêlés avec ceux de schiste, sans ordre régulier, mélangés de terre, et présentent ce que les mineurs nomment des *brouillages*.

La houille même montre quelquefois dans ses couches une sorte d'altération dont nous devons faire mention. Sa consistance diminue, son tissu se relâche, au point qu'on n'a plus qu'une masse pulvérulente, assez semblable à de la suie, ce qui a porté M. Voigt à faire de cette variété une sous-espèce de houille sous le nom de *russkohle* (carbon semblable à la suie) Il y a peu de houillères qui n'en renferment une plus ou moins grande quantité. Jars rapporte qu'il s'en trouve assez considérablement aux mines de Caron, en Écosse : elle y est entre les feuillets de la houille, sous la forme d'une poudre noire qui tache fortement les doigts : les ouvriers l'y nomment *clodcoal* (houille en grumeaux).

Dans la plupart des houillères que j'ai visitées, j'ai vu très-fréquemment au milieu de la houille, des petites masses d'un noir mat et foncé, et d'un tissu fibreux, ayant entièrement l'aspect

d'un morceau de charbon de bois ; elles se réduisaient en poudre
sous les doigts, et me paraissaient appartenir à la houille pulvérulente dont il est ici question. Cette substance, qu'on prendrait
pour une houille altérée et décomposée, est cependant aussi bitumineuse et aussi combustible que celle à texture schisteuse ; les
maréchaux en font usage ; et c'est vraisemblablement une vraie
houille qui, par l'effet de quelque circonstance particulière sur-
venue dans sa formation, n'aura pu prendre le degré de consistance propre à ce minéral ; à-peu-près comme nous avons déja
observé que certains feldspaths terreux, ou kaolins, ne sont
nullement des feldspaths décomposés, mais qu'ils ont été formés,
au sein des granites, à l'état terreux. M. Clere (1) a également
observé cette matière aux houillères d'Eschweiler, où elle
est en très-grande abondance, il a reconnu qu'une partie devait être regardée comme le *russkohle* de M. Voigt ; quant à
l'autre partie qui a plus de consistance, il observe avec raison
que c'est le *holzkohle* (carbon de bois fossile) de Werner.
Je saisirai cette occasion pour remarquer que le passage incontestable qui existe entre ces deux variétés, me ferait suspecter
l'origine qu'on attribue à ces prétendus charbons fossiles, qu'on
regarde comme des morceaux de bois qui se sont carbonisés dans
l'intérieur de la terre.

Les couches de houille ne renferment d'ailleurs
presque aucune substance hétérogène : la seule
qu'on y voit fréquemment est la pyrite martiale :
elle s'y trouve en lames très-minces, et comme
un enduit, entre les feuillets de la houille ;
plus rarement, elle y est en grains ou cristaux disséminés dans la masse et sous forme visible. Mais

---

(1) *Journal des Mines*, tom. XXXVI.

un grand nombre d'observations nous portent à conclure qu'elle y existe souvent en assez grande quantité, mais en parties invisibles ; la houille est alors comme imprégnée de matière pyriteuse ou sulfure de fer. C'est principalement dans ce dernier état que la décomposition du sulfure me paraît facile, et devoir donner lieu, soit aux dégagements du gaz hydrogène, dont l'inflammation, connue sous le nom de *feu grisou*, expose les houilleurs à de si terribles accidents ; soit à ces embrasements spontanés de certaines houilles, lorsqu'elles sont exposées à l'action de l'air et de l'humidité ; soit à ces chaleurs qu'on éprouve dans certaines mines ; soit enfin à ces incendies souterrains si fréquents dans les pays houillers. Outre les pyrites, je n'ai vu dans les houilles que quelques minces feuillets de pierre calcaire ou de quartz.

§ 261. L'argile schisteuse (*schieferthon* des Allemands) est une matière terreuse, feuilletée, très-tendre, de couleur grise ou noire (lorsqu'elle est imprégnée de carbone ou de bitume), se délitant très-aisément, sur-tout dans l'eau. Son grain varie beaucoup en finesse : on en a des variétés lisses, très-douces au toucher, faisant pâte avec l'eau ; en un mot, de vraies argiles plastiques : mais le plus souvent le grain grossit, il est comme sablonneux ; l'argile approche du grès des houillères et finit par y passer entièrement.

Argile
schisteuse.

Elle renferme, dans leur *maximum* de ténuité, les différentes parties qui entrent dans la composition du terrain houiller (la houille exceptée): ces parties, *détritus* de roches préexistantes, sont grosses dans les poudingues, petites dans les grès, et infiniment petites et par conséquent invisibles dans les argiles schisteuses. Au reste, elles ne sont pas entièrement de même nature dans ces diverses couches : celles qui proviennent de la destruction du quartz, conservant un plus grand volume , se trouvent principalement dans les grès, tandis que celles qui proviennent du feldspath , de l'amphibole , etc. , se réduisant en terre , abondent dans l'argile tout comme elles forment la masse principale du ciment du grès : et l'argile schisteuse ne serait que ce ciment, contenant une quantité plus ou moins considérable de grains sablonneux et invisibles.

D'après cela, l'argile schisteuse est une production mécanique , et ne saurait être assimilée au phyllade , lequel ; se trouvant au milieu des schistes-micacés et n'en étant qu'une variété, est un produit chimique. Certainement , il y a souvent une grande ressemblance entre ces deux substances ; elle est quelquefois telle qu'il est impossible de dire à laquelle des deux on doit rapporter certains échantillons ; mais il n'en est pas moins vrai qu'elles diffèrent essentiellement; la différence est la même que celle qui existe entre le quartz grenu et le grès (§ 250), et elle subsistera tant qu'on en reconnaîtra une entre la dissolution des molécules d'un corps, ou leur simple suspension dans un fluide.

Presque toujours l'argile schisteuse, principalement lorsqu'elle se rapproche du grès, contient une grande quantité de paillettes de mica, le plus souvent interposées entre ses feuillets.

On y voit encore habituellement, sur-tout dans le voisinage des couches de houille, des impressions de fougères, de tiges de roseaux, etc. Elles s'y trouvent avec une telle constance, qu'elles sont devenues, en quelque sorte, caractéristiques pour l'argile schisteuse du terrain houiller, et qu'elles lui ont quelquefois fait donner le nom de *schiste à empreintes végétales.* Elle n'en contient cependant pas également par-tout; et quelquefois, sur des étendues assez considérables, on n'en trouve point ou presque point. Nous reviendrons bientôt sur ces vestiges de plantes.

L'argile des houillères renferme souvent beaucoup de carbonate de fer ; quelquefois il reste disséminé dans la masse générale de la roche ; mais fréquemment il se réunit, se pelotonne, et forme des masses aplaties, de forme lenticulaire, grises, et plus ou moins mélangées de matières terreuses et charbonneuses. Ces masses sont placées dans le sens de la stratification ; ordinairement on en a plusieurs à peu de distance les unes des autres ; et rangées sur le même plan : quelquefois même elles se touchent, se fondent les unes dans les autres, et forment de petites couches ayant quelques pouces d'épaisseur. Ce minerai est, dans

certains lieux, en assez grande quantité pour être
l'objet d'une exploitation utile : la plupart des
fonderies de fer d'Angleterre n'en emploient
point d'autre ; et les houillères sont pour elles
des mines de fer tout comme des mines de charbon (1). Les forges de Gleiwitz, en Silésie, tirent
aussi des terrains houillers voisins, une partie de
leur minerai de fer. J'ai vu, aux mines d'Anzin,
les argiles, et principalement celles qui accompagnent la houille, renfermer une grande quantité de minerai en noyaux fort durs, souvent
composés de petits grains agglutinés par un ciment chargé de carbone : ce sont de vraies oolites ferrugineuses. Lorsque le fer carbonaté des
houillères est exposé à l'action de l'air, sur-tout
dans les affleurements des couches, il se décompose, et passe à l'état d'hydrate de fer : de là, d'a-
près M. de Gallois (2), les nombreuses parties et

---

(1) Souvent encore les houillères fournissent la chaux ou castine
qui sert de fondant, la pierre avec laquelle on bâtit les fourneaux,
et le grès dont on revêt l'*ouvrage* ou creuset.

(2) Cet habile ingénieur, après avoir été témoin, en Angleterre,
du grand avantage que l'on y retire du minerai de fer renfermé
dans les houillères, a porté son attention sur celles de la France,
et il a fait voir qu'elles en contenaient aussi une quantité considérable.
Il a examiné, dans tous leurs détails, la nature et les circonstances
du gissement des divers échantillons obtenus, et mettant à profit les
analyses de MM. Descotils et Berthier, qui constataient que
c'étaient des carbonates de fer plus ou moins mêlés de terre, de
sable et de carbone, il a nommé ce minerai *fer carbonaté lithoïde,*

géodes de ce minerai qu'on voit souvent à la superficie des terrains houillers. J'ai encore été à
même de voir, à Frugères, dans la Haute-Loire,
les affleurements de diverses couches houillères,
présentant une fort grande quantité de ces
géodes.

Dans l'intérieur des mines, l'argile schisteuse
a assez de consistance : le toit de la plupart des
excavations en est formé, et à l'aide des étançons,
il se soutient assez long-tems. Mais dès qu'elle est
portée à l'air, exposée à l'influence des éléments,
et à l'alternative des saisons, elle se délite bientôt
et se réduit en terre.

§ 262. Le *grès des houillères* est un vrai grès
(psamite de M. Brongniart) formé de grains de
quartz, de lydienne et même de feldspath, ainsi
que de fragments de schiste-phyllade, de schiste-
micacé et autres roches primitives, agglutinés par
un ciment d'aspect terreux et grisâtre ; le quartz
est habituellement la substance dominante.

La grosseur du grain éprouve les plus grandes
variations. Nous avons vu qu'il existe un passage
continu du grès des houillères à l'argile schisteuse, et cette dernière substance peut être regardée comme le premier terme de la série, celui où les grains sont infiniment petits. On a en-

*Grès des
houillères.*

---

et, sous le rapport métallurgique, *minerai de fer des houillères*,
nom également très-convenable sous le rapport géognostique.
(*Annales des Mines*, tom. III).

suite des grès à grains fins, tenant un milieu entre l'argile schisteuse et le grès proprement dit:
c'est cette variété qui forme la masse principale
du terrain houiller de Valenciennes, et de quelques autres parties du nord de la France. Après,
vient le grès à grains ordinaires (de la grosseur
du chenevis), que les houillers d'Anzin nomment
kurelle ; rarement y trouvent-ils des grains de la
grosseur d'une noisette. Mais dans d'autres houillères, il grossit au point que ce sont des galets souvent fort gros, réunis par un ciment et formant
ainsi un *poudingue* (*conglomerat* des Allemands):
j'ai vu de pareils bancs, ayant plusieurs mètres
d'épaisseur, et intercalés entre des couches de
grès ordinaire, aux houillères de Waldenburg,
en Silésie. Auprès de Quimper en Bretagne, j'ai
également observé des couches de houille accompagnées par un conglomérat ou brèche présentant des fragments de schiste-micacé et d'autres
roches, dont la grosseur excédait quelquefois celle
de la tête. L'assise inférieure du terrain houiller
du Forez, celle qui repose immédiatement sur le
terrain primitif, est formée, dans quelques points,
par une brèche dont les fragments de granite, de
schiste-micacé, etc., ont souvent plusieurs mètres
cubes en volume, d'après M. Beaunier. Suivant
M. Clere, la première couche du terrain houiller
d'Eschweiler, près d'Aix-la-Chapelle, consiste
également en une brèche ou poudingue composé

de masses de quartz ayant jusqu'à quelques pieds cubes, et agglutinées par une pâte siliceuse mélangée d'un peu d'argile.

Le grès des houillères contient presque toujours une grande quantité de mica : ce minéral abonde sur-tout dans les grès à grains fins, et lorsqu'on brise la roche, on voit la surface de ses feuillets couverte d'une multitude de paillettes, ou écailles de mica ; de là le nom de *grès micacé* qui lui a été donné par quelques auteurs. Comme ce grès feuilleté à grains fins et plein de mica a peu de consistance, les Allemands le nomment *mürbes sandstein*, c'est-à-dire *grès friable*.

A mesure que le grès des houillères se rapproche de l'argile schisteuse, il contient une plus grande quantité d'empreintes végétales, et elles y sont mieux dessinées. Il est assez rare qu'on en trouve dans le grès proprement dit, et celles qui y sont appartiennent presque toujours à des roseaux, ayant conservé assez souvent la forme cylindrique, ainsi que nous le dirons plus bas.

§ 263. Les roches que l'on trouve quelquefois et accidentellement en couches dans les terrains houillers, sont : Couches accidentelles.

1° Le *calcaire*. Dans les lieux où il recouvre ces terrains, leurs couches alternent quelquefois au voisinage de la superposition, ainsi qu'on le voit aux environs d'Alais. Une pareille alternative se remarque dans le Northumberland, sur un

long espace, entre les couches du terrain houiller
et celles du terrain calcaire (*moutain-limestone*)
placé au-dessous. On observe que c'est principalement aux limites des terrains que cette inter-
position du calcaire a lieu, et que dans ces parties
la houille est ordinairement de moindre qualité.

Quelquefois les couches d'argile schisteuse
sont chargées de carbonate de chaux, au point
de devenir des *marnes*, et quelquefois même de
vraies pierres calcaires occupant des espaces assez
étendus.

2° Une *argile* fortement endurcie, contenant
quelques grains de quartz ou de quelque autre
minéral, et ayant l'apparence d'un porphyre;
ce qui l'a fait nommer *pseudo-porphyre* et *mimo-
phyre* par M. Brongniart. Nous parlerons plus
bas des vrais porphyres qui accompagnent les terrains houillers.

3° Le *fer carbonaté lithoïde*. Nous avons vu ce
minerai former très-fréquemment des masses ou
gros rognons aplatis dans l'argile schisteuse, et
quelquefois même de petites couches. M. de Gallois observe que lorsqu'elles n'ont que quelques
pouces, il s'en trouve plusieurs les unes sur les
autres; ainsi, dans un espace de sept pieds de
haut, il en a vu dix faisant, en somme, une épaisseur de vingt-sept pouces. La plus considérable
qu'il ait observé dans les houillères d'Angleterre,
n'avait que dix pouces.

4° Un *trapp noirâtre*. M. l inspecteur des mines Duhamel a trouvé dans le terrain houiller de Noyant, une roche noire qu'il a appelée trapp : elle est dure, fusible en émail noir, et c'est ainsi une aphanite. MM. Puvis et Berthier, qui l'ont bien examinée dans son gissement, se sont convaincus qu'elle alternait avec les couches houillères, mais ils n'ont rien vu en elle qui pût lui faire attribuer une origine volcanique, et ils ont partagé l'opinion que M. Duhamel avait émise à ce sujet. M. Berthier lui-même a observé près de Figeac, une roche analogue, inférieure au terrain houiller, et malgré quelques analogies avec le basalte, malgré l'opinion émise contradictoirement par MM. Cordier et Gardien, il n'a pu et ne peut voir en elle un produit volcanique (1): M. Jameson a trouvé en Ecosse, dans le terrain houiller de Dumfries, des couches de plusieurs mètres d'épaisseur d'une aphanite approchant du basalte, et qui était peut-être même du basalte, car elle contenait des cristaux ou grains d'augite et d olivine.

5° Le même géognoste y a encore observé un banc composé en partie de *graphite*, et en partie d'anthracite : l un et l'autre divisés en petits prismes (2).

_____

(1) *Annales des Mines*, tom. III.

(2) M. Jameson, *Mineralogical description of the county of Dumfries.*

6° M. Mac-Culloch dit que les couches de Kir-
kaldy, qui appartiennent au terrain houiller, contiennent des lits d'un quartz éminemment cristallin et translucide qui alternent avec la houille
et un calcaire coquillier (1). Est-ce bien un terrain
houiller? Est-ce bien un quartz, et non un grès
quartzeux à grains extrêmement fins? Sont-ce des
lits et non des filons?

Dispositions
des couches
dans les ter-
rains houil-
lers.

§ 264. Les couches de houille, d'argile schisteuse et de grès, parties constituantes essentielles
du terrain houiller, alternent entre elles de diverses manières et à différentes reprises.

Celles de houille, quoique caractérisant en quelque sorte ce terrain, et lui donnant la dénomination qu'il porte, y sont cependant les moins nombreuses; quelquefois même on n'y en trouve point,
au moins sur des étendues assez considérables.
Ce sont les grès qui en forment le plus souvent la
masse principale : cependant, dans quelques endroits, comme à Anzin, les argiles schisteuses,
ou plutôt des roches mitoyennes entre ces argiles
et les grès, dominent. Les bancs de poudingue et
de brèche ne se trouvent que dans quelques localités, et le plus souvent ils n'y forment que des
assises particulières qui ne se répètent plus comme
les autres dans le système.

L'ordre de superposition de ces diverses cou-

—————————————

(1) *Transactions of the geological society*, tom. H, p. 456.

ches n'a rien de bien constant. Cependant on a remarqué, dans quelques endroits, que les couches de houille sont habituellement comprises entre celles d'argile schisteuse ; qu'ensuite, en s'éloignant du combustible, le grain de l'argile grossit peu-à-peu, et forme le grès ordinaire : ailleurs, on a trouvé que cette dernière roche faisait plus souvent le *mur* des houilles, et que l'argile schisteuse en constituait *le toit.* Mais une remarque assez générale, c'est que ce toit est formé par l'argile schisteuse : immédiatement au-dessus de la houille, elle est noire et mêlée de carbone ; elle est chargée d'empreintes végétales : mais à mesure qu'on s'élève, la matière charbonneuse et les empreintes diminuent, le grain grossit, et on a du grès : au reste, ceci n'est pas encore sans exception ; à Anzin, par exemple, j'ai vu la houille assez indistinctement recouverte par le grès ou par l'argile.

Dans plusieurs houillères, les couches de houille et celles de la roche se trouvent plusieurs fois de suite dans le même ordre, et avec une épaisseur à-peu-près égale ; ce qui présente une périodicité très-remarquable.

Le nombre des couches de houille qui se trouvent au-dessus les unes des autres, dans une même contrée, est souvent fort considérable. A Anzin, une galerie de moins de mille mètres en traverse plus de cinquante petites ou grandes : à Liége,

on en a reconnu, au rapport de Genneté, soixante-
une les unes sur les autres : la seule montagne de
Duttweiler, près de Saarbruck, en renferme
trente deux : dans le petit bassin houiller d'Eschweiler, on en a, dit M. Clere, quarante-six
bien connues, sans compter une foule d'autres
plus petites auxquelles leur peu d'importance n'a
pas permis d'assigner des noms : à Newcastle, le
puits de Killingworth, de deux cent dix mètres de
profondeur, en traverse vingt-cinq. Les couches
de grès et d'argile schisteuse sont en nombre bien
plus considérable.

Avant de terminer ce paragraphe, faisons remarquer l'identité de tous les terrains houillers,
tant dans la nature que dans la disposition des
substances composantes. Dans les nombreuses
exploitations d'Angleterre, de France, d'Allemagne, des États-Unis d'Amérique, etc., c'est toujours
la même houille avec tous ses mêmes caractères,
le même schiste bitumineux, la même argile schisteuse avec le même minerai de fer, le même
grès avec ses accessoires, les mêmes empreintes
végétales ; et ce n'est que cela. Ce sont encore
les mêmes circonstances dans la forme, l'allure
et la disposition réciproque des couches.

Stratifica-
tion.

§ 265. Les terrains houillers sont on ne peut
pas plus distinctement stratifiés. Non-seulement
leurs diverses couches sont séparées les unes des
autres par les fissures de la stratification, mais

encore chacune d'elles est divisée en strates par
d'autres fissures parallèles aux premières.

La houille est en outre traversée par de nouvelles fissures à-peu-près perpendiculaires aux
premières et entre elles, et qui divisent ainsi sa
masse en fragments cubiques ou rhomboïdaux.
Nous avons déjà parlé (§ 115) de cette division,
qui est vraisemblablement l'effet du retrait que
la houille a pris, lorsqu'elle est passée de l'état
de mollesse à celui de solidité.

La stratification des terrains houillers présente
des circonstances et des inflexions bien dignes de
remarque. Une très-grande partie de ces terrains,
ainsi que nous le dirons plus bas, se sont déposés dans les vallées, au pied et sur les flancs des
montagnes primitives ; ils se sont moulés sur
ces fonds et sur ces flancs, et ont participé à toutes leurs inégalités ; de là, la forme toute contournée que présentent certaines couches de
houille ; de là, leur direction parallèle à celle des
bords du bassin qui les renferme, et dont elles
suivent les sinuosités ; de là, leur grande inclinaison contre le flanc d'une vallée escarpée ; elles
se rapprochent de l horizontale, et y arrivent au
milieu de la vallée, pour se relever et s'incliner
en sens inverse, en remontant vers l'autre flanc.
M. l'inspecteur - général des mines Duhamel,
dans son *Mémoire sur les houilles*, couronné par
l'académie des sciences, avait très-bien vu et

expliqué ces faits (1). Ils ont également frappé
M. l'ingénieur Beaunier, lorsqu'il a levé, dans tous
leurs détails, les plans des couches houillères du
Forez. « Dans les nombreux points, dit-il, où
» l'on peut saisir la superposition immédiate du
» terrain houiller au terrain primitif, on voit
» très-nettement le premier prendre toutes les
» courbures commandées par le relief du second,
» sans qu'il en résulte aucune solution de conti-
» nuité, et aucune fracture dans les couches. »
Ce minéralogiste tire de ces observations diverses conséquences géologiques d'un grand intérêt;
telles, par exemple, que « les couches sont aujour-
d'hui dans la même situation qu'à l'époque où
elles se sont déposées sur le terrain primitif; et,
par conséquent, que ce ne sont ni des boulever-
sements, ni des révolutions qui les ont redressées
et les ont mises dans la position inclinée qu'elles
présentent sur quelques points », et il fait à ce
sujet une observation importante ; c'est que
« lorsqu'elles sont fortement inclinées, il arrive
» généralement que leur épaisseur croît dans la
» profondeur ; effet analogue à ce qui aurait lieu
» à l'égard des matières déposées en talus sur
» des plans plus ou moins inclinés (2). »
    Ce qui est vrai pour les couches du Forez, et
d'un grand nombre d'autres houillères, ne saurait

----

(1) *Journal des Mines*, n° 8.
(2) *Annales des Mines*, tom. I.

cependant être généralisé, et il est positif que
l'inclinaison de plusieurs couches, ou parties de
couches, est l'effet d'un redressement postérieur
au dépôt.

Je cite un exemple que j'ai ete a portee de bien observer; il
est pris des couches si singulièrement pliées et repliées d'Anzin, près de Valenciennes. Pour nous faire une idée de leur
forme et de leur disposition, supposons une couche plongeant
vers le midi, avec une inclinaison de 75°; qu'à une certaine profondeur, à deux cents metres, par exemple, elle se plie brusquement et se relève vers le nord, en faisant avec l'horizon un
angle de 15°; et qu'au bout de 500 mètres, elle se replie encore de
manière à plonger de nouveau de 75° vers le midi elle présentera
à-peu-près la forme d'un N. Qu'on se figure maintenant un grand
uombre de couches de houille, de grès et d'argile, ayant toutes
cette même forme, emboîtées les unes dans les autres, et faisant ainsi un énorme paquet d'une demi-lieue de large et de
plusieurs lieues de long; et l'on aura une idée assez exacte du
systeme de couches dans lequel sont les belles exploitations
d'Anzin. Dans les plis, les couches de houille sont le plus souvent
brisées, leurs feuillets sont entremêlés de ceux de la roche;
mais quelquefois aussi la courbure est bien arrondie, et
sans la moindre rupture : c'est ainsi que j'ai été a même d'observer très-distinctement une couche de près de deux pieds de
puissance, se plier de manière à présenter une courbure très-
régulière, formant un arc d'environ cent degrés, et dont le rayon
était de trois mètres; tous les feuillets de la houille sui-
vaient cette courbure, en conservant un parallélisme parfait
avec les *salbandes*, et il en était de même des couches de
roche qui étaient au toit et au mur (1). Les houillères des environs de Mons, et de plusieurs autres lieux, présentent des

_____

(1) *Journal des Mines*, tom. XVIII.

plis de même genre. Voyez à ce sujet, et sur les diverses formes
qu'affectent les couches de houille, le bel ouvrage de M. Héron
de Villefosse, *De la richesse minérale*, notamment les plan
ches 25 et 26 de l'atlas.

Quelle peut être la cause de ces plis si étendus, si extraordinaires, et je puis même dire si bizarres ? Remarquons d'abord
que d'après leur forme, la couche d'argile, ou de grès, qui fait
le *toit* d'une couche de houille dans une de ses parties, lui sert
de *mur* un peu plus loin ; et que par conséquent, si les plis
étaient de formation primitive, la couche de grès déposée immédiatement après celle de houille, y aurait été placée en partie
dessus, en partie dessous, ce qui est absolument impossible,
sur-tout lorsqu il s'agit d un sédiment mécanique, tel que le
grès. Aucun changement de position dans le terrain houiller,
pris dans son ensemble, ne pouvant présenter un cas où la couche
de grès aurait été déposée en entier *sur* la couche de houille,
il faut de toute nécessite admettre que la forme des couches est
due à une cause mécanique qui a agi postérieurement à leur formation, mais avant leur entière consolidation, puisque les
couches présentent, en plusieurs endroits, des courbures bien
arrondies et sans brisure, ainsi que nous l'avons déja remarqué.

M. l'inspecteur-général des mines Gillet de Laumont, pense
que les couches, à peine déposees et encore molles, ont glis-
sé, dans leur ensemble, sur les plans inclinés qui les suppor-
taient ; qu'un obstacle dans leur partie inférieure, ou une pression subite dans leur partie supérieure, a fait prendre à cette
dernière partie une vitesse plus grande, et qu'elle l'a ainsi
forcée à se replier sur l'autre ; les diverses résistances et inégalités du sol sur lequel s'est fait le glissement, auront ensuite produit les différents accidents particuliers que présentent les plis.
Quant aux causes du glissement, M. Gillet les voit, en partie,
dans la pression des couches déjà formées, en partie dans la

retraite des eaux au sein desquelles la formation venait de se
faire (1). Quoique cette hypothèse, aussi simple que naturelle,
explique d'une manière très-satisfaisante diverses plissures des
couches minérales, cependant ici, l'immense étendue des couches et des plis, la nature des substances, le peu de cohérence
de quelques-unes d'elles qui devait les empêcher de faire un
tout continu, etc., paraissent fournir bien des objections contre l'opinion d'un simple glissement.

§ 266. Parmi les accidents qu'offrent les terrains houillers, nous devons encore faire mention des fentes qui les traversent si fréquemment,
et dont la formation a occasioné presque toujours l'affaissement d'une des portions du terrain
séparé par elles : de sorte que, lorsque le mineur, cheminant sur la partie non affaissée d'une
couche, arrive à la fente, il ne trouve plus, sur la
même ligne, l'autre partie ; elle est à un, deux,
trois, etc., mètres plus bas, selon que l'affaissement a été de un, deux, trois, etc., mètres. Le plus
souvent ces fentes sont remplies de fragments de
grès, et des autres substances composant le terrain houiller, et elles prennent alors le nom de
failles, ou de *barrages;* leur grandeur est souvent très-considérable : on en a vu qui avaient
plus de cent mètres d'épaisseur. Quelquefois les
couches de houilles ne sont pas dérangées de leur
position, mais les parties voisines des failles sont
toutes contournées et comme brisées. On sent

Failles.

___
(1) *Journal des Mines*, tom. IX.

combien la connaissance de ces failles, qui sont
souvent fort nombreuses dans des espaces d'une
petite étendue, et qui y font faire aux couches
un grand nombre de *ressauts* ou *rejets* différents,
ainsi que la connaissance des *crains* et des *brouillages*, intéresse les mineurs : ces divers accidents
ont été aussi l objet particulier de leurs études, et
c'est aux traités sur l'art des mines qu'appartiennent les détails qui les concernent : on peut voir
encore à leur sujet le Mémoire déjà cité de M. Duhamel, et la planche XXVII de l'atlas de la *Richesse minérale*.

Dykes ba-
saltiques.
§ 267. Les terrains houillers, notamment en Angleterre et en Ecosse, sont quelquefois traversés
par de grands filons, ou *dykes*, de nature basaltique. A Newcastle, ils sont très-nombreux, et leur
volume est quelquefois énorme ; ils s'étendent à
quelques lieues de distance, et ils ont jusqu'à
dix, vingt et même cinquante mètres de puissance. Leur masse est d'un vert noirâtre, compacte et assez souvent amygdaloïde. Dans le voisinage, la houille est carbonisée, elle a pris une
couleur grise et une structure bacillaire, le soufre
des pyrites s'est sublimé, et les grès ont
acquis une dureté considérable : cette altération
s'étend à quelques mètres de distance, elle va
jusqu'à vingt dans quelques points. Souvent ces
filons sont comme composés de deux parties séparées par un espace de quelques mètres, et qui

est rempli des substances composant le terrain houiller, mais plus ou moins altérées. Dans un d'entre eux on a trouvé de la galène. Quelquefois les deux portions d'une même couche sont au même niveau de part et d'autre du filon; mais d'autres fois la différence de niveau est très-grande, elle est de près de 180 mètres le long d'un *dyke* du Northumberland, qui est, il est vrai, le plus considérable de la province. On a observé, et c'est assez remarquable, que la superficie du sol est toujours au niveau des couches inférieures; nouvelle preuve, dit l'historien de ces houillères (1), de la puissance des agents qui détruisent la surface du globe, et qui en dispersent les fragments.

Il est très-possible que quelques-unes des couches trappéennes, qu'on croit faire partie des terrains houillers, ne soient que des filons : c'est ainsi que M. Aikin, ayant observé dans les mines du Staffordshire, une masse de *whin* (trapp) qui, d'après les apparences, semblait une couche interposée, a pensé qu'elle n'était qu'une branche d'une grande masse de *whin* voisine, qui y avait rempli une fente. Ce savant la regarde comme une diabase à grains très-fins, ou aphanite imprégnée de matière calcaire; cependant la houille, dans son voisinage, est encore dénuée de bitume, et ressemble à du coak.

_____

(1) M. Winch. *On the geology of Northumberland and Durham*

2.   19

Fossiles.   § 268. Au milieu des immenses produits végétaux que présentent les terrains houillers, il est assez remarquable d'y trouver si peu de vestiges du règne animal ; ils y sont très-rares, et le petit nombre de coquilles qu'on y a vues, sont des coquilles fluviatiles. On en a trouvé quelques-unes dans les mines de Newcastle, et dans d'autres lieux de l'Angleterre, qui ressemblent à des moules d'eau douce ; elles sont plus fréquentes dans les couches de minerai de fer, que dans celles d'argile. Tous les naturalistes qui ont observé les grandes houillères de la Flandre, de Liége et d'Aix-la-Chapelle, ont été frappés de l'absence totale des coquilles, corps qui abondent dans les terrains environnants. Cependant, encore ici, il se présente des exceptions, et M. Voigt possède un échantillon d'argile schisteuse, seul à la vérité, sur lequel on voit quelques petites tellinites et musculites. M. de Schlottheim a observé également des fragments de ces dernières coquilles dans les pays houillers de Rothemburg et de Suhl, où il a trouvé aussi, par familles, des mytulites, qu'il a appelés en conséquence *mytulites carbonarii* ; d'ailleurs il n'y a pas vu la moindre trace d'animaux marins : et encore remarque-t-il que ces mytulites et musculites pourraient bien être des coquilles d'eau douce.

Les vestiges reconnaissables du règne végétal sont bien plus nombreux. Les impressions de

plantes abondent dans un grand nombre de couches d'argile schisteuse, et je n'ai pas vu encore
une grande houillère dans laquelle elles ne se
soient trouvées Elles se rapportent à des plantes
monocotylédones principalement aquatiques,
telles qu'à de grandes sortes de roseaux ou de
bambous : on y voit en outre une très-grande
quantité de feuilles de fougères. Les botanistes
n'ont pas encore déterminé les espèces auxquelles
ces plantes appartiennent ; et quelques-uns pensent qu'elles sont étrangères à nos climats, et ont
plus de rapport avec celles qui croissent dans les
régions équinoxiales, notamment dans l'Inde.
On cite parmi ces plantes houillères, des espèces
de *lycopodium*, *polypodium*, *equisetum*, *d'eu-
phorbia*, *casuarina*, etc. On cite même des empreintes de tiges et de fruits de palmier.

Quelques nombreux que soient les vestiges de
ces végétaux, dans les terrains houillers, ils sont
extrêmement rares au milieu des couches de
houille même : vraisemblablement les agents qui
ont réduit les plantes en houille, en ont opéré
l'entière décomposition. C'est dans l'argile schisteuse, et notamment dans la partie qui avoisine
le charbon qu'elles abondent ; leurs vestiges ordinaires sont des feuilles ou des troncs aplatis,
compris entre des feuillets d'argile schisteuse,
où ils sont quelquefois réduits en houille ; mais
d'autres fois, les roseaux, sur-tout lorsqu'ils sont

19.

d'un grand diamètre, sont droits et remplis de la
même argile ou du même grès qui les entoure.

Je ne connais aucun fait de ce genre plus intéressant que
celui que j'ai moi-même observé, en 1801, en Saxe, et que
j'ai déjà consigné dans le Journal des Mines (t. XXVII, p. 43).
« En allant de la petite ville de Hainchen aux houillères qui
sont dans le voisinage, le chemin passe devant une grande carrière taillée dans le grès, et présentant une coupe verticale.
Sur cette coupe, j'ai vu comme quatre ou cinq troncs d'arbres
verticaux, de 9 à 12 pouces de diamètre, et de 5 à 6 pieds de
long, non compris ce qui est encore enterré dans le grès; ils
sont à quelques mètres les uns des autres, et leur position verticale, ainsi que leur parallélisme, semble annoncer qu'ils
sont réellement en place, et qu'ils y ont été enveloppés par le
le grès qui s'est déposé postérieurement à leur existence. Dans
un endroit, on ne voit sur la roche que la concavité qui était
occupée naguère par un tronc; dans les autres, le tronc existe
encore, sa convexité est saillante, et il ne reste plus du végétal que l'écorce qui est convertie en une légère couche de
houille ou de bitume minéral; la masse du tronc est exactement
composée du même grès que celui de la carrière. Ces formes,
le peu d'épaisseur de l'écorce, les nœuds qu'elle présente,
tout porte à croire que ces plantes étaient de grands roseaux
creux, et que le grès, en se déposant peu-à-peu, et par sédiments
horizontaux, les aura remplis à mesure qu'il les enveloppait.
Werner a vu, dans le même lieu, des roseaux de deux pieds
de diamètre, droits, et traversant plusieurs couches de grès :
ces fortes plantes, ajoute-t-il, sont restées dans leur position
originaire, tandis que celles qui étaient plus faibles, ainsi que
les feuilles, se sont couchées, ont nagé peut-être dans le
fluide, et ont été enveloppées, dans cette position horizontale,
par l'argile schisteuse, sur laquelle elles ont laissé les empreintes que l'on voit entre les feuillets. M. Voigt, qui a également

observé ces grands roseaux d'Hainchen , pense aussi qu'ils ont
été remplis par le grès , à l'époque où cette substance s'est
déposée.

M. de Gallois a vu des faits analogues à celui
qui vient d'être rapporté dans les houillères du
Forez.

On cite souvent des bois et des troncs de vrais
arbres trouvés dans les houillères ; mais la plupart de ces faits peuvent être révoqués en doute ;
les auteurs qui les rapportent ne distinguaient pas
suffisamment les houilles des lignites. Il existe cependant des bois dans les terrains houillers , et
M. Voigt , qui a si bien établi les caractères distinctifs de ces terrains, fait mention de morceaux
pesant plus de vingt livres, qui ont été retirées des
houillères de *Cammerberg*, et qu'il possède lui-
même. Le Journal des Mines (n° 11 , pag. 37)
cite encore des troncs d'arbres pétrifiés, entourés
de houille et pénétrés par cette substance, qu'on a
retirés des houillères de Saint-Etienne. M. Winch
parle aussi d'arbres minéralisés trouvés dans les
houillères de Newcastle.

§ 269. Cette présence continuelle des dé- De l'origine
bris de végétaux dans les terrains houillers ; l'ana- houilles.
logie entre les principes constituants des plantes
et des houilles, principes qui , dans les unes comme dans les autres , ne sont en définitive que du
carbone, de l'hydrogène , de l'oxigène , et quelquefois un peu d'azote ; l'impossibilité où nous

sommes, en concluant par induction, d'attribuer
une origine minérale aux bitumes, ou matières
huileuses et résineuses, matières qui entrent dans
la composition des houilles, et que nous savons
être en abondance dans les êtres organiques ; les
transmutations de bois que nous voyons se faire,
pour ainsi dire journellement et sous nos yeux,
dans le sein de la terre, en un corps (le jayet)
qui a de grands rapports, principalement dans
sa composition, avec la houille ; la conversion presque évidente en cette substance, des roseaux compris dans l'argile schisteuse, etc. : tous ces faits
ne peuvent que porter à attribuer une origine végétale aux houilles, et à penser que de
grands amas de plantes enfouies les ont produites : telle est l'opinion générale des naturalistes
et des chimistes (1).

Quelque nombreuses et fortes que soient les
objections qu'on peut y faire, il me paraît bien

---

(1) M. Proust conclut de ses observations chimiques sur les
houilles, que leur matière a appartenu à des êtres organisés ; et
après avoir remarqué qu'elles 'donnent une bien plus grande quantité de charbon et de bitume que nos végétaux, il dit : « Si elles
» sont issues de productions organiques semblables aux nôtres,
» l'enfouissement a non-seulement anéanti toutes les marques de
» l'organisation, mais encore il en a disloqué les éléments pour les
» remanier, les refondre, et pour reconstruire avec eux ces masses
» fossiles. ... » *Journal de physique*, tom. LXIII.

La note suivante (page 298) porte l'opinion de M. Hattchet, le
chimiste qui s'est le plus occupé de l'origine des houilles.

difficile de ne pas l'admettre. Lorsqu'on voit ces roseaux dont nous avons parlé, remplis et entourés de grès, dont la mince écorce, n'ayant pas plus d'une demi-ligne d'épaisseur, est convertie en une vraie houille, il est ici impossible de révoquer en doute l'origine végétale. Il en est de même des empreintes, qu'on trouve assez fréquemment dans l'argile schisteuse, entièrement réduites à l'état de charbon de terre. Lorsque dans les terrains houillers, on voit les vestiges de végétaux devenir plus nombreux à mesure qu'on approche des couches de houille, et à mesure que le terrain devient plus charbonneux, il est bien difficile de ne pas croire qu'ils étaient encore en plus grande quantité dans la couche même : s'ils n'y sont plus, c'est que des agents chimiques, agissant sur cet amas de plantes, les ont entièrement décomposées, et qu'il n'en reste plus vestige : les plantes y étaient ; à leur place on trouve de la houille ; il est ainsi tout naturel de penser qu'elles ont été transformées en cette substance ; d'autant plus, je le répète, que la chimie et l'observation attestent la possibilité de cette transmutation. Mais sont-ce des bois, des forêts déracinées et des arbres amoncelés, qui ont produit les couches de houille, comme ils ont bien certainement produit les assises de lignites qu'on trouve dans plusieurs lieux ? On ne saurait l'admettre. Il faut que la matière végétale d'où peut

provenir la houille, ait été dissoute et élaborée
par des agents convenables, et qu'elle ait été déposée fluide, ou dans un très-grand état de mollesse, sur le sol où nous la voyons Les minces
couches de houille qui n'ont qu'un ou deux travers de doigt d'épaisseur, qui sont planes et d'une
étendue souvent considérable ; la forme d'un
très-grand nombre de couches ordinaires, dont
les *saalbandes* (faces) sont parfaitement planes
et parfaitement parallèles sur un assez grand espace, ne permettent pas de voir dans ces couches, de simples tas d'arbres entassés pêle-mêle :
il faut que la houille y ait été déposée liquide,
sous forme de précipité ou de sédiment, comme
la plupart des roches. S'il n'en était pas ainsi,
comment ces fentes étroites, que Werner et
Charpentier ont observées en Lusace, et qui
n'ont pas un pouce de largeur, auraient-elles pu
être remplies de matière houilleuse, et transformées ainsi en vrais filons de houille ? Comment
ces veinules de houille, qui, dans les terrains
houillers, traversent assez souvent les roches,
auraient-elles pu y être introduites, si leur substance n'avait été d'abord fluide ? Comment, s'il
n'en eût été ainsi, les nombreux schistes bitumineux qu'on trouve dans les couches de houille
seraient-ils imprégnés d'une si grande quantité
de matière houilleuse ? Comment les couches terreuses qui leur servent de toit ou de mur, seraient-

elles imbibées de cette même matière? Enfin comment les couches de houille auraient-elles l'homogénéité, la texture et la division cubique qu'elles nous présentent?

Quels sont donc les végétaux qui les ont produites? Si l'on doit juger par les vestiges qu'on en trouve dans les terrains houillers, et il me paraît qu'on doit juger ainsi, on devra conclure que ce sont des fougères, des roseaux et autres plantes aquatiques pareilles à celles dont nous voyons les empreintes dans les argiles schisteuses. M. Voigt fait à ce sujet une observation digne de remarque: il pense que ce sont des roseaux qui ont principalement concouru à cette production : ils lui paraissent plus propres à fournir la matière houilleuse; car, observe-t-il, on trouve converties en houille les diverses empreintes qu'ils ont laissées dans les argiles schisteuses et les grès ; et il n'en est pas de même des empreintes des autres plantes, qui présentent à peine une couleur plus foncée que celle de la pierre qui les entoure.

Il paraît encore, en voyant les impressions de feuilles et de fougères si délicates parfaitement conservées et nullement froissées, en voyant des roseaux encore tout droits et dans leur position primitive, que toutes ces plantes n'ont pas été long-tems charriées et battues par les eaux, et qu'elles sont dans le lieu de leur naissance, ou tout proche de ce lieu.

Le grand agent qui a exercé son action sur ces
végétaux, et qui les a ainsi réduits en houille,
pourrait bien être, selon Werner, l'acide sulfurique. La grande quantité de sulfure de fer
qu'on trouve dans les houilles, l'odeur de soufre
qu'elles exhalent en brûlant, y montrant la
base de cet acide, peuvent bien faire croire qu'il
a agi dans cette transmutation ; et ce que nous
savons de l'action qu'il exerce sur les plantes,
donne un grand degré de probabilité à cette opinion (1).

Les corps du règne animal qui ont été enfouis
dans la terre, peuvent encore avoir donné lieu à
quelques formations bitumineuses. La quantité
d'ammoniaque que la plupart des houilles grasses
donnent à la distillation, a même porté des chimistes à penser qu'elles étaient, au moins en

(1) Un des plus habiles chimistes de notre tems, M. Hattchet,
qui a publié, sur l'objet qui nous occupe, un très-beau travail, le
termine en observant que l'action de l'acide sulfurique sur les végétaux convertit en charbon une bien plus grande partie de leur
matière que la carbonisation par le feu : cent parties de sciure de
bois de chêne traitées par l'acide sulfurique, lui ont donné 45 parties
de charbon, tandis que la voie sèche n'en donne que 20 : de plus,
le charbon obtenu par l'acide sulfurique est dur et brillant, il
brûle lentement, à l'instar des houilles sèches, et ses cendres ne
donnent point d'alcali. Quant au bitume, quoique M. Hattchet
n'en ait pu obtenir directem nt des substances végétales par les
procédés connus, cependant l'examen chimique de diverses houilles,
lignites et substances qu'elles renferment, le porte à dire : « Nous
» pouvons conclure, presque avec certitude, que le bitume des
» houilles est une modification des parties huileuses et résineuses

partie, un produit de la décomposition des matières animales. Il est bien possible que quelques-
unes aient une pareille origine : mais comme
plusieurs plantes, telles que les crucifères, et
même quelques parties (l'extractif) de tous les végétaux donnent de l'ammoniaque, je ne pense
pas que la seule présence de ce principe alcalin
dans certaines houilles, soit une raison suffisante
pour les regarder comme un produit de la décomposition de substances animales. Au reste, Werner admet cette origine pour plusieurs combustibles minéraux, tels que le schiste bitumineux de
la Thuringe, qui contient une si grande quantité
de poissons écrasés et même convertis en une
sorte de houille, et qui, parfois, est lui-
même employé comme combustible. La houille
de Pomiers, en Dauphiné, qui donne à la
distillation une grande quantité d'ammoniaque,
et qui contient de nombreuses coquilles marines,
et même des ossements d'animaux marins, est

» des substances végétales produite par quelque procédé de la na-
» ture, qui a agi lentement et rogressivement sur des masses im-
» menses » : et encore l'acide sulfurique lui paraît être un des
agents qui peuvent avoir produit cette modification. Enfin la conclusion définitive de son mémoire est que « toutes les circonstances
» semble t se r unir pour appuyer l'opinion de ceux qui considè-
» rent les houilles comme provenant des corps végétaux par le
» procédé humide, et très-probablement par l'acide sulfurique. »
M. Hattchet n'exclut pas d'ailleurs la coopération des substances
animales dans la formation de quelques houilles. *Journal de physique*, tom. LXIV.

peut-être dans le même cas (1) : mais je dois remarquer qu'elle ne se trouve pas dans un vrai terrain
houiller, et qu'ainsi elle pourrait bien n'être pas
regardée comme une vraie houille ; et en définitive, pourrait-on dire qu'on n'a pas encore rapporté des faits qui paraissent suffisamment prouver que les houilles proprement dites, doivent
leur origine à des matières animales.

Résumant ce que nous venons de dire, il paraît
que les houilles sont un produit de la décomposition de végétaux, principalement de plantes
herbacées et marécageuses, qui ont cru dans le
lieu même ou dans le voisinage ; que ces végétaux ont été complétement dissous et élaborés
par un agent qui semble pouvoir être l'acide sulfurique ; et que le suc végétal, ainsi réduit, a
été ensuite déposé à l'état de liquidité, ou d'extrême mollesse, sur le *mur* qui porte aujourd'hui
les couches.

Objections contre l'opinion organique.
Quoique cette opinion soit celle de la plupart des naturalistes, et qu'elle semble, pour ainsi dire, commandée par plusieurs faits, nous ne dissimulerons cependant pas qu'elle est
sujette à bien des objections. Le carbone qui forme la base des
houilles provient-il tout des végétaux ? Ne peut-il pas avoir,
et n'a-t-il pas une autre origine ? Indépendamment de celui qui
existe en immense quantité dans les terrains primitifs, comme
partie constituante des calcaires, on le voit, dans ces mêmes
terrains, avec ses principaux caractères, formant le fer carburé,
au milieu des schistes-micacés, des gneis, et même en cristaux

---

(1) M. Héricart de Thuri. *Journal des Mines*, tom. XVI.

contenus dans les granites qui semblent les plus anciens : avec toute sa pureté , et tel qu'il se voit souvent dans les terrains houillers, c'est-à-dire à l'état d'anthracite , nous le trouvons encore disséminé dans le quartz et la baryte des filons de Konsberg (1); et il est bien difficile de le regarder, dans ces divers gissements , comme un produit de la décomposition des végétaux.

L'on trouve, dans des espaces assez peu étendus, trente, quarante et même soixante couches de houille les unes avec les autres, séparées par des grès et des argiles schisteuses ; leurs limites sont souvent bien tranchées, et tout indique autant de dépôts successifs : cette succession serait-elle possible si les plantes étaient dans le lieu de leur naissance ? D'où viendrait , à des intervalles réguliers, cette quantité de plantes herbacées, ou de suc végétal qui a produit les soixante et une couches du pays de Liége ?

Nous ne nous arrêterons pas à l'examen des diverses opinions qui ont été émises sur l'origine de la houille ; nous en signalerons seulement une qui ne laisse pas que d'avoir quelque apparence spécieuse : on y regarde les trois grands combustibles fossiles, la houille, les lignites et la tourbe, comme passant les uns aux autres par l'effet d'une élaboration successive , et qui se continue encore journellement ; de sorte que , par suite de cette élaboration , nos lits de tourbe deviendraient un jour des couches de houille. Cette idée n'a pu venir que dans l'esprit de celui qui ignore que la nature a mis dans la formation de ces trois substances , une ligne de démarcation qui les sépare irrévocablement.

§ 270. Le terrain houiller contient , en quelques contrées, une assez grande quantité de substances métalliques. Sans parler du fer qu'on y trouve

Métaux contenus.

---

(1) Hausmann. *Reise durch Scandinavien*, tom. II.

presque toujours, et souvent en quantité notable,
ainsi que nous l avons vu, nous pourrons citer
des exploitations considérables de plomb et de
zinc sulfuré dans les houillères de Northumberland et du pays de Galles ; des filons contenant
de semblables minerais à Potschappel , près de
Dresde ; du cuivre carbonaté dans des houilles de
la Silésie On cite encore de l'or et de l'argent
natifs trouvés dans de pareils terrains (1).

Étendue.   § 271. Quoique le terrain houiller éprouve
des interruptions considérables, et qu'il y ait des
contrées entières qui n'en présentent point ou
presque point, il ne laisse pas de se reproduire
en un grand nombre d'endroits , et de s'y reproduire par-tout avec les mêmes caractères, ainsi
que nous l avons déjà remarqué.

Un des plus riches dépôts que l'on en connaisse,
est la suite presque continue de bassins houillers
placés sur une bande d'environ 25 myriamètres de long et un de large , qui traverse le nord
de la France dans la direction de O. $\frac{1}{4}$ S-O. à l'E $\frac{1}{4}$
N.-E. , et où sont les exploitations d'Aniche , An-
zin près de Valenciennes , Fresne , Condé , Mons,
Charleroi , Namur , Liége , Rolduc et Eschweiler près d'Aix-la-Chapelle : elles produise nan-
nuellement plus de 350 millions de myriagrammes (70 millions de quintaux) de houilles , va-

_____

(1) Brongniart. *Minéralogie* , tom. II.

lant plus de 3o millions de francs , et elles occupent trente-cinq mille mineurs : les couches y ont
une direction pareille à celle de la bande ; elles
y sont par-tout de même nature , accompagnées
des mêmes grès et argiles schisteuses ; elles présentent des plis semblables , et tout indique que
ce ne sont que les parties d'un seul et même tout,
lequel s'étend même au-delà du Rhin jusqu'à
Osnabruck. Indépendamment de ces houillères ,
la France possède encore , au nord , celles de
Saarbruck , celles d'Hardingue en Artois, et celles
de Litry en Normandie; au centre, celles de Mon-
trelais dans l'Anjou, de Noyant et de Fins en Bour-
bonnais , de Decize en Nivernois , du Creusot en
Bourgogne, de Ronchamps en Franche-Comté, de
Rives-de-Gier et de St.-Étienne en Forez, celles
de Brassac en Auvergne , et celles d'Argentac et
Paux en Limousin ; au midi, celles d'Aubin et de
Cransac en Rouergue , et celles de Carmeaux, de
Bedarrieux et d'Alais en Languedoc : sans comp-
ter quelques autres de moindre importance (1).

L'Angleterre est peut-être la contrée de l'univers où la houille se trouve, ou du moins où elle
est exploitée en plus grande quantité : cet état doit
une partie de son industrie à ce combustible, qui
est en outre employé au chauffage d'une grande
partie de ses habitants. Les seules exploitations des

(1) Voyez des détails sur nos houillères et leurs produits dans
le *Journal des Mines*, tom. XII.

environs de Newcastle, dans le Northumberland,
qui sont, il est vrai, les plus belles et les plus
riches que l'on connaisse, en livrent annuellement
72 millions de quintaux, 2355ooo chaldrons de
Londres, d'après M. Winch. On retire encore de
grands produits des houillères de Whitehaven,
de Glamorgan, etc. : l'Ecosse renferme d'importantes exploitations aux environs d Edimbourg,
de Glascow, etc. M. l'inspecteur divisionnaire des
mines, Héron de Villefosse, dans son *Traité de la
richesse minérale*, estime à 1 5o millions de quintaux
le produit de toutes les houillères de la Grande-
Bretagne, et il dit que leur exploitation occupe
directement cent mille hommes, non compris le
très-grand nombre de voituriers et de mariniers
occupés au transport.

L'Allemagne contient plusieurs grands dépôts
de houille, notamment dans la Thuringe et les
environs, en Saxe, en Bohême, et sur-tout en
Silésie.

Mais ils sont très-rares dans le nord de l'Europe,
en Suède, en Norwége, pays d'ailleurs si riches
en mines d'autre espèce ; on en cite cependant
dans la province de Scanie. L Espagne et l'Italie
en sont encore presque entièrement dénuées.

Les observations nous manquent relativement
au reste de l'Europe et même de l ancien continent : nous savons seulement que la houille existe
en quantité considérable dans la Chine ; peut-

n'y a-t-il pas, sur la terre, une contrée plus riche en houille que les provinces de Chensi, Chansi et Petcheli, dit M. Pauser, dans sa minéralogie de l'empire chinois.

M. Maclure nous apprend qu'à l'ouest des Alleghanys, il y a une formation de houille des plus étendues et des plus régulières ; les couches y ont de un à six pieds ; on en a trouvé vingt et trente les unes sur les autres ; elles alternent avec du grès, de l'argile schisteuse et de l'argile contenant du minerai de fer (1). M. de Humboldt observe que la houille est rare dans toutes les Cordilières ; il en a cependant observé une couche sur le plateau de Santa-Fé de Bogota.

§ 272. Les terrains houillers, se trouvant habituellement au pied des montagnes, ou dans les vallées et bassins qu'elles comprennent et qui communiquent avec la plaine, ne s'élèvent en général qu'à des hauteurs peu considérables : tous ceux que nous avons en France, ceux de l'Angleterre, ceux de la Saxe, de la Silésie, sont à peine à quelques centaines de mètres au-dessus du niveau de la mer. On en a cité, il est vrai, à des niveaux très-élevés, par exemple, à 4400 mètres dans les Cordilières, à 2160 mètres à Saint-Ours, près de Barcelonette; mais sont-ce bien là des terrains houillers proprement dits, et ne seraient-ce

Niveau du terrain houiller.

----

(1) *Journal of the Academy of natural sciences of Philadelphia.* Juillet 1818.

point, ou de ces anthracites dont nous avons
parlé, et qui se trouvent à de grandes hauteurs,
ou quelques couches de combustible minéral et
bitumineux, appartenant à des montagnes calcaires ou de grès?

Le peu d'élévation du terrain houiller, joint
au peu de consistance des substances qui le constituent, ainsi qu'à la facilité avec laquelle elles se
délitent et se décomposent, lorsqu'elles sont exposées à l'air, ne lui permet pas de former des
montagnes ou des roches escarpées : ce ne peut
guère être que des collines à formes arrondies,
lorsque ces terrains se présentent au jour, et
qu'ils ne sont pas recouverts par des terrains secondaires ou de transport.

b) Grès ancien.

Le grès, masse principale du terrain houiller,
prend souvent une grande extension, en abandon-
nant, au moins en majeure partie, la houille avec
l'argile schisteuse qui l'enveloppe, et il constitue
des terrains d'une grande étendue. Il a été principalement observé en Thuringe, où il est connu
sous le nom de *rothe-todte-liegende* (1), c'est-à-

(1) Ce grès se trouve, dans cette partie de l'Allemagne, au-dessous de la grande couche de schiste-marneux-bitumineux-cupri-
fère, dont nous parlerons dans l'article suivant, et qui est l'objet de
plusieurs exploitations ; il en est ainsi la base, ou le *mur* (*liegende*),
en terme de l'art. Lorsqu'en perçant la couche cuivreuse, les mineurs trouvent le grès, ils n'ont plus de métal, mais une roche stérile

dire *base stérile rouge.* Werner le nomme *grès
rouge*, par suite de sa couleur habituelle dans ce
pays.

§ 273. Le grès ancien est tantôt une brèche à   Nature
du grès.
très-gros fragments, tantôt un poudingue à gros
grains, tantôt un grès plus ou moins fin, qui passe
finalement à une masse terreuse, laquelle tient
peut-être elle-même au porphyre. Le ciment qui
unit les grains éprouve également beaucoup de
variations : il est analogue à la masse terreuse
dont nous venons de parler, et il est souvent imprégné d'oxide de fer, cause de sa couleur rouge.

Dans les parties où il se présente comme brèche
à gros fragments, ceux-ci appartiennent tous à
des roches primitives, granites, schistes-micacés,
phyllades, porphyres, quartz, etc. M. l inspecteur-général des mines Duhamel, et d'autres minéralogistes ont fait la remarque importante que
ces fragments appartiennent aux roches des montagnes voisines ; ainsi, ils seront de schiste dans
un terrain schisteux, et de porphyre dans un terrain porphyrique. De plus, et en général, ils se
trouvent dans les assises inférieures de la formation et dans les parties qui sont rapprochées
des montagnes qui les ont fournis. Au reste, il y a
ici bien des exceptions ; car on voit souvent des

---

ou *morte* (*todte*); et ils la distinguent, par sa couleur *rouge* (*rothe*),
de quelques autres roches qu'on trouve ailleurs sous la même
couche.

mélanges et des alternatives de brèches à gros
fragments avec des grès à grains fins.

Dans les poudingues, le quartz et les minéraux
quartzeux, comme la lydienne, dominent : dans
les grès, eux seuls forment presque en entier les
grains ; on y trouve cependant des parcelles de
feldspath, et d'autres minéraux ; mais ici la partie terreuse augmente, on a souvent des grès schisteux, tendres et micacés, comme nous en avons
vu dans les terrains houillers.

Enfin, lorsque la trituration est à son dernier
terme, et que les parties terreuses abondent, on a,
comme dans ces terrains, et d'une manière encore
plus prononcée, de grandes masses d'une argile
comprimée et endurcie qui ont fréquemment de
la ressemblance avec la base de certains porphyres.

Dans les brèches, le ciment n'est le plus souvent qu'un grès à grains fins. Dans les poudingues,
il est plus terreux et il a plus de consistance : les
sucs ferrugineux et siliceux dont il est pénétré lui
donnent fréquemment une grande dureté. En général, les grès de cette formation ont été réellement
pénétrés d'un suc quartzeux, qui a durci non-seulement le ciment, mais encore les fragments qu'il
contient. Le plus souvent encore, ces grès sont
imprégnés de carbonate de chaux, provenant vraisemblablement de la destruction des roches calcaires qui entraient dans la composition des terrains dont ils présentent les débris.

Quelquefois, les masses d'argile endurcie, semblables à la base des porphyres terreux, renferment une quantité peu considérable de galets et de grains, et ils forment alors les *mimophyres* de M. Brongniart, ainsi que nous l'avons remarqué. Leur ressemblance avec les porphyres est quelquefois bien grande ; la pâte durcit au point de présenter un eurite qui contient même des cristaux de feldspath : tel est le cas des poudingues que M. Maclure a fréquemment vus dans les Alleghanys, et qui, dans un ciment pétrosiliceux (euritique), offrent des cristaux de feldspath.

Les particules, provenant de la destruction et de la décomposition des roches, réduites au terme extrême de division, et suspendues dans un fluide, y seraient-elles comme dissoutes ? et en se précipitant reproduiraient-elles des corps cristallins ? On serait tenté de le croire, lorsqu'on voit si souvent en contact, dans la nature, des roches qui ont d'ailleurs tant de ressemblance, les quartz grenus et quelques *grauwackes*, le phyllade et quelques argiles schisteuses, les porphyres et quelques pseudo-porphyres. Au reste, dans l'état actuel de nos connaissances, nous savons que l'eau, dans le sein de la terre, prend en dissolution le carbonate de chaux et même la silice ; ainsi les ciments calcaires et quartzeux, et même les veines et cristaux de spath calcaire et de quartz, au milieu des grandes masses de transport, doivent peu nous surprendre. Mais des cristaux de feldspath qui se formeraient au milieu d'une masse terreuse, *detritus* d'anciennes roches ? des porphyres qui se reproduiraient des débris d'anciens porphyres ? des *porphyres régénérés ?* c'est cependant à quoi l'observation semble ici nous conduire.

§ 274. Qu'il n'y ait ainsi, dans les terrains de
grès, des masses et couches semblables aux porphyres, nous n'en pouvons guère douter : un trop
grand nombre de descriptions de terrains en
donnent des exemples ; c'est ainsi que M. Aikin
nous dit que, dans les houillères du Shropshire,
il a remarqué une couche de porphyre terreux,
d'environ huit pouces d'épaisseur, d'une couleur
brune, et renfermant des grains de quartz, d'amphibole et de feldspath. Il y a déjà plusieurs années qu'on annonça, dans la Thuringe, une alternative entre le porphyre et les couches de grès
rouge : il s'éleva des doutes, le fait examiné
dans tous ses détails, et il fut trouvé exact.

Mais de grands terrains de porphyre sont-ils
dans le même cas ? sont-ils de formation postérieure au grès houiller ? en un mot, existe-t-il
de grands terrains de porphyre secondaire ? Des
apparences semblent l'indiquer : voici les faits.

En Saxe, en Thuringe, en Silésie, on a des
exploitations considérables de houille au milieu
de contrées de porphyre : en général les couches
houillères y reposent sur cette roche ; mais aussi
dans quelques points elles semblent en être recouvertes.

Le porphyre du *Thüringerwald* tient en quelque sorte au grès rouge : aux points de contact,
les deux roches paraissent mêlées ; on y voit le
porphyre ordinaire passer à une sorte de porphyre

particulier, lequel alterne avec des bancs de poudingue. Dans la Thuringe, auprès de Wettin, « le
» porphyre, dit M. de Veltheim, directeur-gé-
» néral des mines, forme un membre subordonné
» du *Todtliegendes*, et d'après les connaissances
» qu'on a acquises jusqu'à ce moment, il est su-
» perposé par-tout à la formation houillère (1). »
On fonde cette conclusion sur l'absence des fragments de porphyre dans les poudingues du terrain
houiller, et sur une galerie inclinée, poussée, dans
une longueur de 50 mètres, à la limite du porphyre et du grès : la première de ces deux roches
forme le toit; et on voit, dit le même auteur,
non-seulement sa superposition, mais encore son
passage le plus complet à une argile schisteuse et
sablonneuse. Ailleurs, dans la même contrée, on
a exploité des couches de houille sous une montagne de porphyre dite le *Schweizerling*. — M. l'ingénieur des mines Schulze, qui a contribué à constater ces faits, a également fait connaître les rapports de superposition des terrains houillers et
porphyriques de Schweidnitz. Il a vu, sur plusieurs points éloignés les uns des autres, une couche de porphyre, d'environ soixante mètres de
puissance, former le toit des lits de houille : et il
la regarde comme un rameau du terrain qui

---

(1) Freiesleben. *Geognoscher Beytrag zur kentniss der kupfer
schiefergebirges*, tom. IV, pag. 257.

constitue les nombreuses montagnes porphyriques
de cette contrée. Cependant, d'après les plans
donnés par cet habile ingénieur, la masse de ces
montagnes paraît absolument indépendante de la
formation houillère ; elle en traverse verticalement les couches, et sans aucun égard à leur
stratification (1). Il me semble , d'après cet état
des choses, qu'il n'est pas ici complétement démontré que le grand terrain de porphyre soit superposé à la houille.

Quant au porphyre de Saxe, qui est voisin du
terrain houiller de Potschappel, que M. Werner
regardait comme lui étant superposé , et qu'il
donnait comme un exemple de sa troisième formation de porphyre, je ne sache pas que la superposition ait jamais été constatée ; et M. de Bonnard regarde ce terrain comme reposant, en
gissement concave, sur le porphyre.

Nous avons déjà fait mention des couches ou
masses calcaires qui se trouvent souvent dans les
terrains de grès : elles sont quelquefois grenues ,
d'autres fois elles prennent la texture oolitique.
Nous ne reviendrons pas non plus sur les couches
aphanitiques et peut-être basaltiques qu'on y rencontre (§ 263).

alités.   § 275. Nous rapporterons à cette première
formation de grès , la grande assise qui couvre

(1) Leonhards *Taschenbuch für die gesammte mineralogie.*
1811 , planche I.

une partie des Vosges, du Luxembourg, des
Ardennes, du Palatinat, et qui va se perdre dans
les plaines de Cologne. La masse principale consiste en un grès à grains de quartz, avec quelques
fragments de feldspath, agglutinés par un ciment
terreux souvent rougeâtre; elle présente aussi des
poudingues et même des brèches au contact du
terrain primitif ou intermédiaire; et ici, comme
en Thuringe, lorsqu'elle se trouve avec le terrain
houiller, elle le recouvre habituellement : elle est
elle-même recouverte par un calcaire à couches
horizontales, qui paraît tenir à celui du Jura.

Werner met encore, dans la première formation, le grès qui constitue une partie des monts
Ourals en Russie, et qui y renferme de riches
mines de cuivre. M. de Humboldt y place encore
le sol de l'immense vallée du fleuve des Amazo-
nes et des grandes plaines de l'Orénoque, et il
remarque à ce sujet que c'est une des formations
les plus étendues du globe.

Nous serons embarrassés d'indiquer celle des
formations observées en Angleterre, qui peut
lui être assimilée. Le plus ancien des grès cités
par M. Smith, sous le nom de *pierre rouge et foncée*
(*red and dunstone*), et qui paraît être celui que
M. Phillips appelle *grès rouge ancien* (*old red
sandstone*), dans son intéressant Essai sur la géologie de l'Angleterre, étant sous le calcaire à encrines du Derbyshire, pourrait bien être une

grauwacke : d'ailleurs une partie du grès rouge
de ce dernier auteur semble tenir à la grande formation de *marne rouge*, qui a beaucoup de rapports avec notre seconde formation de grès.

Fossiles.   § 276. Le grès ancien, tout comme le terrain
houiller, ne contient presque aucun vestige de
coquilles, quoique placé entre deux terrains calcaires qui en renferment quelquefois une quantité considérable. Ce fait tient-il à une différence
dans le mode de formation, ou à ce que des eaux
chargées de silice et autres matières n'étaient
pas compatibles avec l'existence de ces êtres? On
cite à peine quelques térébratules trouvées dans
le grès rouge du nord de la France.

Ce sont les végétaux, et sur-tout les bois pétrifiés, qui abondent dans les terrains de grès
proprement dits. On en a observé une grande
quantité en Thuringe, notamment sur les montagnes de *Kiffhœuser;* auprès du Tilleda, entre
autres points, on trouve, dans une carrière de
poudingue, exploité pour en faire des meules de
moulin, des troncs d'arbres ayant jusqu'à trois
pieds de diamètre et quinze pieds de long : ils
sont silicifiés, et l'intérieur de leurs pores et vais-
seaux présente une multitude de petits cristaux
de quartz; on y voit aussi des paillettes de fer micacé et des parcelles de baryte. On n'a pas encore
pu déterminer l'espèce de ces végétaux, on sait
seulement qu'ils appartiennent à des monocoty-

lédones, car ils sont simplement composés de fibres longitudinales, et ils n'ont point de couches
concentriques. M. de Schlottheim les voyant si
nombreux dans les grès de l'Allemagne, et les
retrouvant en même quantité et dans le même
état, au milieu des déserts de la Libye, de la Tarta-
rie et de l'Amérique, serait tenté de regarder le
sable de ces immenses plaines comme provenant
de la destruction ou décomposition des terrains
de gres (1).

§ 277. Le grès ancien contient une assez grande
quantité de substances métalliques. Le fer sur-
tout y abonde : non-seulement il y est universellement répandu sous forme d'oxide, mais encore il
y forme souvent de vrais minerais qui sont l'objet
de quelques exploitations : c'est habituellement
du fer hydraté ; il y est en géodes et en veines ou
filons, traversant le grès en tous sens. En Alsace,
M. Calmelet en a observé un remarquable par
sa structure : il a environ quatre pieds de puissance, et il est divisé en bandes parallèles aux
parois ; quelquefois ces bandes, en se repliant
sur elles mêmes, donnent naissance à des géodes,
le plus souvent creuses ; l'intérieur en est en-

Métaux
contenus.

(1) *Essai sur l'histoire naturelle des fossiles considérés sous le
rapport géologique*, inséré dans le *Tuschenbuch fur die gesamte
mineralogie*, par M. Léonhard, 18₁3.
La majeure partie de ce que nous dirons, dans ce traité, sur les
fossiles des divers terrains, sera extrait de ce mémoire important.

tièrement vide ou rempli de sable. Ce même filon contient encore de très-belles hématites brunes (1).

Le cuivre est encore assez commun dans le grès ancien ; nous avons dit qu'aux monts Ourals il contenait de riches filons de ce métal ; en Saxe , en Lorraine on y a aussi quelques petites exploitations ; et il est peu de terrains de grès d'une grande étendue dans lesquelles on ne trouve des parties ou des veines colorées par le carbonate de cuivre : les grès très-rouges du Rouergue m'en ont présenté une innombrable quantité.

Le plomb se trouve encore souvent dans les grès anciens. En Angleterre , il est l'ob et de plusieurs exploitations. Il y en a quelques-unes dans les Vosges. Mais la plus importante de celles qui me sont connues est à Bleiberg , près d'Aix-la-Chapelle : nous en donnerons une idée , en traitant des gîtes de minerai , et nous nous bornerons à dire ici qu'elle a lieu sur une montagne de grès siliceux , contenant une immense quantité de grains de plomb sulfuré.

C'est vraisemblablement encore dans le grès de première formation , mais peut-être dans sa partie la plus récente , que sont les mines de mer-

(1) C'est sur ces hématites que j'ai fait les expériences qui ont fait connaître la nature des minerais de fer donnant une poussière jaune par la raclure, minerais dont j'ai fait l'espèce minéralogique, *fer hydraté. Annales de chimie*, tom. **LXXV.**

cure du Palatinat et du pays des Deux - Ponts.

§ 278. Terminons nos considérations sur les Age. grès anciens, par l'examen du rang qu'ils occupent, dans la série des formations, sous le rapport de leur âge relatif. Faisons cet examen sur la partie de ce grès qui a été la plus étudiée, c'est-à-dire, sur le terrain houiller.

Au centre de la France, dans le Forez, l'Auvergne, le Rouergue, etc., ce terrain repose sur le granite, le gneis et le schiste-micacé : et dans quelques lieux, comme à Alais, il est recouvert par un terrain calcaire qu'on rapporte au calcaire alpin. Dans le Nord et dans la Belgique, il gît sur un calcaire bitumineux de formation intermédiaire, et paraît se lier avec lui : il est recouvert par le prolongement des couches crayeuses du centre de la France. En Saxe, en Thuringe, en Silésie, nous l'avons vu assis le plus souvent sur un porphyre auquel il semblait tenir (et ce porphyre, en quelques points, notamment dans le *Thüringerwald*, passe au granite) : tantôt il est recouvert par tout l'ensemble des anciennes formations secondaires, tantôt il se montre directement au jour. En Angleterre, et principalement dans le Northumberland, il est superposé à un calcaire entremêlé de grès, auquel il est lié par sa partie inférieure ; et il est recouvert, d'une manière tranchée, par le plus ancien des calcaires secondaires de ce pays, le *magnesian-limestone*. Ainsi,

nous pouvons conclure que le terrain houiller, et
en général le terrain du grès ancien, se trouve
au-dessous de toutes les formations secondaires,
et par conséquent qu'il est plus ancien qu'elles.

Je remarquerai, en outre, qu'il a bien plus de
rapports avec les couches qui le supportent qu'a-
vec celles qui le recouvrent. M. Omalius, comparant le terrain houiller du nord de la France
avec le terrain d'ardoise et de calcaire bitumi-
fère qui est dessous, terrain où l'on trouve aussi
des fragments de houille, les met l'un et l'autre
dans la classe des formations intermédiaires. Nous
avons vu qu'en Angleterre il n'y a aucune limite
réelle entre le terrain houiller de Newcastle, et
le terrain de grès, houille et calcaire qui est au-
dessous ; à tel point, que M. Thomson a décrit ce
dernier comme étant plus particulièrement encore la grande formation houillère. Nous avons
remarqué, dans le centre de l'Allemagne, le
rapport qu'il y a entre le grès ancien et le sol
primitif : et lorsque j'examine la série des couches que présente ce pays ; que je trouve une
limite assez bien marquée dans la couche cuivreuse, placée sur le grès rouge ; que cette couche tient bien plus à la série de celles qui sont
au-dessus, qu'à la série de celles qui sont au-
dessous, et que ce sont deux suites différentes;
je suis porté à compter le grès dans la suite inférieure, c'est-à-dire à le placer parmi les terrains

intermédiaires. Je suis fortifié dans cette opinion,
1° en voyant le membre principal de la formation, le grès, se retrouver dans ces terrains,
comme leur principe caractéristique, la *grauwacke;* 2° en y retrouvant encore une des substances les plus marquantes, car l'anthracite est
une sorte de houille; 3° en voyant dans les houillères une stratification bien plus inclinée et contournée que dans les autres terrains secondaires.
Au reste, cette opinion est celle de plusieurs minéralogistes célèbres. Depuis long-tems M. Voigt
avait fait observer que les géognostes de l'école de
Werner, d'après leurs principes, devraient placer les terrains houillers dans la classe intermédiaire. Si je ne l'ai pas fait dans la rédaction de
mon ouvrage, c'est uniquement parce qu'il m'eût
fallu reviser des parties depuis long-tems rédi-
gées, et que d'ailleurs, du moment que les rapports
sont bien signalés, ces classifications ont peu d'importance à mes yeux.

En plaçant la grande formation de grès houiller dans les terrains intermédiaires, la classe suivante serait mieux déterminée,
on n'y aurait plus que du calcaire et du quartz, et l'on aurait
enfin marqué le terme au delà duquel on ne trouverait plus
des porphyres et des amphibolites, roches qui tiennent encore
aux granites. La classe intermédiaire se diviserait en deux sections, celle des couches qui alternent avec les phyllades, et
celle des couches placées au-dessus jusqu'au grès houiller inclusivement. Mais qu'on ne croie pas que la limite soit encore
ici précise; les grès des formations postérieures renferment

aussi de la houille . et reproduisent , quoique moins éminemment , tous les caractères de la première formation , poudingues , grès de toute espèce , métaux , calcaire , etc. De toutes
les formations minérales , la grande formation houillère est la
mieux caractérisée , la plus constante dans ses caractères , la
mieux connue , et cependant elle n'est pas circonscrite on n'a
pu reconnaître et tracer de limite précise , ni dans sa partie supérieure , ni dans sa partie inférieure.

SECTION II.

Seconde formation de grès.

(*Grès avec argile.*)

Buntersandstein (grès bigarré) de Werner.

Le grès houiller , ou grès ancien , est recouvert par la première des formations calcaires (que
nous décrirons dans l'article suivant). Au-dessus,
on a une formation mi-partie de grès et d'argile
ou de marne , dont nous allons esquisser les principaux traits , en prenant encore pour type celle
qui existe en Thuringe.

§ 279. Sa masse principale est un grès à petits
grains et à ciment argileux ou marneux. Sa couleur
est très-variée , et sur la même masse , on a très-souvent des bandes ou zones grises, jaunes, brunes,
rouges : de là le nom de *grès bigarré* (*buntersand
stein*) que Werner lui a donné, ainsi qu'à toute la
formation dont elle fait partie. Ces diverses couleurs proviennent des différents états dans lesquels
se trouve le fer qui existe dans le ciment, et même

des états auxquels il passe par l'exposition à l'air ; car j'ai remarqué que les masses prises dans les endroits enfoncés des carrières, dans ceux où l'air n'avait pas exercé son action, étaient en général grises, et que dans les autres masses, comme dans les blocs détachés, les couleurs ne se montraient qu'au voisinage de la superficie, et par bandes qui lui étaient parallèles.

Ce grès contient fréquemment des masses d'argile diversement colorée, en général aplaties et de forme lenticulaire, et qui sont très - variables en grosseur : elles diminuent singulièrement la consistance du grès, et amènent bientôt sa destruction lorsqu'il est exposé à l'air. Quelquefois elles sont onctueuses au toucher et forment une vraie terre à foulon.

Quoique le ciment des grès de cette formation soit le plus souvent argileux, cependant on trouve des couches dans lesquelles il est marneux et même calcaire : ailleurs il est siliceux.

Le grès se charge souvent de mica et prend une texture schisteuse ; il passe alors au grès schisteux et micacé, avec lequel il alterne.

Il alterne encore fréquemment avec des masses et assises, souvent très-épaisses, d'une argile rougeâtre, feuilletée, rarement pure, presque toujours mêlée de sable, et passant aussi, sur-tout lorsqu'elle se charge de mica, au grès schisteux. Quelquefois elle est mélangée de marne, et passe

même , quoique rarement , au calcaire pur. Le
principe colorant , l'oxide rouge de fer y est, en
quelques endroits , tellement abondant, qu'il en
résulte un crayon rouge (sanguine); il est en petites couches de quelques pouces d'épaisseur.
C'est principalement dans la partie supérieure de
la formation que sont les puissantes couches d'argile : elles composent presque entièrement cette
partie.

Couches hé-
térogènes.
§ 280. On a encore dans cette formation :

1° Des couches d'*oolite*. Elles n'ont le plus souvent que quelques pouces d'épaisseur ; quelquefois cependant , elles ont jusqu'à deux et trois
pieds. Ce sont des couches marneuses d'un gris
foncé , plus ou moins mélangées de sable , et au
milieu desquelles on a une multitude de grains
arrondis de calcaire blanc , dont la grosseur excède rarement celle d'un pois : ordinairement,
ils sont bien plus petits. Ils sont compactes en apparence, mais lorsque la décomposition en a
relâché le tissu , ils présentent une structure à
couches concentriques : quelques-uns paraissent
n'être composés que d'un assemblage de grains
plus petits. Quelquefois la pâte qui les entoure est
en très-petite quantité , et presque nulle : et lorsque de pareilles masses sont exposées à l'air,
bientôt elles se désagrègent , on n'a plus que des
tas de petits globules. Dans quelques couches,
les grains oolitiques sont de fer carbonaté et hy-

draté, et leur intérieur est quelquefois creux.

2° Des couches de *calcaire* rarement pur : le plus souvent elles sont mélangées d'argile et de sable, et forment des marnes plus ou moins arénacées.

3° Du *minerai de fer*, en géodes disséminées dans l'argile, ou comme ciment de quelques grès entièrement ferrugineux. On a trouvé aussi des indices de cuivre dans cette formation.

4° La *houille* se représente encore ici, mais en petites couches, et rarement : on en trouve quelques-unes dans les grès du duché de Magdebourg.

Les fossiles qui, d'après M. de Schlottheim, semblent propres au grès bigarré, font des pectinites, des pinnites, des pholades, des turbinites et de grandes huîtres. On y trouve encore des bois pétrifiés et des empreintes de feuilles.

§ .281. La grande formation de *marne rouge* (*red marl*), qui occupe une si grande étendue de terrain, en Angleterre, notamment dans les pays de Chester, Northwich, Warwich, Derby, York, etc., et que M. Aikin, avec d'autres mineralogistes anglais, nomme *grès rouge*, a bien des rapports avec celle que nous venons de décrire : elle consiste, d'après M. Smith, en grès tendres, grès micacés, marnes et argiles; on y trouve encore du gypse et du sel gemme. Nous conclurions à l'identité, si elle n'était, suivant M. Smith, placée sous le calcaire-*lias*, qui, d'après quelques

Localités.

21

aperçus minéralogiques, serait analogue au calcaire alpin. D'un autre côté, M. Buckland a cru devoir admettre l'identité de ce terrain avec celui qu'il a observé dans le Cumberland, qu'il nomme *nouveau grès rouge*, qui renferme aussi du gypse, et qui recouvre le terrain houiller de Whitehaven, ainsi que le calcaire magnésien placé au-dessus (1) ; calcaire qui tient en Angleterre, plus que tout autre, la place du calcaire alpin, sous le rapport de l'ancienneté ; or, ce nouveau grès, tant par sa nature que par son gissement, paraît être de même formation que celui de la Thuringe.

Nagelflue. Nous rapporterons encore à cette formation, un grès qui occupe une partie de la Suisse, et qui y est entremêlé avec un poudingue célèbre, en géognosie, sous le nom suisse *nagelflue* (2). Cette énorme assise occupe la grande vallée entre le Jura et les Alpes ; elle commence à Genève, traverse diagonalement la Suisse, passe auprès du lac de Constance, se prolonge dans la Bavière, et se termine en Autriche : au reste, elle éprouve de fréquentes interruptions. Elle consiste en un grès dont le ciment est une marne, passant tan-

(1) *Transactions of the geological society*, tom. IV, p. 116.
(2) *Nagel* signifie *clou*, et *flue* est un *rocher à pic*, dans l'idiome usité en certaines parties de la Suisse. Les rochers formés par ce poudingue présentent souvent, sur leurs faces, des galets en saillie, comme de gros clous sur les roues de charrette.

tôt au calcaire, tantôt à l'argile : les grains sont de
diverse nature, et en général petits : la *mollasse*
de Genève est une variété de cette sorte de grès.
Mais quelquefois les fragments grossissent et l'on
a des couches de poudingues intercalées dans le
gres : elles présentent plusieurs particularités dignes de remarque : les fragments sont quelquefois
d'une grandeur considérable ; dans la vallée de la
Linth, M. Escher en a vu, au milieu des couches
inférieures, qui avaient jusqu'à quinze pieds cubes; de pareilles dimensions sont cependant rares,
et d'ordinaire les fragments ne dépassent pas la
grosseur du poing. Leur nature varie d'un lieu à
un autre : dans un endroit, ce sont des calcaires
compactes, d'anciens grès, des silex avec quelques
quartz; ailleurs, on a des granites, des gneis, des
porphyres, etc. : il n'en est pas ici comme dans
le *Thüringerwald* et le Forez, ce ne sont plus les
débris des montagnes voisines ; plusieurs des fragments, tels que ceux de silex-corné, de porphyre
euritique, etc., sont entièrement étrangers aux
Alpes suisses. Ces poudingues s'élèvent à une hauteur quelquefois très-considérable : le Mont-Rigi,
dont la cime est à 1900 mètres au-dessus de la
mer, en est entièrement composé ; ils y forment
de grandes couches inclinées de 15 à 20 degrés
(*Sauss.*, § 1941) : dans la vallée de la Linth,
elles atteignent une hauteur de deux mille mètres,
et leur inclinaison y est de 45° ; on en trouve

même de verticales en Bavière, dit M. Escher
Leurs lambeaux forment souvent la sommité des
montagnes.

Ces couches de poudingues sont remarquables,
non-seulement par leur grande hauteur et leur
forte inclinaison, mais encore par le sens de cette
inclinaison : elles bordent, au nord, le calcaire
alpin, elles reposent sur lui, et cependant elles
plongent vers le sud, c'est-à-dire vers ce calcaire;
et, par conséquent, elles semblent s'enfoncer au-
dessous : on l'avait même cru pendant quelque
tems; mais aujourd'hui il est démontré qu'elles sont
moins anciennes et qu'elles recouvrent même le
calcaire du Jura. Au reste, le grès à petits grains
domine dans cette formation ; souvent même ces
grains disparaissent entièrement ou presque entièrement, et alors on a tantôt un calcaire grossier,
tantôt une argile schisteuse et endurcie. On y
trouve aussi quelques couches de gypse.

D'après des renseignements que m'a transmis
M. de Charpentier, le *nagelflue* contient des couches de lignite, de houille, ou, plus exactement,
d'argile carburée bituminifère, et dont le bitume
paraît d'origine animale. On y voit encore quelques coquilles, soit marines, comme des chamites, des orthocératites, des ammonites, soit fluviatiles, comme des planorbes, des cyclostomes, etc.,
on y a même trouvé des dents de castor : dans
une si énorme masse de terrain de transport, de

corps de toute espèce doivent être mêlés ensemble.

Au reste, ce dépôt, dont il est bien difficile d'assigner l'âge géologique, puisqu'il n'est pas recouvert, est d'une bien grande ancienneté, car il est coupé, tout comme le calcaire alpin qui le supporte, par toutes les vallées transversales de la contrée ; il est ainsi antérieur à leur creusement ; et ce sont les débris d'un ancien monde qu'il nous présente, débris qui mettent hors de tout doute la destruction d'immenses masses de montagnes.

M. de Humboldt rapporterait à cette formation celle qu'il a vue aux environs de Cumana, et qui consiste en couches de brèches, de grès calcaire et d'argile endurcie.

SECTION III.

Troisième formation de grès.

(*Grès presque entièrement quartzeux.*)

Quader-Sandstein de Werner.

§ 282. La troisième formation consiste principalement en un grès généralement blanchâtre, à grains de quartz très-fins, agglutinés par un ciment ordinairement argileux, très-peu abondant, et quelquefois même presque invisible : dans certaines variétés, il est siliceux et est en outre traversé par des veines de quartz. En quelques endroits, il a fort peu de consistance et se réduit facilement en sable blanc et très-fin : dans d'au-

tres, il est plus tenace, il résiste à la décomposition, et est employé avec succès aux constructions
et en architecture : de là le nom *quader-sandstein*
(grès pour pierre de taille) qui lui est donné par
Werner et par les minéralogistes allemands.

Il forme seul des masses de montagnes assez
considérables. Quelques très - petites parties de
minerai de fer, quelques minces couches de houille
de loin à loin interrompent à peine l'homogénéité
de ces masses.

Elles sont distinctement stratifiées, mais en
strates souvent épaisses. Elles sont en outre traversées fréquemment par des fissures verticales
qui, se coupant sous des angles droits, divisent
la roche comme en pierres de taille (§ 115). On a
encore des grès en boules ; la majeure partie de
celles qu'on trouve à la superficie du sol me paraissent être de simples effets de la décomposition ; cependant MM. Reuss et Jameson en ont
observé quelques-unes qui leur semblent être de
formation primitive, de vraies concrétions globuleuses.

Les fossiles qui paraissent appartenir plus particulièrement au grès de cette formation, sont,
d'après M. de Schlottheim, des musculites, des
mytulites et des tellinites. Au reste, ils y sont
rares. On y a observé, dans les environs de Blankenburg, des empreintes de feuilles d'une grandeur extraordinaire, et qui ont quelques rapports

avec celles des palmiers. Près de Carlsbad, en
Bohême, on trouve, d'après M. Reuss, dans un grès
quartzeux, des arbres entiers avec leurs racines
et leurs branches ; on y voit aussi quelques fragments de bois bituminisés et des empreintes de
feuilles qui ressemblent à celles du saule.

§ 283. Cette formation se trouve en Saxe, au sud
de Dresde, notamment aux environs de Pirna : elle
y forme les montagnes de *Kœnigstein* et de *Lilien-
stein;* ensuite elle entre en Bohême, et va se terminer dans le comté de Glatz. Les contrées qui en
sont formées présentent les sites et les vallons les
plus pittoresques. Ils doivent leur existence aux
fissures ou fentes verticales qui traversent ces
grès : la décomposition, en élargissant ces fentes,
à-peu-près également dans toute leur hauteur,
les transforme en vallées profondes et encaissées,
et le voyageur qui les parcourt, s'y voyant comme
enfermé entre d'immenses murailles, croit être
au milieu de hautes montagnes : et cet aspect
a valu le nom d'*Alpes de la Saxe* aux contrées
voisines de Kœnigstein, Schandau, etc., situées
sur les bords de l'Elbe, près la frontière de Bohême : la plus belle végétation vient y adoucir la
sévérité du tableau, et elle lui prête un nouveau
charme. Mais nulle part les rochers de grès ne
présentent un spectacle plus singulier qu'à Aders-
bach en Bohême : nous avons déjà parlé (§ 87)
de cette étonnante multitude d'énormes colonnes

Localités.

et de masses bizarrement taillées de pierre blanche qui s'élèvent au milieu de la plus riante des vallées. Cette formation repose sur le terrain primitif ou intermédiaire ; mais Werner n'a pas trouvé, dans ses rapports de gissement avec les anciennes formations, assez de données pour conclure son âge relatif : il pense qu'elle est postérieure au second calcaire (*muschelkalk*).

Cette troisième formation de grès se retrouve dans la Basse-Saxe, au pied septentrional du Hartz: elle y paraît un peu plus composée qu'à Pirna ; on y voit des couches de marne, de calcaire, et assez souvent de houille. M. Hausmann, qui en a fait une étude particulière, y a observé, dans un seul endroit, douze couches de houille, mais dont deux seulement sont susceptibles d'exploitation ; elles sont enveloppées d'argile schisteuse. Ce grès repose sur le calcaire coquillier, et est ainsi de formation postérieure à ce calcaire.

Grès quart-
zeux.

§ 284. Je ferai encore mention d'un grès très-siliceux, que je n'ai point vu en place, mais en nombreux blocs au pied des montagnes basaltiques de la Bohême, de la Saxe et de la Hesse : il s'y trouve si fréquemment, que Werner l'a regardé, pendant quelque tems, comme un membre de la formation des basaltes, et il l'a appelé en conséquence grès trappéen (*trapp-sandstein*). Il contient des grains de quartz assez gros, dans quelques parties, pour constituer un vrai poudingue : le ciment qui

les unit est un quartz grossier, ou *hornstein*, tantôt écailleux, tantôt granuleux, tantôt compacte.
Souvent les grains sont très-peu nombreux, et
l'on a des masses de plusieurs pieds cubes uniquement formées de *hornstein*.

Un des plus célèbres géologistes de l'Allemagne, M. Voigt,
ne saurait croire que les grès dont il vient d'être question, qui
paraissent n'être formés que de quartz, soient des assemblages
de grains provenant de la destruction de roches préexistantes;
il pense qu'ils ont été formés entièrement par voie de cristallisation, dans le lieu où on les trouve; que leurs grains
ne sont que des *pièces séparées grenues*, comme celles des
dolomies granuleuses, et qu'ils ne sont liés par aucun ciment
intermédiaire. Il a été porté à cette manière de voir, par l'observation de la structure de ces grès, qui, examinés à la loupe,
n'ont pas paru composés de grains arrondis de quartz, mais
ont semblé être des grains, ou cristaux informes, d'un cristal
de roche limpide; rien ne lui a fait découvrir ou indiqué la présence d'un ciment. Il remarque, en confirmation de son opinion : 1° que plusieurs roches de structure pareillement granuleuses sont aussi de formation chimique ; 2° que durant
les dernières époques des terrains secondaires, il s'est déposé
une grande quantité de silice, et formé beaucoup de minéraux
siliceux; 3° que les autres grès, qui proviennent de la destruction des roches antérieures, n'ont plus le même aspect ;
qu'ils sont composés de grains de différente espèce et de
différente grosseur, évidemment agglutinés par un ciment distinct, tandis qu'ici on n'a sous les yeux qu'une masse homogène; 4° que les nouveaux grès contiennent des parties de
vrai quartz, auquel elles passent insensiblement. Depuis
M. Voigt a été confirmé dans son opinion par les observations de M. Sartorius, qui est parvenu, à l'aide d'un fort mi-

croscope, à distinguer la forme cristalline de chaque grain pris isolément (1).

Déjà, depuis long-tems, Deluc avait regardé les grès comme un produit de la cristallisation : c'était ses *pulvicules* élémentaires simplement concrétionnés; et les sables de la Westphalie, de la Libye, etc., n'étaient à ses yeux que le dernier précipité des mers qui avaient formé nos couches minérales. Je n'irai pas si loin, mais je partagerai l'opinion de M. Voigt sur la nature de plusieurs roches, regardées aujourd'hui comme des grès, et qui ne sont que des quartz granuleux. Il y a long-tems que j'ai avancé que le minéral connu sous le nom de *grès flexible* du Brésil, était l'objet d'une pareille méprise; je l'ai répété dans cet ouvrage ; et maintenant que nous avons quelques détails sur son gissement, qu'on nous dit qu'il fait partie de montagnes d'un grès à couches verticales, composé de grains de quartz liés par un ciment chloritique, reposant sur des couches de chlorite, renfermant des topases, et traversé par de grands filons de quartz aurifères (2), je ne doute plus que ce ne soit un quartz granuleux, et très-vraisemblablement de formation primitive ou intermédiaire.

Je dois remarquer qu'en citant tous les divers terrains dont j'ai parlé dans cet article, j'ai eu moins pour objet de les classer que de les faire connaître, et de montrer les rapports qu'il peut y avoir entre eux, tant dans la composition que dans le gissement : car, d'ailleurs, nous manquons encore de données pour faire une classification géognostique des grès ; plusieurs minéralogistes regardent les deux grès de la Thuringe comme appartenant à une seule formation, dans laquelle le *zechstein* serait un lit subordonné ; et la majeure partie d'entre eux ne voient, dans le dernier grès, le *quader-sandstein*, que l'assise supérieure du second.

_____

(1) Freiesleben. *Geognostisch Beytrag zur kenntniss der kupfer schiefergebirges*, Iom. IV, pag. 286.

(2) Mawe et Eschwège, *Annales des Mines*, tom. II.

Indépendamment des trois formations principales dont nous venons de parler, il en existe certainement un grand nombre de locales et de partielles, dit Werner.

§ 285. Avant de terminer ce que nous avons à dire sur les grès, examinons un instant une circonstance assez singulière de leur position. Étant formés de débris, souvent assez gros, d'anciennes roches, charriées par les eaux ou par une force mécanique, ils paraîtraient devoir se trouver continuellement au pied des montagnes, et dans des bas-fonds. Ils y sont même ordinairement; mais comme pour contredire les idées trop générales et les systèmes que nous pourrions nous faire à cet égard, la nature nous les montre quelquefois sur les plus grandes hauteurs que nous ayons atteintes. M. de Humboldt, étant sur la montagne de Santa-Barbara, dans le Pérou, à 4400 mètres au-dessus de la mer, marchait sur des poudingues calcaires et des grès quartzeux. On les trouve sur les passages les plus élevés des Alpes : au centre de ces montagnes, près du Mont-Blanc, au passage *des fours*, à plus de 2500 mètres d'élévation, Saussure a observé des bancs de grès alternant avec des bancs de poudingues : les fragments ou noyaux qui les composent sont arrondis comme s'ils eussent été long-tems battus et roulés par les eaux ; ils appartiennent à des gneis, à des roches euritiques, etc., et sont agglutinés

Niveau qu'atteignent les grès.

par un ciment calcaire et sablonneux ; en quelques
endroits, la destruction de ce ciment laisse les
noyaux à nu et isolés ; et, à cette très-grande hauteur, on est étonné de marcher sur ces cailloux
roulés et sur ces galets, qu'on est accoutumé à ne
voir que dans le fond des vallées, et au bord des
rivières (*Sauss.*, §§ 778 et 2226).

Nous avons vu la grande bande de poudingue
qui traverse la Suisse , le *nagelflue*, former à une
hauteur de deux mille mètres, des couches solides et très-inclinées ; nous l avons vue constituer
une montagne entière de cailloux, le *Rigiberg*,
qui atteint presque cette élévation.

La plus haute cime des Pyrénées, le Mont-Perdu , ainsi que tout le massif qui le supporte, depuis 1500 ou 2000 mètres d'élévation jusqu'à 3400,
consiste en un grès plus ou moins grossier, et
plus ou moins mêlé de calcaire : le grain y grossit
quelquefois jusqu'à former un vrai poudingue ;
d'autres fois , il diminue, tant en grosseur qu'en
quantité, de manière à ce qu'on n'a plus qu'un
calcaire pur et compacte , alternant et mélangé
avec le grès qui forme toujours la masse principale : et pour rendre le fait plus étonnant encore,
ce grès est en couches presque verticales, et il contient une prodigieuse quantité de corps marins ,
principalement de *lenticulaires* ou *numismales*(1).

_____

(1) M. Ramond. *Voyage au Mont-Perdu.*

Quelles incompréhensibles révolutions peuvent
avoir redressé ces couches, et avoir produit, précisément sur le point le plus élevé à deux cents
lieues à la ronde, une roche et des corps qui
semblent pouvoir ne se produire et ne se déposer
que dans le fond des mers ?

ARTICLE SECOND.

DU CALCAIRE SECONDAIRE.

Floetzkalkstein (1) des Allemands.

§ 286. La pierre calcaire constitue la masse principale des terrains secondaires : et ces terrains
pourraient bien être considérés comme n'étant
qu'une énorme couche calcaire, formant, à quelques interruptions près, l'enveloppe extérieure
de la masse solide du globe, et dans laquelle on
trouve, à de certaines époques, des assises de
grès, de gypse, de marne, d'argile, etc.

Ces assises intermédiaires divisent la grande
masse en étages, qui, différant entre eux par
l'époque où ils ont été produits et déposés, sont
de formation différente ; mais comme les mêmes
assises ne se prolongent pas à de grandes distan-

---

(1) C'est-à-dire *pierre calcaire en strates*, vu que dans les terrains secondaires, elle est le plus souvent en strates ou couches à-
peu-près horizontales.

Les Anglais n'ont point de nom particulier, quelquefois ils emploient celui de *Flœtzlimestone*, d'autres fois celui de *secondary
limestone*.

ces, il arrivera que le calcaire d'une certaine époque ou formation, qui est séparé de celui qui le précède, dans l'ordre des tems, par une couche de gypse dans une contrée, le sera par une couche de marne dans une autre, et que dans un troisième lieu, on ne verra aucune séparation. Les coquilles que les calcaires renferment serviront quelquefois à suppléer le manque ou le changement des lits intermédiaires ; mais ce moyen de distinction ne sera pas absolu; car il est très-possible, et même il est vraisemblable, que le calcaire qui s'est déposé à une certaine époque vers le pôle, a enveloppé des coquilles différentes de celles qu'entourait le dépôt qui se faisait dans le même tems sous l'équateur. Observons encore que l'influence des localités est d'autant plus sensible qu'on se rapproche des époques modernes, et nous verrons combien il est difficile de conclure avec précision l'identité de deux formations calcaires un peu éloignées. Cependant, les observations faites jusqu ici nous permettent de distinguer dans la partie occidentale de l'Europe, trois formations principales présentant des caractères particuliers.

SECTION 1re.

Première formation.

La première formation de calcaire a été divisée, depuis quelques années, en deux parties, le *cal-*

caire alpin et le *calcaire du Jura*, séparées souvent l'une de l'autre par une assise de gypse : on rapportait à la première la masse calcaire qui est en Thuringe, au-dessus du grès rouge, et notamment ses assises inférieures ; mais, dans ces derniers tems, quelques géognostes, ainsi que nous l'avons dit, ont été portés à réunir le calcaire alpin au calcaire intermédiaire ; d'autres n'ont plus vu de différence entre le calcaire alpin et celui du Jura ; d'autres enfin ont cru qu'il convenait de distinguer, dans les montagnes du Jura même, deux formations différentes, tant dans la nature des couches que dans celles des fossiles contenus.

Les données manquent pour résoudre ici le problème de la classification. Il faut d'abord s'occuper de leur recherche, et nous allons faire connaître celles que l'on a recueillies. Nous donnerons une description succincte de la formation de la Thuringe qui est la mieux connue, et nous esquisserons ensuite les principaux traits de celles qu'on lui rapporte, tels que le calcaire des Alpes, le calcaire magnésien et le *lias* des Anglais ; ce serait la partie ou *assise inférieure* de l'ancienne division : le calcaire du Jura, dont nous parlerons ensuite, représenterait *l'assise supérieure*.

Au milieu de l'Allemagne, dans le Mansfeldt, dans la Thuringe, et dans une partie du Hartz, de la Hesse et de la Franconie, on a, immédiatement

FORMATION DE LA THURINGE.

au-dessus du grès houiller (et grès rouge), une grande assise calcaire, dont l'épaisseur moyenne est de 150 mètres : c'est la plus ancienne formation de calcaire secondaire, au nord du Danube. Elle renferme une couche schisteuse chargée de cuivre, qui est l'objet de plusieurs exploitations, et qui, en étant la partie la plus importante, l'a fait nommer quelquefois *terrain de schiste cuivreux* (*kupferschiefergebirge*). Avec l'historien de cette formation, M. Freiesleben, nous la diviserons en deux parties : l'inférieure, celle qui contient le cuivre; et la supérieure, celle qui renferme le sel ; chacune d'elles se soudivise encore; la première, en schiste marneux et compacte (*zechstein*); et la seconde, en calcaire poreux ou cellulaire, et en calcaire fétide (1). Entre ces couches on trouve encore le gypse salifère dont il sera question dans l'article suivant.

Schiste-
marneux.

§ 287. Le schiste marneux, qui forme toujours l'assise inférieure de la formation, est tantôt pur,

---

(1) M. Freiesleben, dans son grand ouvrage *Geognostischer Beytrag zur kenntniss des kupferschiefergebirges* (Essai géognostique sur le terrain de schiste cuivreux), a décrit, de la manière la plus circonstanciée, l'ensemble des formations secondaires du centre de l'Allemagne. Ayant été long-tems directeur d'une partie des mines qu'on y exploite, mines dont les puits et les galeries traversent toutes ces formations, il a été à même de les bien connaître, et son ouvrage présente certainement la description la plus complète que nous ayons encore de grandes formations géognostiques

tantôt imprégné de bitume, tantôt mêlé de sable :
les trois variétés, résultant de ces trois circonstances, gardent assez habituellement le même
ordre de position respective, et soudivisent ainsi
l'assise en trois couches : la supérieure, ou le *toit*,
est de la marne assez pure ; la suivante, chargée
habituellement de bitume, forme le *schiste marneux bituminifère* (*bituminœser mergel schiefer*) ;
et l'inférieure, ou le *mur*, est sablonneuse ; elle
est appelée par les mineur s*mur blanc* (*weislie-
gendes*), en opposition avec le grès, ou mur
rouge (*roth-liegendes*) qui est au-dessous, et dont
nous avons parlé (§ 273).

La couche de schiste marneux bituminifère est
très-remarquable, tant sous le rapport minéralogique par sa composition, que sous le rapport
géologique par sa grande étendue et sa constance,
qui en fait le point de repère dans la recherche
des formations de la contrée ; elle l'est encore,
pour le mineur, à cause des métaux qu'il en retire, et pour le naturaliste, par la multitude des
vestiges de poissons et autres animaux qu'elle
renferme.

Elle se trouve dans le Mansfeldt, s'étend dans
la Thuringe, la Franconie d'une part, et dans
le Hartz et la Hesse de l'autre ; malgré cette
grande étendue, son épaisseur n'est pas d'un
pied, terme moyen ; M. Freiesleben la porte entre huit et seize pouces (de France). Sa masse

consiste en une marne assez pure , imprégnée de
bitume et de carbone ; ces deux substances rendent combustibles la plupart des échantillons, et
entrent pour un dixième environ dans leur poids ;
quelques parties cependant en sont entièrement,
ou presque entièrement dépourvues ; mais d'autres en contiennent au point de devenir de vrais
schisteux bitumineux (§ 260), renfermant même
des parties de houille.

Cette couche contient encore habituellement
une quantité notable de parties cuivreuses et ferrugineuses , tantôt disséminées en molécules invisibles dans la masse , tantôt formant de vrais
minerais de cuivre, pyrite cuivreuse, cuivre sulfuré, *bunt-kupferertz.* Ils sont l'objet de plusieurs
exploitations importantes , qui ont fait donner à
la couche, dans le pays , le nom de (*kupfer-
schiefer*) *schiste cuivreux.* Au reste , c'est plutôt
la constance que la quantité , dans le contenu en
métal , qui la rend importante ; car les parties
reconnues assez riches pour être l'objet d'un travail métallurgique , après avoir été convenablement triées , ne donnent guère que deux pour
cent de cuivre , duquel on retire ensuite environ
huit onces d'argent par quintal. La couche contient encore du plomb , du cobalt , du zinc , du
bismuth et de l'arsenic.

Dans un grand nombre d'endroits, elle renferme , entre ses feuillets , une multitude de

poissons aplatis, qui n'ont plus qu'une ou deux lignes d'épaisseur, et rarement un demi-pouce. Ils se trouvent encore avec leur peau et leurs écailles, et sont convertis en une sorte de houille ou de bitume endurci ; c'est d'ailleurs à la décomposition de leurs parties molles qu'on attribue généralement le bitume contenu dans le schiste : souvent encore une partie en est pyritisée. Ils sont ordinairement repliés, et dans des positions qui semblent forcées, comme s'ils eussent éprouvé une mort violente. Cependant un grand nombre de personnes qui les ont examinés avec soin dans leur gissement, croient que cette position est celle d'un poisson mort qui se pourrit, et elles pensent qu'ils sont naturellement tombés sur un fond où ils ont été enveloppés par des dépôts vaseux. M. de Blainville, qui s'est occupé de leur détermination, y a trouvé des brochets, des harengs, une sorte d'esturgeons, etc. Les naturalistes allemands pensent que les poissons de cette localité sont presque tous des poissons d'eau douce (1). On a observé, dans ce même schiste, des empreintes ou squelettes d'autres animaux qui avaient environ trois pieds de long, que l'on avait pris pour des crocodiles ou pour des singes, et qui, d'après M. Cuvier, appartiennent au genre des sauriens (lézards), et doivent être classés parmi

_____

(1) Freiesleben. Tom. IV, p. 284. Schlottheim.

les *monitors*, animaux qui fréquentent les marais
et les bords des rivières (1) Quoique les débris
des êtres marins soient rares dans le schiste marneux, on y a cependant trouvé quelques vestiges
de coraux et de madrépores ; M. de Schlottheim
y a observé une sorte de trilobite qu'il nomme,
d'après la nature de la roche qui la renferme,
trilobites bituminosus, ainsi que deux espèces de
coquilles (*gryphites aculeatus* et *terebratulites la-*
cunosus). Le même auteur dit qu'on trouve encore, quoique très-rarement, dans ce même
schiste, des impressions de plantes qui ont appartenu à des *lycopodiums*, à des fougères, et peut-
être au genre *phalaris*. M. Freiesleben y a encore
observé des empreintes de feuilles de saule, une
tige d'une sorte de bambou converti en houille,
et des morceaux de bois carbonisés, etc.

M. Voigt, qui a été à même d'étudier la couche de schiste
marneux sur plusieurs points, fait au sujet de sa formation
quelques observations qui me paraissent mériter d'être rapportées. « Cette couche, dit-il, s'est déposée sur le poudingue et
le grès rouge, dans un état de calme et de pureté qu'on ne
peut observer sans un vrai sentiment d'admiration.. A peine
une mer agitée a-t-elle fini de recevoir une immense quantité
de galets, de les rouler, de les étendre uniformément sur son
fond, qu'il se dépose un sédiment de molécules infiniment
ténues de marne, de bitume et de cuivre sulfuré, dans lequel, de
distance en distance, un poisson a été enseveli et a laissé son
empreinte. Un instant auparavant on ne voyait pas une trace de

---

(1) Cuvier. *Animaux fossiles*, tom. IV.

chaux, et à partir de ce moment tout est chaux : un instant auparavant ce n'était qu'un entassement de gros et petits galets,
et dès ce moment on ne voit plus même un grain de sable. Les
rives de la mer étaient les mêmes que dans le tems de l'accumulation des poudingues et du grès ; les fleuves qui avaient ap-
porté les cailloux et les pierres qui constituent ces roches,
n'avaient pas suspendu leur cours, et cependant un grain de
sable, de la grosseur d'un pois, dans le schiste marneux, dans
le calcaire, dans le gypse, en un mot dans toutes les couches
placées sur ces lits de cailloux et de grès, est une très grande
rareté » (1).

§ 288. Immédiatement au-dessus du schiste
marneux, se trouve toujours un calcaire compacte, dur et très-tenace, d'un gris cendré ou
noirâtre, et distinctement stratifié, sans toutefois avoir l'apparence schisteuse, au moins aussi
complétement que le banc qui est au-dessous. Ce
calcaire est appelé *zechstein* par les mineurs du
pays : il forme une assise dont l'épaisseur n'est
que de quelques mètres ; mais qui, en certains
endroits, en a jusqu'à vingt et trente : quelquefois elle est un peu mêlée d'argile, et se rapproche de la marne ; elle contient quelques veines
et grains de spath calcaire et de gypse : on y
trouve encore quelques cristaux de quartz, quelques paillettes de mica, et rarement quelques
masses aplaties d'argile. Les pyrites cuivreuses
et le cuivre carbonaté y sont assez fréquents ;

*Calcaire
compacte.
Zechstein.*

_____

(1) Voigt. *Practische gebirgskunde*, § 54.

il y a aussi quelques grains de plomb sulfuré.

En général, elle renferme peu de pétrifications ; on y a cependant trouvé quelques corallites et millepores, ainsi que quelques espèces de
térébratules, entre autres les *terebratulites ala-*
tus et *lacunosus :* on cite encore des ammonites,
des serpuliles, etc.

Cette assise de calcaire renferme quelques strates dont le grain est un peu plus grossier, la
couleur d un brun jaunâtre, et qui contiennent
une assez grande quantité de gryphites pétrifiés,
ils y sont comme par familles ; ce sont principalement des *gryphites aculeati ;* quelquefois
aussi, quoique plus rarement, des *gryphites ru-*
gosi : M. Voigt a nommé cette roche *calcaire à*
gryphites. En comparant les êtres qu elle renferme avec ceux qui sont contenus dans le schiste
marneux, placé immédiatement au-dessous, il se
demande d où viennent ces gryphites dont on ne
voit pas trace dans le schiste (1) ; et qu'est-ce qui
en a éloigné si promptement les poissons qui
abondent dans ce schiste, et dont on n'aperçoit
plus ici un indice ?

Calcaire
celluleux.

§ 289. Au-dessus du calcaire compacte se trouve
une autre couche calcaire qui porte dans le pays
le nom de *rauchwacke* (wacke enfumée) : c'est

---

(1) M. Voigt ignorait que M. de Schlottheim eût trouvé quelques gryphites dans le schiste ; mais sa remarque n'en est pas
moins importante sous le rapport des poissons.

un calcaire vraisemblablement chargé de silice ;
il est d'un gris foncé , quelquefois noirâtre , d'une
cassure tantôt écailleuse , tantôt grenue à petits
grains , tantôt (quoique rarement) oolitique ,
dur, ferme , et criblé de pores ou cavités.

Ce dernier caractère est distinctif ; il se présente même dans les portions de la couche qui
paraissent les plus compactes : les cavités y sont
anguleuses , longues et étroites (comme dans
une glaise fendillée) ; leurs parois sont tapissées
de petits cristaux calcaires : souvent elles sont
considérables , et ont même quelques mètres de
long et de large ; elles sont toujours aplaties et
parallèles à la couche.

Quelquefois , au milieu de sa masse ordinaire ,
ce calcaire renferme comme des fragments de
même substance , ou d'une substance qui en diffère très-peu : ils sont très-distincts du reste de
la roche. Dans quelques endroits , ils sont sans
aucun ciment agglutinateur, et la couche est alors
un vrai tas de pierres isolées.

Elle ne contient que très-peu de pétrifications :
on y a trouvé quelques gryphites et camites.

Lorsqu'elle est pure et compacte , elle n'a
guère qu'un mètre d'épaisseur, et souvent moins
encore; mais dans les variétés celluleuses, sur-tout
lorsque les cavités sont considérables , elle atteint quinze et seize mètres.

§ 290. Sur la *rauchwacke* , on a une couche de   Calcaire
fétide.

pierre calcaire qui exhale une odeur très-fétide
lorsqu'on la frotte, ce qui lui a fait donner le
nom de *pierre puante*, ou de *pierre de porc* (*stinkstein*) (1). Elle est d'un brun noirâtre ; ordinairement elle est divisée en plaques minces et planes, qui lui donnent quelquefois un aspect schisteux ; d'autres fois, elle est compacte, et sa cassure est alors un peu grenue. Exposée à l'air,
elle s'y décolore et s'y délite aisément.

Elle forme une assise dont l'épaisseur varie depuis un jusqu'à trente mètres. Dans certaines parties, sa masse devient argileuse et presque sans
consistance : dans cet état, elle renferme une
quantité plus ou moins considérable de morceaux de calcaire fétide, compacte et dur, tantôt
de forme prismatique, tantôt semblables à des
disques, ayant au plus huit pouces de long ou
de large, et un pouce ou un pouce et demi d'é-
paisseur ; mais toujours anguleux et à arêtes vives ;
ils sont placés dans toutes sortes de directions :
on croirait voir une brèche des mieux caractérisées ; mais M. Freiesleben observe que tout porte

---

(1) Cette odeur est semblable à celle de l'hydrogène sulfuré.
M. John s'est occupé de la recherche du principe fétide : il a analysé un grand nombre de pierres puantes et de marbres noirs, et
il a trouvé dans tous un peu de carbone et de soufre. Il a donné
à cette pierre le nom de *lucullane :* Lucullus avait introduit à
Rome l'usage des marbres noirs, et on les y appelait en conséquence
lucullei marmores.

à croire que ces morceaux de calcaire ne sont point des fragments de roches préexistantes, quoiqu'ils en aient l'aspect , et qu'ils auront été formés, au milieu de la masse qui les enveloppe, par un rapprochement et une réunion de molécules calcaires : ils sont presque entièrement composés de carbonate de chaux, tandis que la masse environnante et friable est de l'argile : ils doivent leur origine au départ des deux matières.

Quelquefois la désagrégation est complète , et la couche présente, principalement dans ses parties inférieures , une substance absolument semblable à de la *cendre* , et qui porte effectivement ce nom (*asche*) dans le pays. Lorsqu'elle est mouillée , elle a un peu de consistance ; mais dès qu'elle est sèche , la plus légère pression suffit pour la réduire en une poussière extrêmement fine , de couleur grise , et dont les molécules sont des lamelles cristallines : quand elles acquièrent plus de volume , elles forment un sable rude au toucher, dont les grains, vus à la loupe, sont cristallins ; enfin , si ces grains ou parcelles adhèrent ensemble , ce qui arrive quelquefois, il en résulte une vraie pierre calcaire. Au milieu de la matière pulvérulente , on trouve encore des parties de calcaire dur, comme dans la masse friable ; et M. Freiesleben , remarquant de nouveau qu'ils sont un effet de la formation primitive , cite à ce sujet un fait intéressant : il a observé , dans une

galerie de mine , qui traversait la couche, une
bande de sable composée de grains de quartz, de
grains cristallins calcaires , et d'une argile verdâtre ; et après avoir dit qu'on pourrait la citer
comme exemple d'un dépôt mécanique au milieu
de précipités chimiques , il ajoute : « Cepen-
» dant plusieurs sables paraissent être de vrais
» produits chimiques , et le résultat d'une pré-
» cipitation de silice , substance qui n'est pas
» étrangère à cette couche : c'est ainsi qu'à Wie-
» derstaedt, au milieu des *cendres* , on voit de
» petites couches sablonneuses, qui ne sont que
» de minces bandes.d'un assemblage de très-pe-
» tites druses de quartz dont les cavités sont rem-
» plies de calcaire ; si on les met dans l'acide ni-
» trique , le calcaire se dissout , et il ne reste
» plus qu'une carcasse quartzeuse d'un aspect
» carié. »

Dans quelques endroits , au milieu des cendres
ordinaires , on trouve des rognons ou minces
bandes formées de chaux carbonatée entièrement
pure : ce sont des masses pulvérulentes composées
de parcelles blanches, d'un aspect nacré ou argentin , semblables à des parcelles de talc ; ce
qui leur avait fait donner le nom de talc terreux
(*erdiger talc*) par quelques minéralogistes allemands. C'est le *schaumerde* (écume de terre) de
Werner , et la *chaux carbonatée nacrée talqueuse* de M. Brongniart.

Nous avons distingué, dans l'assise supérieure de la formation, deux couches principales : le calcaire enfumé et le calcaire fétide ; on pourrait les regarder comme n'en formant qu'une, car leurs limites ne sont pas prononcées, leurs substances se mélangent souvent, et se mêlent quelquefois même avec le *zechstein*. Cette assise supérieure est celle qui renferme le gypse salifère.

§ 291. Les Alpes, depuis la France jusqu'en Hongrie, sont bordées au nord par une énorme bande calcaire de dix lieues de large, terme moyen, et qui s'élève jusqu'à une hauteur de quatre mille mètres (§ 244) ; mais comme elle pose sur le terrain primitif, l'épaisseur de l'assise calcaire n'est pas de plus de 2600 mètres, d'après M. Ebel. Elle est partagée, dans le sens de sa longueur, en deux parties à-peu-près égales, par une couche de phyllade : la partie placée au-dessous est un calcaire intermédiaire, et l'autre est le *calcaire alpin*.

Sa couleur ordinaire est le gris foncé, passant souvent au gris noirâtre ou bleuâtre ; mais quelquefois aussi au gris clair et au gris rougeâtre ou jaunâtre : dans le pays de Salzbourg, M. de Buch a vu les couches inférieures habituellement rouges, et les couches supérieures blanches : en général, on a remarqué que la couleur est plus foncée dans le bas, et qu'elle s'éclaircit à mesure qu'on s'élève. Sa cassure est compacte, écailleuse,

CALCAIRE ALPIN.

Dans les Alpes.

quelquefois même grenue à petits grains, et alors il peut être employé comme marbre. Il est distinctement stratifié; les strates en sont souvent très-contournées, et ont une forte inclinaison : elles plongent en général vers le sud, c'est-à-dire vers les montagnes primitives ou intermédiaires sur lesquelles elles reposent.

Elles contiennent, principalement dans les parties supérieures, une grande quantité de tubercules de silex pyromaque et des boules de silex corné : ce sont à-peu-près les seuls minéraux qu'elles renferment. On y trouve également fort peu de minerais métalliques, sauf des veines ou minces couches de fer hydraté, et quelques filons de plomb argentifère : des personnes rapportent au calcaire alpin les grandes masses de fer spathique d'Eisenhertz en Stirie. On y a observé assez souvent des couches de houille : elles y sont en général peu considérables et de médiocre qualité; nous reviendrons dans peu sur cet objet, et nous nous bornerons à dire ici qu'elles sont accompagnées de marne, d'argile, et même de grès. Quant au gypse et à l'argile salifère qu'on trouve en notable quantité dans le calcaire des Alpes, ou plutôt sur ce calcaire, nous en traiterons dans l'article suivant.

Les coquilles sont très-inégalement répandues dans le calcaire alpin : des espaces d'une étendue considérable en sont absolument dépourvus.

Celles qui paraissent caractéristiques, pour cette formation, sont les ammonites et les lenticulaires : elles sont accompagnées de corallolites, d'huîtres, de buccinites, d'echinites, de belemnites, etc. Ces divers fossiles sont ordinairement disposés et réunis par famille dans des couches particulières, rarement sont-ils disséminés dans la roche, sauf les ammonites. M. de Schlottheim a remarqué, dans quelques endroits, qu'elles semblent disposées, jusqu'à un certain point, suivant l'ordre des pesanteurs spécifiques : c'est ainsi que, dans les couches inférieures, on a de grosses ammonites, dont quelques-unes ont plus de six pieds de diamètre (*ammonites colubratus*), et que dans les couches supérieures les lenticulaires abondent. M. de Buch observe que dans le pays de Salzbourg, comme dans plusieurs autres contrées de l'Allemagne, le calcaire est séparé du grès sur lequel il repose par une couche très - abondante en fossiles, principalement en entroques et en trochites, et que leur quantité diminue, en général, à mesure qu'on s'élève.

Ce minéralogiste et M. de Humboldt cherchèrent les premiers à assigner au calcaire septentrional des Alpes sa place géognostique. Depuis il a été l'objet particulier des études de M. Escher : ce savant, en le considérant dans son entier, voyant que la partie qui avoisine le terrain primitif a un grain cristallin, que les couches suivantes sont formées d'un calcaire noir et mélangé de beaucoup de silice et d'argile, enfin que les couches extérieures consistent en un calcaire dense et exempt d'un pa-

reil mélange, crut qu'il pouvait être divisé, sous le rapport
minéralogique, en calcaire intermédiaire, calcaire des hautes
montagnes (*hochgebirgskalkstein*), et calcaire alpin : sous le
rapport géognostique, il réunit dans la même classe les deux
premiers calcaires, et il eut la division communément adoptée,
le calcaire intermédiaire et le calcaire alpin ; mais depuis quelques années, un nouvel examen des localités lui a montré qu'il
n'existait en réalité aucune limite fixe entre ces deux sortes de
roches ; et d'après des documents qu'il a eu la bonté de me
transmettre en dernier lieu, il ne pense plus qu'on puisse les
séparer. M. de Charpentier est dans la même opinion, et il met
en entier, dans les terrains intermédiaires, tout le calcaire qui est
en Suisse, entre la grande formation de grès et le sol primitif:
il n'y a plus pour lui de calcaire alpin.

Dans d'au-
tres con-
trées.

§ 292. Le calcaire alpin forme en France, une
grande partie des montagnes du Dauphiné et de
la Provence. Il occupe le pied du versant septentrional des Pyrénées, en y faisant une bande
presque continue de quelques lieues de large : il
forme en outre, sur le faîte et au milieu de la
chaîne, la plus haute des sommités (le Mont-
Perdu), les tours de Marboré et les grandes masses
calcaires adjacentes. Il existe vraisemblablement
encore sur plusieurs autres points de la France :
mais comme il y est accompagné du calcaire du
Jura, il est difficile de pouvoir assigner avec précision les contrées dont il constitue le sol.

L'Angleterre présente, dans sa partie septentrionale, une grande bande calcaire d'environ
quarante lieues de long, placée entre le terrain
houiller et le *grès avec argile* (*red marle*) dont

nous avons parlé (§ 281). Ce gissement l'assimile
ainsi au calcaire alpin , sous le rapport géognostique , c'est-à-dire qu'elle tient en Angleterre
la même place que le calcaire alpin en Suisse,
et que le *zechstein* en Allemagne ; car, d'ailleurs,
elle diffère essentiellement de ces roches par sa
nature minéralogique. Elle se distingue principalement par son contenu en magnésie , ou plutôt
en carbonate de magnésie, lequel s'élève quelquefois jusqu'à près de la moitié de son poids : de là
le nom de calcaire magnésien (*magnesian-limestone*) qui lui a été donné. Elle est, en général ,
d'une couleur jaunâtre ou jaune brun clair, d'une
texture un peu granuleuse et quelquefois décidément oolitique, et elle a un peu d'éclat. Elle contient du bitume et se rapproche ainsi du calcaire
fétide , dont elle renferme d'ailleurs des masses
tuberculeuses à texture testacée et radiée. — On
y a trouvé quelques grains de galène. Quant aux
fossiles, ils y sont peu nombreux ; M. Winch cite
des encrinites, des coquilles bivalves ressemblant
à celles des genres donax, des moules, etc. , et
l'empreinte d'un poisson qui paraît appartenir
au genre chætodon (1).

    L'Angleterre présente encore un autre calcaire
qui a peut-être plus de rapports minéralogiques
avec celui des Alpes, mais qui en diffère essen-

---

(1) *Trans. of the geol. soc.*, tom. IV.

tiellement sous celui du gissement , car il est superposé au *grès avec argile* (*red marl*) : je parle
du calcaire argileux bleuâtre , et généralement
fétide , appelé *lias*. D'après les données recueillies et publiées par MM. Smith, Conybeare, Buck-
larid , Horner , Phillips et Kidd, cette formation
consiste en une alternative de minces couches de
calcaire, et de couches d'argile bitumineuse contenant des parties de ce calcaire. On y trouve
beaucoup d'ammonites, des nautiles, des pectinites, des térébratules etc. ; ainsi que des empreintes végétales converties en houille. La partie
supérieure présente un calcaire moins foncé,
quelquefois même d'un gris clair et presque compacte, ayant très-rarement un pied d'épaisseur,,
se divisant en plaques et servant à la lithographie.

M. de Humboldt rapporte encore au calcaire
alpin les montagnes de la presque totalité de la
Nouvelle-Andalousie , dans l'Amérique méridionale. La roche y est d'un gris noirâtre, compacte
ou grenue , contenant des cristaux d'un quartz
très-transparent , ayant un pouce de long, et qui
lui donnent une apparence porphyroïde. Ses couches sont très-inclinées et contournées : elles sont
entremêlées de couches de marne quelquefois
carburée, de grès et même de fer hydraté.

Remarquons encore , d'après les observations
de ce savant , que le calcaire alpin de l'Amérique
est très-riche en substances métalliques ; les cé-

Fèbres exploitations d'argent de *Réal Catorce*, et plusieurs autres auprès de *Zimapan*, dans le Mexique, ainsi que celles de *Pasco* et de *Hualgayoc* au Pérou, sont dans ce calcaire.

Quant à, l'immense assise calcaire qui forme presque en entier tout le vaste bassin du Mississipi, dans l'Amérique septentrionale, nous n'avons point assez de données même pour la rapprocher de nos formations. Le calcaire y est, dit-on, généralement bleu, tantôt clair, tantôt foncé ; il est en couches horizontales, et contient des silex : il alterne avec quelques couches de grès, et paraît reposer sur un grès rouge ; il supporte, ajoute-t-on, la grande formation de houille qui s'étend des rives de l Ohio jusqu'en Pensylvanie.

§ 293. La pierre que l'on désigne ordinairement sous le nom de calcaire du Jura, est d'un gris clair, compacte, à cassure concoïde et lisse. Elle forme le noyau du Mont-Jura. Au-dessus, dans cette chaîne, on trouve des couches d'un tissu plus lâche, d'un jaune clair, et qui s'étendent dans les plaines de la Franche-Comté : M. Omalius et plusieurs autres naturalistes·, les regardent comme appartenant à une formation distincte et postérieure.

CALCAIRE DU JURA.

Le calcaire du Jura est assez souvent chargé d'argile, et forme ainsi des couches marneuses qui alternent avec le calcaire pur. Souvent encore il prend la texture oolitiqne : c'est ainsi qu'au

Mont-Salève et sur la cime la plus élevée du Jura, le Dôle, Saussure a observé des bancs entiers qui lui ont paru n'être composés que de grains arrondis.

Le calcaire du Jura est bien distinctement stratifié : les couches ont de deux à cinq pieds d'épaisseur ; leur direction affecte une grande régularité, elle est du S.-S.-O. au N.-N.-E., et est ainsi exactement celle de la chaîne. Quant à l'inclinaison, elle varie beaucoup : il paraît qu'originairement le Jura était formé de plusieurs chaînons parallèles et en forme de dos d'âne, lesquels étaient composés de couches concentriques à leur axe et pliées par conséquent comme des berceaux de voûte ; mais qu'ensuite la dégradation du sol a changé cette disposition et fait disparaître, en un grand nombre d'endroits, le parallélisme (*Sauss.*, §§ 332 *et suiv.*). Nous remarquerons encore que souvent, dans le centre de la montagne, et sous le faîte du dos d'âne, les couches sont dans une position verticale.

Lé Jura renferme une quantité considérable de débris de zoophytes et de coquilles : le calcaire compacte et dur qui forme le noyau des montagnes n'en contient que peu, il est vrai, mais ils abondent dans les couches marneuses de la superficie Quoique l'observation n'ait pas encore suffisamment constaté le rapport qu'il peut y avoir ici entre les diverses couches et les diverses sortes de coquilles, M. de Schlottheim dit que, dans les couches anciennes, on a principalement des corallites, l'espèce d'encrinite qui donne les cariophylites, quelques espèces particulières d'orthocéralites, de numismales, de bélemnites, d'ammonites ; plusieurs espèces d'échinites, d'huîtres, de buccinites, etc. Dans les couches moins anciennes, outre quelques échinites, bélemnites et ammonites, ce sont sur-tout des turbinites et des térébratules, ainsi que quelques empreintes de dents de poisson. Ces corps sont très-inégalement répandus ; et, encore ici, chaque couche coquillière semble contenir une famille particulière.

Le calcaire du Jura renferme peu de couches étrangères. On y voit cependant :

1° Des couches marneuses, contenant quelquefois du gypse et du soufre.

2° Des couches d'argile : quelques-unes sont imprégnées de sel gemme ; de là les sources salées qui sortent du pied du Mont-Jura.

3° Des couches de minerai de fer, consistant principalement en géodes et grains de fer hydraté : elles se trouvent principalement avec les couches d'argile qui sont vers la partie supérieure de la formation.

4° Quelques minces couches de houille.

5° Des couches d'asphalte : on en a une de trois mètres d'épaisseur dans le Val-de-Travers ; auprès

d'Orbe, il en existe une semblable ; elle est fendillée , et les fentes renferment du pétrole : l'asphalte du Val-Saint-Julien est dans le même cas.
Les couches bitumineuses du département de l'Ain
appartiennent à cette même formation.

Localités. § 294. Non-seulement le calcaire dont nous
venons de parler forme les Monts-Jura, mais il s'é-
tend, vers l'est, dans la Souabe et jusqu'en Bohême;
à l ouest, il constitue les Cévennes , les terrains
calcaires du Bas-Languedoc , et il va au pied des
Pyrénées former, avec le calcaire alpin , les
montagnes des Corbières, au sud de Narbonne.
On le retrouve dans l'intérieur de la France, constituant le sol du Querci , d'une partie du Rouergue , de la Lozère , etc. Au reste, ainsi que nous
l'avons remarqué , il est difficile de distinguer les
terrains qui appartiennent au calcaire alpin , de
ceux qui appartiennent au calcaire du Jura : les
deux roches et même les deux formations se ressemblent beaucoup , tellement que plusieurs
géognostes les réunissent en une seule : ils remar-
quent que lorsque, dans les Alpes, elles sont en
contact, on ne peut y reconnaître aucune différence. Sur les Apennins, il est impossible de les
distinguer.

Dans les lieux où l'on a été à même d'observer
la superposition du calcaire du Jura, on trouve
cette roche reposant sur le calcaire des Alpes ou
sur le terrain primitif : c'est ainsi qu'au-dessus de

Bâle , dans l'échancrure où coule le Rhin , on la voit placée immédiatement sur le granite ou le gneis. En Suisse, elle est recouverte par la mollasse ou grès dont le *nagelflue* fait partie. M. Escher l'a vue , en quelques endroits, sous des couches d'une argile ferrugineuse , contenant des masses de minerai en grains.

Peut-être doit-on rapporter au calcaire du Jura la formation du calcaire oolitique de l'Angleterre ; elle repose sur le *lias*, ou n'en est séparée que par une couche de marne schisteuse , imprégnée de bitume, et qui lui appartient très-vraisemblablement. Cette formation consiste en une alternative de couches d'argile ou de sable marneux, et de pierres calcaires souvent de structure oolitique : elle fournit en outre d'excellentes pierres de taille. Les fossiles qu'on y trouve le plus abondamment, sont des ammonites, des nautiles, des mytulites, des moules et des coraux. Nous avons vu que M. de Humboldt était enclin à la rapprocher plutôt de la seconde formation de·grès (*grès avec argile*), et M. Buckland la rapporte à une époque postérieure encore au calcaire coquillier de Werner.

M. de Humboldt a observé , en Amérique , un calcaire qui lui paraît avoir beaucoup d'analogie avec celui du Jura, et qui contient des bancs d'une lydienne ne renfermant point des veinules de quartz , et se rapprochant des silex cornés (*horn-*

stein). Il regarde encore comme de même formation le calcaire qui contient, dans le Mexique, les fameuses mines de *Tasco* et de *Tehuilotepec.*

SECTION II.

Seconde formation calcaire.

Muschelkalk (calcaire coquillier) de Werner.
Calcaire horizontal de M. Omalius.

§ 295. Au-dessus du grès bigarré qui recouvre, en Thuringe, la première formation calcaire, se trouve une seconde formation que Werner nomme *floetzmuschelkalk* (calcaire secondaire coquillier), à cause de la très-grande quantité de coquilles fossiles qu'elle renferme : c'est principalement par ces coquilles qu'elle se distingue de la première formation ; elle en diffère encore par l'absence presque totale du principe fétide , et par plus d'homogénéité dans la composition.

Le calcaire qui la constitue est en général d'un blanc grisâtre ou jaunâtre, d'une cassure compacte, le plus souvent un peu écailleuse et mate : quelquefois cependant , sur d'assez grands espaces , elle est grenue et prend par parties l'aspect cristallin ; ailleurs cet aspect devient terreux , et la roche montre une texture schisteuse Il est très-distinctement stratifié , et ses couches sont habituellement horizontales , de là le nom de *calcaire*

horizontal qui lui a été donné par M. Omalius
et qui équivaut à *Floetzkalkstein* (§ 286).

Je remarquerai, au sujet de cette dénomination, qu'en
général les montagnes de nouvelle formation se présentent en couches horizontales, et cela d'une manière d'autant
plus marquée, qu'elles sont plus nouvelles (§ 113). Saussure
avait ce fait en vue lorsqu'il disait : « Les montagnes secondaires
» sont d'autant plus irrégulières, qu'elles s'approchent davan-
» tage des montagnes primitives. » M. Omalius s'exprime d'une
manière plus positive : « Dans un même bassin, dit-il, les
» terrains en couches inclinées sont toujours plus anciens que
» ceux en couches horizontales ; » et, partant de ce principe,
il a pris l'horizontalité comme caractère distinctif de quelques
terrains. M. Buckland en a agi de même ; il a divisé les terrains
secondaires en deux ordres : le premier, en couches horizontales va jusqu'au terrain houiller exclusivement, et le second
depuis ce terrain jusqu'aux formations intermédiaires. Deux
raisons semblent appuyer ce principe : 1° Les derniers terrains,
étant principalement composés de sédiments, doivent, en général, avoir été déposés en couches horizontales ; tandis que les
autres, formés de précipités chimiques, peuvent avoir été déposés en couches très-inclinées. 2° Ceux-ci étant plus anciens,
ont été plus long-tems exposés aux causes qui peuvent avoir
relevé les couches, et doivent ainsi présenter plus de relève-
ments ou d'affaissements. Mais ces dernières causes ont aussi
agi sur des masses très-peu anciennes ; c'est ainsi qu'à l'île de
Wight, on trouve non-seulement des couches de craie, mais
encore des couches de sable et d'argile des dernières formations,
dans une position verticale. Par conséquent, le principe de
M. Omalius n'est vrai qu'en général.

Les silex et produits siliceux sont abondants dans
cette formation ; le plus souvent ce sont des silex

pyromaques bruns ou blonds, de forme bulbeuse, quelquefois des silex cornés blanchâtres, formant des boules de quelques pouces de diamètre, et se divisant en couches concentriques, comme à Ingolstadt, en Bavière ; ailleurs on a de petites couches, ou plaques, d'un à deux pouces d'épaisseur, approchant quelquefois du silex corné et même du jaspe.

Cette formation ne contient qu'un très-petit nombre de couches étrangères ; savoir :

1° Quelques couches chargées d'hydrate de fer, au point de pouvoir même être regardées comme minerai. On y trouve aussi des grains de plomb sulfuré.

2° Quelques couches d'argile houilleuse, dans lesquelles on voit des veines ou petites strates d'une houille de médiocre qualité ; M. de Schlottheim a observé, dans leur enveloppe argileuse, des empreintes de branches et de grains qui n'ont aucune ressemblance avec nos plantes actuelles.

3° Quelques parties de gypse.

Localités.   § 296. Le calcaire horizontal nous paraît identique, sous le rapport de la formation, avec celui qui constitue les couches supérieures du Mont-Jura. Dans la Thuringe, il repose sur le *grès avec argile*, et il paraît avoir une superposition analogue en France, où il occupe un espace considérable, notamment au nord-ouest. Il y constitue le sol des plaines de la Franche-Comté, de la majeure partie de la Lorraine et de la Champagne ; il y serait limité par une suite de lignes qui passeraient dans les environs de Besançon , Nevers , Bar-le-Duc , Charleville , Luxembourg , Sarguemines et Besançon. On le retrouve encore en France, dans le Périgord, le Poitou, la Touraine, le Berri, etc. : au nord de ces provinces , il s'enfonce sous la craie qui forme le sol de la partie septentrionale du royaume (*voyez* pl. II , fig. 3.) : au reste, M. Omalius ne se prononce point d'une manière positive sur l'époque de la formation , et tout en le distinguant du calcaire alpin , il remarque qu'il pourrait bien lui appartenir.

C'est au calcaire horizontal que nous rapporterons les calcaires que les Anglais nomment *forest-marble*, *cornbrash* et *Portlandstone* (n° 7 et 8 du § 254), qui alternent avec des marnes, et qui sont interposés entre le calcaire oolitique et la craie. Le *forest marble* est un calcaire compacte , dur , contenant beaucoup de fossiles , et principalement de petites ammonites, des peignes ; l'autre est un calcaire blanc, un peu sablonneux , renfermant des huîtres , des térébratules , etc. ; le troisième est un calcaire siliceux qui contient des turritelles , des ammonites, etc.

M. Buckland, comprend , dans le second calcaire, le *Muschelkalk* de Werner , un bien plus grand nombre de couches des formations anglaises : il y place (les numéros 4—9 et 11) des formati ons de M. Smith, depuis le *lias* inclusivement jusqu'au

sable ferrugineux. Il n'en fait qu'une seule formation, celle
des oolites, et il la divise en trois assises : 1° l'*inférieure*
comprend, depuis lui, le *lias* avec ses marnes ou argiles, un
sable et grès micacés, la couche oolitique inférieure, et une glaise
avec de la terre à foulon, formant un tout de près de 400 mèt.
d'épaisseur ; 2° la *mitoyenne* renferme la grande couche oolitique (pierre à bâtir), une marne sableuse contenant de
minces couches houilleuses, le *forest-marble* et le *cornbrasch*,
un calcaire grossier et sableux, et une argile bleue ; cette assise a
250 mètres ; 3° la *supérieure*, ayant environ 450 mètres d'é-
paisseur, est formée de couches de sable et grès calcaire, d'oolite
terreuse avec coraux (*coral rag*), de calcaire oolitique, d'argile bitumineuse et gypse, de calcaire siliceux avec des silex
cornés (*portlandstone*), et de marne alternant avec de la
pierre calcaire. Toutes les couches, que nous venons de désigner, ont été énoncées en suivant leur ordre de superposition,
de bas en haut.

Fossiles.   § 297. Les coquilles sont en très-grande quantité dans cette formation, avons-nous dit ; quelques couches sont entièrement formées de leurs
débris ; d'autres, il est vrai, n'en contiennent
point ou presque point. M. de Schlottheim a remarqué, dans les parties de l'Allemagne où il a
fait ses observations, que les couches les plus anciennes sont, en très-grande partie, composées
de fragments d'encrines et trochites ; de là le nom
de *calcaire à trochite* qu'on leur donne quelquefois. La manière dont s'y trouvent des familles
entières d'encrines lui a paru prouver que ces
corps étaient encore dans leur gîte natal. Les couches supérieures sont principalement caractéri-

sées, d'après ce même savant, par des térébratules lisses, des chamites lisses et striées, des familles de mytulites et d'ammonites : les *ammonites
nudosi* et *franconici* lui paraissent exclusivement
propres au calcaire coquillier. On y voit encore
des trombinites, des huîtres (*ostracites spondi-
loïdes*), rarement des buccinites, des échinites,
des pectinites, etc.

C'est à la formation coquillière que Werner
rapporte le calcaire de Pappenheim ou d'Aich-
stætt, en Franconie (M. de Humboldt le regarde
comme appartenant au calcaire du Jura), remarquable par les empreintes de poissons et d'autres
animaux qu'on y a trouvées. Il est d'un gris jaunâtre et d'une cassure compacte : il se divise en
couches ou dalles dont l'épaisseur augmente, en
général, à mesure qu'on s'enfonce : celles qui
sont voisines de la superficie sont minces comme
des feuilles de carton, et employées en guise d'ardoise : celles qui sont au-dessous, formant des
plaques planes, servent pour faire des tables,
des carrèlements, et sont plus propres que tout
autre calcaire pour la lithographie : plus bas,
elles fournissent des pierres de taille pour les es-
caliers, etc. Entre les feuillets des couches supérieures, on trouve souvent des empreintes ou
reliefs de squelettes de poisson, quelquefois avec
une petite partie de portion écailleuse ou du tronc :
d'après les déterminations de M. de Blainville,

ils appartiennent principalement aux genres ha-
reng et brochet. On trouve encore, dans ces mêmes carrières, des vestiges de crustacés et d'autres animaux, parmi lesquels M. Cuvier est venu
à bout de reconnaître un reptile volant, animal
nocturne, ayant quelques rapports avec la chauve-
souris, mais d'une espèce entièrement inconnue :
M. Cuvier l'a placé dans l'ordre des sauriens, et
l'a nommé *ptero-dactyle* (1).

Ichthyolo-
lites.

Quelques géologistes, conduits par des analogies éloignées,
rangent dans la formation de Pappenheim, le calcaire qui est
au pied du Mont-Bolca, dans le Véronais, et qui est si célèbre
par l'immense quantité d'ichthyolites, ou poissons fossiles,
qu'il renferme. Au-dessous d'une marne dure, en couches
épaisses, il s'en trouve une autre fissile, fétide, dans laquelle
on a une couche calcaire, mêlée d'un peu d'argile et de matière
bitumineuse, ayant deux pieds environ d'épaisseur ; elle renferme des milliers d'empreintes de poissons de toute grandeur,
depuis un pouce jusqu'à trois pieds et demi de long. « Les
ichthyolites, dit M. de Blainville, sont dans un état de conservation parfaite, placés naturellement sur le flanc ou sur le
côté. On y trouve les os eux-mêmes un peu friables, mais contenant encore très-probablement beaucoup de matière animale : quelquefois cependant, on n'a qu'une empreinte en
creux. » Si la position forcée des poissons fossiles du Mansfeld (§ 287) a pu faire croire à quelques naturalistes que
ces animaux avaient éprouvé une mort violente et convulsive,
la position naturelle et allongée de ceux du Mont-Bolca indique
qu'ils ont été saisis subitement et instantanément par la matière

_____

(1) *Sur quelques quadrupèdes ovipares fossiles conservés dans
des schistes calcaires.*

pierreuse qui, en se déposant, les a enveloppés. Faujas, en insistant sur ce fait, observe qu'il est confirmé par des circonstances remarquables ; par exemple, par celle d'un poisson frappé de mort au moment où il avait déjà avalé la tête d'un poisson plus petit. M. de Blainville en a reconnu quatre-vingt-quatorze espèces différentes, toutes marines, et ayant en grande partie leurs analogues, soit dans la Méditerranée, soit dans les autres mers du globe.

On a trouvé encore des ichthyolites au milieu des terrains calcaires qui entourent la Méditerranée, dans le Vicentin, le Frioul, la Dalmatie, au Mont–Liban, à Cérigo, à Antibes, etc. Mais le défaut de données ne nous indiquant point les formations auxquelles ils appartiennent, nous renverrons à l'important ouvrage dans lequel M. de Blainville nous a présenté le tableau de tous les ichthyolites connus, disposés autant que possible dans un ordre géologique (1).

SECTION III.

Formation crayeuse.

§ 298. Cette formation consiste principalement en craie, c'est-à-dire en une pierre calcaire, d'un tissu lâche, grossier et terreux, peu dure et tachante.

Elle est habituellement imprégnée de silice, et les molécules de cette terre, en se réunissant et en se groupant, ont très-souvent formé des tubercules de silex, quelquefois en si grande quantité, qu'ils se touchent et forment presque en entier la masse des couches. Au reste, il est des

(1) *Dictionnaire d'Histoire naturelle*, art. POISSONS FOSSILES.

craies où ils sont très-rares, dans celles de Champagne, par exemple , les seuls minéraux qu'on
trouve encore dans ces roches, sont les pyrites,
soit en grains , soit en cristaux, soit en petites
boules radiées.

En général, les craies ne présentent pas une
division en couches bien distinctes : cependant,
dans les carrières, on remarque presque toujours
des indices de la division en bancs.

Les terrains de craie renferment peu de couches étrangères et sont assez homogènes , ou plutôt la craie seule forme souvent des masses d'une
grande étendue et d'une grande épaisseur : car,
d'ailleurs , les couches de marne , d'argile ou de
sable que ces terrains renferment, prennent quelquefois le dessus ; et la même assise qui était de
craie sur un point se trouvera principalement
formée d'argile sur un autre.

Fossiles.   § 299. La craie , dit M. de Schlottheim , est le
terrain qui présente le plus de diversité dans les
fossiles qu'il renferme. MM. Cuvier et Brongniart
ont observé plus de vingt espèces de coquilles dans
celle des environs de Paris , parmi lesquelles ils
citent des térébratules, des millépores , des oursins, des huîtres, des bélemnites, etc. , en remarquant que les coquilles de ce dernier genre sont
caractéristiques pour cette formation. Les mêmes
fossiles ont été retrouvés, par M. Webster, dans
les craies des environs de Londres. Le plus inté-

ressant des terrains crayeux que nous connaissions sous le rapport des vestiges d'êtres organiques , est celui de la montagne de Saint-Pierre, près de Maëstrich ; il consiste en un calcaire tendre à gros grains , et que M. Omalius rapporte au *tuffeau* ou craie grossière : dans un banc qui a plus de 150 mètres d'épaisseur , on a trouvé un grand nombre de restes d'animaux dont M. Faujas a donné la description. Dans le nombre , on distingue la tête d'un animal que ce savant pensait être un crocodile, mais que M. Cuvier a démontré appartenir à un animal marin , sorte de *monitor*, d'une longueur gigantesque (environ trente pieds), d'un genre intermédiaire entre les lézards et les *iguanes*. On a retiré des craies de Paris des dents de poissons, notamment de squales.

Très-souvent les fossiles qu'on trouve dans les craies sont convertis en silex, en tout ou en partie; et M. Brongniart remarque que dans les oursins , l'enveloppe crustacée est souvent changée en spath calcaire , tandis que l'intérieur est converti en silex.

§ 300. La craie constitue une grande partie du *Localités.* sol de la France septentrionale. A partir de Châteauroux, sa limite passerait, d'une part, au voisinage d'Angers, du Mans et du Havre ; et de l'autre , elle irait vers Auxerre , Bar-le-Duc et Mons. Aux environs de Paris , elle est en partie couverte par les formations particulières à cette

2.   24

contrée. A Valenciennes, sa formation consiste en une alternative de couches de craie, de calcaire et d'argile.

Le tableau suivant, que j'ai dressé d'après mes observations aux mines d'Anzin, montre l'ordre et l'épaisseur de ces couches.

Terre végétale.

Craie aréâncée et marneuse.	5 mèt.
Craie chloritée (1), divers bancs.	10
Calcaire crayeux (pierre de taille).	3
Craie, avec beaucoup de silex noirs.	15
Argile bleuâtre (glaise).	2
Craie grossière, un peu marneuse	3
Argile.	2
Craie grossière	3
Argile.	2
Craie grossière	3
Argile plastique (*dief* dans le pays).	20
Poudingue, grains et fragments de silex, ciment calcaire (*tourtia* dans le pays).	2

Epaisseur totale. 70

Ce terrain crayeux est en couches horizontales, et recouvre

---

(1) Cette craie contient une grande quantité, quelquefois un cinquième de son poids, d'une matière verte, en très-petites parcelles qui ont la couleur et l'aspect de la chlorite : quelques essais m'ont indiqué un contenu notable en fer, et m'ont porté à croire que c'était réellement de la chlorite : M. Brongniart le pense également : la présence d'un tel minéral serait très-remarquable dans un terrain de si nouvelle formation. Quelques personnes voient une analogie entre cette matière et des nodules verdâtres retirés d'un terrain crayeux, et que M. Berthier a trouvé être composés de phosphate de chaux et de fer.

le terrain houiller de cette contrée. Voyez de plus grands détails dans le *Journal des Mines*, tome XVIII.

M. Omalius croit devoir distinguer deux formations différentes de craie, l'une est la craie
ordinaire ; l'autre, placée au-dessous, consiste :
1° en une craie ne contenant que des silex de couleur pâle qui passent au silex corné et au grès
(quartz granuleux) ; 2° en une craie grossière
souvent très-tendre et chloritée , contenant des
silex blonds et des gryphytes : elle est appelée *tuffeau* dans quelques provinces, et constitue, aux
environs de Tours, sur les bords de la Loire, la
roche dans laquelle un grand nombre d'indivi-
dus ont creusé leurs habitations ; 3° en sables et
grès mélangés de carbonatè de chaux, alternant
quelquefois avec de la craie, et qui ne sont point
de formation mécanique, d'après M. Omalius ; on
y trouve des ammonites, et ce sont vraisemblablement les derniers dans l'ordre des formations ;
4° en une argile grisâtre , ordinairement marneuse, rarement plastique, et d'autres fois chloritée. Ces argiles et sables séparent la formation
de la craie, à laquelle ils tiennent, du *calcaire
horizontal*, qui est placé au-dessous.

Au-delà de la Manche, la craie se continue et se
présente avec les mêmes caractères : M. Phillips,
qui a comparé soigneusement la structure des terrains, de part et d'autre du Pas-de-Calais, y a
retrouvé les mêmes couches ; la côte d'Angleterre

lui a présenté, au-dessus du sable chlorité et de la
marne ,

Craie grise ayant environ, en épaisseur. 200 p.

Craie sans silex. 140

Craie avec silex. 350

Les mêmes couches se retrouvent à Blanc-Nez,
sur la côte de France , elles sont seulement moins
épaisses. Leur comparaison et leur rapprochement portent M Phillips à conclure qu'il est si
vraisemblable que les deux terrains ont été autrefois réunis, qu'on ne saurait regarder cette
assertion comme une hypothèse ; et que tout indique que la rupture est un effet de l'érosion des
eaux, et non d'une cause violente (1). Nous remarquerons ici qu'en Angleterre, d'après M. Webster, on distingue trois assises dans la formation
des craies, 1° la marne crayeuse , ayant une teinte
de jaune ou de gris quelquefois très-foncé, contenant des ammonites, mais point de silex ; 2° la
craie sans silex qui est blanche, pure et dure ;
3° enfin la craie ordinaire avec les silex, c'est
l'assise supérieure (2).

Cette roche se trouve encore sur les bords de
la mer Baltique, dans les îles du Danemarck, dans
le Holstein, le Mecklembourg et la Poméranie.
M. Steffens pense qu'elle constituait autrefois,

***

(1) *Transactions of the geological society*, tom. V.

(2) *Idem*, tom. II. *On the strata lying over the Chalk.*

dans la Basse-Allemagne et le Danemarck, de grandes plaines élevées dont la destruction, contemporaine et suite de la révolution qui a couvert ce pays de blocs de roches primitives, a contribué à produire les couches de poudingue crayeux et de marne qui servent de support aux sables et terrains de transport qui couvrent ces contrées. Les collines de gypse de Lunebourg et de Segeberg lui paraissent les restes d'un énorme amas de cette substance, originairement enveloppé de craie, à la formation de laquelle il se rapporte (1). Mais c'est dans l'Europe occidentale que la craie forme des terrains d'une bien grande étendue ; elle y constitue le sol de la majeure partie de la Pologne et de la Russie méridionale ; M. d'Engelhardt l'a retrouvée en Crimée avec ses silex, ses gypses, ses huîtres, etc.

La stérilité complète du terrain crayeux d'une partie de la Champagne a porté à regarder les sols de craie comme étant peu propres à la végétation ; mais on remarque que cela ne peut être que dans les lieux où la craie serait entièrement pure, car, d'ailleurs, les plaines des environs de Paris, de Chartres, sont très-fertiles, et sur-tout elles sont très-propres à la culture du froment, comme tous les terrains calcaires. M. Webster, après avoir remarqué que, dans toute l'Angleterre, les sols de

_____

(1) *Geognostiche-geologische aufsætze.*

craie sont couverts d'une belle végétation, pense
que ce serait peut-être à de la magnésie contenue
dans la craie de la Champagne qu'on devrait attribuer sa stérilité.

C'est aux argiles et sables, qui sont au-dessous de la craie,
dans la France septentrionale, et qui tiennent à sa formation,
que nous rapporterons les argiles et sables qu'on a également
observés sous les craies d'Angleterre, notamment la *marne
bleue* et le *sable vert* (§ 254, numéros 12 et 13): la première de ces substances passe quelquefois à une argile très-
tenace, et contient des ammonites, des bélemnites, etc.; le sable
vert doit sa couleur aux parties d'aspect chloritique qu'il renferme souvent en quantité considérable : il passe quelquefois
au grès, et il contient des parties calcaires et siliceuses.

M. Buckland, réunissant les terrains placés entre sa grande
formation oolitique et la craie, en fait une formation particulière qu'il rapporte au dernier grès secondaire de Werner,
le *quadersanstein*, et il la divise en trois assises particulières : 1° le *sable ferrugineux* (n° 10) contenant des
bancs subordonnés de craie, d'ocre et de terre à foulon ; 2° une
argile ou *marne* (n° 12) renfermant quelques parties de
pierre calcaire et de la terre verte, sablonneuse, micacée et
noirâtre ; 3° le *sable vert* (n° 13), sable ou grès–siliceux
et chlorité, alternant avec un sable gris, passant à un calcaire
grossier et coquillier (*kentish rag*), contenant des bancs siliceux avec des veines calcédonieuses et des bancs de terre à
filon avec de la baryte. Toute cette formation présente une
épaisseur de 300 mètres, terme moyen.

Remarquons qu'en Angleterre les formations secondaires
offrent une bien plus grande quantité de terrains meubles,
sables, argiles et marnes, que la France et l'Allemagne. Nous
y trouvons peu d'assises pierreuses d'une épaisseur et d'une
étendue considérable.

Observations générales.

Plaçons ici quelques considérations, communes aux calcaires des diverses époques, sur les silex, les houilles et les grottes.

§ 301. Nous avons déjà exposé le mode de formation des silex (§ 119), et la manière dont ils se trouvent dans le calcaire : nous ajouterons les observations suivantes.

Silex.

Les molécules de chaux carbonatée qui ont formé les calcaires secondaires paraissent avoir été très-souvent mêlées, dans le fluide d'où elles sont précipitées, avec des molécules de silice qui se sont déposées en même tems. Si celles-ci étaient en petite quantité, et qu'elles soient restées disséminées dans la masse , on aura eu simplement un calcaire imprégné de silice ; et si elles se sont réunies, il se sera formé quelque silex : mais si elles étaient abondantes, il en sera résulté, ou une roche composée de calcaire et de silice que Saussure nommait *silici-calce* , ou un grand nombre de tubercules de silex. Je les ai quelquefois vus en telle quantité qu'ils se touchaient, et que le calcaire remplissait simplement les interstices qu'ils avaient laissés entre eux. Dans quelques moments , ou sur quelques points , la précipitation peut avoir été entièrement siliceuse , et l'on aura eu alors des couches , ou parties de couches , formées entièrement de silex pyromaque. Les molécules siliceuses, en se pelotonnant, auront encore quelquefois entraîné avec elles du carbonate calcaire, de là ces rognons, mélangés des deux substances, qui sont souvent silex purs dans le milieu, et silici-calces à la surface.

Les diverses variétés de silex, même quant à la couleur, ne paraissent dépendre que des différences dans le mode d'agrégation des molécules. C'est peut-être une différence de ce genre qui distingue le silex du quartz : dans ce dernier minéral, les molécules réduites à l'état élémentaire, se réunissant par l'effet d'une vraie cristallisation, quoique confuse dans beaucoup de cas, auront produit des corps incolores et à cassure vitreuse, tandis que dans les silex, ces molécules, peut - être déjà groupées en petits grains de quartz, en se réunissant dans un milieu résistant, n'ont plus été dans le cas de former des corps de même nature : une force d'agrégation aura formé les silex, et une force de cristallisation aura produit les quartz.

Les tubercules siliceux, après leur formation, auront été encore quelque tems dans un état de mollesse qui leur aura permis de céder a la compression exercée par le poids des masses supérieures ; leur forme souvent aplatie semble l'indiquer ; ou peut-être indiquerait-elle que la force qui a réuni les molécules, favorisée vraisemblablement par la pesanteur, a plus exercé son action dans le sens vertical que dans le sens horizontal : les molécules siliceuses, répandues dans une couche demi-fluide, seront descendues dans la partie inférieure de la couche, et s'y seront réunies.

Au reste, le mode de formation que nous attribuons aux silex, n'exclut pas quelques modes particuliers à certaines circonstances : c'est ainsi qu'un grand nombre de coquilles et autres vestiges d'animaux ont été convertis en silex par une pénétration de suc siliceux, à-peu-près comme dans les bois qui sont passés à l'état de quartz xyloïde. Il peut encore s'être trouvé, dans quelques roches calcaires, des vides qui y auront été remplis de silex par infiltration, comme dans les amygdaloïdes à géodes (§ 105); mais de pareils cas doivent être fort rares.

§ 302. La houille s'est produite, à toutes les époques, des terrains intermédiaires et secondaires : depuis l'anthracite de ces premiers terrains, jusqu'à quelques veinules de matière charbonneuse et bituminifère trouvées dans les craies, nous avons une suite non interrompue ; mais la production ne s'est pas faite en égale quantité à toutes époques : le principal dépôt de cette substance se trouve, ainsi que nous l'avons vu, dans le grès ancien : c'est là où sont toutes nos grandes exploitations. Le plus ancien des calcaires secondaires, le calcaire alpin, en contient aussi quelques couches assez importantes : telle est, par exemple, celle d'Entrevernes en Savoie. Elle se trouve dans les montagnes calcaires qui sont au sud du lac d'Annecy : elle a deux mètres d'épaisseur moyenne, et est inclinée de 75 à 85° : le combustible qu'on en retire est d'assez bonne qualité : le mur est un calcaire compacte noir et bitumineux, et le toit un grès friable à grains très-fins. Elle a été reconnue sur plus de 500 mètres dans un sens, et de 130 dans un autre ; elle se termine, dans la partie supérieure, à une autre couche de houille presque horizontale, de formation postérieure, et ayant

Houille.

pour toît et pour mur un calcaire bitumineux.
M. Ebel dit que l'on a, dans le calcaire du Tyrol,
à Héring, des couches de houille qui ont jusqu'à
48 pieds d'épaisseur, et qui livrent annuellement
trente mille quintaux de ce combustible.

La montagne de Saint-Gingouph, ainsi que le
Mont-Salève, sur le bord du lac de Genève, qui appartiennent au calcaire du Jura, renferment encore des bandes houilleuses entremêlées d'argile
(*Sauss.*, §§ 246, 324). C'est à la même formation que nous rapporterons les nombreuses couches
de houille que l'on trouve dans les collines marneuses, situées au pied des hautes montagnes de
la Provence et du Dauphiné : elles ont très-rarement deux mètres d'épaisseur, et donnent une
houille de médiocre qualité: On y trouve des coquilles marines, telles que des moules : on a de
semblables couches dans le département de l'Aude
et de l'Hérault. J'en ai observé plusieurs dans le
Rouergue ; elles ont environ un mètre d'épaisseur,
et sont formées d'une argile schisteuse imprégnée de bitume, et dans laquelle on trouve, de
distance en distance, quelques filets de bonne
houille. Au reste, ces couches isolées, dans de
grandes masses de montagnes, d'une allure et
d'une richesse très-inégales, livrent presque toujours une houille pyriteuse et terreuse, et ne
sont pas susceptibles d'une exploitation régulière.

Dans un calcaire postérieur, dans le calcaire

coquillier, on a, en Saxe, entre des assises d'un limon grisâtre, des couches d'une houille assez pure, mais très-pyriteuse. M. Voigt la prend pour type de celle des terrains calcaires, qu'il nomme *houille limoneuse* (*lettenkohle*), et qu'il distingue de celle des terrains houillers. Au reste, cette distinction entre la houille des formations de grès, et celle des formations calcaires, avait déjà été faite par M. Duhamel, dans son *Mémoire* sur les charbons de terre, couronné par l'académie en 1793.

On remarquera que ces houilles sont, le plus souvent, accompagnées d'argile schisteuse, et quelquefois même de grès : l'argile leur sert fréquemment de mur et de toit, et elle contient même, quoique rarement, des impressions de plantes. M. Voigt y a vu des empreintes de roseaux ; et il est porté à attribuer aussi une origine végétale à la houille des calcaires. Au reste, c'est ici le cas d'admettre, avec M. Héricart de Thuri, et d'autres savants, la coopération des matières animales dans la formation des combustibles fossiles.

§ 303. Les montagnes calcaires de toutes les époques, depuis le calcaire primitif jusqu'à la craie, renferment une grande quantité de grottes ou cavernes : dans les anciens terrains, elles sont rares, petites et peu étendues ; dans les terrains intermédiaires, elles augmentent en nombre et

Grottes et cavernes.

en volume ; enfin , dans les calcaires secondaires, elles sont encore plus nombreuses et plus vastes. Des géologistes, ayant remarqué quelques caractères particuliers dans le calcaire où ils ont observé les plus considérables, ont cru devoir en faire une formation particulière, sous le nom de *calcaire des cavernes* (*hœlenkalkstein*) : mais ils n'ont pas été d'accord sur la place à lui assigner dans l'ordre des formations ; les uns, comme M Freiesleben, l'ont rangé dans la première formation , et l'ont mis à côté du calcaire celluleux (*rauchwacke*) dont nous avons déjà parlé (§ 289); d'autres l'ont regardé comme identique avec celui des Alpes ; un plus grand nombre l'ont assimilé au calcaire du Jura; et Werner enfin l'a placé dans la formation coquillière. Au reste , comme il paraît que les cavernes sont bien plutôt une suite de la nature calcaire des terrains et des substances qu'ils contiennent, qu'une circonstance dépendante de l'époque où les terrains ont été formés, elles peuvent se trouver indistinctement dans toutes les formations.

Leur forme est extrèmement irrégulière ; à de vastes espaces succèdent des canaux étroits et tortueux , au-delà desquels on trouve quelquefois de longues galeries ou des cavités immenses. L'Allemagne en présente un grand nombre, aussi intéressantes par leurs dimensions que par les ossements fossiles qu'elles renferment ; les plus con-

sidérables et les plus célèbres d'entre elles sont :
1° celle de *Bauman* (*Baumanns hœhle*), dans le
pays de Blankenburg; elle consiste en six chambres séparées les unes des autres par des étranglements ou couloirs; leur ensemble présente une
longueur d'environ sept cents pieds; la largeur
des chambres varie de vingt à deux cents pieds ,
et la plus grande hauteur est de trente pieds;
2° celle dite *Bielshœhle*, consistant en douze chambres dont la longueur totale est de six cent quarante
pieds, la plus grande largeur de vingt-sept, et la
plus grande hauteur de trente-sept; 3° celle de la
Licorne (*Einhornshœkle*), dans l'électorat de Ha-
novre ; elle a plus de trois cents pieds de long;
les habitants du pays disent même qu'on pourrait
y parcourir un espace de deux lieues ; 4° la fameuse caverne de *Gaylenreuth* , dans le pays de
Bamberg : elle consiste en six grottes ou chambres unies par des couloirs ou galeries quelquefois très-étroites ; la longueur totale est de
près de quatre cents pieds , et la hauteur des
voûtes en a jusqu'à quarante, etc. (1). La célèbre
grotte d'Antiparos a trois cents pieds de long ,
autant de large, et quatre-vingts de haut.

En France, on n'a guère de grandes cavernes
que dans le Jura , le Dauphiné et les Pyrénées ;

(1) On a une description de cette caverne et de celle de Bauman ,
ainsi que beaucoup de détails sur plusieurs autres, au commencement du Mémoire de M. Cuvier sur les ours des cavernes.

mais elles sont bien moindres que celles que nous venons de citer.

En Amérique, près de Carippe, au nord de Cumana, M. de Humboldt en a vu une qui est très-remarquable; elle se présente comme une énorme galerie qui aurait environ dix mètres de large sur vingt de hauteur, jusqu'à quatre cent soixante-douze mètres de l'entrée; dans cette partie, son sol s'élève en un plan incliné, au-delà duquel elle se prolonge encore à une grande distance; de sorte qu'elle a au moins neuf cents mètres de long. Elle sert d'aqueduc à une petite rivière, et est habitée par une étonnante quantité d'oiseaux nocturnes, gros comme des poules, et qui fournissent une sorte d'huile aux Indiens du pays : une fois par an, ils entrent dans la caverne et tuent les *guacharos,* c'est le nom qu'ils donnent à ces oiseaux.

Quelle est l'origine de ces cavernes? Je ne saurais la voir, avec quelques personnes, dans la cause qui a produit les cavités bulleuses que présentent un grand nombre de pierres calcaires, et qui paraissent dater de l'époque de leur formation. Des secousses, des affaissements peuvent avoir fendu des masses de montagnes, les parties séparées peuvent s'être diversement inclinées de manière à ce que l'ouverture se soit refermée par le haut et élargie par le bas : les filtrations stalactiques auront ensuite ressoudé la fissure à la partie

supérieure , et il en sera résulté une grotte. Mais
la grande cause de leur formation paraît être la
dissolution des parties minérales qui occupaient
primitivement les espaces , aujourd'hui vides ,
qu'elles présentent : ces parties, de nature peut-
être gypseuse ou marneuse, ou même muriatique,
auront été dissoutes ou délayées par les eaux et
entraînées par elles. Il serait même possible que
des eaux chargées de quelque principe acide, et il
s'en trouve de telles dans l'intérieur du globe ,
eussent agi sur la matière calcaire et l'eussent en-
traînée dans leur cours souterrain : la forme des
parois des cavernes , les contours arrondis des
parties saillantes, tout concourt à montrer les effets d'une dissolution.

Nous ne saurions terminer ce que nous avons à dire sur les
cavernes des terrains calcaires , sans nous arrêter quelques instants sur les ossements qu'elles renferment et qui intéressent
autant le géognoste que le zoologiste. Plusieurs de celles de la
Hongrie et de l'Allemagne , notamment celles de *Gaylenreuth*
et de la *Licorne*, dont nous avons fait mention, renferment
une immense quantité d'ossements de quadrupèdes grands et
petits ; le sol en est jonché. M. Cuvier , après un examen
scrupuleux de ces fossiles , et après avoir pris en considération
les circonstances de leur gissement , en a fait l'objet d'un des
mémoires les plus intéressants qu'on ait encore publiés en histoire naturelle (1) : écoutons ce savant donner lui même les résultats et les conséquences géologiques de son travail.

Ossements d'ours et d'autres quadrupèdes dans les cavernes.

(1) *Sur les ossements du genre de l'ours* (et autres) *qui se
trouvent dans certaines cavernes d'Allemagne et de Hongrie.*

« Ces os sont à-peu-près dans le même état dans toutes ces
» cavernes ; détachés, épars, en partie brisés, mais jamais rou-
» lés, et par conséquent non amenés de loin par les eaux;
» cependant encore dans leur vraie nature animale, fort peu
» décomposée, contenant beaucoup de gélatine, et nullement
» pétrifiés; une terre durcie, mais encore facile à briser ou à
» pulvériser, contenant des parties animales quelquefois noi-
» râtres, y forme leur enveloppe naturelle. Elle est souvent
» imprégnée et recouverte d'une croûte stalactitique d'un bel
» albâtre ; un enduit de même nature revêt les os en divers
» endroits, pénètre leurs cavités naturelles, et les attache quel-
» quefois aux parois de la caverne.... On voit même journelle-
» ment la stalactite faire des progrès et embrasser ci et là des
» groupes d'ossements qu'elle avait respectés auparavant.

» Ce qui achève de rendre le phénomène bien frappant, ces
» os sont les mêmes dans toutes ces cavernes, sur une étendue
» de plus de deux cents lieues. Les trois quarts et davantage,
» appartiennent à des *ours* que l'on ne trouve plus vivants;
» la moitié, ou les deux tiers du quart restant, vient d'une
» espèce d'*hyène* qui se retrouve encore fossile ailleurs. Un
» plus petit nombre appartient à une espèce du genre du *tigre*
» ou du *lion*, et à une du genre du *loup* ou du *chien* ; enfin
» les plus menus viennent de divers petits carnassiers, comme
» le *renard*, le *putois*, ou du moins d'espèces très-voisines
» de ces deux là, etc.

» Il est essentiel de remarquer qu'on ne trouve dans les ca-
» vernes aucun débris d'animaux marins.

» On ne peut guère imaginer que trois causes générales qui
» pourraient avoir placé ces os en telle quantité dans ces vastes
» souterrains ; ou ils sont les débris d'animaux qui habitaient
» ces demeures et qui y mouraient paisiblement, ou des inon-
» dations et d'autres causes violentes les y ont entraînés, ou
» bien enfin ils étaient enveloppés dans les couches pierreuses

» dont la dissolution a produit ces cavernes , et ils n'ont point
» été dissous par l'agent qui enlevait la matière des couches.

» Cette dernière cause se réfute, parce que les couches dans
» lesquelles les cavernes sont creusées , ne contiennent point
» d'os ; la seconde, par l'intégrité des moindres éminences des
». os , qui ne permet pas de croire qu'ils aient été roulés : on
» est donc obligé d'en revenir à la première, quelques diffi-
» cultés qu'elles présente de son côté.

» L'établissement de ces animaux dans les cavernes est donc
» bien postérieur à l'époque où ont été formées les couches
» pierreuses , et peut-être même à celle de la formation des
» terrains d'alluvion ; ce dernier point dépendra de la compa—
» raison des niveaux. Ce qui est certain , c'est que l'intérieur
» n'a point été inondé , ni rempli de dépôts quelconques, de-
» puis que les animaux qui les composent y ont péri. »

§ 3o4. Le calcaire, lorsqu'il est pur , résiste Décomposi-
assez long-tems à la décomposition ; et , ainsi tion.
que nous l avons remarqué, cette décomposition
est une sorte de dissolution. Les molécules désa-
grégées, réellement dissoutes ou mises dans un
état de ténuité extrème , sont entraînées par les
eaux, même dans les terrains horizontaux; de là
l'aspect si souvent nu , pierreux et blanchâtre
des plateaux calcaires; plateaux désignés, dans le
midi de la France, sous le nom de *causses* (du
latin *calx*).

Ces plateaux , malgré leur nudité et leur ari-
dité, contenant , au milieu des pierres qui les recouvrent, quelque peu de limon, sont encore très-
favorables à la culture du froment. Lorsqu'on parcourt le Querci, le Rouergue, les Cévennes, etc.,

la nature de la culture fait connaître celle du sol : les bruyères, les châtaigneraies, les forêts, les seigles, indiquent un terrain granitique ou de sable; les froments, les vignes, et, lorsqu'il y a un peu de fond, les noyers et les arbres fruitiers, appartiennent au sol calcaire. On a en outre remarqué que, dans ce sol, les pâturages sont plus substantiels, et par suite que les animaux y sont plus grands et plus gros.

Mais c'est sur-tout lorsqu'il est mêlé d'argile et à l'état de marne, que le calcaire est éminemment fertile : la Flandre, la Beauce, etc., en fournissent des exemples et des preuves.

ARTICLE TROISIÈME.

DU GYPSE SECONDAIRE,

Flœtzgyps des Allemands;

ET

DU SEL GEMME (muriate de soude natif).

Steinsalzgebirge des Allemands.
Rock-Salt des Anglais.

Presque toujours le gypse est accompagné de sel gemme, dans les terrains secondaires comme dans ceux dont nous avons parlé ; et il est extrêmement rare d'y trouver des masses de ce dernier minéral qui ne soient accompagnées de gypse : ces deux roches sont intimement liées sous le rapport géognostique, et nous allons en traiter conjointement dans ce chapitre.

Caractères
généraux.   § 3o5. Le gypse, ainsi que l'on sait, forme,

en minéralogie , deux espèces distinctes : dans l'une , il est composé d'acide sulfurique , de chaux et d'eau , dans le rapport de 45 , 33 et 22 ; c'est le gypse ordinaire ou pierre à plâtre ; dans l'autre , on n'a plus que l'acide sulfurique et la chaux , unis en même proportion (57 à 43), et l'eau manque; c'est le *gypse anhydre* ou *anhydrite*.

Nous avons vu (§ 252) que c'est dans ce dernier état qu'ont été déposées les grandes masses gypseuses des terrains intermédiaires , et que c'était par un effet de leur altération et de l'absorption de l'eau répandue dans l'atmosphère , que leur superficie était souvent passée à l'état de pierre à plâtre. Peut-être en est-il de même de quelques gypses secondaires.

Nous n'entrerons point dans l'énumération des caractères minéralogiques des deux espèces , et nous nous bornerons à rappeler que, sous le rapport de la texture , nous avons du *gypse grenu* ou *laminaire*, du *gypse fibreux* et du *gypse compacte*.

Abstraction faite du sel gemme , le gypse renfermé peu de minéraux étrangers. Celui qu'on y voit le plus souvent , et qui y est le plus remarquable , est le soufre. Il s'y trouve en grains , rognons , veines et couches qui sont même quelquefois assez considérables pour être l'objet d'une exploitation. On rencontre encore dans les gypses quelques cristaux de quartz , de boracite , d'aragonite , etc.

25.

§ 3o6. Le gypse est très-rare dans les terrains
primitifs ; il n'y forme que quelques petites
couches ou veines. Dans les terrains intermédiaires, il est plus abondant, ainsi que nous l'avons
vu (§ 252). Il n'existe qu'en petites parties dans le
premier des terrains secondaires, le grès ancien;
mais dans la formation subséquente, dans le calcaire alpin, il est en assez grande quantité pour
être regardé comme étant un de ses membres subordonnés. Il se trouve encore en quantité notable dans la formation suivante, celle du *grès
avec argile;* et c'est principalement dans ce dernier gissement, qu'il renferme les plus grandes
masses de sel gemme. On en voit encore quelques
couches et veines dans les calcaires et les grès
subséquents, même dans ceux qui appartiennent
aux terrains tertiaires, et qui ne consistent guère
qu'en masses de transport.

Werner distinguait trois formations ou dépôts
principaux de ce minéral : le premier se trouvait, d'après lui, dans le calcaire alpin (*zechstein*),
notamment dans ses parties supérieures ; le suivant gisait entre le second grès (*buntersandstein*) et le second calcaire (*muschel kalk*) ; et
le troisième, celui de Paris, était postérieur à la
craie. Il établissait de plus une formation particulière de sel gemme, ou d'*argile salifère*, qu'il plaçait immédiatement au-dessous du premier gypse;
mais depuis les dernières observations, son se-

cond gypse fait réellement partie de la formation
de *grès avec argile ;* et toutes les probabilités
y réunissent l'argile salifère. Nous ne distinguerons donc que deux formations : celle du gypse
du calcaire alpin, et celle du gypse du second
grès ; et nous remarquerons encore que ce sont
moins des formations distinctes, que des membres remarquables de deux formations déjà décrites.

SECTION 1re.

Gypse du calcaire alpin.

§ 307. Le gypse, renfermé dans la première
formation calcaire de la Thuringe, est celui que
Werner et les géognostes citent habituellement
comme exemple principal de la première formation de gypse secondaire. Ce gypse est presque
toujours grenu à grains très-fins, et approchant
du compacte ; quelquefois il est accompagné
d'anhydrite bleuâtre, lequel, en se chargeant de
silice, acquiert une dureté assez considérable
rarement est-il assez pur pour fournir un bel
albâtre : il est habituellement mélangé de matière
calcaire. Il se trouve en couches ou amas aplatis, placés sur les assises inférieures de la formation calcaire, tels que le schiste marneux et le
calcaire compacte (*zechstein*). Plus souvent encore, ces couches ou amas alternent avec les

assises supérieures, et notamment avec le calcaire
fétide (*stinkstein*); dans les points où ces substances sont en contact, elles se trouvent mélangées. Malgré la différence de nature, elles ont une
grande affinité géologique, et se remplacent souvent. Ces couches ou amas sont d'une épaisseur
considérable ; rarement ont-ils moins de vingt
mètres de puissance ; assez souvent ils en ont
soixante, et à Ilmenau, dans le *Thüringerwald*,
on en a vu qui en avaient jusqu'à deux cents. Ils
sont traversés par des fissures en diverses directions , mais ils ne sont point stratifiés.

Ces gypses , comme tous les gypses en général,
ne renferment point de coquilles ; il paraît que
les animaux marins s'éloignent des eaux contenant ce sulfate , et M. Beudant a prouvé , par des
expériences directes, qu'ils ne sauraient y vivre.
Les vestiges des végétaux y sont également rares ;
et l'on peut citer, comme un fait extraordinaire,
celui que rapporte M. Freiesleben : il a retiré d'un
morceau de gypse, à grains fins , bleuâtre et très-
solide, des esquilles d'un bois inaltéré, tendre (semblable au sapin) , ayant jusqu'à un pouce et demi
de longueur ; elles y étaient tellement engagées,
qu'on ne pouvait les retirer qu'en cassant la
pierre.

Grottes § 308. Les terrains gypseux renferment quelquefois des grottes où l'on retrouve à-peu-près les
mêmes formes et les mêmes circonstances que nous

avons remarquées dans celles des terrains calcaires. La Thuringe en présente plusieurs : à Wimmelburg, près d'Eisleben, il y en a une suite reconnue sur une longueur de 800 mètres ; mais qui s'étend vraisemblablement jusqu'à des lacs distants de deux lieues : elle est formée d'une file de chambres, ayant de 50 à 60 mètres de long, 30 ou 40 mètres de large, 10 et 20 mètres de haut, et jointes par de longs couloirs de 4 ou 5 mètres de largeur et de hauteur : elle sert de galerie d'écoulement aux eaux de quelques exploitations.

Ces grottes doivent très-vraisemblablement leur existence à la dissolution de masses salifères qui remplissaient originairement ces vides, et qui auront été dissoutes et emmenées par les eaux : de nouvelles eaux, agissant ensuite sur les parois gypseuses des cavités, auront élargi les vides. La seule inspection de ces parois suffit pour en convaincre ; je les ai vues couvertes d'énormes rides, à-peu-près comme serait la surface d'un corps que l'on aurait tenu, pendant quelque tems, dans un dissolvant qui en aurait inégalement attaqué les parties. Un limon noirâtre de quelques mètres d'épaisseur, qu'on voit souvent sur le sol des cavités, est vraisemblablement composé des parties insolubles.

Les grands vides qui se sont formés et qui se forment dans les terrains gypseux, y donnent lieu à de fréquents affaissements du sol : ils sont quel-

quefois considérables; et il en résulte, à la surface, des dépressions en forme de bassin qui se
remplissent souvent d'eau et deviennent des lacs:
telle est, très-probablement, l'origine des deux
que l'on voit près d'Eisleben en Thuringe : l'un,
plein d'eau salée, a deux lieues de longueur, une
de largeur, et dix-huit mètres de profondeur;
l'autre, rempli d'eau douce, a de moindres dimensions : c'est principalement des canaux souterrains qu'ils reçoivent leurs eaux.

Sources
salées.

§ 309. Il sort de la plupart des grands terrains
gypseux de cette formation, des sources salées
plus ou moins nombreuses, et plus ou moins riches, preuve incontestable que ces terrains contiennent du sel. Mais ce qui est remarquable, c'est
que très-souvent ce minéral ne s'y trouve point
sous forme visible : la masse en est seulement imprégnée. C'est ainsi qu'en Thuringe, malgré les
nombreux travaux souterrains qui en traversent
le sol dans tous les sens, on cite comme un phénomène quelques grains ou veines de sel trouvés
par les mineurs ; et cependant, dans ce pays, au
rapport de M. de Charpentier (le père), toutes
les sources sont plus ou moins salées, et quelques-
unes le sont au point de donner lieu à des exploitations importantes.

Nous croyons pouvoir rapporter à la formation
gypseuse du calcaire alpin, la source salée de
la petite ville de Salies en Béarn, qui fournit en-

viron deux mètres cubes d'eau par heure, et environ trois quintaux et demi de sel par mètre cube. (18 pour cent).

SECTION II.

Gypse du grès avec argile.

(*Argile salifère.*)

Salzformation de Werner.

Les plus grandes masses de sel qui nous sont connues, se trouvent au milieu de couches d'argile et de gypse placées entre la première formation calcaire , le calcaire alpin , et la seconde formation de grès, ou *grès avec argile.*Plusieurs géognostes regardent cette formation saline comme tenant au calcaire, et comme en faisant réellement partie ; d'autres pensent qu'elle ne lui est que superposée ; enfin, quelques-uns sont enclins à croire qu'elle tient au grès ; et je serais assez porté à partager cette dernière opinion.

§ 310. Le gypse se trouve habituellement dans les parties argileuses de la formation, sous forme de veines et de filons : sa texture y est fibreuse, et les fibres sont perpendiculaires au plan de ces filons, quoiqu'elles soient souvent courbes ou contournées. Quelquefois, cependant, il forme, dans ces mêmes argiles, des masses et amas dont la grosseur est parfois telle , qu'on peut les regarder comme des montagnes : telle est vraisembla-

Gypse.

blement le cas de quelques très-grandes masses gypseuses que l'on voit dans le pays de Salzbourg, et qui y paraissent postérieures au calcaire alpin. On trouve, dans quelques-uns de ces amas, un *gypse pulvérulent* (*gypserde*) semblable à une farine d'une blancheur parfaite, et que tout indique avoir été formé dans cet état.

Grandes masses sa- lifères.

§ 311. Passons au sel gemme, et faisons connaître quelques-unes des grandes masses salifères dont la nature et le gissement ont été l'objet de l'examen des géognostes.

Le plus grand des dépôts de sel que nous connaissions, est celui qui se trouve au pied des Monts-Crapacs, et qui, sous forme d'une grande bande, traverse la Pologne et la Transilvanie ; il occupe, dans ce dernier pays, d'après Fichtel, une étendue d'environ deux cents lieues de long sur quarante de large ; son épaisseur est quelquefois de plus de deux cents mètres. C'est à son extrémité occidentale qu'on exploite les célèbres mines de Wieliczka et de Bochnia, près de Cracovie.

Il consiste en argile et en gypse contenant des masses ou amas aplatis de sel. A Wieliczka, on en a trois placés les uns sur les autres : ils sont traversés et divisés par des masses et veines d'argile : les deux premiers ont soixante mètres d'épaisseur, et le troisième en a quatre-vingt-dix. On a poussé sur ce dernier, dans le sens de la

direction des couches, des galeries qui ont près
de trois mille mètres, et quinze cents dans une direction perpendiculaire ; l'on y a atteint une profondeur de trois cent douze mètres. Le même étage
présente deux cent trente excavations ou chambres d'exploitation ; une d'elles a, dit-on, soixante
mètres de large, et plus de cent de hauteur. A
mesure qu'on s'enfonce le sel est plus pur, il est
moins mélangé de veines et rognons d'argile et
de gypse. Au-dessus de ces trois amas, ou plutôt
de ces trois étages d'amas, on a un grès mêlé
d'argile et d'oxide de fer (1). Ce dépôt renferme
des coquilles marines, même dans les masses de
sel ; on y trouve des ammonites, des madrépores ;
M. Beudant en a retiré des bivalves qui lui ont
paru appartenir au genre *telline*, ainsi que beaucoup de petites univalves microscopiques. Les bois
fossiles y sont encore très-abondants : on trouve,
dans le sel même, des troncs, des branches, des
fruits plus ou moins bituminisés, et quelquefois
passés à l'état de jayet. M. Beudant pense que la
formation saline est recouverte par un grès qui
forme les montagnes voisines, et qu'il rapporte
au *grès avec argile*. L'examen des localités et des
fossiles le porte en outre à conclure qu'elle est
postérieure au calcaire alpin, et qu'elle ne saurait
être regardée comme lui étant subordonnée (2).

---

(1) *Journal des Mines*, tom. XXIII, pag. 280 et 281.
(2) *Bulletin de la société phylomatique*. Mai 1819.

Les Alpes du Tyrol , de Salzbourg et de l'Autriche , nous présentent , quoiqu'à un niveau bien différent (1) , un dépôt à-peu-près semblable de gypse et d'argile salifere , et qui est encore d'une grande richesse ; c'est lui qui fournit aux fameuses salines de Berchtolsgaden, d'Hallein, Reichenhall, Hallstadt , Hall , Aussée , etc. La comparaison des masses qui constituent ces dépôts, porte M. Beudant à les croire de même formation. Werner et plusieurs géognostes regardent celui des Alpes comme subordonné au calcaire de ces montagnes, comme étant intercalé entre ses couches ; mais des observations postérieures engagent quelques auteurs, et M. Héron de Villefosse en particulier, à le considérer comme étant de formation postérieure et simplement superposé. Deux exemples donneront une idée de ce dépôt. Sur le *Salzberg* (montagne de sel) , à l'est de Berchtolsgaden, dans le pays de Salzbourg, on a, dit M. de Buch , la plus grande masse de sel gemme connue en Allemagne : elle est exploitée à la poudre. Presque par-tout elle renferme de petites masses d'argile qui sont elles-mêmes imprégnées de sel , et qui sont traversées par une grande quantité de veines de ce minéral , ayant une texture fibreuse : son toit consiste en une

---

(1) Le sel, en Pologne, est au pied des montagnes , à la naissance des immenses plaines qui s'étendent jusqu'à la Baltique, et à une hauteur d'environ 300 mètres au-dessus du niveau de la mer; tandis que celui des Alpes s'élève jusqu'à 1600 mètres.

couche de gypse à grain fin, de 60 mètres d'épaisseur, et le tout est recouvert par le poudingue
nommé *nagelflue* — Deux lieues plus loin, on a
le grand amas salifère de Hallein, reconnu, par
les travaux souterrains, sur une longueur d'environ 3000 mètres, une largeur de 1300, et
une hauteur de plus de 500. Il consiste en une
argile schisteuse et verdâtre plus ou moins imprégnée de muriate, et contenant de petits filons
de sel cristallin qui ont quelquefois plusieurs
mètres de long : ils se présentent comme des ru-
bans des couleurs les plus brillantes, parmi lesquelles le rouge et le blanc dominent : ils sont accompagnés de minces veines de gypse. Cet amas
paraît tenir à celui de Berchtolsgaden, dont il
n'est séparé que par des montagnes gypseuses, qui
font vraisemblablement partie de la formation.
L'exploitation du sel s'y fait d'une manière indirecte et assez remarquable : on creuse des excavations dans l'argile salifère ; on y introduit et
distribue de l'eau, de manière à y former des
lacs souterrains ; l'eau dissout le sel qui est sur
les parois des réservoirs, lorsqu'elle en est
convenablement chargée, on la soutire, et on la
conduit, par des canaux destinés à cet effet, aux
usines évaporatoires qui sont au pied de la montagne. (1).

_____

(1) Voyez les plans et la description de cette exploitation dans
le traité *de la richesse minérale*, par M. Héron de Villefosse.

C'est encore à la même formation que je suis
enclin à rapporter, avec M. Buckland, les couches de sel gemme que le comté de Chester, en
Angleterre, renferme au milieu de la formation
de *marne rouge* (*red marl*), qui a tant de rapport
avec le *grès avec argile* de la Thuringe. Sous un
massif de terrain d'environ 40 mètres d'épaisseur,
et formé de plusieurs bancs d'une argile endurcie,
renfermant beaucoup de gypse, on a, près de
Northwich, deux couches horizontales de sel,
séparées par une assise d'argile de dix mètres, et
traversées par des veines salines : ces couches ont
environ 2400 mètres de long et 1200 de large;
l'épaisseur de la supérieure est de 20 à 30 mètres;
celle de la seconde est inconnue, on s'y est enfon-
foncé de 33 mètres, et on n'en a pas atteint la
surface inférieure. Dans la majeure partie de leur
étendue, elles sont mêlées de plus ou moins d'argile rougeâtre, renfermant du gypse; mais dans
quelques parties elles sont entièrement composées d'un sel pur et blanc. Ces parties présentent
quelquefois une structure très-remarquable; elles
sont formées de masses prismatiques accolées
verticalement les unes aux autres, de sorte que
leur section, telle qu'on la voit dans les chambres
d'exploitation, offre l'image d'un carrelage à
grands carreaux ayant deux ou trois mètres, et
formés de bandes concentriques de diverses couleurs; les unes consistent en un sel cristallin d'une

blancheur éclatante , et les autres en un sel à grain grossier et rougeâtre. On n'a trouvé aucun débris , ni aucune empreinte d'être organique dans ces mines, soit dans le sel , soit dans l'argile (1). Le Cheshire renferme en outre une grande quantité de sources salées.

M. Traill trouve une grande analogie entre le sel de Northwich et celui de Cardonne en Catalogne : ce dernier forme comme une montagne d'environ 150 mètres de hauteur, et de près d'une lieue de circuit ; elle est isolée au milieu d'une vallée dont les deux berges la dépassent en élévation. Les flancs et le fond de la vallée sont formés d'une argile rougeâtre , dans laquelle on trouve des grains de sel ; le pays d'alentour consiste en un grès grossier et un calcaire. La grande masse saline est en partie recouverte d'un lit épais de même argile : au-dessous , on a un sel qui est en général de la plus grande pureté ; sa texture est éminemment cristalline , à pièces grenues , qui ont , dit-on , jusqu'à un pied cube ; sa couleur est blanche, et grisâtre à l'extérieur ; elle est même rouge dans les parties où elle a été comme imprégnée du principe colorant de l'argile qui est au-dessus. La masse de sel renferme sur ses extrémités des couches très-minces d'une argile pure et plastique :

_____

(1) Voyez une description très-circonstanciée de ces mines, par M. Holland, dans le premier volume des *Transactions of the geological society.*

on y trouve encore des veines de gypse ordinaire
et de gypse anhydre (je dois cependant dire que
MM. Bowles et Traill n'y en ont pu trouver la
moindre trace).—M. Cordier voyant la masse saline divisée en strates verticales, prenant en considération la stratification, ainsi que la nature du
terrain calcaire environnant, et conduit par des
rapports entre le gypse de Cardonne et celui de la
Savoie, regarde cette masse comme faisant partie
de ce terrain et comme étant de formation intermédiaire; tandis que M. Traill et d'autres minéralogistes ne voient en elle qu'un dépôt simplement
superposé à ce calcaire (1).

Le terrain d'où sortent les sources salées de
Dieuze, Moyenvic, Vic, Marsal, Château-Salins,
en Lorraine, a encore des rapports avec ceux
que nous venons de décrire. Il présente une alternative de couches à-peu-près horizontales de
calcaire coquillier, de gypse mêlé d'argile, d'argile
salée, de marne schisteuse, de grès micacé, et de
petites couches de lignite. On vient d'y découvrir, par le sondage, auprès de Vic, à 65 mètres
au-dessous de la superficie du sol, une grande
masse de sel pur; le 1er septembre (1819) la
sonde s'y était déjà enfoncée de 21 mètres, et
elle n'en avait pas atteint le fond.

---

(1) Traill. *On the salt mines of Cardona. Transactions of the
geological society*, tom. III.

Nous avons vu (§ 252) que M. Struve regardait la masse salifère de Bex, en Suisse, comme appartenant à la formation dont nous venons de parler, celle de Wieliczka, de Salzbourg, etc.

Le gypse et le sel gemme se trouvent encore dans des terrains bien postérieurs au *grès avec argile*. On a dans la petite Pologne des sources salées sortant d'un calcaire peut-être postérieur au calcaire coquillier. Nous avons vu que M. Steffens regardait les gypses de la Basse-Allemagne comme faisant partie de la formation crayeuse, et l'on rapporte à ces gypses et au sel qu'ils contiennent, des eaux salées qui sourdent dans cette contrée. M. de Humboldt nous apprend encore que c'est en traversant une argile salifère de nouvelle formation, et superposée à un terrain de grès calcaire contenant des veines de gypse, que les eaux des marais salants d'Araya, auprès de Cumana, se chargent du sel qu'elles déposent ensuite sur le fond de ces marais.

Quant aux grandes masses de sel qui existent dans les déserts de l'Afrique et de l'Asie, ainsi que dans les steppes de la Sibérie, et sur les plateaux et les plaines de l'Amérique, nous en traiterons en parlant des terrains de transport.

———

CHAPITRE IV.

DES TERRAINS TERTIAIRES.

Caractères
et considé-
rations gé-
nérales.

§ 312. Lᶠs terrains tertiaires sont ceux dont la formation est postérieure à celle du terrain de craie.

Nous avions donné (§ 142) pour leur principal caractère, celui d'être un mélange de couches pierreuses et de couches meubles, ou plutôt d'être des terrains meubles, bancs de galets, de sables, argiles et marnes entremêlés de quelques couches calcaires; mais ce caractère pouvant se retrouver dans des terrains secondaires d'une époque assez ancienne, tel est peut-être le *red marl* des Anglais et le *nagelflue* des Suisses, il ne saurait être généralisé et pris pour caractère distinctif. Quoique nous les eussions peut-être essentiellement caractérisés, sous le rapport géologique, en disant qu'ils renfermaient les premiers débris de quadrupèdes terrestres, le caractère, tiré de la postériorité à la formation crayeuse, déjà admis par MM. Brongniart et de Bonnard, est plus simple et plus précis.

On diviserait naturellement, avec M. Brongniart, les terrains tertiaires en deux ordres; l'un comprendrait les formations dans lesquelles se trouvent des vestiges d'animaux marins, et l'autre, celles qui ne renferment que des débris d'etres ayant vécu sur la terre, ou dans les eaux douces, sans melange constant de corps marins; mais cette distinction est introduite depuis trop peu de tems, et elle ne porte pas, du moins encore, sur des bases assez positives pour que l'on puisse déjà en faire l'application.

Les terrains tertiaires, peut-être uniquement formés de matières provenant directement ou in-

directement de la destruction des roches préexistantes, sont principalement composés de couches
de marne, d'argile et de sable, entremêlées de
quelques bancs de calcaire et de grès ; ils présentent à peine quelques veines de matière charbonneuse et de gypse. On n'y trouve d'autres substances métalliques que des pyrites et du fer hydraté : de grands lits ou amas de lignites y sont
les seuls corps étrangers dignes de remarque.

Ici on ne retrouve plus les traits d'une composition générale : à mesure qu'on se rapproche
des tems modernes, l'influence des localités devient plus considérable ; et dans cette classe, il
n'existe peut-être que des formations partielles,
restreintes à des contrées d'une étendue peu considérable. Cependant, les causes auxquelles elles
doivent leur existence se seront reproduites dans
des lieux différents, à-peu-près à la même époque, et avec des circonstances souvent semblables, de sorte que ces formations auront encore
quelques rapports entre elles, et le géognoste
doit les signaler.

On n'a encore observé et décrit qu'un très-
petit nombre de ces formations ou terrains. Nous
allons faire connaître les principaux : au premier
rang, nous mettrons celui des environs de Paris :
c'est le premier que l'on ait caractérisé ; il est vi-
siblement superposé à la craie ; il est composé de
membres bien distincts ; il présente des faits géo-

logiques d'un grand intérêt, et il a été étudié et
décrit, dans tous ses détails, par des géognostes
très-distingués : long-tems encore il servira de
type et de terme de comparaison.

§ 313. Ce terrain, au milieu duquel se trouve la
capitale, s'étend, au nord, jusqu'à Senlis et Laon ;
à l'est, jusqu'à Reims et Épernay ; au sud , jusqu'à Orléans ; et à l'ouest, jusqu'à Chartres et
Mantes (1). Il peut être regardé comme composé
de sept assises, ou systèmes de couches ; savoir :

1° Argile plastique avec sable.

2° Calcaire grossier, ou calcaire ⎫
      à cérites avec sable et grès. ⎬
3° Calcaire siliceux.   ⎭

4° Gypse avec ses marnes.   ⎫
5° Marnes.   ⎬
                             ⎭
6° Sables et grès.

7° Calcaire d'eau douce avec meulières.

Nous allons donner, d'après MM. Cuvier et
Brongniart, une notion succincte de ces couches (1).

La craie sur laquelle elles reposent, et qui
forme le fond du bassin dans lequel elles se
sont déposées, présente une superficie très-iné-
gale ; et ces inégalités n'ont plus aucun rapport

_____

(1) La figure 2, planche II, montre l'ordre de superposition, et
à-peu-près leur épaisseur respective. Elle est prise de l'ouvrage de
MM. Cuvier et Brongniart.

avec celles qu'on voit aujourd'hui à la surface du sol. Les nouvelles formations les ont recouvertes sans en suivre le parallélisme : elles se trouvent en couches horizontales, ou presque horizontales, sur cette alternative de hauteurs et d'enfoncements.

§.3i4. La couche qui est immédiatement sur la craie, consiste en une argile onctueuse, tenace, de diverses couleurs, et employée aux poteries, de là le nom d'*argile plastique* qui lui a été donné par M. Brongniart. Elle ne contient presque point de chaux ; mais très-souvent elle est mêlée de beaucoup de sable, notamment dans ses parties supérieures : quelquefois même ce sable la divise en deux couches. Son épaisseur varie considérablement ; sur quelques points, elle n'est que de quelques pouces, ailleurs elle est de seize mètres. On n'y a observé que très-peu de coquilles : elles sont marines. *(Argile plastique.)*

§ 3i5. Au-dessus se trouve une assise principalement calcaire, composée d'une alternative de couches d un calcaire grossier plus ou moins dur, de marne, et même d'argile feuilletée ; ces couches sont placées toujours dans le même ordre sur une étendue de plus de vingt-cinq lieues, où l'on a été à même de les observer. Leur ensemble présente une épaisseur de trente metres, terme moyen. *(Calcaire grossier ou à cérites.)*

Les couches inférieures sont très-sablonneuses,

et souvent même plus sablonneuses que calcaires,
et renferment presque toujours des grains ou parcelles de cette matière verte, semblable à de la
chlorite, que nous avons vue dans les bancs inférieurs de la craie (§ 3oo). Elles contiennent une
prodigieuse quantité de coquilles toutes marines.

Dans les couches supérieures, on a des bancs
de quelques pieds d'épaisseur, d'un calcaire assez
dur, homogène, à gros grains, d'une couleur légèrement jaunâtre, et fournissant presque toutes
les pierres de taille dont on se sert à Paris. Ils
renferment une grande quantité de lucines et sur-
tout de cérites, et sont recouverts par des couches marneuses. Les produits siliceux abondent
principalement dans les parties supérieures de
cette formation : on y voit, entre les bancs de
pierres à bâtir, de minces couches ou tables de
silex pyromaque, se rapprochant du silex corné :
à Neuilly, on y trouve des cristaux de quartz, etc.
Dans quelques lieux, ils forment des masses très-
considérables ; ce sont des silex cornés, ou des
bancs entiers de grès remplis de coquilles marines, et si puissants qu'ils semblent remplacer entièrement la formation calcaire, dit M. Brongniart. Dans un de ces grès, près de Pierrelaie,
M. Beudant a trouvé des coquilles d'eau douce
(des lymnées et des cyclostomes) mêlées à une
grande quantité de coquilles marines, telles que
des cérites, des ampullaires, des huîtres, etc.

C'est dans l'assise de calcaire grossier que se trouve, à huit lieues à l'ouest de Paris, près de Grignon, l'étonnant amas de coquilles qui a rendu le nom de ce village célèbre en histoire naturelle ; ces coquilles, toutes marines, sont pêle-mêle, et comme par amas ou veines, dans un calcaire sableux et friable : elles sont entières et bien conservées. M. de France y en a trouvé environ six cents espèces différentes, qui ont été décrites, pour la plupart, par M. Lamarck.

M. Omalius a observé un dépôt analogue, à l'extrémité opposée du terrain de Paris, près de Reims ; les coquilles y sont aussi nombreuses et de même espèce qu'à Grignon ; mais elles sont encore mieux conservées, plus dures, et ont gardé leur aspect nacré ; elles gisent dans un calcaire tendre et friable.

On retrouve jusqu'en Touraine ces mêmes dépôts de coquilles marines. Il y en a un auprès de Sainte-Maure depuis long-tems connu des naturalistes : c'est un banc d'environ neuf lieues carrées de surface, et de plus de vingt pieds d'épaisseur, presque entièrement composé de coquilles brisées et formant une masse sans consistance. Il est exploité comme engrais ; on le répand sur des sables qui seraient absolument stériles sans ce secours. On donne, dans le pays, le nom de *falun* aux amas de fragments de coquilles, et celui de *falunières* aux carrières d'où on les retire (1).

§ 316. Au-dessus du calcaire grossier, se trouve un calcaire siliceux, que l'on regarderait comme sa continuation, s'il n'en différait par la nature des coquilles qu'il contient ; elles sont d'eau douce. Cette assise est formée de couches distinctes de calcaire tantôt tendre et blanc, tantôt gris et com-

Calcaire siliceux.

(1) Réaumur a décrit ces faluns et détaillé leur emploi dans les *Mémoires de l'Académie*, 1720.

pacte et à grains très-fins, pénétré de silice qui
s'y est infiltrée dans tous les sens et sur tous les
points. Quelquefois elle a revêtu de croûtes calcédonieuses mamelonnées et de petits cristaux de
quartz, les parois des cavités; d'autres fois elle
y a formé des meulières ou masses de quartz
carié, qu'on peut regarder comme les carcasses
d'un calcaire siliceux dont la partie calcaire aurait
été enlevée.

Gypse.   § 317. C'est sur ces couches que se trouve la formation gypseuse. Nous pouvons nous la repré-
senter comme une assise qui s'étendrait de l est
à l'ouest, depuis la Ferté-sous-Jouarre jusqu'à
Mantes, le long du cours de la Marne et de la
Seine : sa longueur serait ainsi d'environ vingt-
cinq lieues, et sa plus grande largeur, ainsi que
sa plus grande épaisseur, qui sont vis-à-vis Paris,
seraient, la première d'environ huit lieues, et la
seconde d'une soixantaine de mètres. Qu'on se
figure maintenant ce dépôt déchiré, emporté de
manière à ce qu'il n'en reste en place que des
lambeaux épars, et l'on aura une idée des quarante ou cinquante massifs isolés qui constituent
la partie gypseuse actuellement existante. Ils sont,
en général, allongés dans le sens de l'est à l'ouest;
cinq à six peuvent avoir d'une à trois et même
quatre lieues carrées, les autres ne sont que de
simples monticules ou buttes isolées.

La formation gypseuse consiste en une alterna-

tive de couches de gypse et de marne remarquable
par l'ordre constant de superposition que ces couches conservent entre elles dans toute l'étendue du
dépôt, lorsqu'elles se trouvent ensemble ; car
d'ailleurs elles s'amincissent et finissent par disparaître entièrement, les unes plus tôt les autres
plus tard, vers les extrémités du bassin.

Dans sa plus grande épaisseur, par exemple à
Montmartre, attenant Paris, on divise le gypse
en trois assises ou *masses*. L'inférieure est composée de couches peu épaisses de gypse souvent
lamellaire, de marnes calcaires solides, et de
marnes argileuses très-feuilletées (dans lesquelles
on trouve les silex dits *ménilites*) : le bas renferme
des coquilles marines. Dans la seconde masse, le
gypse augmente et les marnes diminuent : on ne
trouve point de coquilles, mais quelques poissons
fossiles : cette masse, comme la précédente, a
environ dix mètres d'épaisseur. Celle qui est au-
dessus, qui est la principale, qui fournit aux
grandes exploitations de plâtre, a une épaisseur
quadruple; les couches marneuses y sont rares et
minces : la masse de gypse y a quelquefois de
quinze à vingt mètres de puissance : elle est naturellement divisée en gros prismes informes, comme
certains basaltes, ce qui lui fait donner le nom de
hauts piliers par les ouvriers : elle est pure, et
consiste en un gypse saccharoïde ; la partie basse
contient assez souvent des silex, et la partie haute

devenant marneuse et de moins bonne qualité, est appelée *chiens;* cette masse est sur-tout remarquable par la multitude d'ossements d'animaux et sur-tout de quadrupèdes inconnus qu'on y voit journellement, et dont nous allons parler : on y trouve aussi, mais en bien petite quantité, quelques coquilles d'eau douce.

L'assise gypseuse est mélangée, au voisinage de la superposition, avec le calcaire sur lequel elle repose ; ainsi il n'y a point de limite bien tranchée.

Quoique le gypse de Paris soit en général grossier, d'un gris jaunâtre sale, il est cependant renommé par sa bonté dans les constructions : qualité que l'on attribue à une certaine quantité de chaux carbonatée qu'il contient habituellement, et qui le fait participer à la nature des mortiers calcaires.

Ossements d'après M. Cuvier.

Les ossements d'animaux renfermés dans cette assise y sont tantôt dans le gypse, ils y ont conservé de la solidité, et ne sont entourés que d'une couche très-mince de marne calcaire ; tantôt ils sont dans la marne qui sépare les bancs gypseux, et alors ils sont très-friables. M. Cuvier, ayant rassemblé un grand nombre de ces ossements, est venu à bout de les rapporter à leur vraie place, de rétablir et de ressusciter en quelque sorte les animaux auxquels ils avaient appartenu ; car il nous a fait connaître leur forme, leur grandeur, et même leurs habitudes. Nous allons examiner les principaux résultats de ce travail, un des plus beaux et des plus importants qui aient été faits en anatomie comparée.

Les ossements les plus gros et les plus remarquables appartiennent à des quadrupèdes d'un autre monde, et sont entièrement différents , même pour le genre, de ceux que nous connaissons aujourd'hui : ce sont des herbivores de deux genres nouveaux , de l'ordre des *pachydermes* (animaux à peau épaisse). M. Cuvier les a nommés *anoplotherium* (animal sans défenses) et *palæotherium* (animal ancien). Le premier des deux , qui tient un milieu entre le rhinocéros et le cheval et l'hippopotame, d'une part, le cochon et le chameau de l'autre , comprend cinq espèces : la première présente un animal de la grandeur d'un petit cheval , mais ayant des formes très-lourdes, des jambes grosses et courtes , et muni d'une forte et longue queue ; il devait avoir beaucoup de ressemblance, pour la stature, avec la loutre ; comme elle , il se portait très-vraisemblablement sur et dans les eaux, principalement dans les terrains marécageux ; comme le rat d'eau , il allait y chercher les racines et les tiges succulentes des plantes qui y croissaient : la seconde espèce ressemble à la précédente , mais avec la stature du cochon : l'animal de la troisième espèce, bien différent des deux premières , avait la taille , la légèreté et l'élégance de la gazelle ou du chevreuil ; il courait autour des étangs et marais où nageait la première ; il devait y paître les herbes aromatiques des terrains secs , ou brouter les pousses des arbrisseaux ; comme tous les herbivores agiles , continue M. Cuvier , c'était probablement un animal craintif , et de grandes oreilles très-mobiles , comme celles des cerfs , l'avertissaient du moindre danger ; nul doute , enfin , que son corps ne fût couvert d'un poil ras , et par conséquent il ne nous manque que sa couleur pour le peindre tel qu'il animait jadis cette contrée, où l'on en a déterré , après tant de siècles , de si faibles vestiges : la quatrième espèce avait la grandeur et les habitudes du lièvre ; et la cinquième était plus petite encore. Le second genre, le *palæotherium*, placé entre le rhinocéros

ou le cheval et le tapir , avait beaucoup de rapports avec ce dernier animal qui vit dans l'Amérique septentrionale : il présente
cinq espèces , qui varient pour la grandeur , entre celle du cheval et celle de la brebis.

Outre ces ossements de quadrupèdes herbivores, on trouve
encore, dans les plâtrières des environs de Paris, les vestiges
de quelques petits carnassiers ayant des rapports avec les chiens,
les chats ou martres, et les mangoustes. On y a aussi déterré le
squelette presque entier d'un petit quadrupède du genre des
sarigues , qui a porté M. Cuvier à cette assertion positive : *Il
y a dans nos carrières des ossements d'un animal dont le
genre est aujourd'hui exclusivement propre à l'Amérique.*
Dans ces mêmes carrières , on a encore trouvé divers fragments
d'oiseaux qu'il est très-difficile de rapporter à des genres connus; mais qui se rapprochent , au jugement de M. Cuvier,
des pélicans , des courlis , des bécasses , des étourneaux et des
gallinacées ; enfin on y a observé quelques débris de tortues,
quelques os de crocodiles , et même quelques poissons d'eau
douce.

M. Cuvier , voyant dans nos carrières tous ces débris d'êtres
organisés se rapporter aux mêmes classes d'animaux qui existent aujourd'hui , termine son mémoire sur les oiseaux fossiles
des environs de Paris , par les réflexions philosophiques qui
suivent :

« C'est bien assez d'avoir montré l'existence de la classe des
oiseaux parmi les fossiles , et d'avoir prouvé par-là qu'à cette
époque reculée , où les espèces étaient si différentes de celles
qui existent maintenant , les lois générales de coexistence ,
de structure , enfin tout ce qui s'élève au-dessus des simples
rapports spécifiques , tout ce qui tient à la nature même des
organes et à leurs fonctions essentielles , étaient les mêmes que
de nos jours.

» On voit en effet que dès lors les proportions des parties ,

la longueur des ailes , celle des pieds , les articulations des
doigts , les formes et le nombre des vertèbres , dans les oiseaux comme dans les quadrupèdes , et chez ceux-ci , le nombre, la forme , la position respective des dents , étaient soumises
aux grandes règles , tellement établies par la nature des choses
que nous les déduisons presque autant du raisonnement que de
l'observation.

» Rien n'a été allongé, raccourci, modifié , ni par les causes
extérieures , ni par la volonté intérieure ; ce qui a changé a
changé subitement , et n'a laissé que ses débris pour traces de
son ancien état. »

§ 3i8. Les marnes qui sont au-dessus du gypse,   Marnes.
et qui le remplacent même souvent , sont de deux
sortes ; les unes, pareilles à celles qui sont intercalées dans les masses gypseuses , et qui y font
suite, contiennent comme elles des coquilles d'eau
douce ; les autres renferment des coquilles marines.

Les premières sont en général blanches , et
très-chargées de calcaire ; elles contiennent des
troncs de palmier silicifiés , des limnées et des
planorbes qui diffèrent à peine de celles qui vivent dans nos mares. Au-dessus, on a encore des
bancs souvent puissants de marne argileuse dont
l'ensemble a quelquefois plus de vingt mètres
d'épaisseur.

Les marnes marines, placées à la partie supérieure, commencent par un mince banc de marne
jaunâtre , reconnu sur plus de dix lieues de distance, contenant des cythérées, des cérites , et

des os de poissons. On a ensuite un grand banc de marnes vertes renfermant des géodes argilo-calcaires, et des rognons ou boules de strontiane sulfatée. Il est suivi de quelques autres plus petits, et le tout est terminé par deux couches renfermant une grande quantité d'huîtres qui paraissent avoir vécu dans le lieu où on les trouve aujourd'hui, disent MM. Cuvier et Brongniart.

Ces auteurs ont été tentés de diviser les marnes, et de séparer celles qui contiennent les coquilles d'eau douce, de celles qui renferment les coquilles marines : mais , ajoutent-ils , ces couches sont tellement semblables les unes aux autres, elles· s'accompagnent si constamment, que nous avons cru devoir nous contenter d indiquer cette division.

§ 319. Au-dessus des marnes, ou même immédiatement au-dessus du calcaire à cérites, lorsque les couches intermédiaires manquent, on a une grande assise composée de sable et de grès , dont l'épaisseur est quelquefois de quarante à cinquante mètres , et même de cent , ainsi qu'on le voit à la forêt de Fontainebleau.

Le sable consiste en un assemblage de très-petits grains anguleux de quartz, mêlés habituellement d'une petite quantité de terre, de carbonate de chaux, et de fragments de coquilles ; quelquefois ils sont entièrement purs, et fournissent les sablons aux fabriques de cristaux : c'est à Fontai-

Sables et grès.

nebleau que la fabrique royale de Mont-Cenis ,
en Bourgogne , envoie chercher ceux dont elle
fait usage.

Au milieu de ces sables se trouve la pierre dont
on pave les rues de Paris et les chemins qui abou-
-tissent à cette capitale , pierre que l'on désigne
vulgairement sous le nom de *grès*. Elle est tantôt
en rognons ou amas aplatis étirés en quelque
sorte dans le sens des couches , tantôt en couches
bien prononcées et bien tranchées, ayant quelques
pieds d'épaisseur , tantôt en grosses masses formant des monticules ou des buttes. Ces grès ne
sont autre chose que les sables, au milieu desquels
ils se trouvent, mais dont les grains , adhérant
les uns aux autres, forment des masses plus ou
moins solides : ils sont en général plus petits que
dans les sables, et moins mêlés de matières étrangères. La plupart de ces grès, vus au microscope,
ne présentent qu'un assemblage confus de parties
anguleuses, brillantes et limpides comme du cristal de roche, aggrégées entre elles comme celles
des dolomies ; d ailleurs , je n'ai pu y reconnaître
aucune forme cristalline : cependant, les fissures
montrent habituellement une multitude de points
très-brillants qui m'ont offert quelques faces de
cristallisation extrèmement petites : cette surface *drusique* n'est pas une pellicule superposée
comme on pourrait le croire , elle tient au reste
de la masse. Dans les grès à grains très-petits et

très-serrés, le tranchant des bords se présente souvent comme une lame quartzeuse, où la structure grenue est à peine visible.

La consistance des grès présente de grandes variétés; tantôt les grains sont très-peu adhérents les uns aux autres ; un simple choc suffit pour les séparer, et pour faire tomber en sable un morceau de roche : d'autres fois, leur dureté et consistance approchent de celle du silex.

Cette assise siliceuse ne renferme point ou presque point de coquilles : nous avons déjà remarqué que les mollusques semblaient fuir les eaux trop chargées de silice : cependant, dans les parties supérieures, principalement dans celles où se trouve un sable calcaire, on a quelques coquilles qui ressemblent beaucoup à celles du calcaire marin inférieur, et peut-être plus encore à celles des marnes, sur lesquelles reposent ces sables et grès.

On aura été certainement frappé, dans les descriptions que nous avons données, de la présence continuelle des coquilles au milieu des couches et masses calcaires, et de leur absence ou rareté dans les couches d'une autre nature, qui sont intercalées et qui par conséquent ont été formées à la même époque. Cette prédilection des animaux à coquilles pour le calcaire, se remarque même sur la surface de nos continents : ils sont et plus nombreux et plus gros dans les pays calcaires que dans les pays granitiques. Prendraient-ils des roches et terrains calcaires une partie de leur substance et de la matière de leurs coquilles ? Ce serait l'inverse de ce que plusieurs géologues ont avancé; tout le calcaire du règne minéral leur paraissait être un produit des zoophytes, mollusques, etc.

Dans quelques parties du terrain des environs de Paris, les grès renferment une assez grande quantité de grains ou petits galets de silex, de quartz et même de lydienne, qui sont arrondis, et dont la grosseur variant, depuis celle d'une noix jusqu'à celle du chènevis, en fait tantôt des poudingues, tantôt de vrais grès pareils aux grès siliceux, qui sont assez fréquents en Allemagne (§ 284), et dont la pâte est, d'après Werner, un silex corné (*hornstein*) tantôt concoïde, tantôt écailleux, tantôt granuleux.

En examinant les sables et les grès dont nous venons de parler, en considérant leur nature et leur gissement, il est impossible de ne pas reconnaître, dans les uns comme dans les autres, un même mode de formation; c'est la même substance, seulement, dans les grès, les grains adhèrent les uns aux autres, tandis qu'ils sont indépendants dans les sables. Cette adhérence est-elle l'effet d'un gluten qui se serait infiltré entre les grains, ou bien est-elle un effet de la pénétration des grains les uns dans les autres? C'est une question à résoudre, et au sujet de laquelle je ferai remarquer : 1° que la masse est entièrement homogène, et qu'on n'y voit aucun ciment interposé; 2° que l'action de l'acide nitrique est nulle, et ne désagrège aucunement les grains; 3° que si un suc siliceux, faisant l'office de gluten, avait pénétré, par infiltration, dans la masse déjà déposée, il aurait bien pu former de simples blocs et des traînées de grès, mais non des couches bien tranchées et horizontales comme on les voit. D'après ces considérations et les observations rapportées plus haut, il me semble que l'adhérence

Remarque sur la nature des grès de Paris.

n'est ici qu'un effet de la pénétration des grains, de l'enlacement de leurs parties, comme dans les roches à texture granuleuse, et que ce grès ne serait ainsi qu'un quartz granuleux.

Toutes les raisons que M. Voigt a données pour établir cette
assertion, au sujet de diverses substances regardées comme des grès
(§ 284), se représentent ici dans toute leur force, et les circonstances locales y ajoutent un nouveau poids. A cinquante lieues autour de Paris, on ne voit aucun terrain quartzeux d'où auraient pu
provenir les grains ; leur forme très-anguleuse, la limpidité de
leur masse, l'éclat de leur surface, etc., éloignent l'idée d'un
transport. Ce n'est pas avec des substances étrangères à la contrée
qu'ils sont mêlés, mais avec quelques parcelles de silex, quelques
fragments de coquilles et quelques grains terreux. De plus,
on voit quelques-uns de ces grès dont les grains diminuant de
grosseur semblent se fondre les uns dans les autres, et présentent alors une masse quartzeuse presque homogène, où il
reste à peine quelques foibles vestiges de la texture grenue ;
encore ici, on retrouve les petits fragments de silex et de
coquilles ; c'est le *grès lustré* de M. Brongniart : enfin le grain
disparaissant entièrement, et la matière devenant complète-
ment homogène à nos yeux, on a des silex cornés et silex
pyromaques : ces passages me paraissent positifs comme ils le
paraissent au minéralogiste que je viens de citer (1) : se con-
tinuent-ils jusqu'aux meulières, substance dont quelques parties
approchent du vrai quartz ? Je serais enclin à le croire, mais je
n'en ai point de preuves directes. D'après ce qu'on vient de
voir, et en observaut que dans les formations de Paris les deux
grands principes constituants sont le carbonate de chaux et la
silice, ou (pour me restreindre dans un sens plus géognostique)
sont des molécules calcaires et siliceuses, on conclurait que ces
dernières, en se précipitant et se déposant, soit seules, soit avec

---

(1) *Minéralogie*, tom. I, pag. 320.

les premières, se sont diversement groupées et réunies, et que selon les divers modes de groupement, effets de circonstances locales et particulières, il en sera résulté tantôt des meulières, tantôt des silex cornés et pyromaques, tantôt des grès, tantôt des sables. Les grès seraient aux silex et aux meulières ce que le calcaire crayeux est au calcaire compacte : les couches et masses de grès et de meulières seraient, au milieu des sables, ce que les couches et masses calcaires sont au milieu des marnes et des *cendres* (§ 290), c'est-à-dire des couches formées de parties plus épurées ou mieux dissoutes, et par suite plus consolidées.

Au reste, en donnant ici l'opinion que je crois la plus vraisemblable, et que j'ai développée ailleurs, je ne cache point qu'elle est susceptible de diverses objections : elles ont été mises dans tout leur jour par un de nos plus savants et de nos plus habiles géologistes, M. Brochant ; et il a conclu, de l'examen qu'il a fait de cet objet, que *mon opinion ne lui paraissait pas fondée* (1).

La question n'est pas encore résolue : et quoique la majeure partie de nos minéralogistes ne voient dans les grès des environs de Paris qu'un assemblage de petits fragments des roches quartzeuses, transportés par un agent mécanique, comme le sont les sables que la mer étend sur ses rivages, et agglutinés par un suc siliceux qui se sera infiltré dans leur masse, quelques autres cependant, qui ont aussi une pleine connaissance des localités, manifestent une opinion contraire ; c'est ainsi que M. Omalius, parlant du grès blanc qui se trouve dans le calcaire de la Flandre, et qui est identique avec celui de Paris, après avoir signalé son passage par des nuances insensibles aux quartz agates (calcédoines et silex), dit : « Quand on remarque les rapports que » ces quartz agates ont avec le grès blanc, tant par leur nature » que par leur gissement, on ne peut presque pas s'empêcher

---

(1) *Journal des Mines*, tom. XXXVIII.

» de supposer que leur origine ne soit la même (1). » En Angleterre, sur l'argile de Londres, et par conséquent sur le prolongement de l'assise de grès, objet de ce paragraphe, on
trouve une grande quantité de blocs d'une pierre appelée *grey
weathers*, qui est composée de particules siliceuses liées
sans aucun ciment intermédiaire, renfermant des galets de silex,
et qui paraît être ainsi, sous tous les rapports, identique avec
nos grès. M. Webster observe qu'elle doit être considérée
comme un quartz granuleux, et qu'elle a plutôt l'apparence
d'une formation originaire, ou d'une cristallisation particulière
de la matière siliceuse, analogue à celle du sucre, que l'apparence d'une substance composée de *detritus* d'autres roches.
Il remarque encore « qu'elle ressemble parfaitement au ciment
siliceux du beau poudingue (*pudding-stone*) du comté d'Hert-
fort (2). Quand le dépôt siliceux, dit-il, enveloppait des galets
de silex et autres, il formait le *puddingstone*, et lorsqu'il
n'entourait aucune substance étrangère, il formait la roche dite
grey weathers. » Je conclurai exactement de même : lorsque
notre dépôt siliceux (et lithoïde) enveloppait des grains arrondis
de silex, de quartz, etc., il formait les poudingues, ou vrais grès
des environs de Paris, comme il formait, en Allemagne, le ciment
du grès quartzeux (ou trappéen de Werner) (§ 284); et lorsqu'il n'y avait point de grains enveloppés, c'était le grès des
paveurs de Paris, ou, minéralogiquement parlant, un quartz
ou silex granuleux (*kœrniger hornstein*).

Le mode de formation qu'on croira devoir attribuer au grès

---

(1) *Journal des Mines*, tom. XXIV, pag. 317.

(2) Le poudingue, ainsi que l'on sait, est un mets anglais qui
présente de gros grains de raisin sec, au milieu d'une pâte de couleur plus claire. Par ressemblance dans l'aspect, on a donné à la
pierre de Hertford, connue de tous les minéralogistes et lapidaires,
le nom de *puddingstone* (pierre-poudingue), dont nous avons fait
le nom générique de poudingue.

des paveurs, sera aussi celui qu'il faudra donner au sable qui l'accompagne. Certainement il paraîtra extraordinaire de regarder comme un précipité chimique de grandes couches de sable ; mais les formations de couches à molécules entièrement incohérentes, ne sont pas sans exemple dans le règne minéral ; nous y avons vu des feldspaths terreux ou kaolins, des houilles semblables à de la suie (§ 260), des chaux carbonatées pareilles à des cendres (§ 290), des gypses farineux (§ 310) : MM. Voigt et Freiesleben ont trouvé, dans l'intérieur des formations calcaires, des sables qui leur paraissaient incontestablement d'origine chimique.

§ 320. Au-dessus des sables dont nous venons de parler, on a quelquefois une assise renfermant des *meulières*, c'est-à-dire des couches d'un quartz ou plutôt d'un silex corné, à cassure compacte et concoïde évasé, plein de pores et de cavités irrégulières, qui lui donnent un aspect carié et cellulaire, et qui le rendent propre à former des meules de moulin : elles sont au milieu de sables argilo-ferrugineux et de marnes argileuses verdâtres ou rougeâtres. Cette même marne remplit souvent l'intérieur de leurs cavités. La couche la plus considérable que l'on ait se trouve à la Ferté-sous-Jouarre ; elle a environ quatre mètres d'épaisseur, et gît dans la partie inférieure d'un banc de sable qui en a plus de vingt : son exploitation produit d'excellentes meules qu'on envoie en Angleterre, et même en Amérique. Cette assise de sable, marne, argile et meulière ne contient point de coquilles, du moins on n'y en a pas encore trouvées.

Calcaire d'eau douce et meulière.

Enfin, au-dessus, et faisant l'étage supérieur du terrain des environs de Paris, on a une formation calcaire différente de celles que nous avons vues jusqu'ici, qui s'étend à de grandes distances, et qui se retrouve dans des lieux très-éloignés. Elle consiste en un calcaire contenant plus ou moins de silice, et ne renfermant plus que des coquilles terrestres et fluviatiles, de là le nom de *calcaire d'eau douce* qu'on lui donne habituellement. Il est blanc ou légèrement jaunâtre : quelquefois il est tendre comme de la marne ou de la craie, mais le plus souvent il est compacte, solide, à grains fins, et à cassure concoïde, approchant du calcaire du Jura : il est même parfois dur et cassant, et ne peut guère se tailler ; les carriers le nomment alors *clicart*.

Non-seulement ce calcaire paraît imprégné d'une quantité plus ou moins considérable de silice, mais encore il renferme un grand nombre de produits siliceux, tantôt ce sont des silex pyromaques ou cornés, tantôt des meulières qui sont en général plus compactes que celles de l'assise inférieure.

D'ailleurs, cette formation est assez simple, c'est-à-dire qu'elle renferme peu de couches étrangères : on n'y voit plus ces couches de marne et d'argile qu'on trouve à tout instant dans les formations inférieures.

M. Brongniart qui, le premier, a fixé l'attention

des minéralogistes sur ce calcaire, remarque qu'il présente très-souvent des cavités cylindriques irrégulières, et à-peu-près parallèles quoique sinueuses ; et cette propriété peut souvent servir à le faire reconnaître.

« Mais ce qui caractérise essentiellement ce calcaire, dit le même auteur, c'est la présence des coquilles d'eau douce et des coquilles terrestres, presque toutes semblables pour les genres à celles que nous trouvons dans nos marais ; ces coquilles sont des limnées, des planorbes, des cyclostomes, des hélices, etc. »

§ 321. Nous venons de considérer le terrain des environs de Paris sous le rapport minéralogique, c'est-à-dire sous le rapport des différentes assises minérales qui le composent. Si nous voulons maintenant le diviser d'après les fossiles qu'il renferme, nous pourrons, avec M. Omalius, y distinguer quatre étages. Le premier, celui d'en bas, comprendrait l'argile plastique, le calcaire grossier avec le grès inférieur : on n'y aurait que des coquilles marines. Le second renfermerait le calcaire siliceux inférieur, le gypse et les marnes inférieures : les coquilles, et, en général, les animaux fluviatiles et terrestres, seraient ici caractéristiques (abstraction faite des coquilles marines qu'on trouve au bas du gypse). Le troisième serait formé des marnes supérieures, des sables et des grès ; le petit nombre de coquilles qui s'y trou-

Division zoologique.

vent sont marines. Enfin, le quatrième présenterait la grande formation de calcaire d'eau douce.
Ces étages, remarque M. Omalius, ne se recouvrent pas dans toute leur étendue : ils sont placés
en retrait les uns sur les autres, avec une légère
inclinaison vers le sud, ainsi qu'on le voit dans la
figure 3, de la planche II (1).

Avec quelque étonnement, nous voyons ces divisions zoologiques n'être plus en harmonie avec les divisions minéralogiques.
Le calcaire grossier et le calcaire siliceux forment une masse
à-peu-près continue, et nous la voyons partagée par la ligne qui
sépare les deux premiers étages zoologiques : celle qui sépare
le second et le troisième coupe également l'assise marneuse.
La différence entre les fossiles, qui nous indique souvent la
différence entre les formations minérales, ne sera plus ici en
rapport avec les différences géognostiques ; les marnes supérieures ne font qu'un même tout avec les marnes inférieures ;
la différence entre leur nature et l'époque de leur dépôt est insensible, et la différence entre leurs fossiles est extrême ; les
uns sont marins, les autres sont fluviatiles ; ces deux classes
se trouvent en outre mélangées dans de mêmes couches, dans
le grès de Pierrelaie, par exemple.

Les terrains d'Avignon, de Mayence, etc., ont offert de

(1) La partie de cette figure, au-dessus de la ligne ab, est donnée
par M. Omalius ; ce qui est au-dessous est idéal ; il donne une idée
de ce que peut être la constitution minérale du centre de la France,
d'après les observations faites jusqu'ici. On a placé le terrain
houiller entre l'ardoise et le calcaire horizontal, dans la partie
septentrionale ; il s'y trouve en effet dans la majeure partie de la
Flandre. Nous remarquerons que l'échelle des hauteurs n'étant
pas la même que celle des longueurs, la figure ne saurait représenter les inclinaisons telles qu'elles sont réellement.

nouveaux exemples d'un pareil mélange. De plus, M. Beudant a prouvé, par une suite de belles expériences, que *dans l'espace de très-peu de tems, beaucoup de mollusques fluviatiles peuvent être habitués à vivre dans l'eau que l'on sale graduellement jusqu'au degré de salure des mers ;* et de même que *beaucoup de mollusques marins peuvent, par des diminutions de salure également graduées et progressives, être habitués à vivre dans l'eau douce* (1); et effectivement, on a trouvé dans des mers peu salées, telles que la Baltique, des mollusques de ces deux classes vivant pêle-mêle (2). MM. Beudant et Marcel de Serres ont encore reconnu des coquilles en quelque sorte intermédiaires, telles que les *paludines* qui vivent habituellement dans les eaux saumâtres, et qui se trouvent tantôt avec des coquilles marines, tantôt avec des coquilles d'eau douce. Ces nouvelles données, introduites dans la solution des questions géologiques, doivent nécessairement amener des changements ou des modifications dans les conséquences; et de ce qu'une couche minérale contiendrait quelques coquilles fluviatiles, lors même qu'elles n'y seraient pas l'effet d'un transport accidentel, on ne saurait conclure aujourd'hui qu'elle a été formée dans l'eau douce, sur-tout lorsqu'elle sera comprise entre deux couches que d'autres circonstances indiqueraient avoir été formées au sein des mers.

Au reste, ce que nous venons de dire se rapporte principalement à quelques cas particuliers : et de même qu'en général les huîtres ne vivent que dans la mer, et les lymnées dans les eaux douces, nous pouvons conclure qu'une assise minérale d'une grande étendue, qui ne renfermera que des huîtres, a été formée dans les mers ; tout comme un terrain dans lequel on ne trouve que des lymnées et des coquilles analogues, a été déposé dans une eau douce.

---

(1) *Journal de Physique*, tom. LXXXIII.
(2) *Idem*, tom. LXXXVIII.

Quant au terrain des environs de Paris, où l'on voit une alternative et même un mélange des êtres des deux classes, ce sera un des cas particuliers pour la solution duquel nous n'avons pas assez de données. Je me bornerai seulement à rappeler que Lamanon, un des infortunés compagnons de la Peyrouse, prenant en considération la nature des animaux renfermés dans la formation gypseuse de Paris, la regardait comme s'étant déposée dans un grand lac que la mer avait laissé sur le continent lors de sa retraite, et dont l'eau avait perdu peu-à-peu sa salure par l'affluence continuelle des eaux douces.

TERRAINS TERTIAIRES DE L'ANGLETERRE. Des minéralogistes anglais, et en particulier MM. Webster et Buckland, ont également observé et décrit les terrains de leur pays, qui reposent sur la craie, et ils les ont comparés à ceux de Paris.

Terrain de Londres. § 322. Aux environs de Londres, on voit distinctement leur superposition à la craie, et on les y trouve généralement formés, 1° d'une couche de sable peu coloré, ne contenant ni coquilles ni silex roulés, et ayant environ quinze mètres d'épaisseur, terme moyen; 2° d'une assise plus épaisse d'un sable de diverses couleurs, souvent mêlé de terre verte, contenant des silex roulés et en fragments, et renfermant des couches de marne et d'argile, dans lesquelles on trouve des huîtres, des cérites, des cithérées, etc. On y voit aussi quelquefois du gypse lamellaire ou fibreux, et des parties carburées. Au-dessus de ce terrain, que l'on rapporte à l'argile plastique des environs de Paris, se trouve l'*argile de Londres* (*London clay*).

Cette argile est noirâtre, quelquefois très-tenace, d'autres fois mêlée avec de la terre verte, du sable, et même du carbonate de chaux. On y trouve beaucoup de sphéroïdes aplatis de marne : ils y sont disposés à-peu-près comme les silex le sont dans les craies ; ils sont traversés par des veines de spath calcaire ; l'intérieur, formé en géode, présente quelquefois des cristaux de baryte sulfatée, et contient fréquemment des coquilles bien conservées. L'argile de Londres renferme une grande quantité de pyrites, ainsi que de gypse, lequel doit, en partie, son origine à leur décomposition : c'est vraisemblablement à la même cause qu'il faut attribuer le sulfate de magnésie que contiennent plusieurs sources de la contrée, et en particulier celles d'Epson : ces diverses substances rendent les eaux qui sortent de cette argile peu propres aux usages domestiques. Cette couche, qui fait un tout continu, occupe un assez grand espace de terrain (environ mille lieues carrées), et forme le sol de la majeure partie du bassin de la Tamise : son épaisseur est considérable ; à Sheerness, on l'a traversée, par un puits, sur une hauteur de cent mètres ; et en y ajoutant l'élévation des monticules voisins, on a une épaisseur totale de cent soixante mètres. On y trouve une assez grande quantité de coquilles marines ; et M. Webster, en prenant en considération leur espèce , rapproche l'argile de Londres des couches inférieures du calcaire à cérites de Paris. On a retiré encore de cette argile des ossements de crocodiles et de divers poissons , des crabes, des bois percés par des animaux marins , des bois pyritisés, etc. : on y a aussi vu quelques coquilles d'eau douce , qu'on présume toutefois n'y être qu'accidentelles: elles auraient été charriées par les fleuves dans la mer où l'argile s'est déposée.

Terrains de l'île de Wight.

§ 323. Les terrains tertiaires se sont présentés, au midi de l'Angleterre, dans le Hampshire et l'île de Wight , avec des circonstances qui les rendent très - remarquables : je m'arrête sur le point principal. A la partie occidentale de l'île , à Alum-Bay , l'on a, entre deux bandes de terrains à couches horizontales, une bande à couches presque verticales : elle consiste en une masse de craie dont les couches sont très-inclinées , et sur laquelle s'appuient des couches entièrement verticales d'argile , de sable et de poudingues , ayant en tout quatre cents mètres d'épaisseur : c'est, d'après M. Webster, la formation des environs de Londres. Après la couche d'argile, qui représente l'argile de Londres, on a une assise de sable blanc qui reprend la position horizontale, et qui est recouverte par une couche d'argile. Au-dessus s'élève une petite butte , appelée

Headen-hill, d'environ cent mètres de hauteur, et composée d'une alternative de couches d'argile, de marne se rapprochant quelquefois du calcaire, et de sable calcaire : ces couches ne contiennent que des coquilles d'eau douce; mais , au milieu d'elles , il s'en trouve une d'argile ou de marne verte, ayant onze mètres d'épaisseur, et qui renferme une très-grande quantité de coquilles marines d'une belle conservation. M. Webster a comparé les quatre étages ou formations de *Headen-hill* (deux formations à coquilles marines alternant avec deux formations à coquilles d'eau douce), avec les quatre étages des terrains des environs de Paris (§ 320); et la ressemblance entre les fossiles, dans chaque étage correspondant , a bien montré qu'il y avait effectivement quelques rapports entre eux ; mais ce ne sont que des rapports d'âge : car , d'ailleurs, ici et dans le terrain de Londres, nous n'avons plus de couches de même nature ; ce ne sont plus les calcaires à bâtir , les gypses , les grès, les meulières, etc. , de Paris ; à leur lieu et place , nous n'avons plus que des argiles, des marnes, et des sables très-mélangés.

M. Webster, examinant la manière dont il est possible de concevoir la formation de ces terrains , remarque qu'à Londres , comme à l'île de Wight et à Paris, il serait bien possible qu'ils fussent des dépôts opérés dans d'énormes lacs qui occupaient des enfoncements ou bassins dans l'ancien sol; il remarque en-

core qu'il se produit quelquefois , près l'embouchure des fleuves , par accumulation des sables et des transports, des barres,
qui pourraient séparer de la mer , et pour un tems , des portions des golfes qui sont à ces embouchures , et qui se con-
vertiraient peu-à-peu en lacs d'eau douce. Au reste, il fait
observer que ces formations, dont l'explication présente des
difficultés insurmontables , sont antérieures à la révolution qui
a donné aux continents leur forme actuelle ; et qu'elles ont tant
de rapports entre elles, qu'il est difficile de ne pas les regarder
comme l'effet de quelque cause générale , effet qui aurait eté
d'ailleurs singulièrement modifié par les circonstances locales (1).

AUTRES
TERRAINS.

§ 324. Parmi les terrains tertiaires, produits
de formations locales , nous citerons encore les
suivants :

Le terrain qui couvre le pied occidental du
Mont-Ventoux, en Provence, et qui s'étend jusqu'à la plaine de la Crau. D'après les observations
de M. Beudant , il est essentiellement semblable
à celui de Paris. Comme lui , il consiste en une
assise inférieure de calcaire marin contenant des
coquilles brisées ; au-dessus, l'on a un calcaire
siliceux compacte , renfermant des coquilles fluviatiles (*cycloststoma mumia*) ; ensuite viennent
les couches de gypse , qui sont souvent fort épaisses et entremêlées de marnes ; enfin, l'assise supérieure consiste en un calcaire contenant des lymnées, des planorbes , etc.

_____

(1) Webster. *On the strata lying over the chalk*, dans les *Transactions of the geological society*, tom. II.

C'est dans ce terrain que sont ouvertes les plâtrières d'Aix, au milieu desquelles on a trouvé,
dans une couche marneuse, une grande quantité
d'empreintes de poissons, dont les uns paraissent
d'eau douce et les autres sont marins : M. de Blainville y a reconnu des perches (*perca minuta*), le
mugil cephalus qui se trouve dans la Méditerranée ; on cite encore des loups, des dorades, etc :
Saussure y a observé des empreintes de feuilles
qu'il croit être de palmier ; et, dans ces derniers
tems, on y a trouvé des ossements fossiles qui
ont encore beaucoup de rapports avec ceux des
plâtrières de Paris.

Le terrain d'Oeningen, sur les bords du lac de
Constance, est encore connu depuis long-tems, en
géologie, par les divers fossiles qu'on y a trouvés.
Dans le bas, on a un grès qui contient des veines
charbonneuses, et quelques coquilles qu'on croit
d'eau douce. Au-dessus se trouve un calcaire marneux fétide, généralement feuilleté, d'un blanc
jaunâtre, se divisant en dalles ; le bitume dont il
est imprégné est quelquefois assez abondant pour
lui donner une couleur brune et le rendre combustible. A deux cents mètres au-dessus du lac,
on a des carrières dans lesquelles on trouve entre
les feuillets de la pierre, 1° une grande quantité
d'empreintes végétales, dont quelques-unes sont
converties en charbon minéral, et qui appartiennent vraisemblablement à des plantes aquatiques;

on y a cependant cru reconnaître des feuilles de
pommier , de frêne et même de noyer ; 2° de
petites coquilles d'eau douce , entre autres des
lymnées , quelques amphibies et une sorte de crapaud ; 3° beaucoup d'empreintes de poissons d'eau
douce, parmi lesquels M. de Blainville a reconnu
des brochets , des meuniers , des carpes , etc. On
a retiré de ces mêmes carrières, il y a environ un
siècle , un fossile très-célèbre ; c'est un squelette
que l'on prit pour celui d'un homme, et dont
Scheuchzer fit, en 1726 , le sujet d'une fameuse
dissertation intitulée *Homo diluvii testis :* il le donna
comme un vestige *de cette race maudite qui fut
ensevelie sous les eaux du déluge universel.* M. Cuvier, ayant examiné depuis ce même squelette, a reconnu qu'il appartenait à un animal aquatique ,
sorte de *salamandre* ou plutôt de *protée* d'une espèce inconnue et d'une taille gigantesque : il avait
trois pieds de long.

M. de Buch regarde le terrain d'Oeningen
comme une formation locale ; et il donne encore,
comme un exemple bien caractérisé d'une semblable formation, celle qu'il a observée à Locle,
dans le pays de Neufchâtel , au milieu d'un bassin
entouré de hautes montagnes : elle consiste en
une alternative de couches de calcaire marneux
tendre, des chiste bitumineux avec des lignites ,
de silex corné à cassure écailleuse, contenant des
cristaux de quartz, et se rapprochant de l'opale :

il renferme , ainsi que le calcaire , des bivalves d'eau douce et des hélices.

§ 325. Le calcaire d'eau douce a sur-tout été l'objet des recherches de nos minéralogistes dans ce dernier tems; ils l'ont retrouvé en un grand nombre de lieux différents, soit en France , soit dans les pays voisins , avec les mêmes caractères minéralogiques et géologiques qu'aux environs de Paris. MM. Brongniart, Prévôt et Desmarests en ont observé des lambeaux en Auvergne : M. Beudant l'a vu, en Provence , recouvrir le terrain d'Aix , et s'étendre jusqu'à Marseille. M. Marcel de Serres l'a étudié aux environs de Montpellier, et a cru même reconnaître , dans ces contrées , une formation d'eau douce postérieure. M. d'Audebard de Ferrussac, qui a fait une étude si particulière des fossiles qui le caractérisent , et des fossiles fluviatiles et terrestres en général, a constaté que les plateaux calcaires , au nord du Tarn , entre Montauban et Agen , appartenaient à cette formation , qu'il a retrouvée encore en Espagne , aux environs de Burgos et de Séville. M. Omalius a constaté sa présence dans la vallée du Danube , au voisinage d'Ulm , et dans les États Romains , auprès des Marais Pontins , etc.

La distinction entre les formations caractérisées par des coquilles marines, et celles contenant des coquilles d'eau douce, ne date que de ces dernières années. Quelques naturalistes avaient bien

Calcaire d'eau douce.

2. 28

déjà remarqué la différence de ces deux sortes de
fossiles dans les couches minérales : Lamanon avait
bien conclu , d'après la nature de ceux qu'on avait
trouvés dans les gypses de Paris, que ces gypses de-
vaient avoir été déposés dans une eau non salée : il
avait étendu cette même conséquence aux gypses
d'Aix en Provence. Saussure avait cherché à l'ap-
pliquer au terrain d'Oeningen : Soldani , voyant
en Toscane des coquilles fluviatiles dans certains
terrains, avait bien remarqué que tout le sol de ce
pays ne devait pas avoir été formé dans la mer,
et que des parties l'avaient été dans des lacs ; mais
c'est incontestablement à M. Brongniart que l'on
doit d'avoir saisi la question sous son vrai point
de vue, de l'avoir généralisée , et d'avoir montré
comment, de la différence des fossiles, on pouvait conclure la différence des formations ; en un
mot , d'avoir établi en géognosie des formations
d'eau douce (1). Au reste , ainsi que nous l'avons
remarqué, cette détermination doit être faite
avec discernement ; et nous rappellerons à ce sujet : 1° que des vestiges de coquilles fluviatiles ou
terrestres ont souvent été portés par les fleuves
dans les mers, et doivent ainsi se trouver dans les
dépôts formés dans leur sein ; 2° que quelques
espèces de coquilles fluviatiles entrent quelquefois

---

(1) *Mémoire sur les terrains qui paraissent avoir été formés
dans les eaux douces.* 1810.

dans les mers, et y vivent près des côtes ; 3° qu'il est souvent très-difficile de déterminer si une coquille fossile est marine ou d'eau douce, sur-tout lorsqu'elle appartient à des espèces éteintes. Mais, ainsi que nous l'avons observé, comme en général presque toutes les coquilles ont un genre d'habitation déterminée, que les unes ne vivent guère que dans la mer, et les autres au milieu des eaux douces, lorsque nous trouverons des terrains d'une grande étendue, ne contenant que des débris de ces derniers êtres, et qu'ils y seront comme déposés tranquillement et avec ordre, nous pourrons conclure que ces terrains n'ont pas été formés et déposés dans la mer ; et sans nous engager dans aucune hypothèse sur l'origine, l'existence, l'époque et la disparition des réservoirs d'eau douce qui peuvent les avoir produits, nous conclurons avec M. Brongniart, « qu'il existe des » terrains formés avant les tems historiques, » qui, au lieu de renfermer des productions ma- » rines, ne contiennent généralement que des » productions terrestres et d'eau douce ; » et cette différence fournira le plus souvent au géognoste, un excellent caractère pour distinguer et caractériser ces formations.

§ 326. Au pied septentrional des Pyrénées, et dans un espace limité par des lignes passant aux environs de Pau, Tarbes, Saint-Gaudens, Pamiers, Carcassonne, Revel, Castres, Albi, Agen,

Terrain marneux (au pied des Pyrénées).

28

Saint-Séver et Pau, se trouve un terrain tertiaire
entièrement différent de tous ceux que j'ai été à
même d'observer, et dont je vais esquisser une
courte description, me réservant de le faire connaître ailleurs dans ses détails.

Il consiste en une marne plus ou moins mélangée de sable, et qui, suivant les proportions et
les accidents du mélange, va nous présenter les
couches ou masses suivantes :

1° La *marne* proprement dite, contenant presque toujours un peu de sable. Elle est en bancs
horizontaux et d'une épaisseur qui excède quelquefois deux cents mètres. Sa couleur ordinaire
est jaunâtre, quelquefois d'un gris rougeâtre ou
bleuâtre, ou blanchâtre ; sa consistance est celle
d'une pierre très-tendre ; ce qui lui fait donner
le nom de *tuf* dans le pays. L'action de l'atmosphère la pénètre à une grande profondeur, et la
réduit en terre avec beaucoup de facilité ; de sorte
que la surface des contrées qu'elle compose ne
présente qu'une masse terreuse : on y parcourt
deux et trois lieues sans la rencontrer sous forme
de roche, et les petites parties qu'on en trouve
en cet état, se rapprochent du calcaire crayeux ;
ou, étant chargées de sable, elles forment une
sorte de grès très-tendre.

2° Le *calcaire*. On en voit de deux sortes différentes : l'un est dur, aigre ,(cassant), à cassure
compacte, mais très-peu concoïde, d'un grain

serré , rude et terne ; sa couleur est grise , quelquefois un peu rosacée : il présente une grande quantité de gerçures ou petites fentes sinueuses, dont les parois sont revêtues de spath calcaire. Il est en couches qui ont jusqu'à dix et douze mètres d'épaisseur, et forment souvent le couronnement des coteaux (leur dureté les ayant mis plus à même de résister à la décomposition que les substances environnantes) ; fréquemment aussi ces couches sont de peu d'étendue et forment comme des amas au milieu de la marne. Le calcaire de la seconde sorte est pur ou presque pur , blanc , tendre , à cassure presque crayeuse , en couches plus étendues que le précédent : la métropole d'Auch en est bâtie.

3° L'*argile*. Rarement est-elle pure, et presque toujours elle contient un peu de calcaire : quelquefois elle durcit et se présente même comme la masse des porphyres terreux.

4° Le *sable*. Tantôt en couches d'une lieue d'étendue , tantôt en masses dans les marnes.

5° Il est souvent agglutiné par un ciment marneux et forme un *grès*. Ordinairement c'est une *mollasse*, quelquefois , cependant, c'est un grès dur et solide ; tel est celui que l'on tire des environs de Carcassonne , et qui fournit la pierre de taille dont cette ville et tous les beaux ouvrages du canal du Languedoc sont construits : c'est celle qu'on emploie à Toulouse. Ce grès est d'un gris cendré foncé, à grains quartzeux assez fins, et présentant assez souvent des veines de gros grains ou petites pierres de quartz, de lydienne , etc.

6° Des *galets*. Ils sont, dans quelques endroits, en quantité très-considérable , et y forment des bancs d'une grande étendue ; rarement sont-ils assez fortement agglutinés pour constituer de vrais poudingues. La plupart sont de quartz ; on y voit aussi des lydiennes, des fragments de granite, de calcaire grenu et compacte, et même d'un grès grisâtre très-dur et à grains très-fins. Les galets de granite que j'ai observés en place dans les carrières , étaient presque toujours décomposés , et ils tombaient réduits en terre et gravier dès qu'on les sortait.

Les marnes renferment encore, dans quelques endroits, des veines de gypse fibreux.

Toutes ces substances sont disposées en couches entièrement horizontales , et les couches sont divisées en strates.

Je n'ai pu découvrir aucun ordre réglé de superposition entre ces diverses couches : celui que je trouvais dans un lieu , et qui m'y paraissait constant pendant quelque tems, n'était plus le même que celui que j'apercevais dans un autre.

Nulle part je n'ai vu dans ces couches ni silex ni autres produits siliceux.

Les seuls vestiges d'êtres organisés que j'y ai

trouvés, sont des pectinites bien conservées; et, quoiqu'elles fussent en assez grand nombre sur le point où je les ai vues, je ne puis pas assurer qu'elles n'y fussent point accidentelles : je suis revenu sur les lieux sans en retrouver. M. La Peyrouse a recueilli sur les coteaux voisins de Toulouse, dans une marne fine et d'un tissu serré, de beaux *ichthyolites, semblables à ceux du Véronnais;* mais il n'a pu me fournir aucun renseignement sur leur espèce. M. de Ferrussac a trouvé au nord de Moissac, dans des terrains que tout indique appartenir à cette formation, et qui sont recouverts par le calcaire d'eau douce du Quercy, des ossements de *palæotherium*, des caparaces de tortues non marines, etc.

La hauteur à laquelle s'élève le terrain marneux est peu considérable; aux environs de Pamiers, elle atteint environ 500 mètres, et elle baisse en avançant vers le nord.

Ce terrain me paraît constituer une formation locale; et souvent je me suis demandé s'il ne serait pas uniquement formé des produits de la destruction des Pyrénées, ou plutôt s'il ne serait pas à ces montagnes ce que le *nagelflue* est aux Alpes? Cependant, ce dernier terrain, à couches souvent relevées, etc., paraît plus ancien; et vraisemblablement celui que nous venons de décrire est de même âge que les marnes des environs de Paris : comme elles, il serait compris

entre le calcaire à cérites et le calcaire d'eau douce.
Les observations suivantes me portent à le croire.

Des coteaux qui bordent la vallée de l'Aude,
au-dessous de Carcassonne, présentent des parties qui ne sont formées que de débris de coquilles
marines, et qui se rapportent au calcaire inférieur du terrain de Paris ; la formation marneuse
est moins ancienne. Elle paraît encore plus nouvelle que le terrain des Landes, dont une partie,
d'après les observations de M. Brongniart, est de
même formation que ce calcaire.

Le sol des Landes est très-remarquable : on sait
qu'il présente sur le bord de la mer une grande
plaine de sable, ayant six cents lieues carrées : certainement, de toutes les parties de la France, aucune n'offre plus l'image d'un simple terrain
de transport, ou d'une alluvion marine, et, cependant, dans plusieurs endroits, on le voit recouvert par des couches renfermant des coquilles
qui n'ont plus aucun rapport avec celles qui
vivent actuellement dans nos mers, disent les
conchyologistes : on voit, près du village de
Sales, une pareille couche entièrement composée
de ces coquilles, que l'on exploite pour faire de
la chaux et l'envoyer aux fonderies de fer
voisines, où ce falun sert de fondant. Au milieu
des Landes, à trois lieues au N.-N.-E. du Mont-
de-Marsan, une coupe de terrain m'a présenté
une alternative de couches de sable, de calcaire

tout rempli de petites coquilles pareilles aux cérites, d'argile imprégnée de bitume (prise
pour une houille), de calcaire contenant des
cardites, de grès, etc. ; le tout reposant sur un
calcaire tuberculeux et cellulaire.

Tous les terrains secondaires, sur-tout ceux de
grès , et notamment la formation de grès avec argile, renferment, ainsi que nous l'avons vu , une
grande quantité de troncs et de branches d'arbres,
dont plusieurs sont carbonisés, et par conséquent
passés à l'état de *lignite*. Mais les grands tas ou lits
de cette substance, ceux qui sont l'objet principal
de nos exploitations, paraissent appartenir aux
terrains tertiaires.

DES
LIGNITES.

Avant d'examiner les circonstances de leur gissement, jetons un coup-d'œil sur les divers états
dans lesquels se trouvent les végétaux passés à
l'état de lignite, c'est-à-dire sur les diverses sortes de cette substance.

§ 327. Nous en distinguerons quatre principales (1) :

Différentes
sortes de
lignites.

1° Le lignite proprement dit (*bituminœses
holz* , bois bitumineux des Allemands), qui a en-

(1) Sans attacher une grande importance à la classification des
lignites que je donne ici, comme c'est la même que celle adoptée
par MM. Brongniart et de Bonnard, qu'on me permette de
réclamer l'antériorité : je l'ai exposée en détail dès 1805. *Journal
des Mines*, tom. XVIII, pag. 195.

core conservé, d'une manière distincte, la texture ligneuse. Il est d'un brun jaunâtre plus ou moins foncé : il se délite habituellement en esquilles, et présente quelquefois une cassure transversale approchant de la concoïde, et ayant un peu d'éclat.

2° Si la bituminisation, dans ses progrès, a fait entièrement ou presque entièrement disparaître la texture ligneuse, et a converti le bois en une masse compacte, homogène, entièrement noire, solide, à cassure concoïde, en un mot entièrement semblable à un bitume fortement endurci, alors on a du *jayet* ou *jais*. Sa consistance est quelquefois telle, qu'on peut le travailler au tour : on en fait des boutons, des colliers, etc.

Quoique la transmutation en jayet ait principalement lieu sur des branches ou des troncs isolés, nous verrons cependant quelques exemples de grandes masses de cette substance.

3° Le plus souvent le bois, en passant à l'état de lignite, tombe presque en dissolution, et il en résulte une matière qui, par suite d'un tassement et d'une macération qu'elle aura vraisemblablement éprouvés, se présente comme une masse homogène, brune, formant un tout continu, compacte, montrant parfois une tendance à la texture schisteuse, d'une cassure terne et terreuse, très-tendre, et tachant les doigts (c'est le *braunkohle* commun, ou houille brune des Allemands). Dans cet état, elle constitue souvent des couches entières d'une étendue considérable, au milieu desquelles on trouve des morceaux de lignite ordinaire. Sa couleur, et en général celle de tous les lignites, se fonce, devient de plus en plus brune, et finalement noire par l'exposition à l'air.

Assez souvent les masses de cette substance sont crevassées et fendillées : elles portent alors, dans quelques parties de l'Allemagne, le nom de *moorkohle* (houille ou charbon des marécages) : effectivement, on dirait que c'est une masse composée de parties végétales ou de plantes qui, par leur décomposition et leur mélange avec plus ou moins de terre, ont formé une vase, laquelle se serait ensuite fendillée en desséchant. Cette même apparence lui a fait improprement donner, par quelques naturalistes, le nom de tourbe.

4° Enfin, les bois lignites, soit en passant à l'état compacte dont nous venons de parler, soit sans y passer, se réduisent, par un simple effet de la désagrégation, en une matière terreuse, brune, prenant de l'éclat lorsqu'on la frotte, tachant fortement : quelques-unes des substances connues sous le nom de *terre d'ombre*, *terre alumineuse*, *terre pyriteuse*, en sont des variétés. Cette sorte de lignite, qui ne diffère de la précédente que par l'entière incohérence de ses particules, a été également prise pour une tourbe, et désignée sous les noms de *tourbe sèche*, *tourbe ligneuse*, *tourbe pyriteuse*, etc.

§ 328. Il paraît que la formation principale des lignites a suivi immédiatement celle de la craie, et qu'elle est ainsi la plus ancienne des formations tertiaires, au moins en France. Elle consiste en couches de lignites de diverses sortes, alternant avec des couches d'argile, qui contiennent habituellement des coquilles d'eau douce.

Nous allons faire connaître, par quelques exemples, sa composition, la nature des couches qui la recouvrent, et qui fixent ainsi son rang dans l'ordre des formations.

Le nord de la France, depuis Beauvais jusqu'aux environs de Reims, présente une bande de terrain de lignite, dans lequel on trouve jusqu'à cinq couches de cette substance, les unes sur les autres ; elles n'ont d'ordinaire que deux ou trois pieds d'épaisseur ; mais quelquefois elles en ont cinq et six ; elles sont séparées par des couches de glaise et de sable. Elles sont formées de lignites terreux et compactes, renferment des fragments de bois bituminisé, et sont pénétrées de beaucoup de pyrites, ce qui les rend propres à la fabrication du sulfate de fer (vitriol); elles portent dans le pays le nom de *cendres noires*, *de terre vitriolique*, *tourbe pyriteuse*, etc. Les couches de terres intercalées sont également très-pyriteuses. Le tout est recouvert par des couches marneuses et calcaires : celles qui sont immédiatement au-dessus des lignites, contiennent des coquilles fluviatiles, tandis que les plus élevées en renferment de marines : on dit encore que dans la partie supérieure on a des grès coquilliers. D'après ces considérations, on rapporte ces lignites à l'argile plastique des environs de Paris : je remarquerai cependant qu'elles renferment des coquilles d'eau douce ; M. de Ferrussac y a trouvé, aux environs d'Epernay, des mélanopsides, des cyclades, des planorbes, etc., tandis que l'argile plastique est généralement regardée comme une formation marine.

M. Marcel de Serres cite encore, aux environs de Béziers, un lignite tantôt fibreux, tantôt compacte, renfermant des planorbes, et recouvert successivement par des couches d'argile bitumineuse, de calcaire également bitumineux et à coquilles fluviatiles, de calcaire compacte sans coquilles, et enfin de calcaire renfermant des empreintes de cérites.

M. Faujas avait trouvé également des fossiles fluviatiles dans les lignites de Saint-Paulet, près le pont Saint-Esprit.

Assez souvent le lignite est recouvert par des assises de basalte ; et Werner le regardait, dans certaines contrées, comme subordonné à sa formation des trapps secondaires (basaltiques). Le plus bel exemple qu'on puisse citer d'un pareil gissement, est celui du Mont-Meisner, dans la Hesse, montagne que nous avons fait connaître (§ 86).

Sur un terrain de calcaire coquillier et de *grès avec argile*, on a une mince couche de sable, au-dessus de laquelle est une assise de lignite d'environ six mille mètres de long et deux mille de large, et d'une épaisseur très-variable, mais qui va jusqu'à trente mètres; au-dessus, on a une coulée de lave basaltique, ayant plus de cent mètres d'épaisseur. Le lignite se présente ici dans tous les états possibles de bituminisation. Dans le bas de l'assise, ce sont des troncs d'un bois pareil au cèdre, dit-on, avec leurs branches, d'un brun clair, ayant conservé la texture fibreuse, pouvant se couper au couteau et se travailler au tour : au-dessus, se trouve le lignite ordinaire (*braunkohle*), tantôt compacte et approchant du jayet, tantôt friable et passant à la terre d'ombre : il forme la masse principale du banc. Il est recouvert en partie d'une couche de jayet, ayant jusqu'à trois pieds d'épaisseur; ce minéral est généralement très-dense, à cassure parfaitement concoïde, et à bords très-aigus, aussi l'appelle-t-on charbon vitreux (*glaskohle*); on y reconnaît quelquefois la texture ligneuse. Par-dessus, on a une couche plus épaisse encore d'un lignite tout particulier : il est très-noir, très-brillant, ressemblant à certaines houilles, et même à certains anthracites; il est même traversé par quelques veines de quartz. Enfin, plus haut, et immédiatement au-dessous du basalte, se trouve une mince strate d'un autre lignite, encore particulier au Mont-Meisner, semblable au précédent, mais divisé en petits barreaux de quelques lignes d'épaisseur, et pareils à des prismes basaltiques. L'état dans lequel se trouvent ces lignites voisins du basalte est l'effet d'une carbonisation opérée par la lave, et analogue à celle que M. Hall a produite, en renfermant de la sciure de bois de sapin dans un canon de fusil, de manière à ce qu'aucun principe ne pût se volatiliser, et en l'exposant ensuite au feu : il a obtenu une substance noire compacte, ressemblant à de la houille, et brûlant avec flamme (1). Le lignite du Meisner, qui avoisine le basalte, a de son côté tant de ressemblance avec une certaine variété de houille (le *glantzkohle*), qu'il est continuellement donné comme exemple de cette variété, par les minéralogistes allemands. L'effet produit par la lave basaltique du Meisner a bien quelque analogie avec celui que les *dikes* de basalte ont opéré sur les couches de houille au point de contact ; mais il en diffère sous certains rapports ; les dykes ont réduit la houille en *coak*, l'ont privée de bitume, et ont détérioré sa qualité comme combustible : ici, au contraire, les parties qui avoisinent le basalte sont les plus recherchées, et elles répandent plus de chaleur que les autres (2).

_____

(1) *Journal de physique*, tom. LXV.

(2) A ce qui m'a été dit, sur les lieux, à ce sujet, j'ajouterai le

La Hesse présente encore , sur ses montagnes , des couches de lignite qui alternent avec des couches d'argile , et qui sont recouvertes de basalte, soit en masse, soit en blocs isolés. Ces lignites sont encore bien anciens ; ils ont été déposés antérieurement à l'excavation des vallées qui sont au pied des montagnes dont ils couvrent la cime.

Plusieurs minéralogistes voyant, dans un grand nombre de contrées , les lignites sans un recouvrement de couches pierreuses , les ont regardés comme appartenant aux terrains de transports proprement dits. Effectivement, quelques-uns sont dans ce cas ; tel est celui qu'on exploite à Tanne , en Thuringe , et qui est superposé au tuf calcaire de cette contrée. Parmi les lignites non recouverts , et dont je ne saurais assigner l'âge , je citerai celui que présentent les environs de Cologne. A trois lieues aux environs du Rhin , sur une bande de collines ayant deux lieues de largeur , terme moyen , on a plusieurs couches de lignite qui y sont l'objet de diverses exploitations. Dans celles qui existent près des villages de Brühl et de Liblar , sous un banc de cailloux roulés , on extrait un lignite terreux qu'on débite dans le commerce , sous le nom de *terre de Cologne :* une partie est employée en peinture , l'autre est mélangée avec du tabac et sert à le falsifier , et une

témoignage de MM. Voigt et Héron de Villefosse (*Richesse minérale* , tom..I, pag. 166).

troisième, après avoir été convenablement pétrie
et moulée. dans des formes, est brûlée comme
combustible. L'exploitation a atteint une profondeur de quarante pieds toujours dans le lignite
terreux : on y trouve cependant beaucoup de
fragments à texture ligneuse, qui s'exfolient ou
se délitent en esquilles, lorsqu'on les laisse à l'air;
on en retire aussi des troncs d'arbres qui ont de
douze à quinze pieds de long, et qui, à la sortie
de la mine, peuvent se scier et se couper avec la
hache. M. Faujas a rapporté des mêmes mines, des
noix de palmier qui ont beaucoup de rapport,
dit-il, avec celles du palmier *areca*, qui croît
dans l'Inde (1).— Sur cette même bande de collines se trouve l'exploitation du Putzberg. Elle
présente, sur une épaisseur de soixante-dix pieds,
une alternative, cinq fois répétée, de couches
de lignite et d'argile. Le lignite est tantôt terreux, tantôt ligneux ; l'épaisseur de ses couches
varie depuis quelques pouces jusqu'à huit pieds ;
je pourrais même dire jusqu'à treize, car la dernière couche possède cette épaisseur, en y comprenant trois lits intercalés et composés de tiges,
de branches et de feuilles, parmi lesquelles plusieurs ont beaucoup de ressemblance avec celles
du saule : quant aux tiges, la majeure partie
paraît appartenir à la famille des *conifères* (pins,

(1) *Annales du Muséum*, tom. I.

2. 29

sapins, mélèzes, etc.). Les mineurs ont rencontré deux grands arbres debout, et qui traversaient plusieurs bancs ; leur longueur n'a pu être estimée ; le diamètre de l'un est de sept pieds, et dans l'autre il est de onze ; ce dernier paraît être un chêne; il est peu changé et peu bituminisé. L'argile, qui sépare les couches de lignite, est souvent comme pénétrée de leur substance, et contient même des fragments de bois bituminisé : elle renferme encore beaucoup de pyrites ; de sorte que lorsque certaines parties, abondantes en matière ligneuse, sont mises en tas à l'air, elles s'échauffent, le feu y prend, et il se produit du soufre et de l'alun. Cette formation renferme beaucoup de fer hydraté, soit en grains, soit en géodes ; en quelques endroits, il a tellement imprégné le bois, qu'il en a fait un vrai minerai. On a encore retiré de ces mines quelques ossements fossiles, des dents de sanglier, des bois de cerf, etc. (1).

La Saxe renferme plusieurs dépôts de lignite, et cette substance y est toujours en couches alternant avec de l'argile. Je me borne à citer le dépôt qui est auprès d'Artern, et dans lequel on a trouvé le mellite : la couche a environ une demi-lieue de circuit, et une épaisseur de cinq à douze mètres; elle repose sur un sable blanc et est recouverte d'argile : sa partie supérieure est un lignite ter-

(1) Nœggerath *Journal des Mines*, tom. XXX.

reux, et sa partie inférieure consiste en un lignite compacte, dans lequel on trouve pêle-mêle des arbres aplatis (1).

J'ai vu en Bohême, aux environs de Tœplitz, un banc ou gros amas de lignite assez homogène et compacte pour être exploité de la manière la plus régulière, par étages et piliers. Le menu était mis à la superficie du sol en tas séparés ; ils s'enflammaient bientôt, et se réduisaient en cendres qui étaient employées comme engrais. On fait souvent un pareil usage du lignite du Soissonnais, dont nous avons déjà parlé, et qui n'est souvent qu'une terre imprégnée de matière lignitique (2).

Les bois qui se trouvent dans les couches de lignite présentent un fait qui mérite d'être remarqué ; tous ceux qui sont couchés se montrent aplatis, quelquefois au point que des troncs ressemblent presqu'à des planches : dans les mines de Bovey, en Angleterre, on en trouve de tels entièrement bituminisés, et que les ouvriers nomment *houille en planches*. Bergmann, qui avait déjà observé ce phénomène dans les lignites d'Islande, appelés *suturbrand* en ce pays, l'attribuait au relâchement des fibres de la masse végé-

----

(1) Leonhard. *Taschenbuch für die gesamte mineralogie.* 7e année.
(2) Voyez un grand nombre d'exemples de gissement, et plusieurs détails intéressants, à l'article *lignite*, rédigé par M. de Bonnard, dans le *Dictionnaire d'histoire naturelle*.

tale , par un commencement de putréfaction. L'état dans lequel on a trouvé les arbres enterrés dans les terrains de transport , et dont nous parlerons par la suite, ne laisse aucun doute sur ce ramollissement ; la pression des couches et masses supérieures aura occasioné ensuite l'aplatissement.

Les terrains tertiaires renferment encore de petites masses de bois et des troncs isolés dans des argiles et convertis en jayet : c'est même le gissement le plus ordinaire de cette substance , ainsi que nous l'avons déjà remarqué. Dans le département de l'Aude , où elle a été pendant quelque tems l'objet d'une exploitation assez importante , elle se trouvait dans une argile ferrugineuse , en masses isolées, et d'un poids qui atteignait rarement 5o livres (1). A Salzfeld , en Franconie , on a déterré , d'une profondeur de 36 mètres , un arbre entier et aplati ; une partie était transformée en jayet, une autre en lignite à texture végétale , une autre en lignite terreux , enfin une autre était silicifiée : à-peu-près comme si la nature eût voulu montrer réunies , dans un seul exemple, toutes les transformations qu'elle fait subir aux bois en les faisant passer à l'état fossile.

§ 329. Les bancs de lignite renferment en général peu de substances étrangères.

Substances contenues dans les lignites.

_____

(1) *Journal des Mines*, n° 4.

On n'y trouve guère, sous forme de couches intercalées, que quelques minces lits ou veines d'argile, souvent pénétrés de bitume ou plutôt de matière lignitique.

Quant aux minéraux proprement dits, nous avons à citer : 1° la pyrite, ou sulfure de fer ; assez rarement en grains et cristaux disséminés, mais fréquemment en molécules indiscernables ; la masse de lignite en est comme imprégnée, et c'est peut-être à ce principe pyriteux qu'elle doit la propriété pyrophorique qu'elle présente si souvent (1) ; 2° le fer hydraté, en grains ou en géodes ; 3° enfin quelques cristaux ou grains de sulfate de chaux, qui doivent leur origine à la décomposition du sulfure de fer.

Les sucs végétaux, par leur différente nature ou modification, ont produit, au milieu des lignites, quelques substances particulières qui méritent d'être remarquées ; telles sont :

1° Le succin, ou ambre jaune, qui se trouve dans des bois passés à l'état de lignite, en Prusse, en Saxe, dans le Soissonnais, etc.

2° Le mellite qu'on rencontre dans les fentes, ou petites cavités de quelques bois bituminisés à Artern, en Thuringe.

---

(1) Klaproth était tenté de croire que cette propriété dans les combustibles minéraux pourrait bien être l'effet de la décomposition, non du sulfure de fer, mais bien d'une combinaison particulière du soufre avec le carbone.

3° Une substance grise, qui a été trouvée en masses, dont quelques-unes étaient grosses comme le poing, et en feuillets, dans les lignites d'Helbra (comté de Mannsfeld) ; à sa sortie de la mine, elle est molle et visqueuse ; elle se gerce en se desséchant ; exposée à la flamme d'une bougie, elle s'enflamme, coule goutte à goutte comme de la cire, et répand une odeur qui n'est point désagréable (1).

4° Une matière analogue, brûlant également comme de la cire à cacheter, exhalant une odeur aromatique fort agréable, mais d'un jaune brillant : elle vient des lignites de Bovey dans le Devonshire. M. Hattchet, après avoir constaté que c'était une résine végétale, en partie changée en bitume ou asphalte, l'a nommée *rétinasphalte*(2).

§ 330. Quels sont donc les agents qui ont ainsi dénaturé les bois, et les ont fait passer à l'état de lignite? Les travaux des chimistes, et en particulier ceux de M. Hattchet, dont nous avons déjà indiqué les principaux résultats (§ 269), ont bien jeté quelque jour sur une partie de ce problème ; mais ils sont loin de l'avoir résolu : ils semblent même prouver que la nature, agissant sur des masses immenses, et pendant un tems pour ainsi dire infini, emploie des procédés que les expé-

Causes de la conversion des bois en lignites.

(1) Voigt. *Histoire des houilles et des bois bituminisés.*
(2) *Bibliothèque britannique*, tom. XXXI.

riences de nos laboratoires ne sauraient représenter. L'acide sulfurique que ces expériences
montrent être de tous les agents connus, celui qui
peut approcher le plus les bois de l'état de lignite,
et même de houille, a-t-il bien pu exercer une action
sur des bois long-tems flottés, et qui se sont souvent
décomposés au fond des étangs ou des marais ?

Quoi qu'il en soit, il n'en est pas moins certain
que des bois enfouis sous d'énormes couches de
sable et de glaise, ou à de grandes profondeurs
dans les eaux, n'ont pu éprouver une décomposition analogue à celle de ceux qui pourissent en
plein air, à la surface du globe ; leurs principes
n'auront pu se dissiper, se gazéifier, du moins
aussi facilement et aussi promptement. Ils auront
réagi les uns sur les autres, et de cette réaction,
dont la marche nous est, au reste, entièrement inconnue, la transmutation se sera opérée : les
huiles, les résines, etc., par l'effet de quelque
modification, auront produit du bitume ; plus souvent encore, en perdant de leur hydrogène, elles
auront laissé précipiter leur carbone ; ce même
principe se sera dégagé du corps ligneux et de ses
autres combinaisons, dans le végétal, il sera resté
à nu et formera la partie dominante : quelquefois
même il sera resté le seul des principes du corps
organisé ; car plusieurs lignites, comme plusieurs
houilles, ne contiennent point de bitume ; Klaproth
en a cherché en vain dans un lignite de Freien-

walde, employé comme minerai d'alun (1). La
transmutation des bois serait ainsi plutôt une carbonisation qu'une bituminisation , et le terme de
bois carbonisé serait plus convenable que celui de
bois bituminisé, employé, en minéralogie, jusqu'à
l'époque où M. Brongniart y a introduit très-convenablement le nom de lignite.

Quoiqu il soit bien positif que cette transmutation est en général un produit de la voie humide,
il serait cependant possible que, dans quelques cas,
bien rares à la vérité, elle fût un effet de la voie
sèche : les expériences de M. Hall, dont nous venons de parler, montrent cette possibilité.

Minerai
de fer.§ 331. Nous avons vu le minerai de fer se
rencontrer fréquemment dans les lignites ; il se
trouve encore dans les autres terrains tertiaires,
et principalement dans leurs couches sablonneuses et argileuses.

Les sables des Landes nous en fournissent un
exemple remarquable. Ils sont très-souvent imprégnés d'un suc ferrugineux, et se présentent,
dans cet état, sous forme de pierres ou masses
tuberculeuses, mélanges de sable et de fer hydraté; mais quelquefois aussi, cette dernière substance domine notablement, ou même elle se
trouve seule et forme alors du vrai minerai. Ordinairement il est en grains, comme du gros plomb

(1) *Klaproth's Beytræge*, etc., tom. IV.

de chasse, disséminés dans le sable. Toute la partie
occidentale des Landes en contient une quantité
considérable : souvent les grains sont rassemblés
dans de petits espaces, et en assez grand nombre pour être l'objet de quelques exploitations.
Quelquefois ils se groupent et forment des rognons plus ou moins considérables. D'autres fois
enfin, on a, au milieu du sable, de vraies couches
ou bancs d'un fer hydraté pur, ayant un ou deux
pieds d'épaisseur, et occupant une étendue de
mille mètres carrés et plus. J'en ai vu de tels auprès du bourg de Mimisan : ils ont été autrefois
exploités comme carrières de pierre de taille :
l'église en est batie : une vieille portion de cet
édifice, dernièrement vendue à un propriétaire
de forge, et passée au fourneau, a rendu plus de
5o pour 100 de fonte : ce minerai était un très-
beau fer hydraté compacte, présentant de toutes
parts une tendance à la division globuleuse (ᵟ119).

Dans une grande partie de la France, on trouve
au-dessus du calcaire, dans un terrain meuble sablonneux ou argileux, une grande quantité de
minerai en grains ou en géodes, qui est vraisemblablement d'une formation analogue, quoique
le terrain meuble n'étant pas couvert, on soit
tenté quelquefois de le regarder comme un simple terrain de transport. La majeure partie des
fonderies de fer du royaume sont alimentées par
un pareil minerai (fer hydraté souvent chargé

d'oxide rouge) Dans le Quercy, je l'ai vu recouvrant immédiatement le sol calcaire , et remplissant les fentes des rochers. Dans l'Agenois, au
nord de Fumel, il est en nombreuses géodes et
masses tuberculeuses dispersées dans un sable
qui constitue la surface du sol. En Périgord, il
est fréquemment en géodes ou grains formant,
à une profondeur de vingt et trente mètres, des
masses, des veines et des traînées dans des couches argileuses.

CHAPITRE V.

DES TERRAINS DE TRANSPORT.

Aufgeschwemte-Gebirge des Allemands.
Alluvial land. . . . . . . des Anglais.
Terrains d'alluvion de plusieurs minéralogistes francais.

§ 332. Nous désignons ici sous le nom de *terrains de transport*, les terrains qui sont composés de parties incohérentes, qui ne sont recouverts par aucune couche pierreuse, qui ne l'ont jamais été, et qui n'ont même pu l'être, d'après les circonstances et l'époque de leur formation.

Différentes sortes de terrains de transport.

Quoique le nom de terrain de transport soit sujet à quelques objections, il nous a paru préférable à celui de terrain d'alluvion qu'on emploie quelquefois : les alluvions, strictement parlant, ne sont que les accroissements qu'un terrain déjà existant recoit en étendue superficielle, par les dépôts des fleuves : en étendant même cette acception aux atterrissements de la mer, il n'en serait pas moins positif que la majeure partie des terrains de transport ne sont point un produit des alluvions, et qu'ils ont été formés et étendus au fond de la mer même, ou au fond de grands lacs et étangs.

Werner a divisé les terrains de transport ainsi qu'il suit :

Terrains de transport { Sur les sommets et les plateaux.
des montagnes. { Sur les flancs et dans les vallées.

	Sables.	*Sandland.*
Terrains de transport	Argile ou terre.	*Thonland.*
des plaines.	Marécages ou tourbières.	*Moorland.*
	Tufs (calcaires).. . . .	*Tuffland.*

Nous conserverons la division en terrains de transport de montagnes, et terrains de transport des plaines ; et, après avoir traité de leur constitution essentielle, nous examinerons les substances qu'ils contiennent.

ARTICLE PREMIER.

Terrains de transport dans les montagnes.

Sur les sommités.

§ 333. Les terrains de transport, ou plutôt les terrains meubles, qui sont sur les plateaux et sommités des montagnes, ne consistent ordinairement qu'en une couche de terre presque toujours fort mince, et qui provient de la décomposition de la roche qui est au-dessous. Cette couche, tant par elle-même que par la mousse ou l'herbe qui croît à sa superficie, forme bientôt une couverture qui préserve la roche d'une destruction ultérieure.

Dans les vallées.

§ 334. Les produits de la décomposition des roches qui forment les flancs des vallées, cédant à l'action de la pesanteur, ou entraînés par les eaux, descendent sur les flancs et s'arrêtent à leur pied : ils s'y entassent, et, par le laps de tems, ils finissent par former et les revetements en talus qui couvrent la partie inférieure des mon-

tagnes, et les remplissages qui occupent le fond
des vallées. Ce mode de formation est trop universellement connu pour que j'y insiste : je me
bornerai aux considérations suivantes.

Souvent, dans les parties d'une vallée auxquelles aboutit un torrent ou une ravine qui descend sur les flancs escarpés d'une montagne, après
des averses extraordinaires, l'eau charrie une
énorme quantité de pierres et de terres, qui forment un tas élevé au-dessus du sol environnant,
lequel se présente comme un cône partagé dans le
sens de son axe, appliqué contre la montagne,
et ayant son sommet dans le lit du torrent ou de la
ravine. Ces tas de débris sont fréquemment couverts de la végétation la plus riche ; ils portent
les plus belles châtaigneraies des Alpes piémon-
taises.

La nature des terrains qui sont au fond des
vallées dépend uniquement de celle des montagnes
environnantes : il en est de même de la forme et
grosseur des parties composant ces terrains. Dans
la plupart des montagnes de schiste-micacé ou
talqueux et de phyllade que j'ai vues, les éboulements sont terreux ; le schiste, en se brisant et se
décomposant, s'est réduit en terre : dans les montagnes calcaires, la décomposition ne produit
souvent qu'un limon très-délié qui est emporté
par les eaux : dans les terrains granitiques ou
formés de roches dures, les blocs qu'on trouve

au fond des vallées, sont souvent d'un volume
considérable. En général, leur volume diminue
à mesure qu'on descend dans la vallée, ou plutôt
à mesure qu'on s'éloigne du lieu d'où ils sont
tombés.

Ces blocs, poussés par les eaux, dit-on communément,
s'usent, sur leurs angles et leurs arêtes, par l'effet des frottements ; ils diminuent ainsi peu-à-peu de volume, de sorte qu'à
une certaine distance, ce ne sont plus que des pierres roulées,
des galets ; puis, et successivement, des graviers, des sables, et
enfin des terres. Sans vouloir affirmer que les frottements ne
sont pour rien dans cette diminution de grosseur, je crois
pouvoir dire que l'action délétère des éléments atmosphériques
y a bien plus contribué ; c'est elle qui, en diminuant peu-à-peu
le volume des blocs tombés, les rend susceptibles d'être charriés par les torrents à de grandes distances. D'ailleurs, lorsqu'il se fait un éboulement dans une vallée, les torrents em-
portent les pierres éboulées sur lesquelles ils ont prise, et ils
les portent d'autant plus loin qu'elles sont plus petites ; de
sorte qu'indépendamment de toute diminution posterieure, le
courant lui-même a fait un premier triage : on a confondu l'effet
avec la cause ; ce n'est pas parce qu'une pierre est plus loin
qu'elle est plus petite ; mais, le plus souvent, c'est parce
qu'elle est plus petite qu'elle est plus loin.

La manière dont se sont formés les terrains
qui sont dans les vallées suffit pour faire sentir
que les terres, sables, graviers, pierres qui les
composent, n'observent aucun ordre régulier de
superposition.

Terrains de
transport
au pied des
chaines.
        § 335. Indépendamment des terrains de trans-
port qui sont dans les vallées, il en est d'autres

qui gisent au pied des chaînes des montagnes, et
qui sont encore une de leurs dépendances. Ce
sont d'immenses quantités de blocs, de pierres,
de terres provenant également de la destruction
de ces montagnes, mais qui paraissent avoir été
recouverts par une grande masse d'eau, mer ou
lac, qui, par ses mouvements, les aura en quelque
sorte nivelées et étendues sous forme d'une grande
couche, sur le fond du bassin, dans la partie con-
tiguë à la chaîne. Les Pyrénées et les Alpes en offrent de fréquents exemples ; j'en cite deux.

Au débouché de l'Ariège, sortant des Pyrénées,
se présente la plaine de Pamiers : jusqu'à Saverdun, c'est-à-dire jusqu'à quatre lieues du pied de
la chaîne , elle n'est composée que de boules de
granite entremêlées de terres et de pierres provenant de leur décomposition ; le tout formant
une masse d'une trentaine de mètres d'épaisseur.
Vers la chaîne, les boules ont un ou deux pieds
de diamètre , et leur grosseur diminue graduellement jusqu'aux environs de Saverdun.

Les plaines du Piémont et de la Lombardie, au
pied des Alpes, présentent ce même phénomène,
mais bien plus en grand! Dans les lieux où la
Doire-Baltée, qui amène les eaux des Grandes-
Alpes , entre dans ces plaines, elle a fait, dans le
terrain de transport, une énorme coupure , qui
n'a pas moins de cinq cents mètres de profondeur
en quelques endroits, et qui met à nu la structure

du terrain. Il consiste : 1° en blocs de granite, de schiste micacé, de serpentine, etc., de forme très-irrégulière, et ayant souvent trente ou quarante mètres cubes ; 2° en masses plus petites dont les angles sont, en général, d'autant plus arrondis que leur volume est moins considérable ; 3° enfin, en beaucoup de terre provenant évidemment de leur décomposition. La nature de ces blocs, leur figure, ainsi que leur grosseur, qui va en diminuant à mesure qu'on s'éloigne des montagnes, montrent qu'ils en ont été détachés, et qu'ils ne sont pas loin du lieu de leur origine. La forme plane du terrain pris dans son ensemble, ainsi que sa disposition par assises horizontales qu'on aperçoit en quelques endroits, semblent indiquer encore qu'ils ont été étendus dans le sein d'un lac ou d'un bras de mer, ainsi que nous venons de le dire. La superficie de ce terrain présente, sur quelques points, comme de grandes plages de pierres, quelquefois même disposées en de gros tas qu'on a cru l'ouvrage des hommes : le tout est dû à l'action des eaux pluviales, qui, en entraînant la terre interposée aux pierres, les aura laissées à nu : si le terrain était originairement morcelé et hérissé de petits tertres, le lavage les aura réduits en de simples monceaux de pierres.

ARTICLE II.

Terrains de transport des plaines.

Les terrains de transport des plaines sont principalement formés de *sables* et d'*argiles*. Dans quelques endroits cependant, la superficie du sol est une *tourbière ;* dans d'autres, c'est un *tuf calcaire ;* mais, comme ces terrains sont peu étendus comparativement aux sables et aux argiles, et qu'ils sont d'une nature de formation entièrement différente, nous les classerons parmi les masses ou couches accidentellement comprises dans les terrains de transport.

§ 336. Les terrains sablonneux consistent en sable, assez souvent entremêlé de gravier, de cailloux roulés, et renfermant parfois quelques couches terreuses. Terrain sablonneux.

Le sable n'est, ainsi que l'on sait, qu'un assemblage de minéraux en très-petits grains, provenant de la destruction d'anciennes roches, et principalement de roches quartzeuses.

Il constitue quelquefois des terrains d'une étendue immense ; le grand désert de Barbarie, une partie de ceux de l'Arabie en sont composés : presque par-tout, le sable y est à nu, et d'une finesse extrême. Cette finesse, et la mobilité qui en est la suite, le rendent le jouet des vents, qui l'élèvent en coteaux dont l'ensemble présente l'image des flots de la mer, qui les trans-

2.

portent d'un lieu dans un autre , et en recouvrent de vastes contrées. La Basse-Allemagne , depuis la Hollande jusqu'en Pologne, présente aussi une vaste plaine de sable , principalement couverte de bruyères.

Deluc observant , dans ces contrées , que l'épaisseur de la terre végétale ne dépasse guère un pied , et que son accroissement peut être estimé à une ou deux lignes en trente ans , en conclut le peu d'ancienneté de nos continents ; c'est un des *chronomètres* qui lui prouvent la vérité de cette assertion. Je suis certainement loin de vouloir la contester ; mais elle ne saurait être déduite du fait cité : souvent , dans la nature , par exemple dans la production de la terre végétale , dans la formation des atterrissements , dans celle des tourbières , il s'établit , au bout d'un certain tems , une sorte d'équilibre entre les causes qui tendent à produire , et celles qui tendent à détruire ; de sorte qu'au-delà de ce terme , quoique les premières continuent toujours d'agir , il ne se fait plus de nouvelles formations.

Avec la plupart des naturalistes , je regarde les grandes plaines sablonneuses, telles que le grand désert de Barbarie, les bruyères de la Westphalie et de la Basse-Saxe , comme formées par des sables, produits directs de la destruction des roches quartzeuses , lesquels ont été apportés par les fleuves dans les mers qui couvraient autrefois ces plaines. Nous avons vu que quelques minéralogistes regardaient ces sables si étendus comme le produit de la destruction des terrains de grès qui occupaient autrefois ce même sol (§ 276) ; et enfin que Deluc ne voyait en eux qu'un précipité chimique , le dernier qui s'était fait dans les mers avant leur retraite de dessus les continents : ce mode de formation serait , d'après ce savant , celui du sable en général ; comme il nous a paru être celui de quelques couches sa-

bleuses, intercalées dans le terrain de Paris, et comme il a paru
être à M. Omalius, celui des sables de la Sologne, du Gâti-
nais, etc.

Des dunes.

Lorsque le rivage de l'Océan est sablonneux,
que le sable est très-délié, que la plage est basse,
et que le vent, secondant l'action des vagues,
pousse le sable plus haut que les eaux ne peuvent
atteindre, il se forme, au bord de la mer, comme
une ceinture de coteaux de sable qui s'avancent
de plus en plus dans les terres (lorsque la direction générale des vents vient de la mer) ce sont
les *dunes*. Elles sont fréquentes sur les côtes de la
Hollande, de la Flandre, etc. J'ai eu occasion de
les étudier dans les landes de Gascogne, et je dis
quelques mots les phénomènes qu'elles m'y ont
présenté.

Elles y forment, entre l'embouchure de la Gironde et celle
de l'Adour, comme une bande de terrain elevé de vingt mètres,
terme moyen au-dessus du sol environnant ; sa largeur varie
de deux à dix mille mètres : elle est fortement mamelonnée, et
présente l'image d'une multitude de monticules engagés les uns
dans les autres, dont la cime seulement est libre de tous côtés,
et s'élève quelquefois jusqu'à cinquante mètres de hauteur. Ces
dunes consistent en un sable blanc, délié et quartzeux, presque
entièrement dépourvu de toute végétation : le vent le pousse
et le refoule ; il fait monter ses grains sur le flanc des coteaux,
comme sur un plan incliné, tantôt en roulant, tantôt par petits
bonds ; arrivés sur le haut du plan, c'est-à-dire sur la cime de
la dune, toujours poussés par la même force, ils se précipitent
sur la face opposée, et, tombant par l'action de la pesanteur,
ils y prennent leur talus naturel. Les vents d'ouest regnant

habituellement dans ces parages, ce sera vers l'est que se fera
le mouvement général des dunes; et effectivement, elles s'a-
vancent continuellement dans les terres, en couvrant de leurs
sables les forêts et les villages; elles ont abîmé en partie la
petite ville de Mimizan. On a observé que, par un vent d'ouest
assez régulièrement soutenu pendant six jours, une d'elles
s'était avancée de trois pieds. M. l'ingénieur Brémontier, qui
s'est très-particulièrement occupé de ces dunes et de leur
fixation, estime leur avancement général à vingt mètres par an,
terme moyen, et il observe que, dans une vingtaine de siècles,
la ville de Bordeaux pourrait bien être ensevelie sous leur masse.

Terrains
argileux.

§ 337. Certaines substances minérales, telles
que les feldspaths, les micas, les schistes, se réduisent, par la décomposition, en molécules terreuses faisant pâte avec l'eau. Ces molécules,
prises par les courants, par suite de leur légèreté
et de leur ténuité, sont emportées à des distances
quelquefois très-grandes : lorsque la vitesse diminue, soit que le courant, débordant sur les terres
voisines, y prenne une très-grande extension en
largeur, soit qu'il rencontre des anses, dans lesquelles l'eau devient stagnante, ces molécules terreuses se déposent et forment des couches de limon ou d'argile. Si les fleuves aboutissent dans
quelque lac, ils y laissent souvent un dépôt de
limon; et nous sommes témoins de pareilles formations. Il doit nécessairement s'en effectuer de
pareilles dans les mers : les observations des na-
vigateurs nous apprennent que leur fond est quelquefois une immense couche d'argile.

Les terrains formés de pareils dépôts sont souvent considérables. M. Olivier nous dit que le désert ou plateau élevé, qui constitue le sol de la majeure partie de la Perse, est de nature argileuse. Il en est de même du sol des *steppes*, ou grandes landes de la Sibérie; elles sont, d'après Pallas, principalement formées d'une terre ou limon endurci, disposé par couches horizontales et entremêlé de quelques lits de sable.

§ 338. Ces grands terrains de transport dont nous parlons, diffèrent essentiellement des atterrissements ou alluvions qui, se déposant sur les bords des continents, semblent en étendre le domaine. Les bouches de l'Elbe nous montreront leur nature et leur marche.

Atterrissements.

Lorsque le fleuve arrive près de son embouchure, et que ses eaux, descendant vers la mer, rencontrent la marée montante, il s'établit un calme; les molécules terreuses dont le fleuve est chargé se déposent sous forme d'un limon argileux, lequel est porté par les marées et les vagues sur le rivage : à l'aide de pareils depôts successifs, le rivage s'eleve, et il en résulte un terrain d'alluvion d'une étendue considérable. Au reste, dans les très-hautes marées, lorsque la mer est courroucée, il serait possible qu'elle revînt sur ce terrain, et qu'elle l'enlevât; mais l'industrie humaine a prévenu ce cas : elle a entouré la nouvelle alluvion de digues qui préservent des coups de mer cette terre ainsi conquise sur l'Océan ; elle est d'une fertilité extraordinaire, et constitue ce que les Hollandais nomment *polder*. Entre Stade et Hambourg, sur la rive gauche de l'Elbe, on en a un qui a plus de six lieues de long, sur deux de large : ce fut dans le douzieme siècle (1106) qu'il commença à être cultivé : de-

puis qu'il est clos de digues, l'Elbe a continué ses atterrissements : ils se sont accrus, en quelques endroits, au point d'y
égaler la largeur du polder : au reste, l'Elbe, tenant son cours
ouvert, mettra toujours un obstacle aux atterrissements qui
tendraient à le lui barrer ; de sorte qu'il y a, à une très-petite
distance, un terme qu'ils ne sauraient dépasser.

Ce terme est moins positivement fixé sur la côte qui est en
face de Groningue, et les atterrissements y ont une étendue
considérable. Les premieres digues y furent construites, sur le
bord de l'Ems, en 1570 : en 1679, environ un siecle après,
on en eleva de nouvelles, et le polder, ou terrain conquis sur
la mer, avait trois quarts de lieue de large. Deluc, qui a observé la composition de ce terrain, dans les coupures faites
pour l'écoulement des eaux, dit qu'il repose sur le sable de
la mer, et que les couches d'argile qui le constituent sont
séparées les unes sur les autres par les vestiges du gazon qui
a cru sur chacune d'elles : « Ces couches m'ont semblé mar-
» quer des années, ajoute-t-il : à chaque hiver, tems où la mer
» est plus haute, par de plus fréquents vents du nord, et où
» les rivières gonflées charrient plus de limon, ces atterrisse-
» ments en reçoivent une nouvelle couche (1). »

Au reste, quoique le terme de ces accroissements ne puisse
être fixé, et qu'il soit pour ainsi dire indéfini, il ne saurait être
à une grande distance : la mer, semblable à Saturne qui dévorait
ses enfants, détruit souvent son propre ouvrage; après avoir
jadis formé, dans le golfe du Zuiderzée, un terrain qui fut long
tems cultivé et habité, elle l'a abîmé en 1222, et une mer a
reparu dans le lieu où était l'ancien golfe. Tous les efforts, toute
l'industrie du peuple le plus laborieux, luttant continuellement
et avec obstination contre la nature, peuvent à peine maintenir
contre elle une bordure de quelques lieues seulement. Qu'est

_____

(1) Deluc. *Lettres, sur la théorie de la terre, à la reine d'Angleterre*, lettre 128e.

cette faible largeur en comparaison du continent voisin ? La différence, entre la nature et la composition des deux terrains, prouve en outre qu'ils ne sont pas un effet de la même cause, et que les plaines du continent ne sont pas une suite d'alluvions ouvrage de la mer actuelle.

Substances contenues dans les terrains de transport.

Les terrains de transport renferment quelques substances qui leur sont propres, et qui méritent une attention particulière.

Les unes appartiennent au règne minéral, telles sont

les tufs calcaires ;

les minerais de fer hmoneux ;

les minerais en grains et en paillettes (*Seiffenwerke*) ;

le sel commun.

Les autres, d'origine végétale, sont :

les bois enfouis ou submergés, et

les tourbes.

Enfin le règne animal a aussi laissé, dans ces terrains, de nombreux ossements de quadrupèdes.

Examinons ces diverses substances et leur manière d'être dans les terrains qui les présentent.

a) *Produits du règne minéral.*

§ 339. Le tuf calcaire est en quelque sorte une production de tous les âges ; mais c'est dans les

Tuf calcaire.

terrains de transport qu'il occupe seulement des
espaces d'une étendue assez considérable. Nous
aurons à en distinguer deux sortes, celui qui date
de la première origine de ces terrains, et que peut-
être quelques géologues regarderaient comme
appartenant aux terrains tertiaires ; et celui qui
se forme encore continuellement sous nos yeux
à la surface des continents.

Les tufs de la première espèce paraissent s'être
déposés dans des lacs d'eau douce qui existaient
dans des terrains calcaires, et qui ont disparu
depuis long-tems. La Thuringe nous offre, en un
grand nombre de lieux, des exemples d'une pareille formation. Le tuf y repose tantôt sur des galets, tantôt sur des roches qui constituent les formations de ce pays : il y fait des assises qui ont,
en quelques endroits, plus de cinquante pieds
d'épaisseur, et qui sont composées de strates de
tuf compacte et de tuf friable ou caverneux, alternant à un grand nombre de reprises . on y
trouve aussi quelques minces couches d'une terre
bitumineuse brune. Lorsqu'il n'y avait point de
plantes dans les lacs ou marais, les strates qui se
déposaient étaient compactes, et elles ont été au
contraire poreuses lorsqu'elles ont enveloppé les
roseaux, les joncs, les conferves qui croissaient
dans ces eaux stagnantes. On trouve, dans ces tufs
de l'Allemagne, une grande quantité d'ossements
fossiles d'éléphants, de rhinocéros, de megathé-

riums, de cerfs, etc. : on y a encore observé une quantité considérable de coquilles d'eau douce et d'hélices analogues aux espèces actuellement vivantes, ainsi que des empreintes de plantes indigènes. Mais ce qui est le plus remarquable, ce sont des crânes humains, que M. de Schlottheim assure en avoir été retirés, et qui y étaient bien réellement enveloppés par le tuf (1).

Les eaux qui coulent à la surface du globe, et qui sont chargées de calcaire, le déposent sur les terrains qu'elles traversent, et y forment ainsi des tufs tantôt poreux, tantôt solides (§ 52). J'ai été témoin d'une pareille formation, sur les Alpes, au petit Saint-Bernard ; le chemin y traverse un torrent appelé les *eaux rouges*, qui, en se répandant sur le sol environnant, l'a recouvert d'un tuf ayant plusieurs mètres d'épaisseur, ainsi qu'on le voit, par ses nombreux blocs, dans le voisinage. Mais l'exemple le plus remarquable d'une pareille formation est celle du travertin de Rome, pierre qui couvre la plaine entre cette cité et Tivoli, et qui est un dépôt formé par l'Anio et par le lac de la Solfatare dans leurs débordements sur les terres voisines : l'Anio, sortant des Apennins, est très-chargé de calcaire, et les eaux de la Solfatare, qui sont chaudes et imprégnées d'hydrogène sulfuré, en contiennent encore davan-

_____

(1) Leonhard's. *Taschenbuch fur die gesammte mineralogie.* 1816.

tage. Le travertin est d'un blanc jaunâtre, son grain est terreux et sa cassure inégale ; il se trouve en couches horizontales. Il présente fréquemment des cavités dont plusieurs ont été, postérieurement à leur formation, remplies par des stalactites plus blanches, d'un grain plus fin et plus dur, qui forment comme des taches sur la pierre : ces cavités proviennent, en grande partie, des plantes ou fragments de bois qui ont été enveloppés par les tufs, et qui se sont entièrement décomposés. On a établi de grandes carrières de pierre de taille dans ce travertin, et la plupart des grands monuments de Rome, tant anciens que modernes, en sont bâtis. Cette pierre exposée à l'air, y prend une teinte rougeâtre qui ne contribue pas peu à donner aux monuments antiques ce caractère de majesté qui nous frappe en eux (1).

J'ai vu, dans les Alpes, au-dessus de Cogne, à trois mille mètres de hauteur, et sur une montagne de schiste calcarifère, une bande de tuf qui semblait l'affleurement d'une des couches de la montagne. A 2600 mètres, sur le haut du col, qui sert de communication entre les vallées d'Aoste et de Locana, j'ai observé une couche de tuf qui paraissait intercalée dans la masse de la chaîne. J'ai regardé ces apparences comme trompeuses, et ces tufs ont été pour' moi des formations très-recentes analogues à celles du Saint-Bernard. Cependant le plus exact des observateurs, Saussure, a vu sur le Mont-Cervin, à 3500 mèt., une couche de tuf de deux pieds d'epaisseur, comprise entre les strates d'un schiste-micacé; il s'est assuré

_____

(1) Breislak. *Voyages dans la Campanie*, tom. II.

qu'elle était intercalée ; et après avoir essayé diverses hypothèses pour expliquer ce fait, pour résoudre d'autres questions
de géologie, il dit : « Mais qui pourrait, du moins par des con-
» jectures probables, pénétrer dans cette nuit des tems ? Placés
» sur cette planète depuis hier, et seulement pour un jour,
» nous ne pouvons que désirer des connaissances que vraisem-
» blablement nous n'atteindrons jamais. » (*Sauss.*, §§ 2261
et 2262).

§ 340. A-peu-près de la même manière que les
eaux qui traversent les contrées calcaires donnent, par leurs dépôts, naissance aux bancs de
tuf, celles qui coulent dans des régions abondantes
en molécules ferrugineuses, produisent des lits
de minerai de fer.

Minerais de
fer d'allu-
vion.

On sait que ce métal est une des substances les
plus généralement répandues dans la nature ; la
destruction des roches ferrifères, la décomposition des végétaux, etc., et peut-être d'autres
causes encore, en ont presque imprégné toute
la surface du globe ; la couleur brune des terres,
des argiles, des sables lui est due. Sa grande division, jointe à son affinité avec l'eau, fait qu'il y
est presque toujours à l'état d'hydrate (1)
Les eaux qui coulent sur les terrains qui con-

---

(1) Vu l'affinité du fer oxidé avec l'eau, il est assez singulier de
voir des fleuves rouler des eaux rouges, c'est-à-dire chargées d'oxide
non combiné ; j'ai eu cependant occasion de m'assurer que de l'eau
dans laquelle on délayait de la terre rouge, au bout de quelque
tems, finissait par déposer une vase entièrement jaune : l'oxide
s'était hydraté.

tiennent ces molécules s'en chargent ; elles les portent dans des lacs, des étangs, etc., où elles les déposent et couvrent ainsi leur fond d'une vase ferrugineuse. Lorsque les terrains traversés renferment beaucoup de particules libres de fer, tels sont ceux qui gissent au pied des montagnes de la Suède, si abondantes en ce métal, cette vase est quelquefois assez riche pour être l'objet d'une exploitation . on en a vu qui rendaient près de 60 pour cent en métal, c'était du fer hydraté absolument pur. Quelques-uns des lacs ou marais d'où on la retire sont récurés tous les dix, vingt ou trente ans ; au bout de ce tems, il s'est produit une nouvelle couche, dit Sweden-born.

Plusieurs lacs ou marais, dont le fond avait été couvert de pareils dépôts, se seront desséchés ; la vase se sera durcie, se sera recouverte d'une couche de gazon, et aura formé ainsi le minerai que les Allemands nomment *raseneisenstein* (minerai de fer de gazon); c'est notre minerai de fer limoneux (ou *fer hydraté limoneux*). Werner, d'a-près les observations qu'il a faites, principalement sur celui des plaines de la Lusace, sa patrie (1), en a distingué trois variétés principales, qu'il rap-porte à trois périodes de leur âge ; celui qu'on retire des marais (*morasterz*), qui est encore à

_____

(1) Werner, né en 1750, aux environs de Wehrau en Lusace, où son père y était propriétaire de forges, est mort en 1817.

l'état limoneux au moment de son extraction ; le *sumpfertz* (minerai des marécages), qui est déjà durci et recouvert de plantes marécageuses ; enfin le *wiesenerz* (minerai des prairies) ; celui qu'on retire des terres entièrement desséchées et qui gît déjà sous une mince couche de terre végétale. Les basses plaines de la Silésie, du Brandebourg, de la Livonie, etc., donnent une quantité considérable de ce minerai.

§ 341. Les terrains de transport, notamment ceux des montagnes, renferment encore des minerais d'un ordre tout différent : ce sont les débris des masses et filons qui existaient dans les montagnes primitives et secondaires ; cédant, comme les roches qui les environnaient, à la destruction et à la décomposition, ils ont accompagné leurs *detritus* dans les terrains de transport, et ils y gisent entremêlés avec eux.

Minéraux contenus.

Si les minerais sont de nature à céder facilement à la décomposition et à la trituration, ils seront réduits en molécules indiscernables, et se confondront avec celles qui composent les terres, les limons et les argiles : c'est le cas de la majeure partie. Mais ceux qui, par leur dureté et leur ténacité, peuvent résister davantage, se trouveront en masses, grains ou paillettes dans les graviers et sables qui n'auront pas été transportés à une grande distance des montagnes, et qui occupent le fond des vallées ou qui gisent étendus

Exploitation par lavage ou seiffen-werk.

à leur pied : s'ils y sont en quantité considérable,
et que leur prix puisse compenser les frais de leur
exploitation, on l'entreprend à l'aide de divers
lavages auxquels les Allemands donnent le nom
de *seiffenwerk*.

Les minerais qui se rencontrent le plus fréquemment dans les terrains de transport, de la
manière que nous venons d'indiquer, sont le fer
sulfuré, le fer oxidulé, l'or, l'étain et le platine :
ces trois derniers sont les seuls dont la haute valeur porte à l'extraction.

Celle de l'or est la plus universellement prati-
quée. Quoique ce métal n'existe qu'en fort petite
quantité dans la nature, il y est cependant répandu sur un très-grand nombre de points : il est
disséminé en petites parcelles, grains ou paillettes
dans les roches, et lorsque celles-ci se brisent et
se décomposent, les grains et paillettes d'or, par
leur grande pesanteur spécifique et leur ténacité,
restent dans le voisinage de leur gîte primordial,
et s'y conservent entiers. Aussi, y a-t-il peu de
grands terrains de transport, au pied des montagnes, qui n'en renferment une quantité plus ou
moins considérable. Les deux que j'ai cités, au
§ 335, en contiennent notablement. — L'Ariège,
ou Oriège (*Aurigera*), doit son nom à l'or qu'elle
met à nu en traversant le premier de ces terrains.
Lors des crues, cette rivière, ainsi que les ruisseaux qui coulent dans ce même terrain, attaque

ses rives ; elle les détrempe , emporte au loin les
terres et les sables légers ; mais les parties pe-
santes , telles que les gros sables , les galets , et
sur-tout les grains et parcelles d'or, restent dans
le lit à peu de distance du point d'où ils ont été
détachés. Dès que la rivière est rentrée dans son
lit ordinaire , les orpailleurs vont sur le rivage
qu'elle vient d'abandonner ; ils prennent les sables , les galets qu'elle y a laissés , et , par différents lavages , ils en retirent l'or : assez souvent
ils en ont trouvé des parcelles pesant douze grains;
on dit même qu'une *pépite* (gros grain), retirée
de l'Ariège, pesait une demi - once (1). Autrefois, les plaines de Pamiers (et quelques autres
du voisinage) fournissaient annuellement, à la
monnaie de Toulouse, environ deux cents marcs
d'or (49 kilogrammes) par an : quantité qui représente une somme de 130 mille francs. Vers la
fin du dernier siècle, ce produit diminua ; et, aujourd'hui , les recherches sont totalement aban-
données. J'observerai ici que l'Ariège, et les autres
rivières aurifères, n'amènent point l'or qu'on en
retire des montagnes d'où leurs eaux descendent :
presque jamais elles ne charrient de paillettes
tant qu'elles sont dans les montagnes : elles ne
font que déterrer et mettre à découvert celles
déjà existantes dans les terrains de transport

(1) *Mémoires de l'Académie* , année 1762.

qu'elles traversent. — Parmi les autres rivières
aurifères de la France , on cite encore la Cèse, le
Gardon , et l Ardèche au pied des Cévennes, le
Rhône aux environs de Valence , le Rhin en Alsace , etc ; mais aucune ne donne lieu à des exploitations. La Hongrie est, je crois , le seul pays
de l Europe où le lavage de l'or soit l'objet d'un
travail suivi ; il y produit des sommes considérables : presque toutes les plaines de la Transilvanie
et du Bannat contiennent des particules de ce
métal. — Dans quelques endroits , et au moment
où les rivières charrient beaucoup d or, l'on place,
dans des positions convenables, des toisons ou
peaux de mouton, qui arrêtent et retiennent dans
leur laine les paillettes ; de sorte qu'au bout d'un
certain tems, on les retire comme couvertes de ce
précieux métal : c'est vraisemblablement un pareil fait qui aura donné lieu à la fameuse *toison
d or* de la fable.

Le platine , au moins celui qui est dans le commerce , vient en entier des terrains de transport
de la province de Choco dans le Pérou; il s'y
trouve mêlé avec des fragments de basalte , avec
des zircous , du titane , et beaucoup de ce sable
ferrugineux qui abonde dans les terrains de transport volcaniques ; il y est aussi avec des molécules
d or : on l'y trouve sous forme de paillettes ou de
petits grains : la grosseur de ceux-ci augmente
quelquefois au point de former des pépites d'un

volume assez considérable. J'en ai vu une, entre les mains de M. de Humboldt, de la grosseur d'un œuf de pigeon et qui pesait près de deux onces (1089 grains); mais la plus considérable que l'on ait, qui a été trouvée en 1814, et qui est au cabinet de Madrid, a, dit-on, plus de quatre pouces de long, et pèse une livre et neuf onces.

C'est encore de ce même sable qu'on a retiré les métaux connus sous les noms de *palladium*, *rhodium*, *osmium* et *iridium*.

Le minerai d'étain (l'étain oxidé) semble par sa nature devoir être plus particulièrement contenu dans les terrains de transport des montagnes; il existe en grains disséminés dans des granites, il a une grande pesanteur spécifique (6,9), et il est très-dur. Aussi, dans les seuls endroits de l'Europe où il soit connu, la frontière de la Saxe et de la Bohême, et le pays de Cornouailles, (on pourrait ajouter les côtes de Bretagne), se trouve-t-il en abondance au milieu des terrains de transport, et y est-il l'objet d'exploitations considérables. A Steinbach, près Johangeorgenstadt en Saxe, il existe en grains dans un granite très-porté à la décomposition, et dont les débris forment tout le fond de la vallée : à l'aide d'un ruisseau qu'on conduit sur les parties qu'un essai préalable a fait juger assez riches, on opère un premier lavage ; son produit est ensuite porté aux laveries, où il est encore lavé et bocardé, et le

2. 31

minerai qu'on retire de ces opérations est jeté dans les fourneaux. Dans les montagnes à étain du pays de Cornouailles, on a un très - grand nombre de semblables exploitations; dans les unes, la couche chargée de ce métal est à la superficie du sol; dans les autres, elle est sous des assises de transport encore plus nouvelles. D'après M. de Bonnard, qui a suivi cette exploitation à Pento-van, on y a des couches d'environ deux mètres d'épaisseur, recouvertes par un massif de terrain de près de quinze mètres de hauteur, et composé de couches horizontales de gravier, tourbe, sable et vase de mer avec coquillages; le tout repose sur un schiste-phyllade qui recouvre le granite (*voyez* le plan de cette exploitation dans l'atlas *de la Richesse minérale*, planche 21).

Toutes les pierres qui, par leur nature et leur dureté, peuvent résister à la décomposition et se conserver dans les terrains de transport, en sont également extraites par des lavages, ou *seiffen*, lorsque toutefois elles sont d'un prix suffisant pour payer les frais de ce travail ; et tel est le cas de presque toutes les gemmes : la plupart de celles qui sont dans le commerce, les grenats venant de Bohême, les zircons, les rubis, la majeure partie des topazes, tous les diamants, etc., ont été retirés de la terre par un pareil procédé.

Sel.   § 342. Le sel commun (muriate de soude) et peut-être encore quelques autres sels, doivent être mis au nombre des minéraux qui se trouvent dans les terrains de transport : les plus étendus d'entre eux, les déserts de l'Afrique, les plaines de la Perse, et les steppes de la Sibérie, en présentent une quantité immense.

Tous les voyageurs qui ont traversé les déserts de l'Afrique et de l'Arabie, parlent de la salure du sol; presque par-tout elle y rend les eaux saumâtres. Dans les sables voisins de l'Egypte, le sel se trouve en boules et en masses : le grand désert de Barbarie est recouvert, en quelques endroits, d'une croûte de ce minéral, qui y est quelquefois d'une telle blancheur qu'elle ressemble à du beau marbre, et d'une telle épaisseur qu'on l'exploite et la coupe, comme en pierres de taille, pour bâtir des maisons (1). On s'en sert pour le même usage à Ormutz en Perse ; Pline avait déjà appris que dans quelques parties de l'Arabie on en faisait un pareil emploi, et qu'avant de mettre en place ces espèces de pierres, on en humectait un peu la surface, afin qu'elles se liassent de manière à ne faire qu'un seul tout.

Olivier rapporte, dans son voyage en Perse, que les grandes plaines ou déserts de ce pays, consistent en un sol argileux imprégné de sel. Cette substance, dit-il, est si abondante dans toute la Perse, qu'elle est charriée dans tous les

(1) Malte-Brun, *Précis de la Géographie*, tom. IV.

bas fonds par les eaux pluviales, ce qui fait que par-tout où elles séjournent, en hiver, le terrain devient salé : tous les lacs du pays le sont également, et tous les grands amas d'eau le deviennent au bout de quelques années.

Les grandes landes ou steppes de la Sibérie formées, ainsi que nous l'avons dit, de sable et d'argile, présentent des phénomènes analogues, notamment au nord de la mer Caspienne : on y voit une multitude de lacs dont les uns sont d'eau douce et les autres d'une eau salée tantôt par le muriate, tantôt par le sulfate de soude (sel de Glaubert). On peut voir des détails à ce sujet dans les voyages de Pallas : je me bornerai à citer le lac d'Indersck qui a vingt lieues de circuit. « Le » fond en est couvert d'une croûte de sel qui » a près de six pouces huit lignes d'épaisseur. » Ceci n'offre rien d'étonnant, vu l'abondance » continuelle (des sources très-salées qui se jet- » tent dans le lac) et les grandes évaporations. » On croirait, en voyant cette croûte, que le lac » est couvert d'un glaçon : elle est dure comme » la pierre blanche et d'une grande netteté. .... » On trouve au-dessous un sel grumelé, gris, » formé de grains irréguliers ; il a si peu de soli- » dité qu'on y enfonce une pique de cosaque à » plus d'une brasse et demie de profondeur. »

Les terrains argileux qui constituent le grand plateau du Mexique ont encore présenté à M. de

Humboldt une grande quantité de sel ; ils en sont comme imprégnés. Plusieurs des lacs qu'on trouve sur ce plateau sont salés, celui de Penon-Blanco, qui se dessèche tous les ans, est la grande mine de sel du Mexique ; on en retire annuellement plus de trois cent mille quintaux.

D'où vient le sel que l'on trouve ainsi au milieu de ces plaines et dans ces lacs? Y est-il amené par des sources salées qui s'en seraient chargées dans des montagnes saliferes? L'alternative des lacs salés et des lacs d'eau douce que l'on voit quelquefois dans la même contrée, en Sibérie comme au Mexique, pourrait porter à le croire : cela est même positif pour plusieurs de ceux qui avoisinent la mer Caspienne. Mais cette cause n'est plus applicable à la salure des grands déserts ; là on est loin de toute montagne, et il n'y a point de source : l'universalité de leur salure, et la remarque faite que presque tous les lacs situés au milieu des grandes plaines ou steppes, qui ont des affluents, et dont l'eau ne sort que par évaporation, forcent en quelque sorte à admettre l'hypothèse d'une formation spontanée du sel à la surface de ces déserts et plaines, formation qui serait analogue à celle du salpêtre (nitrate de potasse) que nous voyons se faire journellement sous nos yeux dans certaines terres, et elle n'aurait rien de plus extraordinaire. Une observation rapportée par M. de Humboldt rendrait même le fait certain : au Mexique, on lessive les terres pour en retirer le sel ; la première couche du terrain seulement est salifère, dit-on, mais lorsqu'elle est enlevée, la suivante le devient à son tour, et au bout de quelques mois, on peut l'exploiter. L'opinion d'une formation spontanée paraît encore plus naturelle que celle dans laquelle on regarderait le sel comme un vestige de celui qui pourrait avoir été contenu dans les terrains de grès, dont les sables des déserts seraient aussi des restes, et que celle où on le regarderait comme ayant été abandonné par la mer lors de la retraite.

b) *Produits du règne végétal.*

Le règne végétal a laissé et laisse encore journellement un grand nombre de ses produits dans ou sur les terrains de transport, et quelquefois ils y occupent des espaces assez considérables pour former une de leurs parties constituantes : ce sont des arbres et des forêts enfouis, et principalement des tourbières.

Forêts enfouies.

§ 343. Au-dessous des terrains de transport les plus récents et des atterrissements formés en dernier lieu par la mer et les fleuves, au-dessous des tourbières, on trouve assez fréquemment des bois, même des forêts abattues, qui ont éprouvé peu d'altération ; les arbres y sont encore très-reconnaissables, et quelquefois assez bien conservés pour être employés à des constructions.

Nous en avons un exemple très-remarquable dans l'immense amas d'arbres et de plantes que renferme la côte occidentale du comté de Lincoln, en Angleterre : il a été reconnu sur une longueur de trente lieues, et sur une largeur de quelques lieues ; il repose sur une glaise molle, et est recouvert par une couche de cette même substance. Des puits, creusés à Sutton, l'ont rencontré à seize pieds de profondeur ; mais ce qui a mis à même de le reconnaître plus exactement, c'est une multitude de petits îlots qu'il forme tout le long de la côte, sur une longueur d'environ quinze lieues, et qui sont à découvert dans les basses marées. Ils consistent presque entièrement en racines, troncs, branches, feuilles d'arbres et d'arbrisseaux mêlés de quelques feuilles de plantes aquatiques. Parmi les troncs, quelques-uns sont encore debout sur leurs racines; mais la très - grande partie est couchée par terre dans toutes sortes de directions; l'écorce des troncs et des racines paraît en général aussi bien conservée que lorsque les arbres étaient en pleine végétation; mais, dans l'intérieur, le bois proprement dit est le plus souvent tendre et décomposé. On peut encore reconnaître, dit M. Corréa, les espèces qui composent cet assemblage; on y voit le bouleau, le pin, le chêne, et quelques autres, sur lesquels il est plus difficile de prononcer. En général, les troncs, les branches et les racines sont extrêmement aplatis. Le sol sur lequel ces arbres gissent, et sur lequel ils ont végété, est une glaise grasse et tendre, recouverte d'une couche entièrement composée de feuilles pouries, et ayant plusieurs pouces d'épaisseur. Parmi ces feuilles on a reconnu celles de *salix œquifolia;* elles étaient mêlées à des racines de l'*arundo phragmites.* M. Corréa observe que si les vestiges de plantes qu'on trouve dans les houillères sont exotiques et n'ont pu être charriées et déposées par les forces qui agissent dans la constitution actuelle du globe, il n'en est pas de même de cette forêt souterraine, elle n'appartient plus à la classe des anciens débris. Cet habile naturaliste voyant ici des arbres encore debout sur leurs racines, et aujourd'hui au-dessous du niveau de la mer, en conclut que le terrain sur lequel on les trouve s'est affaissé, et que ces affaissements ne sauraient avoir rien de bien extraordinaire dans un atterrissement formé de bancs de glaise. Si les arbres des îlots ne sont plus recouverts de terre comme à Sutton, c'est qu'un grand mouvement de la mer aura emporté l'assise terreuse (1).

En 1811, sur la côte de Morlaix, la mer mit un instant à découvert une pareille forêt : le sol sur lequel elle gissait paraissait avoir été une prairie, on y voyait en place des joncs et des roseaux: les arbres étaient renversés dans toutes sortes de directions, et pour la plupart réduits à l'état d'un lignite friable : cependant, quelques parties étaient bien conservées et mettaient à même de reconnaître les espèces, notamment des ifs, des chênes, et sur-tout des bouleaux qui y étaient en abondance, et qui avaient encore leur écorce argentée. Des chênes que l'on en retirait prenaient promptement une couleur d'un noir foncé, et acquéraient de la dureté ; ils brûlaient avec une

---

(1) *Bibliothèque britannique*, tom. IX.

odeur fétide. Cette forêt qui s'enfonce sous le terrain de transport, a été reconnue sur une longueur de sept lieues (1).

Dans l'île de Mann, entre l'Irlande et l'Angleterre, au rapport de Ray, on trouve dans un marais qui a deux lieues de long et une de large, à dix-huit pieds de profondeur, des sapins en place et droits sur leurs racines.

M. Duhamel nous apprend qu'on trouve en Normandie, dans la baie Sainte-Anne, un banc noir entièrement composé d'arbres couchés et agglutinés, et dans un tel état de mollesse qu'on peut y enfoncer le doigt en plusieurs endroits : ce bois étant séché prend de la consistance et ressemble à du bois qui a été flotté pendant long-tems. L'intérieur des terres de cette province présente des faits semblables. « Dans presque tout le Co- » tentin, dit encore M. Duhamel, on trouve, au » fond des marais, des bois en partie minéralisés : » on est si sûr d'en rencontrer que, lorsque des » particuliers ont besoin d'une poutre, il leur » suffit de sonder dans les marais pour obtenir » infailliblement ce qu'ils cherchent. »

Nous verrons des faits analogues, en traitant des tourbières.

Les environs de Paris, dans les terrains d'atterrissement, nous montrent fréquemment des

_____

(1) *Journal des Mines.*

arbres enfouis à des profondeurs considérables :
on en a rencontré à 90 pieds en creusant le puits
de l'École militaire.

En 1795, dans le courant de la Seine, à la
hauteur de Vitry, on a trouvé une grande quantité d'arbres entiers (vraisemblablement des chênes) avec leurs branches et leurs racines. Le corps
ligneux avait pris une couleur noirâtre, et acquis
un grand degré de dureté ; il est susceptible d'un
beau poli, et pourrait être substitué à l'ébène
dans quelques ouvrages, dit l'auteur qui rapporte
ce fait (1). Il est à remarquer, ajoute-t-il, que
ce bois durci se trouve dans les parties sablonneuses et à peu de profondeur, tandis que celui
qui séjourne dans l'argile se pourit et se délite
aisément. L'île de Chatou, immédiatement au-
dessous de Paris, ne doit peut-être son existence
qu'à des amas de bois : on y découvre à une certaine profondeur des arbres tout entiers, couchés dans différents sens, dont quelques-uns paraissent être des chênes et des noisetiers : plusieurs surpassent, par leur grosseur, ceux que
nous voyons dans nos plus belles forêts.

Bois
pétrifiés.
§ 344. Les terrains de transport renferment
très-fréquemment des fragments de bois passés à
l'état de pierre ; ils sont pour la plupart isolés
dans l'argile et dans le sable, mais quelquefois

_____

(1) *Journal des Mines*, tom. II.

aussi on les trouve réunis en assez grande quantité.

Un suc chargé de silice aura pénétré dans leur intérieur, et aura laissé des molécules siliceuses entre les molécules végétales ; quelquefois même celles-ci auront été entièrement détruites, et il ne restera plus qu'une masse quartzeuse qui aura conservé la forme du bois et les indices de sa primitive structure.

Les bois qui ont éprouvé la transmutation dont nous venons de parler sont presque tous étrangers à nos climats, et un très-grand nombre, surtout de ceux qu'on voit en plaques polies, dans les cabinets de minéralogie, appartiennent à la famille des palmiers. Au reste, ainsi que nous l'avons remarqué, ils proviennent très-souvent de la destruction des terrains secondaires, et principalement des grès : c'est là qu'ils ont été minéralisés, et ils ont été ensuite transportés avec les sables qui les entourent dans leur gissement actuel. Il est superflu de s'arrêter sur les fragments de bois convertis en minerai de fer, et en pyrites qui se trouvent aussi dans ces terrains et qui y sont presque toujours par suite d'un transport.

Il n'en est pas de même des végétaux que nous allons considérer, nous les voyons en quelque sorte croître et se minéraliser sous nos yeux ; je parle de ces plantes qui, par leur assemblage et leur décomposition, forment les sols marécageux connus sous le nom de *tourbières*.

DES
TOURBIÈRES.

Tourbe, et ses diverses sortes.

§ 345. La tourbe, qui en forme la partie essen-tielle, est un composé de parties végétales, de racines, de menues tiges, de feuilles, provenant en très-grande quantité des plantes herbacées et marécageuses, et de mousses plus ou moins con-verties en une substance noirâtre et combustible : elles ont souvent conservé, au moins en partie, leur première forme et structure, mais souvent aussi elles sont entièrement décomposées, et il n'en résulte plus qu'une masse noire, homogène, conti-nue, brûlant avec une fumée et une odeur sembla-bles à celles de certains combustibles minéraux.

Nous en distinguerons trois sortes principales, sous le rapport géognostique :

1° Celle qui n'est presque qu'un tissu ou espèce de feutre spongieux formé de racines, fibres et parties végétales encore très-reconnaissables ; quelquefois même elle n'est qu'un tas de plantes ou parties de plantes flétries et serrées les unes contre les autres. La tourbe de cette première espèce se trouve à la superficie des tourbières; c'est le *bousin* des tourbeurs picards.

2° Au-dessous, la tourbe est d'un brun plus foncé; les plantes sont en grande partie décom-posées ; on n'y voit guère plus que quelques fila-ments végétaux.

3° Enfin la décomposition est complète ; les indices de la végétation ont disparu ; on n'a plus qu'une masse noire, homogène, habituellement molle , en un mot une *tourbe limoneuse.* Quelquefois même elle est liquide et forme comme un suc ou bitume noir qui coule sur la pente des terrains.

Très-souvent ces trois sortes de tourbe se trouvent immédiatement les unes au-dessous des autres, et l'on voit évidemment les progrès de l'altération qui a fait passer graduellement les végétaux de la supérficie à l'état de cette vase ou masse bitumineuse qui est au fond.

§346. Quelques exemples feront connaître cette constitution dont nous venons d'esquisser les premiers traits. Constitution des tourbières.

La France nous en fournit un bien remarquable dans les tourbières de la vallée de la Somme. Elles y forment une masse continue ou presque continue : l'épaisseur du banc de tourbe , près d'Amiens , est de six à dix pieds ; elle augmente en descendant la vallée ; elle atteint son *maximum* (trente pieds) à deux lieues avant Abbeville ; au-delà , elle diminue de plus en plus. La partie supérieure du banc, immédiatement au-dessous de la terre végétale, est entrelacée de tiges et de racines de roseaux qui ne sont pas encore décomposées : au-dessous elle est plus homogène , quoiqu'on y reconnaisse le tissu des végétaux qui y sont bituminisés : elle est d'un brun foncé , devient noire et se fendille en se desséchant. Dans la couche inférieure , on trouve ordinaire-

ment une grande quantité de bois, de troncs et
de branches d'arbres entassés et étendus sur un
lit de glaise ; les habitants du pays leur donnent
le nom de *tourbe bocageuse*.

Les tourbières de la vallée d'Essonne, à dix
lieues au sud de Paris, sont de même nature : leur
ensemble présente une étendue de cinq mille
hectares, et leur épaisseur moyenne est de deux
à trois mètres.

L'Allemagne septentrionale, notamment dans
le duché de Brême, en renferme quelques-unes
d'une étendue considérable ; la principale, le
Devils Moor (tourbière du diable), a vingt lieues
de long, quatre ou cinq de large, et jusqu'à
trente pieds d'épaisseur dans le milieu. Elle repose sur un vaste terrain de sable qui l'entoure
de tous côtés par ses petites collines ; sa surface
ne participe point aux inégalités du fond. Elle
croît continuellement ; dans les années pluvieuses,
l'accroissement est considérable, principalement à cause des plantes marécageuses qui y
viennent en quantité ; dans les années sèches, ce
sont les bruyères qui dominent. Pendant que la
tourbière s'accroît ainsi dans le haut, elle perd
dans le bas ; il en découle une bouillie noire et
épaisse. L'homme a fait quelques établissements
sur ce singulier terrain ; il l'a traversé par des
canaux, il y a construit quelques habitations, et
en brûlant sa croûte desséchée, il y a produit

un terreau qui lui donne quelques seigles et quelques légumes (1).

Plusieurs lacs et canaux de la Hollande fournissent une grande quantité de tourbe limoneuse, que l'on y pêche à l'aide de filets : on en retire une semblable, et de la même manière, de quelques mares et étangs qui existent au milieu des tourbières du département du Pas-de-Calais.

L'Angleterre, l'Écosse, l'Irlande, l'Islande, et en général tous les pays du Nord, renferment une grande quantité de tourbe : elle est beaucoup plus rare dans les contrées méridionales. On dirait qu'un climat chaud et sec n'est pas propre à la formation de cette substance : peut-être une grande chaleur, hâtant trop promptement la décomposition des végétaux, la dissipation de leurs parties fluides, et la réduction de leur carbone en acide carbonique, opère leur entière destruction avant qu'ils puissent passer à l'état de tourbe. C'est peut-être le climat froid et humide des sommités des montagnes, qui est également cause de la nature tourbeuse du sol qu'on remarque si souvent sur leurs bases et plateaux. M. Jameson rapporte que les cimes des montagnes d'Écosse, qui s'élèvent à plus de 600 mètres, sont couvertes de tourbe d'excellente qualité.

Au nombre des particularités que présentent

(1) Voyez, dans les *Lettres de Deluc à la reine d'Angleterre*, la description très-circonstanciée de cette intéressante tourbière.

les tourbières, on doit mettre les îles flottantes,
fait mentionné et fort exagéré dans un grand
nombre d'ouvrages ; l'exposé suivant le réduit
très-vraisemblablement à sa juste valeur. Dans
quelques grandes tourbières, telles que celles du
pays de Brême, il arrive quelquefois, sur-tout
dans les années pluvieuses, que des portions
de tourbe sont entourées d'eau, soit naturellement, soit par l'effet des fossés ou canaux creusés
par les hommes ; la partie supérieure de ces portions, n'est, ainsi qu'on le sait, qu'un tissu de
joncs, de racines, etc., spécifiquement plus léger
que l'eau, et qui, par conséquent, tend à se sou-
lever : cette partie, cédant quelquefois à cette
tendance, se détache de la masse qui la supporte,
et se met à flot. On en a vu couvertes d'arbres,
et portant même des maisons, flotter ainsi au
milieu des tourbières inondées. On en a cité une
dans le lac de Gerdau, en Prusse, qui servait de
pâturage à un troupeau de cent bêtes (1).

Sabstances
contenues.

§ 347. En général, les tourbières ne contiennent
point de corps étrangers : cependant les vents et
d'autres causes mêlent souvent du sable et de
la terre à la tourbe durant sa formation : rarement d'ailleurs y trouve-t-on quelques minces
couches d'argile ou autres substances. Quant aux
minéraux proprement dits, des pyrites et quel-

(1) Malte-Brun, d'après Kant, *Précis de la géographie universelle*, tom. II, p. 312.

ques cristaux isolés de chaux sulfatée, sont les seuls qu'on y ait rencontrés.

Mais presque toutes contiennent des arbres, troncs, etc., plus ou moins bien conservés : tantôt ce sont des arbres isolés, tantôt ce sont comme des forêts entières abattues soit par les vents, soit par toute autre cause. Nous avons déjà vu que la partie inférieure des tourbières de la Somme, présentait presque par-tout une grande quantité d'arbres couchés, comme si une grande forêt eût crû sur ce lieu, et y eût été renversée. On cite des faits semblables dans plusieurs autres tourbières.

J'en rapporterai un avec quelque détail, afin de donner une idée précise de ce phénomène. Près de Kincardine, en Ecosse, à vingt lieues à l'ouest d'Edimbourg, on a des tourbières qui ont neuf mille acres (3600 hectares) d'étendue, et quatorze pieds de profondeur sur quelques points : elles reposent sur un terrain argileux ; dans certains endroits, on a débarrassé ce sol de la tourbe qu'il portait, et on a vu « sur la surface de la » glaise, au fond de la tourbière, un nombre infini d'arbres » renversés auprès de leurs racines, lesquelles sont encore » dans la glaise, et situées comme elles l'étaient pendant la » végétation. Les arbres sont des chênes, des bouleaux, des » hêtres, des sapins ; quelques chênes ont cinquante pieds de » long sur trois de diamètre.... Ils sont noirs et sains. On » observe dans la partie inférieure de quelques troncs, des » traces de la hache (1). »

_____

(1) L'auteur qui rapporte ce fait, et qui l'a observé, conclut que la forêt a été abattue par les Romains, pour priver les habitants!

2. 32

La plupart des arbres que l'on trouve dans les tourbières paraissent avoir crû sur le sol même où ils sont étendus : quant à leur nature, ceux qui se présentent le plus fréquemment dans les tourbières du nord de l'Europe, et en particulier de l'Écosse, sont : 1° les *conifères* (pins, sapins, mélèzes, etc.); ils dominent; on en rencontre qui ont cent pieds de long ; ils sont quelquefois ramollis. 2° Les *chênes*, ils abondent dans les tourbières des basses contrées; ils sont très-souvent sans écorce, ce qui semble indiquer qu'ils étaient morts depuis long-tems, avant d'avoir été recouverts par les tourbes : en desséchant le territoire d'Hartfeld, dans le comté d'Yorck, on en a trouvé qui avaient jusqu'à cent vingt pieds de long, douze pieds de diamètre à une extrémité et six à l'autre. Ils étaient noirs comme de l'ébène et fort bien conservés : on en sort des tourbières de la Hollande qui sont dans le même état, et qui, quoique charbonnés en apparence, sont assez bons pour être employés aux constructions navales. 3° Des *bouleaux* : ils sont moins bien conservés que les pins et les chênes ; l'écorce l'est plus que le reste de l'arbre, vraisemblablement parce qu'elle est plus résineuse. On a encore trouvé dans la tourbière, des aulnes, des saules, des frênes, et quelques autres espèces; on y rencontre fréquemment des fruits de conifères et de noisetier (1).

Les arbres sont en telle quantité sur le sol qui porte quelques tourbières, que plusieurs naturalistes les y ont regardés comme la cause prochaine de la formation de la tourbe; cette substance aurait été d'abord une mousse qui aurait crû sur les troncs renversés.

Age des tourbières.

§ 348. Si les arbres bien conservés, et d'espèces

du pays d'un moyen de défense, ou plutôt d'attaque, qu'elle leur prêtait. *Bioliothèque britannique*, tom. IX.

(1) *Jameson's mineralogische reisen*, chap. 14.

analogues à ceux qui végètent encore aujourd'hui dans les mêmes contrées, prouvent le peu d'ancienneté des tourbières dans lesquelles ils se trouvent, d autres corps qu'on en a retirés, et dont nous allons parler, le prouvent encore plus incontestablement.

On a trouvé, dans les tourbières d'Essonne et de la Somme, des ossements de bœufs, des bois de cerf, de chevreuil des défenses de sangliers, et beaucoup de coquilles fluviatiles. Ces mêmes fossiles ont été retrouvés, dans les tourbières de l'Irlande et de l'Ecosse, avec des cornes d aurochs M. Cuvier observe qu' ils appartiennent à des espèces connues, et dont les vestiges ne se trouvent que dans les terrains récents, qui reçoivent ou peuvent recevoir journellement de nouvelles augmentations, qui sont ainsi de formation postérieure à la masse générale des terrains de transport, et dans lesquels on trouve des ossements du genre de l'éléphant et du rhinocéros, dont les espèces n'existent plus aujourd hui.

Des monuments de l'industrie humaine prouvent encore ce peu d'ancienneté On a trouvé, dit M. Poiret, dans les tourbières de la Somme, des barques provenant vraisemblablement des navigations qui se faisaient sur des lacs ou étangs de cette contrée, aujourd hui remplacés par les masses tourbeuses. Sous les tourbes d Ecourt-Saint-Quentin, en Artois, on dit avoir trouvé

32

une chaussée romaine de vingt-quatre pieds de large, et un amas de haches, masses et piques romaines et anglaises (1). Dans les tourbières de la Meuse, on a découvert de semblables chaussées. On en a mis une autre à découvert dans les tourbières de Kincardine dont nous avons déjà parlé; elle était faite de pièces de bois couchées longitudinalement sur la chaussée, et recouvertes par d'autres pièces transversales : la tourbe se sera formée depuis la confection des chaussées; c'est incontestable. On cite une médaille de l'empereur Gordien trouvée à trente pieds de profondeur dans les tourbières du nord de la Hollande; et cet empereur vivait l'an 240 de notre ère. Rien de plus commun que des monnaies, des métaux travaillés, des haches, des clefs, etc., retirés des tourbières, et qui semblent indiquer que la tourbe qui les compose est d'une époque postérieure à leur fabrication. Cependant, ces témoignages ne sont pas tous également irrécusables; quelques tourbes sont très-molles après des pluies considérables, et il serait très-possible qu'un outil pesant, une hache, par exemple, s'y fût enfoncée jusqu'à une certaine profondeur, et ne pût ainsi donner des indices sur l'âge de la tourbière.

Mode de formation des tourbes.

§ 349. Le peu d'ancienneté des tourbières doit

(1) *Journal des Mines*, tom. XXVI, pag. 155.

peu nous étonner; nous les voyons se former et
croître sous nos yeux.

M. van Marum rapporte qu'ayant fait creuser
dans son jardin, près d'Harlem, un bassin de dix
pieds de profondeur, et dont le fond consistait en
un sable bleuâtre, les plantes aquatiques le cou-
vrirent bientôt; et, au bout de cinq ans, en dé-
blayant la vase dont une inondation avait rempli
le bassin, on y trouva une couche de tourbe de
quatre pieds d'épaisseur. Chaque année, on remarque sur les tourbières du pays de Brême le
produit de leur accroissement.

Jetons, avec M. Poiret, un coup-d'œil sur le mode
de formation des tourbes. Les eaux profondes,
telles que celles des lacs, des étangs, etc., lorsqu'elles sont stagnantes et à l'abri de fortes agita-
tions, se peuplent de plantes qui peuvent végéter
sans se fixer à un sol, et en flottant dans l'eau;
telles sont les conferves, les bissus, les *lemna;*
elles se précipitent ensuite, et forment un sol approprié à la croissance des nombreuses espèces
de *chara, myriophylum, potomageton*, etc., auxquelles se mêlent le jonc fleuri, le nénuphar, etc.
Tous ces végétaux, d'une substance pulpeuse,
tendre et spongieuse, se décomposant aisément,
produisent une vase épaisse, noirâtre, qui s'en-
tasse au fond des bassins; c'est la tourbe limoneuse, pareille à celle qu'on retire des canaux de
la Hollande. La tourbe fibreuse que M. Poiret

distingue de la précédente, ne se produit, suivant cet auteur, que dans les eaux basses, telles
que les marais; les plantes qui la constituent,
par l assemblage et l'enlacement de leurs tiges,
racines et feuilles, sont des graminées à racines
ligneuses, telles que les roseaux, les joncs, les
scirpes, les carex, etc.; végétaux dont la plupart
plongent leurs racines dans un terrain inondé,
et élèvent leurs tiges dans l air Diverses mousses, et particulièrement l'*hypnum* et le *sphag-
num*, concourent puissamment à la formation de
ces tourbes (1).

L'homme produit, en quelque sorte, à volonté, la tourbe
dans certaines localités. Dans le *Devils moor*, dont nous avons
parlé, on fait, à la surface de la tourbière, des creux d'environ
vingt pieds de côté en carré, et de six pieds de profondeur. La
première année, l'eau qui les remplit se pénètre de nuages
verdâtres, lesquels, l'année suivante, se forment en filets
très-déliés (conferves, etc.), garnis de leurs feuilles et fleurs.
La troisième année, ce canevas de tourbe se tapisse de mousse,
qui devient un sol sur lequel croissent des joncs, des roseaux,
des gramens, etc. Les années suivantes on a de nouvelles crois-
sances des mêmes plantes; le tout forme un lit flottant dans
l'eau; mais qui, en augmentant continuellement d'épaisseur,
finit par toucher le fond du bassin. La matière prend toujours de nouveaux accroissements à sa surface; elle se tasse,
et aubout d'une trentaine d'années, le creux se trouve plein
d'une éponge ferme, dont la surface solide nourrit la bruyère
et tous les autres arbustes qui croissent sur le reste de la

_____

(1) *Journal de physique*, tom. LIX.

tourbière. Au reste, cette tourbe est loin de valoir, comme combustible, celle qu'elle remplace, et peut-être d'un siècle ne l'égalera-t-elle pas en qualité; il lui manque les végétaux ligneux qui forment la bonne tourbe (1).

Mais quelles sont les conditions nécessaires pour qu'il se produise de la tourbe dans un lieu? D'abord la présence d'une eau stagnante : mais cela ne suffit pas encore : souvent, dans des fossés pleins d'eau, à côté des grandes tourbières, il ne se forme point de tourbe, quoique la végétation y soit très-forte; les plantes, en s'y décomposant, ne produisent qu'un terreau vaseux. Quelques naturalistes pensent que la qualité de l'eau est une condition essentielle : par exemple, que celle qui aurait séjourné au milieu d'arbres abattus, s'y serait chargée d'un principe tannant, qui, en préservant les plantes de la putréfaction, donnerait lieu à leur conversion en tourbe. D'autres croient que la nature de certaines plantes décident cette formation: telle serait la *conferva rivularis*, d'après M. van Marum.

c) Fossiles du règne animal.

La même révolution qui a recouvert de terrains de transport les parties basses de nos continents, qui a enfoui dans ces terrains les forêts qui couvraient, à cette époque, l'ancienne sur-

_____

(1) Voyez de plus grands détails dans les *Lettres de Deluc à la reine d'Angleterre.*

face, y a également enterré les animaux qui vivaient alors, et les ossements que leurs prédé-
cesseurs avaient laissés sur cette surface. Leurs
dépouilles et les vestiges qu'on trouve presqu'à
chaque fouille, ne laissent pas le moindre doute
sur ce fait, qui, par sa nature et par les conséquences qu'il peut fournir à la géologie, est un
des plus importants de cette science. Il a été
traité, dans tous ses détails et dans tout son ensemble, par M. Cuvier, et nous allons donner un
extrait succinct de la partie de ce travail qui intéresse directement le géognoste.

Gissement
des osse-
ments.

§ 35o Il est peu de terrains de transport,
d'une étendue considérable, qui ne renferment
quelques ossements de quadrupèdes, notamment d'éléphants, de rhinocéros, de chevaux,
de bœufs, etc.

On en a trouvé dans presque toute la France,
principalement dans la plaine au nord de Paris,
au milieu d'une terre noirâtre, recouverte par
une assise de sable, contenant des coquilles d'eau
douce; en Dauphiné, en Provence, dans les environs de Toulouse, etc. Presque tous les bassins
des rivières de l'Allemagne en renferment une plus
ou moins grande quantité; dans quelques lieux,
ils sont en nombre extraordinaire : c'est ainsi
qu'auprès de la petite ville de Canstadt, dans le
royaume de Wurtemberg, on a déterré une immense quantité d'ossements d'éléphants, de rhino-

céros, d'hiènes, etc.; ils étaient pêle-mêle, en partie brisés, dans une masse d'argile jaunâtre mêlée de petits grains de quartz, de galets calcaires, et de beaucoup de coquilles d'eau douce; dans le voisinage on a découvert une forêt entière de palmiers renversés. A Tonna, en Thuringe, on a trouvé dans le tuf calcaire (§ 33g), au milieu de fossiles de toute espèce, et à une profondeur de cinquante pieds, un squelette entier d'éléphant.

L'Italie a un dépôt célèbre d'ossements, au *Val d'Arno*; ils y sont dans la base des collines d'argile qui remplissent les intervalles des chaînes calcaires; les couches, placées au-dessus, renferment des bois, les uns pétrifiés, les autres à l'état de lignite; elles sont recouvertes par des couches de coquillages marins entremêlés de plantes arondinacées, et par d'immenses bancs d'argile.

L'Angleterre et les îles qui l'entourent, la Norwége, l'Islande et les autres terres de la zone glaciale, ont présenté, sur un grand nombre de points, de grands ossements fossiles.

Mais aucun pays n'en contient autant que la Russie asiatique : le témoignage universel des voyageurs et des naturalistes s'accorde à nous la représenter comme fourmillant de monstrueuses dépouilles. Dans toute cette contrée, dit Pallas, depuis le Don jusqu'à l'extrémité du promontoire des *Tchutchis*, il n'est aucune rivière, aucun fleuve, sur-tout de ceux qui coulent dans les plaines, sur les rives ou dans le lit duquel on n'ait trouvé des os d'éléphants et d'autres animaux étrangers au climat mêlés avec des coquilles marines. Les régions élevées en manquent, tandis que les pentes inférieures et les grandes plaines limoneuses ou sablonneuses en fournissent partout, aux endroits où elles sont rongées par les rivières et les ruisseaux ; ce qui prouve qu'on n'y en trouverait pas moins dans le reste de leur étendue, si on avait les moyens d'y creuser. Dans la mer glaciale, les îles abondent en pareils ossemens ; au bord de l'embouchure de la Léna, les îles Liaïkof en sont en grande partie formées ; ce sont des amas de sable et d'ossemens d'éléphants, de rhinocéros, de buffles, etc. On les retrouve, plus au nord encore, sur la côte de la Nouvelle-Sibérie, contrée qui tient peut-être au continent américain ; ils y sont au milieu d'une couche de sable, d'argile et de bois fossiles (1).

Les pays de l'Amérique qui ont été parcourus par les naturalistes, ont également offert des vestiges et des squelettes d'animaux, dont quelques-uns sont très-remarquables, ainsi que nous le verrons bientôt.

Les ossemens fossiles sont en général dis-

_____

(1) Malte-Brun, *Précis de la géographie universelle*, tom. III, pag. 367 et 395.

persés, et ce n'est que dans un petit nombre
de lieux qu'on a trouvé des squelettes entiers,
comme dans une sorte de sépulcre de sable, dit
M. Cuvier.

Souvent ils sont fracturés, mais quelquefois
aussi on les trouve tout entiers, conservant leurs
arêtes, leurs apophyses et autres parties délicates; preuve manifeste qu'ils n'ont point été
roulés. Quelques-uns même, quoique rarement,
tiennent encore à des lambeaux de chair et autres parties molles; on a même trouvé des cadavres entiers. Quant à leur nature, ces os sont
peu altérés, et il en est très-peu assez imprégnés
de sucs lapidifiques pour pouvoir être regardés
comme pétrifiés.

Mais ce qui est remarquable, c'est qu'on les
trouve souvent dans ou sous des couches contenant des corps marins, coquilles, glossopètres et
autres; ce qui indique que la mer a recouvert
les terrains qui les contiennent.

§ 351. Relativement aux espèces d'animaux auxquels ils appartiennent, nous avons à distinguer deux sortes de terrains de transport: ceux qui se forment journellement sous nos yeux, ou que
tout indique avoir été formés d'une manière analogue par des
alluvions de la mer actuelle et de nos fleuves; en un mot, ceux
qui sont postérieurs à la dernière révolution qu'a éprouvée le
globe, et ceux qui sont antérieurs à cette même époque.

Les premiers doivent renfermer les débris des animaux qui
vivent et meurent continuellement à la surface de nos continents: ils ne sauraient présenter rien de remarquable. Mais

Espèces.

il n'en est plus de même des anciens terrains meubles; ils nous offrent, pour ainsi dire, les vestiges d'un ancien monde ou d'un ancien ordre de choses bien diffèrent, sous beaucoup de rapports, de celui qui existe aujourd'hui : ce sont souvent des ossements d'animaux maintenant inconnus, qui ne vivent plus, et qui paraissent ne pouvoir plus vivre aujourd'hui dans les régions où sont leurs vestiges. Ces ossements appartiennent à des éléphants, des rhinocéros, des hippopotames, des tapirs, des mastodontes, des *megatherium;* ils sont mêlés avec ceux de chevaux, de bœufs, d'antilopes, de cerfs, d'élans, de lièvres, et de quelques petits carnassiers. Disons quelques mots sur les plus remarquables.

Eléphant.   Ceux qui ont excité le plus l'attention, tant par leur nombre que par leur volume et leur prix, appartiennent à une espèce d'éléphant, dont les dépouilles abondent dans les terrains de transport d'un grand nombre de contrées, notamment de la Sibérie. L'ivoire que l'on retire des défenses fossiles de cet animal, et que l'on emploie aux mêmes usages que l'ivoire frais, a fait de ces défenses un objet de commerce important, et a engagé à les rechercher : le froid des régions septentrionales paraît avoir beaucoup contribué à leur conservation, et elles y sont ainsi en plus grande quantité et d'un prix supérieur. Cette quantité est si considérable en Sibérie, que les habitants ne voyant pas d'être analogue dans leur pays, les regardent comme les cornes d'un énorme animal qu'ils disent vivre sous terre, et auquel ils donnent le nom de *mammouth.* Les zoologistes qui les ont examinées, et qui ont également observé les autres ossements de cet animal, l'ont pris pour un éléphant semblable à celui qui vit aujourd'hui dans les Indes ; mais M. Cuvier, après un scrupuleux examen anatomique, est tenté de le regarder comme d'une espèce différente ; au moins est-il bien certain, dit-il, que c'était une espèce plus différente de celle des Indes que l'âne ne l'est du cheval. Quant à sa taille,

elle ne devait guère excéder celle des grands éléphants vivants ,
qui ont quinze et seize pieds de haut ; mais ses formes paraissent encore plus trapues : les naturalistes le désignent, d'après
M. Blumenbach , sous le nom d'*elephas primogenius.*

Nous avons dit qu'à Tonna (§ 35o), en Allemagne , on
avait trouvé des squelettes entiers de cet éléphant, et qu'en
Sibérie, on en déterrait des ossements portant encore des
lambeaux de chair ; mais ce n'étaient que des vestiges, et il y a
quelques années qu'on vient d'en trouver un tout entier au milieu des glaces où il était certainement depuis des milliers d'années : le fait est trop intéressant pour ne pas le rapporter dans
ses détails. En 1799, un pêcheur tonguse remarqua au milieu
des glaçons , près l'embouchure de la Léna , un bloc informe ;
il ne put reconnaître ce que c'était : l'année d'après , il vit la
masse plus dégagée des glacons ; et vers la fin de l'été , le flanc
tout entier de l'animal , et une de ses défenses étaient libres ;
mais ce ne fut qu'à la cinquième année , que les glaces ayant
fondu plus vite , cette énorme masse vint s'échouer à la côte.
Au mois de mars 18o4 , le pêcheur enleva les défenses , qu'il
vendit 5oo roubles (2ooo fr.); elles avaient quinze pieds de
long. Deux ans après, M. Adams , membre de l'académie de
Pétersbourg, observa cet animal au même lieu , mais il était
fort mutilé ; les Iakutes en avaient dépecé les chairs pour
nourrir leurs chiens , les bêtes féroces en avaient aussi mangé :
cependant le squelette se trouvait encore entier : la tête était
couverte d'une peau sèche, une des oreilles était bien conservée ,
et on distinguait la prunelle de l'œil. C'était un jeune mâle, avec
une longue crinière ; ce qui restait de sa peau était si lourd ,
que dix personnes avaient de la peine à la transporter; sa taille
dépassait celle des éléphants vivants. On possède au muséum
d'histoire naturelle de Paris , une touffe de ses crins ; la racine
en est garnie d'une laine grossière , ce qui porte M. Cuvier à
penser que cet éléphant , différant encore en cela de celui des
Indes, pouvait vivre dans des climats froids.

Rhinocéros.

Parmi les ossements fossiles, on en trouve qui ont appartenu à une espèce de rhinocéros, que M. Cuvier assure être différente de celles qui vivent aujourd'hui dans les Indes. Ses vestiges se trouvent presque par-tout avec ceux de l'éléphant, mais ils sont moins nombreux : on en a découvert, entre autres endroits, à Avignonet, à dix lieues au sud-est de Toulouse. Mais c'est encore dans les terres glacées de la Sibérie qu'ils se trouvent en plus grande quantité et mieux conservés ; en 1771, on en rencontra un entier, et en état de corruption, à moitié enterré dans le sable qui borde le Viloui : il était encore revêtu de sa peau ; mesuré en place, il avait trois aunes trois quarts de Russie (2,30 metres) de longueur, et on a estimé sa hauteur à trois aunes et demie (2,15 mètres) (1).

Hippopotame.

Les ossements fossiles d'*hippopotame* appartiennent à deux espèces ; « l'une est si semblable à l'espèce vivante, dit Cuvier, qu'il ne m'a pas été possible de l'en distinguer ; » l'autre est à-peu-près de la taille d'un sanglier ; mais c'est une copie en miniature de la grande espèce. Au reste, ces ossements se trouvent en bien moindre quantité que les précédents.

Tapir.

En nombre moins considérable encore sont les ossements fossiles de *tapir*, trouvés en quelques endroits de notre ancien continent ; ce qui les rend principalement remarquables, c'est que les tapirs ne vivent plus aujourd'hui que dans l'Amérique méridionale.

Les animaux fossiles dont nous venons de parler, ont des analogues, au moins pour le genre, parmi ceux qui existent actuellement à la surface du globe ; mais en voici deux qui ne sont plus dans le même cas.

Mastodonte.

Dans l'Amérique septentrionale, notamment sur les bords de l'Ohio, on a trouvé un grand nombre d'ossements fossiles qu'on avait cru appartenir au *mammouth* ou éléphant de Si-

---

(1) Pallas, *Voyages,* tom. V. in-8°

bérie; mais M. Cuvier a fait voir qu'ils en différaient; ils doivent avoir appartenu à un animal d'un genre particulier, que ce savant nomme *mastodonte* : il avait quelque ressemblance avec l'éléphant, par ses défenses et par toute son ostéologie; sa hauteur était à-peu-près la même; mais il était plus allongé, il avait les membres plus épais et le ventre plus mince; il devait se nourrir de végétaux à-peu-près comme l'hippopotame et le sanglier.

Dans trois endroits de l'Amérique méridionale, on a trouvé les restes d'un animal remarquable par une très-épaisse et très-forte membrure; dans le Paraguay, à trois lieues de Buenos-Ayres, on en a déterré un squelette presque entier, qui est conservé dans le cabinet d'histoire naturelle de Madrid : il a douze pieds de long sur six de hauteur. On en voit une copie dans l'ouvrage de M. Cuvier, où cet animal, sous le nom de *megatherium*, est placé dans la famille des *édentés*, entre les *paresseux* et les *fourmilliers*.

Megatherium.

Les tourbières et terrains de transport de l'Irlande nous ont présenté plusieurs bois d'une sorte de cerf ou d'élan différent de ceux que nous connaissons : ces bois sont remarquables par leur grandeur; on en a trouvé dont chaque branche avait huit pieds anglais, et l'envergure quatorze.

Elan d'Irlande.

Les buffles fossiles dont les débris se trouvent en Sibérie, seraient encore d'une espèce différente de nos plus grands buffles, et à plus forte raison de nos bœufs.

Buffles

Les autres ossements fossiles trouvés dans les terrains de transport appartiennent à des espèces connues et aujourd'hui vivantes dans les mêmes climats, ou du moins la science, dans son état actuel, ne donne pas les moyens d'assigner leurs différences spécifiques : tels sont entre autres les ossements des diverses espèces de bœufs, tant de l'*aurochs*, le plus grand d'entre eux, que du bœuf domestique, du cerf, du chevreuil, du castor, du sanglier, et sur-tout du cheval. Ces derniers se trouvent peut-être même

en quantité supérieure a ceux de tout autre animal, dans presque tous les grands dépôts d'ossements fossiles, même dans ceux
qui paraissent de l'époque la plus ancienne, ceux qui renferment les vestiges des éléphants, des rhinocéros, des mastodontes, etc., dont les espèces sont détruites; on a retiré des
charretées entières de dents de cheval du célèbre dépôt de
Canstadt dont nous avons parlé : on a trouvé, en creusant le
canal de l'Ourcq, des centaines d'os et de dents du même animal,
dans les mêmes lieux d'où l'on retirait les ossements d'éléphants.

« On peut assurer, dit Cuvier après avoir rapporté les faits ci-
dessus, qu'une espèce du genre du cheval servait de compagnon
fidèle aux *éléphants* ou *mammouths* et autres animaux de la
même époque, dont les débris remplissent nos grandes couches
meubles; mais il est impossible de dire jusqu'à quel point elle
ressemblait à l'une ou l'autre des espèces aujourd'hui vivantes. »

Conclusions
tirées par
M. Cuvier.

Le même auteur, après avoir terminé l'examen de tous les
ossements de quadrupèdes trouvés dans le terrain de transport, et après avoir pris en considération toutes les circonstances de leur gissement, résume, ainsi qu'il suit, les conclusions géologiques qu'il en tire. « Ces différents ossements
sont enfouis, presque par-tout, dans des lits à-peu-près semblables.... et qui sont généralement meubles, soit sablonneux,
soit marneux, et toujours plus ou moins voisins de la surface.
Il est probable que ces ossements ont été enveloppés par la
dernière ou l'une des dernières catastrophes du globe. Dans un
grand nombre d'endroits, ils sont accompagnés de dépouilles
d'animaux marins accumulées; mais, dans quelques lieux moins
nombreux, il n'y a aucune de ces dépouilles; quelquefois
même le sable ou la marne qui les recouvrent ne contiennent
que des coquilles d'eau douce.

» Aucune relation authentique n'atteste qu'ils soient recouverts de bancs pierreux, réguliers contenant des coquilles
marines, et par conséquent que la mer ait fait sur eux un sé-

jour long et paisible. La catastrophe qui les a recouverts était
donc une grande inondation marine, mais passagère. Les os ne
sont ni roulés, ni rassemblés en squelette, mais épars et en
partie fracturés. Ils n'ont donc pas été amenés de loin par l'i-
nondation, mais trouvés par elle dans les lieux où elle les a
recouverts, comme ils auraient dû y être, si les animaux dont
ils proviennent avaient séjourné dans ces lieux et y étaient
morts successivement. Avant cette catastrophe, ces animaux
vivaient donc dans les climats où l'on déterre aujourd'hui leurs
os, c'est cette catastrophe qui les y a détruits, et, comme on
ne les retrouve pas ailleurs, il faut bien qu'elle en ait anéanti
les espèces.

Les parties septentrionales du globe nourrissaient donc autrefois des espèces appartenant au genre de l'éléphant, de l'hippopotame, du rhinocéros et du tapir, ainsi qu'à celui du mastodonte (et vraisemblablement celui du *megatherium*), dont
les quatre premiers n'ont plus aujourd'hui d'espèces que dans
la zone torride, et dont les derniers n'en ont nulle part.

» Néanmoins, rien n'autorise à croire que les espèces de la
zone torride descendent de ces anciens animaux du nord, qui
se seraient graduellement ou subitement transportés vers l é-
quateur. Elles ne sont pas les mêmes, et aucun fait constaté
n'autorise à croire des changements aussi grands que ceux qu'il
faudrait supposer pour une semblable transformation, sur-tout
dans des animaux sauvages.

» Il n'y a pas non plus de preuve rigoureuse que la température des climats du nord ait changé depuis cette époque. Ses
espèces fossiles ne diffèrent pas moins des espèces vivantes, que
certains animaux du nord ne diffèrent de leurs congénères du
midi. Elles ont donc pu appartenir à des climats plus froids.»

Il me semble difficile de se refuser à admettre ces diverses
conclusions; j'observe seulement, à leur sujet, que M. Cuvier
ne dit pas que la température de nos régions septentrionales

n'a pas changé, mais seulement qu'on n'a aucune preuve rigoureuse du changement. S'il a eu lieu, les faits indiquent qu'il
doit avoir été subit; s'il eût été lent, les ossements et les parties molles dont nous avons vu qu'ils étaient quelquefois entourés auraient eu le temps de se décomposer. L'éléphant,
trouvé entier près l'embouchure de la Léna, doit avoir été subitement enveloppé par la glace; il en est de même du rhinocéros retiré du terrain gelé du Viloui.

Il est bien remarquable que dans tous les grands terrains de
transport, dans ceux où l'on trouve les ossements de ces grands
quadrupèdes, et où l'on a, en même tems, des ossements parfaitement semblables a ceux de nos chevaux, de nos bœufs, de
nos chiens, on n'ait point vu des ossements humains, etc. On n'en
trouve pas davantage dans les terrains plus anciens. Tous ceux
qui avaient été donnés pour tels, appartenaient à d'autres êtres,
nous en avons un exemple au sujet de l'*homo diluvii testis* de
Scheuchzer (§324), ou ils faisaient partie de cadavres tombés dans
des fentes, dans des mines, et recouverts d'incrustations (1), etc.
« Il est certain, dit M. Cuvier, que l'on n'a jamais trouvé des
os humains parmi les fossiles proprement dits. Cependant ces
os se conservent aussi bien que ceux des animaux, quand ils
sont dans les mêmes circonstances.... Tout porte donc à croire
que l'espèce humaine n'existait point à l'époque des révolutions

---

(1) Les plus célèbres des ossements humains trouvés dans la
terre sont ceux de la Guadeloupe : ils présentent un cas tout
particulier. Sur une des côtes de cette île, on a un terrain formé
de grains calcaires, de fragments de coraux et de coquilles, agglutinés par un ciment également calcaire, et dont la formation
est, aux yeux de M. de Blainville, analogue à celle du grès qui
se produit sur le rivage de Messine (§ 53) : on y a trouvé des
squelettes humains enveloppés dans cette production pierreuse,
ainsi que quelques instruments pareils à ceux dont se servent encore les sauvages de l'Amérique. On présume que cette plage servait
de cimetière aux anciens habitants du pays.

qui ont enfoui les os fossiles, et dans les pays où se découvrent ces os (quoiqu'elle pût exister dans d'autres contrées). L'établissement de l'homme dans ces pays, c'est-à-dire dans la plus grande partie de l'Europe, de l'Asie et de l'Amérique, est nécessairement postérieur non-seulement aux révolutions qui ont enfoui ces os, mais encore à celles qui ont mis à découvert les couches qui les enveloppent; révolutions qui sont les dernières que notre globe ait subies.... En examinant bien ce qui s'est passé à la surface de la terre depuis qu'elle a été mise à sec pour la dernière fois..., l'on voit clairement que cette dernière révolution, et par conséquent l'établissement de nos sociétés actuelles, ne peuvent pas être très-anciens : c'est un des résultats à-la-fois les mieux prouvés et les moins attendus de la saine géologie; résultat d'autant plus précieux qu'il lie d'une chaîne non interrompue l'histoire naturelle et l'histoire civile. »

Voyez la manière aussi savante que curieuse, dont M. Cuvier a établi cette liaison, dans le *Discours préliminaire* qui précède les *Recherches sur les ossemens fossiles de quadrupèdes.*

CHAPITRE VI.

DES TERRAINS VOLCANIQUES,

(Plus généralement *des Terrains ignés*)

Vulcanische-gebirge (Terr. volc.) ⎫
Floetz-trapp (trapp secondaire) ⎬ de Werner.
Volcanic rocks des Anglais.   ⎭

Nous avons fait connaître dans la première partie de cet ouvrage (§§ 54 — 86) les phénomènes généraux des volcans, les circonstances qui accompagnent leurs paroxysmes, les divers produits de leurs éruptions et déjections, et ce que nos connaissances nous apprennent sur la nature et les causes des agents volcaniques; en un mot, nous avons traité des volcans sous le rapport qui pouvait intéresser le physicien et le naturaliste en général. Nous allons, dans ce chapitre, reprendre leurs produits, et les examiner sous les rapports minéralogique et géognostique.

Terrains de diverses époques.

§ 352. En considérant les divers terrains volcaniques sous le rapport de leurs différentes époques, nous pourrons distinguer :

1° Les produits des volcans actuellement brûlants : ce qui a été dit dans la première partie, en donne déjà une idée.

2° Les produits des montagnes ou cratères

volcaniques éteints (§ 54) : ils sont en tout
semblables aux précédents , et peut-être plus simples encore ; car , à juger par ceux qui existent
en France, la plupart d'entre eux n'auraient brûlé
que quelques instants , et sembleraient n avoir
eu qu'une éruption. Ils sont d'une époque bien
récente, géologiquement parlant, puisqu'ils sont
postérieurs à l'entier ou presque entier creusement des vallées.

3º Des masses ou assises pareilles à celles qui
sont sorties des volcans précédents ; mais qui
sont d'une époque bien plus ancienne , car elles
sont antérieures au creusement des vallées ; elles
gissent sur les cimes, tandis que les autres occupent les bas fonds ; mais encore on peut quelquefois rattacher leurs parties, sinon aux bouches
qui les ont vomies , du moins à des courants reconnaissables : ce sont les terrains basaltiques.

4º Les mêmes contrées qui les présentent ,
nous montrent souvent, au-dessous ou au milieu
d'eux , de grandes masses de montagnes qui ,
ayant beaucoup d'analogie de composition avec
eux, qui étant en partie vitrifiées et entremêlées de
produits scorifiés ou ponceux , portent des signes
irrécusables de l'action du feu , et sont incontestablement d'origine ignée , quoiqu'elles ne
présentent point l'image d'un courant de lave
Elles forment les montagnes , ou groupes de
montagnes isolés , les plus élevées des régions où

on les trouve, et on ne voit nullement le gouffre
d'où elles auraient pu sortir, ni la route qu'elles auraient pu suivre pour arriver dans la position où
nous les trouvons : ce sont les terrains trachytiques.

5° En remontant plus avant dans la suite des
tems, nous trouvons, dans la seconde époque des
terrains intermédiaires, dans les terrains de grès
et de calcaire à encrines qui forment, en réalité,
un tout indivisible (§§ 259 et 278), des couches
qui ont beaucoup de rapport, par leur nature,
avec les produits volcaniques, et qui tiennent,
par leur position, aux couches calcaires et autres
avec lesquelles elles sont entremêlées : telles sont
les amygdaloïdes du Derbyshire, d'Oberstein, etc.;
les trapps ou *whins* du Northumberland, de
l Irlande, etc. (255).

6° Enfin, dans la première époque de ces mêmes
terrains intermédiaires, et peut-être à la fin de
ceux qui précèdent, nous avons vu, principalement
dans le *Thüringerwald* et dans le *Fichtelberg*
(§§ 207 et 251), des roches qui paraissent, il
est vrai, de nature amphibolique, mais qui encore
ont bien des rapports avec ces trapps présumés
volcaniques. Ces roches amphiboliques et porphyriques tiennent déjà d'une part au granite,
et de l'autre au grès houiller (grès rouge de la
Thuringe) : et elles tiendraient encore aux terrains volcaniques? Cela ne saurait être ; il y a
bien positivement une limite entre les deux sortes

de terrains, entre ceux qui ont été évidemment
produits par le feu, comme les basaltes ou les
trachytes de l'Auvergne, et ceux qui ont été
formés tout aussi évidemment au sein des mers,
comme les grès.

En attendant que cette limite ait été reconnue
et signalée, nous laisserons ces terrains problématiques dans la classe où de premières observations les avaient placés. Nous remarquerons
encore que, sous le rapport de leur nature,
ceux des trois premières époques se ressemblent
extrêmement ; ce sont toujours, ou presque toujours, des basaltes, ou des laves de nature analogue. Ainsi nous n'aurons en réalité qu'à traiter
de deux espèces de terrains, les *basaltiques* et les
trachytiques. Ce que nous allons dire sur la nature
minéralogique des roches volcaniques, montrera
encore l'exactitude ou la convenance de cette
division.

§ 353. Les minéraux qui entrent en quantité
notable dans la composition des masses volcaniques, sont :

1° Le *feldspath* ; il forme seul ou presque seul,
la matière de plusieurs de ces masses, et il domine encore dans la composition de presque
toutes les autres ; habituellement il porte, dans
la porosité de sa masse et la rudesse de son
grain, une empreinte de son mode de formation.
Il s'y trouve en outre en cristaux, comme dans

*Des miné-
raux qui
composent
les terrains
volcani-
ques.*

les roches porphyriques ; mais ici il est le plus souvent avec un éclat vitreux, un aspect fendillé. et quelquefois fibreux ou cellulaire ;

2° L'*augite* (pyroxène de M. Haüy), soit comme partie composante de certaines masses, soit en cristaux ou grains disséminés dans leur pâte ;

3° L'*amphibole* noir (hornblende basaltique des Allemands) se trouve de la même manière que le minéral précédent ;

4° Le *fer oxidulé*, en grains renfermant du titane comme dans la plupart des roches primitives : il est en parcelles souvent indiscernables ;

5° L'*olivine* (péridot de M. Haüy): habituellement en grains, et exclusivement dans les basaltes ;

6° Le *mica*, en lames hexagones d'un noir ou brun foncé ;

7° La *leucite* (amphygène de M. Haüy) : elle abonde dans les laves des environs de Rome et de Naples, où elle semble remplacer le feldspath, et est très-rare ailleurs.

On trouve encore, dans les produits volcaniques, du fer oxidé, du fer sulfuré, du titane, des grenats, des spinelles, etc., etc.

Mais ce qui est remarquable, c'est que le quartz qui est si commun dans les terrains non volcaniques, que nous voyons même se former sous nos yeux dans quelques terrains volcaniques, ne s'y trouve que très-rarement de formation origi-

naire. On en rencontre à peine quelques petits
cristaux dans les laves : MM. Dolomieu, Fleuriau
de Bellevue, Cordier, n'y en ont point reconnu;
et, dans les produits volcaniques anciens, il est
généralement rare.

§ 354. Ces divers minéraux, en particules soit discernables
soit indiscernables à nos yeux, constituent, par leur assemblage,
les diverses laves; mais ici, encore plus que dans les roches primitives, le nombre des combinaisons est limité. Pour nous faire
une idée des choses telles qu'elles sont réellement, prenons,
d'une part le feldspath, et de l'autre l'augite, ayant pour accessoires l'amphibole et le fer oxidulé : au feldspath ajoutons
graduellement des parties d'augite, et nous formerons la série
des variétés que présentent les masses volcaniques. Certainement tous les termes de cette série se trouvent dans la nature,
mais non point en même quantité. Nous avons très-fréquemment une masse entièrement ou presque entièrement feldspathique, qui paraît blanche, c'est la *domite* de M. de Buch, et la
leucostine de M. Cordier; plus souvent encore elle est mélangée d'un peu d'augite, ou plutôt d'amphibole, prend une
couleur habituellement grise, et forme le *trachyte* ordinaire :
vers le milieu de la série, on a un terme contenant plus de
matière noire encore, d'un gris cendré foncé; c'est le *téphrine*
de Lamétherie. Enfin, vers l'autre extrémité, se trouve un
terme, formé d'une masse noire, compacte, etc., abondante en
augite, et dont la proportion entre les principes composants est
peut-être déterminée par une sorte d'affinité; c'est le basalte. Les
trois premiers termes se trouvent ordinairement ensemble et mélangés dans la nature : on les a regardés comme de simples variétés de trachyte. Ainsi les deux principales roches volcaniques
seront le basalte et le trachyte. Il en est encore une qui
mérite une considération particulière, quoiqu'elle ne paraisse

Différentes
roches vol-
caniques,
sous le rap-
port de leur
nature.

qu'une simple variété de trachyte, sous le rapport de la composition : cependant elle s'en distingue par les circonstances de la position, ainsi que nous le verrons, et par sa texture. Ce n'est plus une substance rude au toucher, aigre; mais une roche compacte, semblable à un eurite des terrains primitifs, se divisant en plaques, et prenant, par suite, et dans quelques cas, l'aspect schisteux : je parle du *phonolite.*

Les minéraux composant les roches volcaniques, peuvent se présenter en parties distinctes à nos yeux, et l'on a alors des masses granitoïdes, comme dans les terrains primitifs. Mais ce cas est fort rare; le plus souvent les grains sont indiscernables à la vue simple, et même au microscope; et alors les masses paraissent compactes. Mais leur passage aux masses granitoïdes peut encore mettre à même de déterminer leur nature, comme nous le verrons par la suite; et comme le passage du granite à l'eurite, ou base du porphyre ordinaire, par simple diminution dans le volume des grains, nous a appris que cette dernière substance n'était qu'un granite à grains infiniment petits.

Différences sous le rapport de l'aspect.

Les masses volcaniques ont été des matières minérales en fusion, et, selon les diverses circonstances de leur refroidissement, elles se présenteront à nous à l'état *lithoïde*, *vitreux* ou *émaillé, ponceux* ou *scorifié.* On sait, d'après les belles expériences de Hall et de Watt : 1° que les matières pierreuses en fusion et principalement celles qu'on trouve dans les terrains volcaniques, lorsqu'elles se refroidissent brusquement, se changent en verres ou émaux. 2° Que lorsque le refroidissement est gradué, mais fait avec une certaine rapidité, il se produit, à un certain moment, au milieu de la masse liquide,

des sphéroïdes , tantôt d'aspect semi-vitreux et
striés du centre à la circonférence, tantôt d'aspect entièrement pierreux ou lithoïde : ce sont
des *cristallites* ou masses *dévitrifiées*, analogues à
celles qu'on voit souvent se former dans nos ver-
reries, et qui ont été signalées par MM. Darti-
gues et Fleuriau de Bellevue : ces globules ,
augmentant en nombre , finissent quelquefois
par constituer la masse entière. 3° Enfin , lorsque
le refroidissement se fait très-lentement, il en
résulte une masse entièrement pierreuse, et quelquefois à grain cristallin. De plus, on sait que
lorsqu'un torrent de matière pierreuse en fusion,
coule à l'air , il se fait un dégagement de fluides
élastiques qui boursoufle et déchire sa surface , et
qui remplit de petits pores les parties qui sont immédiatement au-dessous ; et, comme le refroidissement s'est ici opéré promptement , les fibres et
les cloisons qui entourent les cavités ou pores,
seront à l'état vitreux ou semi-vitreux, et la masse
ressemblera à une scorie ou à une pierre-ponce.
Ces divers cas ont dû se présenter dans la consolidation des masses volcaniques : nous en verrons divers exemples. Nous nous bornerons à remarquer que le refroidissement de ces masses
étant très-lent (§ 66) dans leur intérieur , elles
doivent presque toujours y présenter l'aspect
lithoïde. Mais souvent encore , elles y sont criblées de petits pores, qui, quoique invisibles à la

vue simple, n'en donnent pas moins à la masse un grain rigide et rude au toucher. Au reste, la nature des masses exerce aussi une influence sur l'état auquel elles se présentent : c'est ainsi qu'on a remarqué que les laves feldspathiques prenaient plus souvent un aspect émaillé, vitreux et ponceux, que les laves basaltiques.

ARTICLE PREMIER.

DES TERRAINS TRACHYTIQUES.

Les terrains trachytiques sont composés de trachyte, d'une moindre quantité de phonolite, et de brèches, tufs, et autres produits de la destruction et décomposition de ces roches.

a) *Des Trachytes* (1).

Le trachyte est une roche d'origine ignée, principalement composée de feldspath, et par conséquent fusible en émail blanc ou peu coloré. Dolomieu le désignait; d'après cela, sous le nom de lave pétro-siliceuse.

Nous aurons à distinguer, d'après ce que nous avons dit, le trachyte lithoïde ou trachyte proprement dit; le trachyte vitreux, qui nous présentera une variété émaillée ou semi-vitreuse très-remarquable, et le trachyte cellulaire ou ponceux.

---

(1) Du mot grec τραχυς, raboteux. Ce nom a été introduit par M. Haüy.

§ 355. Le trachyte proprement dit est ordinairement d'un gris clair, passant très-souvent
au blanc, et se rapprochant quelquefois du noir.
On a en outre des variétés rougeâtres, brunes,
vertes, et même jaunes.

Caractère
du trachyte.

Sa cassure est habituellement terreuse, à grains
plus ou moins gros ; quelquefois, le grain diminuant, elle devient compacte, ressemble à
celle de l'eurite des terrains primitifs. Cette
cassure est mate, rarement prend-elle un peu
de luisant, et alors la roche passe au trachyte
émaillé.

Sa dureté, ou plutôt sa consistance, varie considérablement ; les parties compactes résistent souvent au couteau, et celles dont la cassure est à
gros grains sont presque friables.

Ces dernières sont presque toujours âpres et
rudes au toucher, et cette rudesse se remarque
encore dans la plupart des variétés de trachyte.

Exposé au chalumeau, il fond assez facilement
en émail grisâtre. Dans les variétés foncées en
couleur, l'émail est souvent parsemé de points
noirs ; quelquefois même, lorsque des principes
étrangers sont joints en abondance au trachyte,
l'émail est noir ; mais ce cas est rare.

Le trachyte, comme toutes les masses feldspathiques, étant exposé à l'action de l'atmosphère, s'y décompose ou se désagrège, et se réduit en une terre habituellement maigre au

toucher, et ayant quelquefois un aspect ciné-
reux.

Cristaux
contenus.
§ 356 Il se présente presque toujours avec une
structure porphyrique, et les cristaux qui la lui
donnent, sont :

1° Le feldspath. Il s'y trouve en grande quantité ; ses cristaux, de forme d'ailleurs ordinaire,
mais mal terminés, se distinguent ordinairement
par leur vif éclat vitreux et par leur translucidité;
ils ont en général une teinte jaunâtre, et ils présentent souvent sur leurs lames, des fibres ou aes stries
qui les rendent rudes au toucher. On en voit au
Mont-Dore de fibreux à tel point qu'ils ont presque l'aspect d'une ponce.

2° Des cristaux d'amphibole, le plus souvent
aciculaires, à cassure ordinairement noire, la
melleuse et brillante.

3° Des lames hexagonales de mica, foncées en
couleur.

4° Le titane et le titane siliceo-calcaire s'y trouvent encore fréquemment.

5° L'augite qui est très-commun dans les trachytes des Andes, d'après M. de Humboldt, est
rare dans ceux de l'Europe.

6° Le quartz est plus rare encore ; M. Weiss en
a trouvé quelques grains dans le trachyte du Cantal, et M. de Humboldt dans celui qui constitue la
cime du Chimboraço. En Hongrie, M. Beudant a
observé des variétés qui en contenaient une assez

grande quantité, en doubles pyramides bien distinctes.

Ce minéralogiste a encore vu des grenats dans
quelques trachytes du même pays (1).

Nous citerons, par la suite, divers exemples
de veines et rognons de jaspe, de calcédoine,
d'opale, etc., qui se sont formés dans les masses
trachytiques.

Nous remarquerons encore que les parois de
leurs fissures sont très-souvent tapissées de fer
oxidé métalloïde; quelquefois il est comme un
simple enduit, d'autres fois il est en lames minces,
ayant le brillant et le poli de l'acier, ce qui lui a
fait donner le nom de fer spéculaire. Les trachytes du Puy-de-Dôme et du Mont-d'Or en offrent une grande quantité, mais elles n'ont que
quelques lignes, tandis qu'à Stromboli on en
trouve qui ont trois et quatre pouces de côté
en carré. Il est superflu de dire que ce fer
est incontestablement un produit de la sublimation de molécules ferrugineuses.

§357. On dirait que les variétés qui ne paraissent
composées que de feldspath, qui sont par conséquent blanchâtres, sont celles dont le grain est le

Variétés de trachyte.

(1) *Voyage minéralogique en Hongrie.* M. Beudant a bien voulu
me communiquer le manuscrit de son voyage avant sa publication; et toutes les fois que je citerai quelque exemple de la Hongrie, il sera pris dans cet important ouvrage, où l'auteur se montre,
à chaque page, aussi bon orictognoste que géognoste.

plus grossier et le plus rude. L'Auvergne en présente un exemple au Puy-de-Dôme, et mieux encore sur une montagne voisine, le *Puy-de-Sarcoui*, dont la roche est comme spongieuse, légère et tendre, douée d'une propriété absorbante, qui la faisait employer par les anciens pour des cercueils ou sarcophages; ce qui a donné à la montagne le nom qu'elle porte. En quelques endroits, elle présente des bandes d'un beau jaune citrin, qui exhalent, lorsqu'on les frotte, une forte odeur d'acide muriatique, et que M. Vauquelin a reconnue être effectivement due à cet acide.

Au reste, il se présente du trachyte entièrement blanc, à l'état compacte et même à l'état cristallin. J'en ai vu de tel au Mont-Mezen, dans le Velay; il paraît n'être qu'un assemblage de grains et de paillettes très-intimement serrés les uns contre les autres, et il ressemble ainsi à certains calcaires grenus et perlés, ou plutôt à des masses toutes composées d'un mica blanc et nacré. A Santa-Fiora en Toscane, aux îles Ponces, en Hongrie, on a de semblables roches; et cette texture, jointe aux autres substances qu'elles contiennent, leur donne une structure presque granitique. Ce sont des *trachytes granitoïdes*.

On trouve assez souvent des trachytes qui prennent une couleur noirâtre, deviennent compactes et se rapprochent du basalte. Ils se divisent même comme lui en prismes, mais la pré-

sence des cristaux de feldspath vitreux, et l'absence de l'olivine les rattachent au trachyte, indépendamment des considérations du gissement.
M. de Humboldt les nomme *pseudo-basaltes*.
tout le Pichincha en est formé. Ces trachytes
noirs renferment en général peu de feldspath et
beaucoup d'amphibole. J'ai habituellement vu,
en Auvergne, qu'à mesure que la couleur du trachyte se fonçait, les cristaux et les grains noirs
allaient en augmentant : on se rappellera qu'en
général il y a, dans les roches porphyroïdes, un
rapport entre la nature de la pâte et celle des
cristaux contenus. Malgré leur couleur noire,
plusieurs trachytes fondent en émail blanc ; la
matière colorante paraît être quelquefois un
principe fugace, tel que le carbone qui est détruit
par le feu ; mais d'autres fois elle semble due à une
matière minérale disséminée en parties très-fines.

M. Beudant a trouvé en Hongrie de très-
grandes masses d'un trachyte tellement chargé
de matières ferrugineuses, qu'il fond en émail
noir, et ressemble à un porphyre primitif ; sa
pâte est d'un brun vineux foncé, et les cristaux
de feldspath y sont habituellement sous forme
de taches blanches et mattes.

Dans cette même contrée, on voit souvent le
trachyte renfermer de petits grains ronds,
comme de la graine de chanvre, striés du centre
à la circonférence, contenant quelques lames

de mica. Quelquefois toute la masse en est composée, et a pris ainsi une structure oolitique; ce sont les *cristallites* dont nous avons parlé plus haut; ils sont d'ailleurs fusibles comme le reste de la pâte.

Mais la plus remarquable des variétés observées par M. Beudant est un trachyte très-siliceux, formant des masses de montagnes aux environs de Schemnitz et de Tokai, contenant des cristaux de quartz, des cristaux de feldspath quelquefois vitreux, et quelques lamelles de mica noir On y trouve fréquemment encore des parties et des veines de jaspe et de silex corné terne (*hornstein*), et on y voit de petites géodes d'améthiste. Sa pâte prend quelquefois la texture globuleuse dont nous avons parlé, et elle présente un grand nombre de cavités bulleuses, quelquefois grandes et irrégulières, d'autres fois allongées et toutes dans le même sens. Assez souvent cette pâte est infusible, et montre des parties blanches et compactes, extrêmement siliceuses, et passant au quartz grenu. Elles sont exploitées pour la confection de meules de moulin. Dans la majeure partie de la Hongrie, on n'emploie pas d'autre pierre à cet usage : aussi M. Beudant a-t-il donné le nom de *porphyre-meulière* à la masse des montagnes qui la fournissent Une roche volcanique de nature quartzeuse !

Trachyte émaillé. (*Perlstein*.)

§ 358. La Hongrie nous fournira encore le

plus bel exemple que nous ayons, sur l'ancien
continent, de trachytes émaillés (*perlstein*, ou
obsidienne perlée de M. Brongniart). Ils couvrent,
aux environs de Tokai, des espaces de trente ou
quarante lieues carrées. Ces masses de montagnes
sont formées d'une roche quelquefois terne,
mais le plus souvent luisante et d'un éclat nacré
ou perlé, et qui contient, quoique rarement,
de petits cristaux de feldspath vitreux, de doubles pyramides hexaèdres de quartz, et de petites
lames de mica. On y voit aussi divers produits
siliceux, tels que des rognons et veines de jaspe
et d'opale, ainsi que de petites géodes de calcédoine et de quartz. Les parties perlées montrent
une grande tendance à se former en globules ;
tantôt ce sont de simples *pièces distinctes, grenues*,
à surface convexe ; tantôt ces pièces se sont tout-
à-fait arrondies, et se présentent comme des sphéroïdes irréguliers et composés de couches concentriques, gros comme des pois ou des noisettes, ayant l'éclat de l'émail, et une couleur
ordinairement grise ; ce sont les vrais *perlstein* des
minéralogistes. Quelquefois les parties émaillées
et compactes se forment aussi en globules parfaits, à rayons convergents, d'aspect lithoïde et
sans éclat ; ils sont comme des taches dans la
roche, et lui donnent ainsi l'aspect tigré. Des
masses considérables en sont fréquemment composées, mais les globules y sont si petits, qu'on

3

ne peut les distinguer qu'au microscope. Le trachyte émaillé est très-souvent bulleux ; les bulles sont petites, en général aplaties dans le même sens, et il en résulte une ponce. Il n'est pas rare de voir des échantillons, formés de minces bandes ayant à peine une ligne d'épaisseur, de trachyte émaillé, et de trachyte ponceux, alternant à plusieurs reprises : cette même disposition se voit en grand dans les montagnes.

Quelquefois l'éclat devient plus fort, et comme résineux ; les *pièces distinctes* sont moins arrondies, et l'on a le *pechstein* des Allemands, ou la *rétinite* de M. Brongniart. Il s'en trouve peu dans les terrains trachytiques de la France ; mais il en existe de grandes masses en Hongrie. M. de Humboldt a observé sur le Pic de Ténériffe, des laves à base d'une rétinite contenant des cristaux de feldspath, et dont l'analogie avec celui de la vallée de Triebisch, en Saxe, est frappante ; seulement il ne contient point, comme ce dernier de cristaux de quartz (*voyez* sur la rétinite de Saxe le § 196).

Les îles Lipari montrent de fréquents exemples de trachytes émaillés de diverses sortes.

Trachytes vitreux.

§ 359. Elles nous montrent sur-tout les trachytes vitreux les mieux caractérisés : les deux tiers de Lipari et de Vulcano en sont composés ; ils y forment, dit Spallanzani, une masse de verre qui a six à sept lieues de circuit.

Arrêtons–nous un instant, avec cet excellent observateur, sur la montagne *della Castagna*, pour considérer ce singulier produit.

Cette montagne, qui a une lieue et demie de tour, est presque entièrement composée de courants de verre ou d'émail, dont l'épaisseur varie de un à douze pieds, et qui sont amoncelés les uns sur les autres. Entre eux se trouve souvent une légère couche terreuse rougeâtre ; ils sont gercés et fendus, et leur surface présente fréquemment de ces saillies, en forme de câbles et de cordes, qu'on voit quelquefois sur les laitiers sortant de nos fourneaux. La substance vitreuse, qui constitue la masse principale de la montagne, est olivâtre, opaque en masse, et transparente lorsqu'elle est en fragments minces, étincelante sous le briquet, à cassure concoïde ou vitreuse, et contenant des grains de feldspath ; son aspect est un peu gras ; c'est un milieu entre le verre et l'émail. La montagne présente des verres plus parfaits : il y en a des morceaux qui ne le cèdent en rien aux plus belles obsidiennes de l'Islande et du Pérou : leur masse paraît très – noire et entièrement opaque ; mais les écailles que l'on en enlève sont blanches, transparentes, et fondent en verre blanc : la cassure en grand est ondulée ; les bords des fragments sont aigus et tranchants ; ils donnent beaucoup d'etincelles par le choc du briquet : ces masses prennent aussi bien le poli que les plus beaux verres de nos fabriques ; elles renferment des grains de feldspath qui ont une écorce émaillée, et dont le noyau est ce minéral demi-fondu. On trouve sur cette même montagne, et sous forme de courant, une variété de verre incolore, quoique les gros blocs présentent comme un nuage qui les fait paraître noirâtres ; sa cassure en est absolument semblable à celle du verre ; elle renferme une multitude de globules opaques, d'un aspect cendré, quelquefois d'apparence presque terreuse, d'autres fois striés du centre à la circonférence ; ce sont, sur de grandes dimensions, les petits

globules lithoïdes que nous avons vus dans les trachytes ordinaires de la Hongrie. Outre les verres compactes, la montagne
en présente quelques-uns qui sont boursouflés, poreux, et se
rapprochent des pierres ponces; d'autres qui sont légers et
semblent formés de réseaux de verre capillaire : quelques cavités, dans les masses compactes, montrent encore des fila-
ments et des houppes d'un verre aussi délié que le cheveu.

Les masses volcaniques vitreuses, lorsqu'elles
sont noires, prennent, ainsi que l'on sait, le nom
d'obsidiennes ; les unes fondent en émail noir,
ce sont des basaltes vitreux dont nous parlerons
dans la suite ; les autres, fondant en émail blanc,
sont des trachytes : leur couleur est-elle due à
une simple fuliginosité qui se dissipe au feu, ou
bien est-elle un simple effet de lumière provenant de la disposition des molécules?
C'est principalement en rognons ou boules
que se trouve l'obsidienne dans les terrains trachytiques. Dolomieu en a vu, à l'île Ponce,
qui avaient jusqu'à quatre pieds de diamètre ;
elles renfermaient des grains blancs de feldspath
vitreux demi-fondu, et étaient contenues dans
un trachyte ponceux. Très-souvent le centre des
globules de trachyte émaillé de la Hongrie est
formé d'un grain d'obsidienne. En Amérique,
M. de Humboldt a observé, près Zinapecuaro dans
le Mexique, des montagnes de trachyte émaillé,
contenant des rognons de cette substance. Ailleurs
il a vu des montagnes d'obsidienne, présentant

une alternative de bandes de cette roche à l'état vitreux et à l'état émaillé. Une de ces masses d'obsidienne lui a présenté un fait remarquable ; elle contenait un grand nombre de globules de trachyte (cristallites), ayant derrière eux un vide allongé, et offrant l'image de noyaux de comète, traînant une queue à leur suite. On a observé un fait semblable sur les trachytes de Vulcano.

Je renvoie au Traité de minéralogie de M. Brongniart, pour d'autres détails sur les obsidiennes et les *perlstein*. En y voyant six analyses de ces minéraux faites par nos plus habiles chimistes, j'ai été frappé de la ressemblance entre leurs résultats, principalement sur le rapport entre la silice et l'alumine, point essentiel pour la composition du feldspath. Dans ces six analyses, la quantité de silice, sur cent parties d'obsidienne, n'a varié que de 71 à 75, et celle de l'alumine, de 12 à 14 ; ainsi, le rapport est à-peu-près de 6 à 1 : pour le feldspath ordinaire, les analyses que nous avons donnent environ 4 à 1, et, pour des laves phonolitiques, 5 à 2.

Presque tous les produits volcaniques vitreux, et peut-être tous, contiennent une quantité plus ou moins considérable de matières alcalines, potasse ou soude ; elle va quelquefois jusqu'à former le dixième de la masse. La plupart sont encore remarquables par une quantité notable d'eau, qui paraît être une de leurs parties constituantes : Klaproth et M. Vauquelin en ont retiré plus de quatre pour cent de certaines variétés ; et Spallanzani, ayant soumis à la distillation 12 onces de beau verre de la montagne *della Castagna*, en a obtenu 144 grains d'eau (c'est-a-dire 2 pour cent), contenant 2 grains d'acide muriatique. Cette eau, si extraordinaire au milieu de produits volcaniques, et d'un aspect vitreux, est vraisemblablement la cause de cet aspect, ainsi que du boursouflement de plusieurs obsidiennes lorsqu'on

les expose à l'action du feu. Les verres que l'on obtient en
refondant ces masses boursouflées, perdent la propriété de se
gonfler de nouveau.

M. Beudant a remarqué qu'en général, de tous les trachytes,
ceux d'aspect vitreux ou émaillé étaient les plus aisément fusibles, et que, toutes choses égales d'ailleurs, la fusibilité diminuait à mesure que la roche devenait moins luisante, moins
compacte et moins translucide.

Trachyte ponceux.

§ 360. Les masses de trachyte sont très-souvent criblées de cavités bulleuses et de pores,
dont les parois, ainsi que les filets qui les traversent, étant habituellement à l'état vitreux,
ou semi-vitreux, les constituent à l'état de ponces,
ainsi que nous l'avons dit. Par suite de la même
cause, les trachytes émaillés et vitreux doivent
se trouver plus fréquemment convertis en ponces, que les trachytes lithoïdes : ceux-ci ne présenteront pas la même rigidité dans leurs parties,
et seront simplement cellulaires.

Les îles Lipari et Ponces abondent en trachytes ponceux. Dolomieu, qui a été à même de
les observer dans la première de ces îles, dit
qu'ils y forment des courants qui ont coulé à
la manière des laves, et qui sont placés les uns
sur les autres ; leur partie supérieure est bien
plus bulleuse et boursouflée ; les fibres y sont,
dit-il, toujours dans la direction du courant, et
sont dépendantes de la demi-fluidité de cette
lave qui file comme le verre.

Au reste, une grande partie des ponces qu'on

voit dans les terrains volcaniques, ont été lancées, sous forme de scories, par les volcans, et elles appartiennent souvent aux terrains basaltiques. Les volcans de l'Islande, du Kamtschatka, de Quito, etc., en jettent de prodigieuses quantités ; elles sont, dans quelques endroits, leur seul produit.

§ 361. Les grandes masses de trachyte ne présentent aucune division qui puisse éveiller l'idée d'une stratification, quoique, dans quelques endroits, on voie des parties formées de bandes différentes. La division prismatique n'y est point aussi fréquente et aussi régulière que dans la basalte ; cependant j'ai vu, au Mont-Dore, des prismes à quatre pans bien prononcés, et formant même des colonnades. Dolomieu a encore observé une variété des trachytes de l'île Ponce, tantôt compacte, tantôt criblée de petites cavités, qui était divisée en petits prismes pentagonaux très-réguliers, ayant environ un pied de longueur, et empilés horizontalement les uns sur les autres. En général, c'est principalement lorsque les trachytes approchent du basalte ou du phonolite qu'ils prennent la division prismatique. *Division.*

b) *Du phonolite.*

§ 362. La propriété qu'a le phonolite de se diviser en plaques, lui donnant une texture fissile et quelquefois presque schisteuse, et son aspect le rapprochant beaucoup des roches compactes des terrains primitifs, les premiers minéralogistes qui en traitèrent, lui donnèrent le nom de *schiste corné* (*Corneus fissilis* , *hornschiefer*).

Werner reconnut ses grands rapports avec le basalte, il le lui adjoignit et lui donna le nom de *Klingstein* (pierre sonore), d'après la propriété qu'il a de rendre un son très-clair lorsqu'il est en plaques minces et qu'on vient à le frapper : le mot phonolite, dérivé du grec, a une semblable signification.

Cette roche, ainsi que nous l'avons dit, diffère du trachyte, dont elle n'est vraisemblablement qu'une variété, en ce qu'elle est d'une cassure plus compacte, qu'elle a un peu de translucidité sur le bord de ses fragments, et qu'elle se divise en plaques.

Deux analyses qui ont été faites, la première sur un échantillon de Bohême, par Klaproth, et l'autre sur un morceau venant de la roche *Sanadoire* en Auvergne, par M. Bergmann, offrent une assez grande analogie pour devoir être remarquées. Je les rapporte.

	BOHÊME.	AUVERGNE.
Silice.	57,25	58
Alumine.	23,50	24,5
Chaux.	2,75	3,5
Oxide de fer.	3,50	4,5
Soude.	8,10	6
Eau.	3	2
Perte.	1,90	1,5

La couleur ordinaire du phonolite est le gris plus ou moins verdâtre. Sa cassure est matte, compacte et écailleuse. Il se casse assez facilement; les fragments prennent habituellement la forme de plaques, et ils sont translucides sur les bords. Sa dureté, quoique assez considérable, ne va que rarement jusqu'à lui faire donner des étincelles sous le briquet. Sa pesanteur spécifique est de 2,5 à 2,7. Soumis à l'action du feu, dans un creuset, le phonolite s'y fond en un verre épais plus ou moins verdâtre. Au chalumeau, il se fond en émail gris. Exposé à l'influence des agents atmosphériques, par l'altération de sa superficie, il se recouvre d'une croûte terreuse, blanchâtre; caractère qui est à remarquer.

Les roches phonolitiques contiennent habituellement une grande quantité de cristaux de feldspath d'un aspect vitreux, quelquefois d'un assez grand volume, mais le plus souvent petits et minces. On y voit encore des cristaux aciculaires d'amphibole et des grains d'augite. La *semeline*, la *natrolite*, etc., ont été trouvées dans les phonolites de la Souabe.

La structure des grandes masses de phonolite, qu'on voit dans la nature, présente quelques particularités qui les rendent dignes de remarque. Elles sont très-souvent divisées en prismes, généralement plus gros quoique moins réguliers que ceux de basalte, quelquefois ils sont un peu courbes. Presque toujours ils se divisent et se soudivisent perpendiculairement à leur longueur, en dalles, plaques et lames qui conservent cependant une certaine épaisseur, et montrent

une cassure compacte. Les montagnes de phonolite se présentent fort souvent sous une forme
conique, se détachent ainsi des masses environnantes, et s'élèvent fréquemment au-dessus d'elles:
cette forme, jointe aux divers groupements des
prismes, leur donne quelquefois un aspect singulier et presque grotesque qui semble leur appartenir plus particulièrement qu'aux autres roches;
M. de Humboldt, qui en avait été frappé en Europe, l'a retrouvé en Amérique : en France, les
roches *Sanadoire* et la *Thuilière,* au pied du flanc
septentrional du Mont-Dore, en présentent des
exemples remarquables. Les phonolites, étant
en quelque sorte des variétés de trachyte, passent très-souvent à cette roche, et appartiennent
principalement aux terrains trachytiques; mais
ils passent aussi assez fréquemment au basalte,
et se trouvent encore dans les terrains basaltiques;
ils lient, en quelque sorte, ces deux espèces de
roches. Dans les premiers de ces terrains, ils
sont le plus souvent, d'après les observations
faites jusqu'ici, ou dans leurs parties supérieures
ou sur leurs bords (1).

c) *Brèches et tufs trachytiques.*

§ 363. Presque tous les terrains de trachyte présentent une immense quantité de brèches et de tufs,

----

(1) Voyez une histoire plus circonstanciée que j'ai donnée du
phonolite dans le *Journal de physique*, tom. LIX.

provenant de la destruction et de la décomposition des masses trachytiques, ainsi que des déjections de scories, de ponces, et de cendres qui ont vraisemblablement accompagné leur production. Ces brèches et tufs forment en quelque sorte de nouveaux terrains qui entourent les premiers, et qui, quoique inférieurs en niveau, s'élèvent encore à une hauteur souvent considérable. Les parties qui avoisinent le terrain primordial sont formées principalement de brèches à gros fragments, qui ont quelquefois plus de mille mètres cubes de volume. M. de Humboldt a observé auprès de Tacunga, dans le royaume de Quito, d'énormes masses de ponces plus grandes encore, et qui étaient entourées d'une matière terreuse provenant de leur décomposition. En général, à mesure qu'on s'éloigne, les fragments diminuent de grosseur, et l'on a bientôt un assemblage de couches, dont les unes sont souvent une simple terre ou cendre qui, tassée et imbibée d'eau, a pris une consistance quelquefois considérable et dont les autres sont un mélange d'une pareille matière, de scories et de ponces.

Le Mont-Dore et le Cantal montrent d'énormes masses de pareilles brèches ou tufs sur tous leurs flancs et dans leurs vallées : ces masses y sont recouvertes, en plusieurs endroits, par des basaltes, et peut-être même par des assises de trachyte. Je remarquerai, à ce sujet, que souvent des roches de trachyte, en se désagrégeant, se réduisent en une sorte de terre ou de sable ponceux, lequel, quoiqu'en étant encore dans son gîte natal, peut présenter l'image d'un tuf intercalé dans une montagne trachytique. Une partie des terres blanches qui sont au Mont-Dor, ne m'ont pas paru avoir d'autre origine : peut-être en est-il ainsi de quelques-unes de celles qu'on voit à la base du mont, qui semblent s'étendre au-dessous de lui, et qui ont fait penser à M. de Montlosier, et à d'autres savants, qu'il reposait sur des couches volcaniques.

M. Beudant a vu les brèches et tufs former, en Hongrie, autour des groupes de montagnes de trachyte, des ceintures de nouvelles montagnes, qui s'étendent bien avant dans les plaines. Les fragments des brèches y sont souvent liés au moyen d'une pâte qui, par l'effet d'une nouvelle agrégation, a repris une partie des caractères des roches trachytiques dont elle était un *detritus*. Les trachytes, les *perlstein*, les ponces, sont quelquefois tellement pulvérisés, tassés et réagglutinés dans les tufs, qu'il en résulte des couches semblables à des craies ou à des tripolis. Des infiltrations siliceuses ont souvent pénétré ces couches, les ont en quelque manière pétrifiées, et y ont formé de petites masses, grains et veines d'hydrophane, d'hyalite et d'opale (1). Ces couches renferment des bois opalisés ressemblant à des bois de chêne, et des coquilles marines dans lesquelles M. Beudant a distingué des arches, et des espèces analogues à celles du calcaire à cérites des environs de Paris. Au-dessus de ces dépôts ponceux, déjà semblables à des roches en quelques endroits, on trouve assez souvent des masses homogènes, à cassure ordinairement terne et terreuse, il est vrai, mais passant aussi à la cassure compacte et écailleuse comme celle du feldspath compacte; « ces roches, presque infusibles, ressemblent beaucoup, dit M. Beudant, au *porphyre-meulière*; on y découvre quelquefois des cristaux de feldspath très-petits, aciculaires et très-nets, et il faut nécessairement admettre

---

(1) La belle opale exploitée à Czscherwenitza, près de Kaschau, si remarquable par la douceur de sa couleur laiteuse et par la vivacité des reflets rouges, bleus, verts et jaunes qu'elle lance, se trouve principalement dans la pâte des brèches trachytiques : elle y est en grain, filets et petites masses; la plus considérable qu'on ait trouvée ne pesait que 17 onces. Elle est accompagnée d'opales communes, de veines m -parties d'opale et d'hyalite, de jaspe-opale, etc., en un mot, de tous ces produits siliceux, semblables à une gelée de silice endurcie, et dont quelques-uns ont été trouvés dans un état de mollesse qui permettait de les pétrir avec les doigts. L'eau qui entre dans ces produits y est-elle à l'état de combinaison ? Je le crois; malgré les doutes élevés à ce sujet : elle les constitue en un état particulier; car ce ne sont ni des quartz ni des silex; ils ne présentent jamais dans leurs interstices un cristal de quartz ; on n'en voit point dans les bois opalisés, tandis qu'ils sont très-communs dans les bois silicifiés ordinaires.

qu'ils se sont formés directement dans ces roches : les éléments de ces pierres ont été remis de nouveau en solution, et il s'est de nouveau formé des produits cristallins (*voyez* § 273) » : et ce qui est bien à remarquer, ces produits sont évidemment liés aux tufs ponceux, et comme eux ils contiennent des bois silicifiés. C'est au milieu de ces porphyres régénérés que se trouve l'aluminite, ou pierre d'alun, qu'on exploite en Hongrie.

Pierre
d'alun.

Cet aluminite, qui paraît être un sous-sulfate d'alumine et de potasse, d'après les travaux de Descotils, est disséminé dans la roche, en petites parties à pièces distinctes ou à grain cristallin, en concrétions à texture fibreuse et quelquefois compacte, et en petits cristaux. Au reste, il paraît que toute la roche en est imprégnée, mais qu'elle ne s'y trouve en assez grande quantité, pour suffire aux frais de l'exploitation, que dans quelques localités, principalement dans les environs de Beregh et de Tokai. La roche, dans ces endroits, est tantôt un porphyre terreux, et c'est la plus riche, tantôt un porphyre compacte, contenant beaucoup de cristaux de quartz, et dont la pâte paraît être un feldspath compacte, imprégné de silice et d'aluminite ; il fond très-difficilement, et il est très-caverneux ; les parois des cellules sont recouvertes de très-petits cristaux d'aluminite ; en un mot, c'est une variété de *porphyre-meulière*. On voit d'ailleurs son passage au tuf ponceux, et le passage de celui-ci à la brèche trachytique.

La pierre d'alun de la Tolfa, dans les États-Romains, paraît à M. Beudant avoir un gissement semblable. Les échantillons, tant de cette pierre que de la roche qui la contient, ressemblent parfaitement à ceux de Beregh ; la pierre, ou aluminite, a les mêmes caractères oryctognostiques ; et la roche est encore, d'après M. Borkowski, un porphyre semblable au porphyre keratique (*hornsteinporphyr*, § 196), celluleux et infusible, à pâte feldspatho-quartzeuse. Ici, comme en plusieurs endroits de la Hongrie, elle contient des pyrites. L'aluminite s'y trouve en cristaux, en veines testacées, et même en filons qui ont jusqu'à quatre mètres d'épaisseur, mais d'ailleurs fort irréguliers : ils sont accompagnés d'argile. Cette roche repose immédiatement sur le calcaire ; mais M. Beudant remarque qu'à peu de distance on a des montagnes de trachyte (les monts Cimini) et des brèches de cette substance.

Les îles de l'Archipel renferment encore des roches d'alun, présentant toutes les mêmes circonstances de gissement, de nature et d'aspect.

M. Cordier a également reconnu l'aluminite dans des galets d'une brèche siliceuse du Mont-Dore; galets qui contiennent quelquefois du soufre dans leurs cavités bulleuses.

Cette dernière substance a été observée assez souvent par M. de Humboldt, dans les matières terreuses des brèches et tufs des Andes.

§ 364. Les terrains de trachyte que j'ai été à même d'observer, ne m'ont présenté aucune régularité, aucun ordre dans la disposition de leurs parties. Ce sont diverses variétés de cette roche présentant quelquefois l'image d'assises, entassées les unes sur les autres, et passant continuellement et insensiblement les unes aux autres. J'ai déjà remarqué que le phonolite se trouve habituellement au-dessus des terrains trachytiques ou sur leurs bords.

Le basalte qui accompagne si souvent les tra-

chytes, paraît être dans le même cas; la séparation entre les deux roches est même mieux prononcée : on dirait qu'elles se repoussent, suivant
l'expression de M. de Humboldt. J'ai vu des basaltes superposés au trachyte, liés même avec
lui, car ils me paraissent avoir pris naissance
dans sa masse, et s'être ensuite répandus en
courants sur sa superficie ; mais je n'en ai point
observé de positivement intercalés. MM. de
Buch, Weiss et Beudant, ont fait la même observation en Auvergne ; cependant M. Ramond
admet dans le Mont-Dore l'alternative entre les
deux roches, et il les regarde comme des productions d'une même époque (1).

MM. de Humboldt et Beudant ayant fait en
Amérique et en Hongrie des observations sur des
terrains plus variés, ont été à même d'y reconnaître des parties distinctes et de différents âges,
ainsi que nous le verrons dans un instant.

Age. § 365. Nous avons encore trop peu de données
pour pouvoir indiquer l'âge du terrain de trachyte,
par rapport aux autres formations minérales. La
majeure partie de ceux qu'on a observés, ne sont
point recouverts, ou ne le sont qu'à leur pied,
ou dans quelques parties, par des terrains très-
nouveaux. C'est ainsi que MM. Brongniart et
Le Coq ont vu le pied du Cantal et quelques autres

(1) *Mémoires de l'Institut*, 1815.

parties du trachyte de l'Auvergne sous un calcaire d'eau douce analogue à celui de Paris ; que M. Beudant a trouvé le pied du terrain trachytique de Hongrie recouvert par le calcaire à cérites parisien ; que M. de Humboldt a vu sur quelques trachytes de l'Amérique des couches de calcaire compacte, de gypse et même de grès.

En Auvergne, le trachyte repose sur le granite et le grès, ou du moins il en est entouré sans intermédiaire. En Hongrie, il est le plus souvent sur le porphyre siénitique (§ 196); mais il s'étend aussi sur d'autres terrains, et en particulier sur du calcaire alpin, lequel est ainsi de formation antérieure. Cette observation, et ce qui a été dit sur la nature des substances qui le recouvrent dans quelques parties, me portent à croire qu'il est d'une formation fort récente. Cependant M. de Humboldt, le voyant très-souvent, en Amérique comme en Hongrie, superposé au porphyre siénitique, et en quelque sorte lié avec lui, tant par sa nature que par sa position, le rapproche beaucoup de ce porphyre, qu'il place , ainsi qu'on l'a vu (§ 248), dans les terrains intermédiaires.

§ 366. Jetons un coup-d'œil sur les localités où *Localités.* l'on a observé le trachyte en grandes masses.

En Auvergne, il constitue le fameux Puy-de-Dôme, montagne isolée d'environ cinq cents mètres de haut au-dessus du plateau granitique qui

35.

l'entoure. Il y est presque toujours gris blanchâtre, tantôt terreux, tantôt compacte, contenant du feldspath vitreux, des lames hexagones
de mica, des aiguilles d'amphibole, et présentant dans ses fissures du fer spéculaire, et même
du soufre. A côté se trouvent quatre montagnes ou puys plus petits, en forme de dôme ou
de cloche, composés d'une roche semblable,
mais dont le tissu est plus grossier et plus lâche;
elle semble quelquefois spongieuse, ainsi que
nous l'avons dit en parlant de *Sarcoui*, une de
ces montagnes (§ 357).—A sept lieues, au sud du
Puy - de - Dôme, s'élève le Mont - Dore, qu'on
peut se représenter comme une énorme masse
isolée, reposant sur le granite, ayant près de
vingt lieues de circuit et de huit à neuf cents
mètres de hauteur (1900 au-dessus de la mer).
A partir du point le plus élevé, elle est ouverte
par la vallée où la Dordogne prend sa source, et
ses flancs sont sillonnés par des vallées d'un ordre
inférieur. Sa masse est formée d'un trachyte pareil à celui du Puy-de-Dôme, mais ayant plus de
consistance, et passant souvent au phonolite:
dans des parties très-compactes et divisées en
prismes, j'ai observé des fragments de laves
noires, de vraies scories volcaniques. Le Cantal, situé à douze lieues plus au sud, montagne de même forme, ayant une trentaine
de lieues de circuit, également morcelée par

des vallées, est composée d'un trachyte encore
plus compacte, et présentant un grand nombre
de variétés qui ressemblent aux porphyres primitifs, parmi lesquelles j'en ai remarqué une entièrement semblable au porphyre vert antique
(§ 207). On a encore, en France, des masses trachytiques ou phonolitiques au Mont-Mezen, et
sur quelques autres points du Vivarais.

Les monts Euganéens, entre Padoue et Ro-
vigo, présentent une chaîne de montagnes de trachyte. Il en existe une pareille qui s'étend depuis Santa-Fiora, en Toscane, par les monts
Cimini, jusqu'à la Tolfa ; M. Brocchi a décrit
leur roche granitoïde sous le nom de *nécrolite*.
Les îles Lipari et Ponces contiennent, ainsi que
nous l'avons vu, diverses variétés de trachyte ;
et, d'après les observations de Spallanzani et
de Dolomieu, elles paraissent y être sous forme
de courants, comme les laves ; circonstance
qu'on ne retrouve pas dans les grands terrains
trachytiques : M. de Humboldt n'a point vu
cette forme dans ceux de l'Amérique, ni M. Beudant dans ceux de la Hongrie ; je l'ai cherchée
en vain dans ceux de l'Auvergne, où cependant quelques observateurs croient l'avoir remarquée.

En Allemagne, on ne connaît guère de trachytes
qu'aux *Sept-Montagnes* (*Siebengebirge*), sur les
bords du Rhin, aux environs de Bonn ; ils y cons-

tituent le *Drachenfels* et autres sommités, et sont entourés de monts basaltiques.

C'est la Hongrie qui, · en Europe, renferme les terrains de trachyte les plus considérables ; ils s'y trouvent en cinq endroits différents, et ils y forment ainsi cinq groupes particuliers, dont on peut voir les détails dans le *Voyage minéralogique en Hongrie*, par M. Beudant.

J'en donne une idée succincte. Ces groupes sont au pied méridional des monts Crapacs, entre ces monts et le Danube ; le plus considérable, qui a environ vingt lieues de long sur quinze de large, entoure Schemnitz : cinquante lieues plus à l'est, dans la contrée de Tokai, on en a un second qui a près de trente lieues de long sur six de large : les autres sont plus petits ; l'un est au nord de Bude, un autre forme les montagnes de Vihorlet, et le troisième celles de Matra. Chacun d'eux présente un vrai groupe pyramidal de montagnes arrondies et souvent coniques. Dans le centre, sont les montagnes les plus élevées ; elles atteignent, près de Schemnitz, 1200 mètres de hauteur absolue, et vont généralement en baissant vers les bords du groupe. Chaque variété de trachyte forme ordinairement des montagnes particulières et distinctes de celles qui l'entourent ; et, quoique le défaut des tratification ne permette pas à M. Beudant de leur assigner un âge relatif, cependant il croit pouvoir y distinguer quatre époques différentes, tant par la nature que par la position des roches. La première, qui occupe la partie centrale, et qui présente les montagnes les plus élevées, est principalement composée de trachyte proprement dit, soit lithoïde, soit cellulaire et même scorifié ; le mica y est en grands cristaux ; l'amphibole, le pyroxène, le fer titané, y sont abondants ; le quartz et la calcédoine manquent. Ces deux minéraux se trouvent souvent en grande quantité dans le groupe voisin, qui est habituellement formé de trachyte compacte à structure porphyrique, et que M. Beudant appelle en conséquence *porphyre trachytique.* Dans la troisième époque, les trachytes émaillés, vitreux et ponceux dominent. Ensuite on a le *porphyre-meulière* (§ 367), roche porphyroïde, à pâte souvent très-siliceuse, très-caverneuse, et exploitée pour la confection des meules. Enfin le tout est entouré et souvent recouvert, jusqu'à une grande hauteur, par les brèches et tufs trachytiques. Sous les meulières, on a une roche moins dure, renfermant souvent un limon argileux, et qui contient une très-grande quantité de pyrites, ainsi que des grains ou petites veines d'argent sulfuré aurifère, d'antimoine et de plomb sulfuré ; l'or s'y trouve aussi en paillettes : on a des exploitations, dans ce dépôt metallifère, à Kœnigsberg, non loin de Schemnitz, et à Telkebanya.

En Amérique, le terrain trachytique occupe des espaces bien plus considérables encore : il forme sur les Andes de Quito une immense assise, qui a environ quatre mille mètres d'épaisseur, jusqu'à la cime des immenses dômes volcaniques du Chimboraço, du Pitchincha, du Cotopaxi, etc., qu'elle constitue. M. de Humboldt a rapporté des parties supérieures du Chimboraco, un trachyte compacte, d'un gris rougeâtre, à cassure écailleuse, contenant une infinité de cristaux de feldspath vitreux et d'augite, et quelques cristaux de quartz. Au Mexique, il a également vu le trachyte former d'énormes couches, constituant les parties supérieures du plateau central : et peut-être le porphyre phonolitique, qui contient le riche filon aurifère de *Villalpando*, n'est-il qu'une variété de cette roche.

M. de Humboldt, résumant ses observations sur les trachytes d'Amérique, y distinguerait quatre époques. La première comprendrait, outre le trachyte proprement dit, des pseudo-basaltes, des amygdaloïdes en bancs intercalées, et des phonolites qui se lieraient avec le porphyre siénitique. La seconde renfermerait des trachytes à cristaux de quartz. Dans la troisième, on aurait les trachytes émaillés et vitreux, ainsi que beaucoup de ponces qui se distingueraient en général de celles de terrains basaltiques par le mica qu'elles contiennent souvent. Enfin, on aurait les brèches et les tufs.

Origine.   § 367. Les trachytes, renfermant des scories volcaniques, étant évidemment liés avec des laves basaltiques, passant même au basalte, étant en partie vitrifiés ou criblés de pores, étant convertis en ponces, et pleins de cristaux de feldspath frittés, etc., etc., sont incontestablement un produit du feu. Mais sont-ils, comme nos laves et nos basaltes, des torrents de matières embrasées sorties d'un cratère, et qui se sont répandues sur un terrain environnant ? Ce n'est plus aussi manifeste.

Les naturalistes qui ont observé le Puy-de-Dôme et les monts trachytiques voisins, n'y trouvant que d'énormes cloches d'une matière lithoïde, superposées (au moins en apparence) à un sol étranger, n'ont pu y voir des laves, ou portions de laves. Après y avoir reconnu l'action du feu, les uns, avec Desmarest, les ont regardés comme des granites chauffés en place ; Saussure les considérait comme des porphyres primitifs légèrement calcinés par les feux souterrains ; MM. de Montlosier et Dolomieu admettaient qu'ils avaient été soulevés dans l'état où nous les voyons par des agents volcaniques ; enfin, M. de Buch regarde comme plus probable que ce sont des masses même de granite que ces agents ont élevées, et qui, par l'effet des vapeurs élastiques, ont été changées en porphyre trachytique. Toutes ces explications sont entièrement inconcevables pour moi, et je n'ai pu voir dans ces puys que des restes d'une masse de trachyte qui couvrait autrefois la contrée. Je sais que ce n'est point résoudre, mais seulement reculer la difficulté. D'où venait cette masse? d'où venait le Mont-Dore? Je n'ai aucune réponse même probable à donner. En voyant au Mont-Dore les courants de basalte qui sont sur ses flancs, converger vers sa cime; en les voyant de plus en plus scorifiés à mesure qu'on approche de cette cime, on peut présumer qu'on n'y est pas loin de leur origine, et que le centre de la montagne est aussi le centre de la volcanisation basaltique : mais le même fil ne m'a plus conduit, lorsque j'ai cherché le point d'où pouvaient sortir les trachytes. De quelle bouche serait sorti le Chimboraço, lui qui domine tout le globe? D'où serait sortie la coulée dont il est le vestige? Nous n'avons absolument aucune donnée pour résoudre le problème de la formation des trachytes : nous pouvons seulement conclure des observations faites jusqu'ici, que ces masses ont été dans un état de fluidité ignée, et que c'est en se consolidant qu'elles ont pris la texture qu'elles nous présentent, et que les cristaux qu'elles renferment se sont produits.

ARTICLE SECOND.

DES TERRAINS BASALTIQUES.

(*Terrains volcaniques* proprement dits.)

Les terrains volcaniques, jusqu'à la grande époque des trachytes, pourraient être divisés en deux sections : l'une, de l'époque la plus ancienne, serait presque entièrement composée de basalte

en forme de nappes ou coulées étendues en surface, passant quelquefois au basalte granitoïde,
(ou la dolérite), d'autres fois au phonolite : l'autre,
comprenant les volcans à cratère encore exis-
tants et leurs produits, présenterait, d'après les
observations faites jusqu'ici, des laves de nature
basaltique, entremêlées, en quelques endroits,
de laves leucitiques. Mais, comme les uns et
les autres sont essentiellement composés de la
même substance, qu'ils ne sont séparés par aucun
terme intermédiaire, et que la ligne de démarcation est impossible à tracer lorsqu'on fait abstraction des localités, nous esquisserons l'histoire
géognostique des uns et des autres, en faisant
celle du basalte : nous traiterons ensuite de brèches et tufs qui les entourent, qui leur sont quelquefois entremêlés, et que nous pourrions appeler les masses de transport des terrains volcaniques.

a) *Du basalte et des laves basaltiques.*

Dénomina-
tion.

§ 368. Les Égyptiens avaient donné le nom de
basalte à une pierre noire, qu'ils employaient dans
leurs monuments, dont la couleur et la dureté
rappelaient presque celles du fer : *quem vocant
basaltem ferrei coloris et duritiœ*, dit Pline le
naturaliste. Cette même couleur noirâtre, et cette
grande dureté portèrent Agricola, célèbre minéralogiste saxon, mort en 1555, à penser que la matière des belles colonnes prismatiques qui forment

la sommité de la montagne de Stolpen en Saxe , était le basalte des anciens; il la désigna sous ce nom , qui s'est conservé parmi les minéralogistes pour indiquer la masse de ces prismes noirs, durs, d'aspect lithoïde qu'on voit dans des terrains qui se présentent immédiatement à la surface de la terre , quoique aujourd'hui il soit bien prouvé que la pierre des monuments égyptiens n'est point de même nature , et que c'est un granite amphibolique à très-petits grains.

Les minéralogistes français et italiens qui retrouvèrent ce basalte au milieu des volcans, constituant une partie des courants de matières fondues qui en étaient sorties , ne virent en lui qu'une lave , et ils le désignèrent sous ce nom , avec diverses épithètes déduites de ses différents états; tandis que les minéralogistes allemands et suédois continuaient de l'appeler *basalte* ou *trapp* (§ 204).

Dolomieu le classa parmi les laves à base *argilo-ferrugineuse :* et en cela il était entièrement d'accord avec Werner, qui ne regardait la pâte du basalte que comme une *argile ferrugineuse fortement durcie ;* cette notion était assez exacte, lorsqu'on fait attention que l'argile dont parlait Werner n'est point l'alumine des chimistes, mais bien la substance qui , à l'état lithoïde ou cristallin , forme le feldspath.

Ces laves nous présentent plusieurs variétés.

Nous allons parler d'abord de celle qui, nous montrant d'une manière distincte tous les principes composants du basalte, nous donne, en quelque sorte, le secret de sa composition.

Dolérite.

§ 369. Nous avons vu que les masses volcaniques étaient composées de minéraux qui se présentaient quelquefois en grains distincts les uns des autres. Ces masses, lorsqu'elles sont vers l'extrémité de la série que nous avons établie (§ 354), c'est-à-dire lorsqu'elles contiennent, outre le feldspath, beaucoup de pyroxène, du fer oxidulé, de l'amphibole, etc., sont des *dolérites*.

Elles sont rarement à gros grains, et formant des masses éminemment granitoïdes ; je pourrais même dire n'en avoir jamais vu d'une texture parfaitement semblable à celle des granites : on avait plutôt des cristaux que des grains granitiques, et on apercevait une pâte dans laquelle ils étaient noyés ; ou bien c'était un assemblage de petits cristaux enchevêtrés les uns dans les autres. Les dolérites n'ont été observées que dans les anciens terrains basaltiques. Le plus bel exemple que j'en connaisse, est celui du Mont-Meisner en Hesse (§ 86) : la partie supérieure du plateau de basalte qui constitue la sommité de cette montagne est formée de grains lamelleux de feldspath très-souvent verdâtres, de petits cristaux d'augite, de quelques cristaux d'amphibole, et de beaucoup de grains de fer oxidulé ; le feldspath domine : ses grains sont quelquefois comme des pois ; ils vont ensuite, ainsi que les autres, en diminuant de grosseur ; et, par une diminution successive, on arrive au basalte le mieux caractérisé. Au volcan éteint de Beaulieu, à trois lieues d'Aix en Provence, M. Menard de la Groye a vu en place, et portant, dit-il, des indices de fusion et de coulée, une dolérite composée de grains bien distincts de feldspath, d'augite, d'olivine, avec des lames de fer oxidé, et des particules de fer oxidulé. Je n'en ai point observé en place dans l'Auvergne ; j'en ai seulement vu des échantillons isolés, dont un, entre autres, venant du Cantal, présentait, en quelques endroits et au milieu d'une matière gris-noirâtre et criblée de petits pores, des parties principalement composées de cristaux de feldspath vitreux, et d'amphibole en aiguilles bien noires, bien lamelleuses, et à double clivage. M. Cordier dit avoir observé, encore dans le Cantal, des plateaux de dolérite granitoïde ayant plus de quatre lieues carrées.

§ 370. Werner voyant au Mont-Meisner, et dans d'autres lieux, la dolérite passer, par une diminution de grain, au basalte, en a conclu que cette dernière roche n'était qu'une dolérite à grains extrêmement fins et indiscernables à la vue, en un mot une dolérite homogène en apparence. Ainsi le basalte au Mont-Meisner, d'après

Nature du basalte.

ce que nous avons dit, serait composé de grains
infiniment petits, et quelquefois fondus les uns
dans les autres, de feldspath, d'augite, de fer
oxidulé et d'amphibole (1) Au volcan de Beaulieu, où M. Menard a vu la dolérite passer, par une
suite de nuances intermédiaires, au basalte le
plus parfait, et où il s'est ainsi assuré, dit-il, de
l'identité spécifique des deux substances, le basalte
serait composé des éléments du feldspath, de l'augite, de l'olivine et du fer oxidulé. En général,
on peut le regarder comme ayant pour principes
composants, le feldspath, l'augite et le fer oxidulé, auxquels se joignent l'olivine, l'amphibole, etc. : le feldspath serait le plus souvent le
principe dominant.

La nature des roches volcaniques permet, plus que celle de
roches primitives, de suivre le passage des masses granitoïdes

---

(1) Werner, il est vrai, regardait la dolérite (*grünstein*) du
Meisner comme composée de grains d'hornblende et de feldspath.
Mais à l'époque où il vit le Meisner . et où il fit sa détermination,
l'on confondait sous le nom d'*hornblende*, l'hornblende proprement dite (amphibole) et l'augite. Ce savant, qui d'ailleurs a
le premier reconnu que l'augite formait une espèce distincte,
n'ayant point revisé son travail sur la dolérite du Meisner, a continué à employer les anciennes dénominations : c'était une erreur plutôt de mots que de choses. J'ai donné, dès 1805, la vraie
composition de cette dolérite (*Journal des Mines*, tom. XVIII,
pag. 197), d'après les échantillons que j'avais à ma disposition. Au
reste, ce n'en est pas moins Werner qui a établi la formule qui
conduit à la connaissance de la nature du basalte; dans un des
termes, on a substitué ensuite une quantité à une autre.

aux masses compactes, et par conséquent de déterminer la nature minéralogique de celles-ci. Dans les roches volcaniques, les
grains cristallins, en diminuant de volume, restent plus long-
tems distincts, vraisemblablement par suite du mode de fluidité ou de consolidation. Ces roches sont pleines de petits
pores qui tiennent leurs parties séparées les unes des autres, de
sorte qu'on peut souvent les distinguer à la loupe, et même les
séparer par des moyens mécaniques. C'est ainsi que M. Fleuriau, à
l'aide d'observations microscopiques et par des demi-triturations
suivies de lavages, etc., a fait voir que la lave de *Capo di bove*,
près de Rome, dont on pave les rues de cette cité, et que l'on
nomme en conséquence *selce romano*, malgré son grain fin,
n'est qu'une agrégation de grains cristallins de leucite, d'augite, de
fer oxidulé, de népheline et de mélilite : il termine son article
sur l'*analyse mécanique de la lave de Capo di Bove*, par observer que, d'après l'exemple qu'il vient de donner, il serait possible et nécessaire de caractériser avec plus de précision qu'on ne
le fait ordinairement, beaucoup de roches, telles que le *basalte*,
la *wacke*, la *cornéenne* (1). M. Cordier, en suivant cette marche,
vient de soumettre à l'examen microscopique et mécanique un très-
grand nombre de substances volcaniques, et les résultats de son
grand travail le portent à regarder le basalte comme un augite
compacte, mélangé de beaucoup de feldspath et de fer oxidulé,
auxquels s'associent des particules d'olivine, de leucite et de fer
oxidé (2).

Quoique, d'après ce qui vient d'être dit, le basalte paraisse
devoir varier beaucoup dans sa composition, cependant les diverses analyses faites sur des échantillons pris dans des lieux
éloignés, présentent une uniformité assez remarquable, ainsi
qu'on le voit dans le tableau suivant.

(1) *Journal de Physique*, tom. LI.
(2) *Idem*, tom LXXXIII, *Mémoire sur les substances miné-*
rales dites en masse qui entrent dans la composition des roches
volcaniques.

Ce tableau présente cinq analyses. La première a été faite
sur un basalte prismatique de Bohème, par Klaproth ; la seconde
par M. Kennedi, sur un basalte également prismatique de
Staffa, dans une des îles Hébrides ; la troisième sur un *whin-
stone* de Salisbury; et les deux autres encore par M. Kennedi,
sur deux laves modernes de l'Etna.

Silice.	44,5	46	46	51	51
Alumine.	17	16	19	19	17
Chaux.	9,5	9	8	9,5	10
Oxide de fer.	20	16	17	14,5	14,5
Magnésie.	2	0	0	0	0
Soude.	2,6	4	4	4	4
Eau et matières volatiles.	2	5	4	0	0
Acide muriatique.	0,05	1	1	1	1
Perte.	2,3	3	1	1	2 ½

Klaproth a en outre retiré du basalte un peu de carbone. La
quantité de soude trouvée, ainsi que les indices muriatiques
doivent être encore remarqués. L'eau que contiennent les basaltes anciens, et qu'on ne retrouve pas dans les laves modernes,
ne peut manquer de frapper : elle est peut-être une suite de la
très-longue macération et des pénétrations aqueuses auxquelles
les anciens basaltes sont exposés depuis des milliers d'années.

Caractères.

§ 371. Passons aux caractères physiques.

Le basalte est d'un noir grisâtre, ordinairement
très-foncé ; quelquefois, quoique fort rarement,
il prend une teinte de rouge ou de vert. — Sa
cassure est matte et terreuse, mais à grains fins,
et passant tantôt à la concoïde évasée, tantôt à
l'inégale à gros grains. Il est tenace et difficile
à casser : les fragments ont les bords d'autant
plus aigus, que la cassure approche plus de la con-

coïde. — Sa dureté varie : les variétés à cassure concoïde donnent quelques étincelles au briquet ; les autres se laissent attaquer au couteau. — Celles qui sont cellulaires ont souvent quelque chose de sec et d'aigre au toucher. — La pesanteur spécifique des échantillons entièrement compactes est trois fois plus grande que celle de l'eau. — Il est assez souvent à pièces distinctes grenues. — Presque toujours il agit sur l'aiguille aimantée. — Exposé à l'action des éléments atmosphériques, il se décompose, plus ou moins facilement, en une terre grasse et noirâtre : les variétés les plus compactes, ces prismes semblables à du fer, paraissent résister à toute décomposition. Ses variétés poreuses se réduisent souvent en une espèce de poussière grisâtre qui ressemble quelquefois à de la cendre. Assez souvent la décomposition, en attaquant sa surface, la recouvre d'une croûte rougeâtre ou roussâtre. — Soumis à l'action du feu, dans nos laboratoires, il se fond en un verre d'un noir brunâtre ou verdâtre un peu translucide sur les bords.

§ 372. Les minéraux que les basaltes présentent dans leur pâte, et à l'état de cristaux, sont :

1° L'augite : tantôt en cristaux bien terminés, ayant jusqu'à un pouce de longueur ; tantôt en cristaux imparfaits ou grains souvent fort petits, et qui y sont quelquefois en immense quantité (1).

Cristaux contenus. Structure porphyrique.

(1) Ainsi que je l'ai remarqué précédemment, on désignait au-

2. 36

2° L'amphibole en cristaux noirs : il est rare dans les basaltes de l'Auvergne , et assez commun dans ceux de la Bohême, dans ceux de Lisbonne, d'après Dolomieu, dans ceux des environs de Montpellier, d'après M. Marcel de Serres.

3° L'olivine en grains ou masses dont la grosseur excède souvent celle du poing : elles sont presque toujours amorphes , et composées de pièces grenues distinctes, ce qui a porté M. Haüy à nommer cette substance *péridot granuliforme*. Elle semble appartenir exclusivement au basalte, et jusqu'ici on peut la regarder comme son vrai principe caractéristique. Elle est très-sujette à

---

trefois l'augite sous le nom d'hornblende (amphibole) ; après que la différence entre les deux substances a été reconnue, là où l'ancien nom avait été donné , et où la substance n'a pas été soumise à un nouvel examen oryctognostique, ce nom est resté. Il en était ainsi de l'augite renfermé dans les basaltes de la Saxe, à l'époque où je fis un m moire à leur sujet ; cependant, avant sa publication, je soupçonnai l'erreur, et je joignis à l'annonce de ce mémoire (*Journal des Mines*, tom. XIV, 1803) une note dans laquelle je disais : « Je ne pourrais assurer que tous ces grains noirs soien de l'amphibole, et je penche même à croire que beaucoup d'entre eux sont de l'augite. » Les minéralogistes sont peu-à-peu revenus de l'erreur ou plutôt de l'habitude : MM. Hausmann et de Buch, entre autres, ont eu égard à la différence des minéraux , et ils ont, en quel ue sorte, donné l'augite comme caractérisant le vrai basalte. M. Cordier a insisté sur cet objet, et sur la rareté de l'amphibole au milieu des basaltes , dans plusieurs de ses écrits ; il regarde , ainsi que nous venons de le dire, le basalte comme étant un augite compacte.

une altération qui, après avoir fait passer sa
couleur ordinaire au brun et au rouge, la convertit en une matière qui se laisse couper au
couteau comme de la cire, et que Saussure avait
nommée *limbite*. L'olivine, qui est très-com-
mune dans les basaltes de la Hesse, de la Bohême,
de l'Etna, est très-rare au Vésuve.

4° Des cristaux octaèdres, grains et petites
masses de fer oxidulé : quelquefois les grains diminuent de grosseur, et forment cette multitude
de points métalliques que l'on voit dans presque
tous les basaltes, lorsqu'on les examine à la
loupe ou à une forte lumière. Au reste, quelquefois ces grains et points métalliques sont de fer
oxidé.

5° Des lames hexagonales de mica d'un brun
rougeâtre : elles sont fort rares dans les basaltes
proprement dits.

6° Quelques cristaux de feldspath, principalement dans les masses qui se rapprochent des
phonolites.

7° La leucite : elle semble particulière aux laves des environs de Rome et de Naples ; elle y est
quelquefois en si grande quantité, notamment
entre Rome et Frascati, que les roches en semblent presque entièrement composées, et que les
chemins sont comme couverts de cristaux qui s'en
sont détachés.

On voit encore dans les basaltes quelques autres

36

substances minérales, parmi lesquelles nous citerons le zircon (hyacinthe) et le saphir, qui se
trouvent en abondance dans un ruisseau près
d'Expailli en Velay, lequel coule au milieu d'un
terrain basaltique. On en a observé aussi quelques
cristaux dans des roches basaltiques en place.

Remarquons encore que les zircons et les saphirs ont le même
gissement en Bohême, dans l'île de Ceylan, etc.; c'est-à-dire
qu'on les y trouve dans les ruisseaux des terrains volcaniques,
et mêlés avec des substances telles que l'augite, le fer oxidulé
titanifère, qui appartiennent plus particulièrement à ces terrains. Ce gissement est encore celui de quelques variétés de
grenat, de spinelle, et peut-être du diamant; de sorte que la
plupart de nos gemmes, de nos pierres les plus dures et les plus
parfaites, appartiendraient aux terrains volcaniques, qu'elles
auraient été vomies par les volcans, auraient peut-être pris
naissance dans leur foyer, et seraient ainsi un produit du feu.

Il s'est élevé une grande discussion entre les naturalistes, sur
l'origine des cristaux qu'on trouve dans les laves. Dolomieu,
Deluc, etc., pensaient que les agents volcaniques qui, en exerçant leur action sur les roches primitives renfermées dans l'intérieur du globe, les avaient rendues liquides, avaient respecté
les cristaux qu'elles contenaient; de sorte que, lorsqu'elles
étaient versées à la surface de la terre, sous forme de laves, les
cristaux y nageaient et s'y représentaient, après le refroidissement, tels qu'ils étaient originairement dans les masses primitives. Mais cette opinion est généralement abandonnée; et
l'on pense que les cristaux des laves s'y sont formés, lorsqu'elles sont passées de l'état fluide à l'état solide, de la même
manière que dans les roches porphyriques, par rapprochement
et cristallisation de parties similaires (§ 104). Ce que nous
avons dit sur la nature cristalline de la pâte même des laves, ne

laisse guère de doute à ce sujet. Nous avons en outre des preuves directes de la formation des cristaux volcaniques à la surface du globe : M. Breislak nous apprend « que, lorsque la lave de 1794 entra dans l'église de Torre del Greco, elle y forma des cristaux d'augite par sublimation, et que M. Thomson en trouva, quelque tems après, de capillaires sur les débris des murs qu'elle avait enveloppés. »

Cependant, lorsqu'on voit l'immense quantité de cristaux entiers ou brisés que lancent les volcans, et notamment l'Etna (§ 58), il faut bien admettre que ceux-ci se sont formés dans les gouffres volcaniques : ils se seront vraisemblablement produits dans le bain de lave, et sur-tout à sa partie supérieure, lorsqu'il était déjà élevé dans le cratère, et qu'il commençait à se refroidir.

Il serait même possible que quelques cristaux très-réfractaires, tels que le saphir et le zircon, fussent arrivés tout formés dans le foyer volcanique, et qu'ils eussent été portés au dehors en nageant dans la lave fluide.

§ 373. Outre les cristaux ou grains de formation contemporaine qui donnent aux laves basaltiques une structure porphyrique, elles contiennent encore des noyaux ou globules d'autres substances qui sont postérieurs à la consolidation, et qui constituent la structure amygdaloïde.

Substances contenues. Structure amygdaloïde.

La plupart des naturalistes pensent que les eaux, en filtrant continuellement à travers la masse et les fissures souvent imperceptibles des laves cellulaires, auront déposé dans les cellules quelques matières minérales dont elles se seraient chargées en traversant les laves ou les couches qui leur sont superposées. C'est ainsi

que l'on a remarqué que les basaltes qui gissaient
sous des assises calcaires, présentaient plus fréquemment des noyaux de cette dernière substance. Quelque fortes que soient les objections contre la formation des nodules par infiltration, cependant plusieurs faits forcent d'admettre la perméabilité des laves à divers fluides.

On trouve quelquefois de l'eau en nature dans
l'intérieur des basaltes et des laves les plus compactes; elle y remplit, en tout ou en partie, les
cavités bulleuses qu'ils renferment. M. Richardson
en a vu assez souvent dans les beaux basaltes
prismatiques de la chaussée des Géants en Irlande.
M. Breislak rapporte que M. Thomson ayant fait
rompre un bloc de lave qui était dans un des vallons de la Somma, et qui contenait dans ses cavités plusieurs belles cristallisations de carbonate
calcaire radié, on trouva de l'eau dans quelques-unes de ces cavités. Les laves de *Capo di
Bove*, près de Rome, dont nous avons parlé
(§ 370), « sont, dit Dolomieu, extrêmement
dures, d'un grain serré; elles ont quelques cavités dans l'intérieur des massifs les plus épais, et
ces cavités sont toujours remplies de l'eau la plus
claire et la plus limpide. »

Je cite un exemple de la pénétration des exhalaisons minérales.
A Almerode, auprès du Mont-Meisner, il y avait autrefois
une usine à plomb dont les fourneaux étaient bâtis avec des
basaltes cellulaires; après leur démolition, on trouva plusieurs

cellules remplies de plomb, soit métallique, soit oxidé. J'ai été
à même d'en voir, sur les lieux, un échantillon dont les cavités avaient quelques lignes de diamètre : les unes étaient
vides, d'autres étaient remplies de *minium*, d'autres renfermaient des boules de plomb dont la surface portait comme
une écorce de litharge jaune; dans quelques – unes, on voyait
l'hémisphère supérieur saupoudré d'oxide blanc formant comme
une espèce de duvet en barbe de plume.

Les minéraux qu'on trouve ordinairement
dans les basaltes amygdaloïdes, sont :

1° Le carbonate calcaire (quelquefois à l'état
d'arragonite). Il est le plus souvent en globules
ou noyaux compactes, ou striés du centre à
la circonférence; quelquefois il tapisse de ses
petits cristaux l'intérieur des géodes. En quelques
endroits, les noyaux sont si multipliés qu'ils
forment la majeure partie de la masse, laquelle
est quelquefois employée alors comme pierre à
chaux.

2° La plupart des minéraux de la famille des
zéolites. C'est même dans les basaltes qu'ils se
trouvent le plus habituellement. Ils abondent
dans ceux de l'Irlande, des Hébrides, des Or-
cades, dans ceux d'une partie de l'Etna et des îles
des Cyclopes. Dolomieu a observé, dans ces îles,
des prismes de basalte renfermant une telle quantité d'analcime, que cette substance formait la
moitié de la masse (1).

_____

(1) Dolomieu pensait que les zéolites ne pouvaient être produites
que par l'infiltration des eaux marines, et qu'ainsi tous les basaltes

3° La calcédoine. Lorsqu'elle est en géodes dont l'intérieur est vide, presque toujours les parois de la cavité sont tapissées de cristaux de quartz et d'améthyste, sur lesquels on trouve encore quelquefois des cristaux isolés de chaux carbonatée ou de zéolite. Les infiltrations quartzeuses sont en grande quantité dans les terrains volcaniques du Vicentin : nous y distinguerons les petites géodes calcédonieuses qu'on trouve dans une lave décomposée du Mont-Berico : elles ont jusqu'à un pouce de diamètre ; leur intérieur est creux, tapissé de pointes cristallines de quartz, et renferme une certaine quantité d'eau que la translucidité de la calcédoine permet de distinguer : « cette eau, dit Dolomieu, se dissipe aisément par les mêmes pores qui lui avaient permis de s'infiltrer ; de là vient qu'on a soin de tenir ces géodes dans des endroits frais. »

4° La *terre verte* (*chlorite baldogée* de M. Brongniart). Quelquefois elle remplit entièrement

---

qui en contiennent avaient été long-tems sous les eaux de la mer. M. Breislak a montré le peu de fondement de cette assertion ; et à ce sujet, il a attaqué de nouveau la formation des noyaux des roches amygdaloïdes par voie d'infiltration, objet auquel il a consacré plusieurs articles de ses *Institutions geologiques*. Quoique je ne partage pas entièrenent son opinion sur cet objet, ainsi que sur quelques autres, je n'en dis pas moins que ce nouvel ouvrage prouve incontestablement ce que les *Voyages physiques et lithologiques dans la Campanie* nous avaient déjà appris, que leur auteur est un savant d'un mérite très-distingué.

les cavités du basalte, mais le plus souvent elle
en tapisse seulement les parois; l'intérieur reste
vide, ou se remplit ensuite des autres substances
que nous avons désignées, et qui portent ainsi
comme une croûte de cette terre.

5° La stéatite en grains compactes et de couleur
verte. Elle est fort commune.

6° Le bol. J'en ai vu des grains et de petits
filets, ayant la couleur et l'aspect de la cire jaune,
dans une montagne près de Striegau en Silésie :
il était autrefois célèbre en pharmacie sous le
nom de *terra bollaris striegensis*.

7° Le soufre. Il est assez rare ; on en a trouvé
remplissant les cavités bulleuses de quelques
laves de l'Ile-Bourbon : il y a très-vraisemblablement un mode de formation analogue à celui des
globules de plomb du basalte d'Almerode.

Nous avons vu des roches basaltiques poreuses, placées
sous des couches calcaires, contenir une grande quantité de
noyaux calcaires; et vraisemblablement leur substance prove-
nait, au moins en partie, de ces couches. La silice des géodes
quartzeuses pourra venir des molécules siliceuses contenues
dans la roche basaltique même ; et l'on sait que, dans l'intérieur
de la terre, l'eau dissout et charrie de la silice, comme elle
dissout et charrie du calcaire. Quant à la terre verte et à la
stéatite de certains noyaux, elles peuvent provenir de l'altération
des cristaux contenus dans le basalte. L'olivine, par sa décomposition, produit une matière terreuse ; et M. Marcel de Serres
a vu, dans les volcans éteints des environs de Montpellier, des
masses de terre verte qui n'avaient point d'autre origine.

M. Beudant a fait connaître, tant dans les terrains volcaniques que dans les terrains primitifs, des amphiboles convertis en une matière presque stéatiteuse : l'augite est quelquefois dans le même cas. Le basalte qui contient ces corps décomposés a éprouvé une altération générale dans sa masse; il n'a plus ce cassant, cette rigidité qu'il possédait originairement : son tissu s'est relâché, ramolli, et a pris un aspect presque terreux; c'est vraisemblablement encore un effet de la continuelle pénétration des eaux, et, en quelque sorte, de la longue macération de la masse.

Outre les produits de la cristallisation et de l'infiltration, les laves contiennent quelquefois des corps qu'elles ont enveloppés lorsqu'elles coulaient. C'est ainsi que dans celle de Volvic, on trouve un grand nombre de masses de quartz fendillé et comme fritté; que dans celle du Vésuve de 1794, on a vu des pierres calcaires faisant encore effervescence avec les acides, mais tombant en poussière lorsqu'elles étaient exposées à l'air : nous avons déja parlé des silex pyromaques et des métaux enveloppés par la même lave, et des effets qu'ils y avaient éprouvés (§ 67).

Des formes du basalte. § 374. Les basaltes sont sortis du sein de la terre sous forme de courants ou de nappes de matières en fusion, qui ont coulé et se sont étendues sur un sol déjà existant. Ces coulées, ayant quelquefois plusieurs lieues de long et plus d'une lieue de large, ont dû prendre souvent la forme de couches.

La matière basaltique, en se refroidissant, a éprouvé une condensation ou retrait; elle s'est fendue et gercée; et ces fentes, faites perpendiculairement à la surface, ainsi que cela devait être, l'ont divisée en masses prismatiques plus ou moins régulières. Nous avons déjà fait connaître cette division d'une manière assez circonstanciée (§ 116), pour ne pas revenir sur cet objet. Au reste, toutes les coulées basaltiques ne la présentent point ; on pourrait même dire qu'en général elle ne se voit d'une manière bien régulière que dans les anciennes laves et. vers les extrémités des courants. Les laves modernes de l'Etna et du Vésuve ne la montrent point d'une manière bien prononcée. La plupart des courants de l'Auvergne n'offrent qu'un tout continu ou très-irrégulièrement fendillé ; et ce n'est que vers l'extrémité de quelques-uns que j'ai aperçu des indices bien distincts de la division prismatique. Il n'en est pas de même des courants basaltiques également modernes, bien qu'antérieurs aux tems historiques, du Vivarais; quoique les prismes y soient petits, et n'aient pas, en général, un pied d'épaisseur, ils n'enfo rment pas moins de très-jolies colonnades.

Le plus célèbre assemblage de prismes colonnaires est celui que présente la côte septentrionale de l'Irlande, et qui est connu sous le nom de *chaussée des Géants*. Il fait partie d'un terrain basaltique composé de diverses assises. Auprès du village de Bushmill, une d'elles, ayant une quinzaine de mètres d'épaisseur, non couverte, mais flanquée d'assises supérieures, s'avance dans la mer comme une jetée naturelle. Sa superficie, formée de la tête des prismes qui la composent, et qui est le sol sur lequel on marche, présente l'aspect d'un carrelage en pierres polygonales : c'est là le *pavé* ou *chaussée des Géants*

(*Giant's Causeway*). Les prismes sont en contact à-peu-près parfait les uns avec les autres. Ils diffèrent peu en grosseur ; leur diamètre moyen est 12 à 15 pouces : le nombre de leurs faces n'est pas uniforme ; j'en ai vu, dit M. Pictet, de quatre et de huit ; mais la très-grande pluralité des sections offre des hexagones. Le basalte en est no'r, dur, compacte ; cependant, en quelques endroits, les parties supérieures sont bulleuses : on y trouve des zéolites et quelques infiltrations calcédonieuses (1). Le terrain volcanique qui forme le nord de l'Irlande, constitue également le sol des îles Hébrides. Dans une d'elles, Staffa, on voit, sur les bords de la mer, une caverne qui a environ trente mètres d'ouverture, dix-huit mètres de hauteur et quatre-vingts de profondeur (2) ; les parois en sont formées par des prismes verticaux de la plus parfaite régularité, et la voûte présente un assemblage de prismes plus petits, affectant toutes sortes de directions, et entremêlés d'infiltrations calcaires et zéolitiques : c'est la célèbre *grotte de Fingal,* le plus beau monument basaltique connu, dit M. Faujas.

Les naturalistes sont divisés sur la cause du retrait qui a produit la division prismatique. Dolomieu pensait qu'elle était un effet du prompt refroidissement occasioné par l'immersion dans l'eau ; mais l'observation infirme cette opinion. Un grand nombre de laves que l'on a vues entrer dans la mer n'ont point pris cette forme, et quelques-unes de celles qui n'y sont jamais arrivées affectent la division prismatique : Gioeni en a observé de telles presque sur la cime de l'Etna. Spallanzani croit cependant que la promptitude du refroidissement est une condition nécessaire. Sans vouloir émettre un avis particulier

_____

(1) *Bibliothèque britannique*, tom. XVIII et XXIX ; *Transact. of the geological society*, tom. III. Voyez en outre sa représentation et celle des principales colonnades basaltiques connues dans l'atlas des *Institutions géologiques.*

(2) Basset, traduction de la *Théorie* d'Hutton, par Playfair.

à ce sujet, je remarquerai que dans plusieurs courants, j'ai observé que la division prismatique ne commençait qu'à quelques pieds au-dessous de la surface supérieure, et qu'elle s'arrêtait à quelques pouces au-dessus de la surface inférieure. On eût dit que la promptitude du refroidissement ayant saisi les deux surfaces, et principalement la supérieure, les avait coagulées en une masse continue, plus ou moins vitreuse ou scoriacée, et avait ainsi mis obstacle à la division prismatique, laquelle ne s'était en conséquence effectuée que dans le milieu du courant.

Les prismes de basalte sont souvent traversés perpendiculairement à leur axe par des fissures, comme nous avons remarqué que l'étaient les prismes de phonolite. Mais dans ceux-ci les fissures sont si rapprochées qu'elles divisent et soudivisent la masse en lames et presque en feuillets, tandis que, dans les prismes de basalte, elles sont plus éloignées et ne les divisent plus qu'en plaques et même en troncons. Assez souvent elles sont ou convexes ou concaves, et donnent lieu à des basaltes dits *articulés :* nous en avions déjà fait mention au § 116. La division en plaques est fort commune : les neuf dixièmes des basaltes du nord de l'Irlande la présentent, d'après M. Berger.

Lorsque les prismes tombent, ils se brisent dans le sens de ces fissures, et de là cette quantité de blocs et tronçons de basalte que l'on trouve dans quelques contrées. La décomposition les attaque bientôt, et, exerçant son action avec plus de prise, s'il m'est permis de m'exprimer ainsi, sur les par-

Division des boules.

574   TERRAINS VOLCANIQUES.

tiés saillantes, sur les angles et les arêtes, elle tend
à arrondir et finit par arrondir les masses ; elle
produit ainsi les boules de basalte qui sont en
si grand nombre dans des terrains basaltiques. Je
sais bien que Werner et quelques autres naturalistes les ont regardées comme un effet de la
formation primitive (*voy.* § 118) ; je sais encore
que M. Grégory Watt croit avoir trouvé dans ses
belles expériences sur le refroidissement gradué
de la matière des laves, des motifs d'attribuer
aux circonstances du refroidissement la division
globuleuse qu'affectent plusieurs basaltes; mais,
ayant observé moi-même, et avec soin, un grand
nombre de ces boules, je n'ai vu dans leur formation et dans la division à couches concentriques
de leur croûte décomposée, qu'un simple effet
de la décomposition (§§ 118 et 159). Je ne reviendrai pas sur cet objet, et je vais me borner à
exposer un seul fait qui me paraît décisif dans
cette discussion.

J'ai souvent vu, principalement en Bohême, des boules de
basalte récemment partagées par le milieu. Quelques - unes
avaient plus d'un pied de diamètre ; le noyau était noir, frais,
dur, compacte, sans le moindre indice de division, sans aucune
strie. Il était entouré d'une écorce roussâtre ou grisâtre, et
d'aspect terreux, divisée en couches concentriques, et qui avait
environ deux pouces d'épaisseur. La décomposition n'avait pas
fait sentir plus avant son action sur la masse basaltique; mais il
n'en était pas de même sur les grains d'olivine qui y étaient
renfermés. Ceux qui avaient été dans l'écorce altérée n'exis-

taient plus, leur emplacement était vide; ceux qui étaient immédiatement au-dessous de l'écorce, se trouvaient désagrégés et décolorés; cette désagrégation et cette décoloration s'avançaient vers le centre, en diminuant cependant, et elles s'arrêtaient entièrement à deux ou trois pouces de ce point; de sorte que, dans la partie centrale, l'olivine conservait toute sa fraîcheur et toute sa solidité. La décomposition n'avait pénétré ici en aucune manière; dans la partie au-dessus, elle avait exercé son action sur l'olivine seulement; enfin, dans la couche extérieure, elle avait désagrégé le basalte et détruit l'olivine. Il était évident, au moins à mes yeux, qu'elle devait finir par décomposer et détruire toute la boule, et que l'écorce avait été autrefois comme était maintenant l'intérieur, sans aucune division à couches concentriques.

Si je ne puis voir dans ces boules de basalte et dans leurs couches superficielles un effet de la formation primitive, je n'en dirai pas de même de la structure à *pièces grenues distinctes*. Quelques prismes basaltiques de l'Auvergne me l'ont montrée d'une manière très-remarquable : leur cassure présentait un assemblage de globules mal formés, ayant quelques lignes et dans des endroits jusqu'à un pouce de diamètre. La décomposition, en attaquant le basalte, lui avait donné un aspect sale et grisâtre, elle avait presque entièrement rompu l'adhérence entre les globules, la moindre percussion les détachait les uns des autres, et le sol environnant en était couvert. Ils se divisaient tantôt en couches concentriques, tantôt en globules plus petites, qui, à leur tour, présentaient quelquefois une division pareille : la décomposition avait bien fait ressortir cette structure, mais elle ne l'avait pas fait naître. Peut-être faut-il en chercher la cause dans quelque circonstance du refroidissement, analogue à celle que rapporte M. Watt, lorsqu'en observant une grande quantité de matière basaltique qu'il venait de fondre et qu'il laissait refroidir, il dit que la tendance à

Pièces grenues.

un arrangement particulier des molécules commença à se manifester par la formation d'une multitude de petits globules presque sphériques, ayant à peine une ligne de diamètre : en se rapprochant, ils finirent par produire une masse dont la fracture, par d'innombrables cavités concoïdes, montrait la forme de chaque globule.

Passages.

§ 375. Les masses basaltiques lithoïdes et non altérées ne présentent point de variétés qui ne rentrent dans la description que nous avons donnée du basalte : et celles qui s'écartent du basalte noir, dur, prismatique, contenant de l'augite et de l'olivine, qu'on regarde ordinairement comme le type de l'espèce, ne sont que des termes intermédiaires entre cette roche et celles auxquelles elle passe. C'est ainsi que nous voyons quelquefois la couleur s'éclaircir un peu, la dureté diminuer, le feldspath exclure en partie l'olivine, et la roche se rapprocher du trachyte : on en a un exemple dans la colonnade à gros prismes qui est au Mont-Dore, derrière la maison des bains. D'autres fois la couleur prend une teinte verdâtre, et la masse une cassure plus compacte, unie, un peu écailleuse; le feldspath semi-vitreux et les aiguilles d'amphibole paraissent, la division en plaques devient plus sensible, et l'on passe au phonolite. Nous avons déjà signalé le passage à la dolérite (§ 370).

§ 376. Quelquefois, quoique bien rarement, les circonstances du refroidissement, et peut-être de la décomposition, auront donné naissance à

un basalte vitreux ou obsidienne fondant en émail
noir. Quelques fragments qu'on en a trouvés dans
les environs de Francfort sur le Mein, des courants ou parties de courants que M. de Humboldt
en a observés à Ténériffe, quelques verres de l'île
Bourbon, sont à-peu-près les seuls exemples que
l'on en cite. Peut-être quelques-unes des réti-
nites (*pechstein*) d'Écosse, qu'on trouve aussi
dans les terrains basaltiques, ne sont-elles que des
variétés d'un basalte semi-vitreux ou émaillé.

Parmi les produits vitreux de l'île de Bourbon, il en est un
trop remarquable pour ne pas en faire mention. C'est un verre
basaltique sous forme capillaire. Le volcan de cette île en couvre
quelquefois toute la contrée à plusieurs lieues à la ronde : en
1800, M. Bory de Saint-Vincent, bivouaquant sur la montagne,
se trouva couvert, le lendemain, de petits filets de cette substance, brillants, capillaires, flexibles, semblables à des soies ou
à des fils d'araignée. Il paraît, d'après le récit de ce voyageur,
que, lorsque le volcan lance ses gerbes de matière en fusion,
les parties se divisent, dans l'air, en gouttelettes qui, en se
séparant de la masse, traînent après elles et filent en quelque
sorte des fils extrêmement fins de cette matière visqueuse,
lesquels, rompus et détachés, sont emportés au loin par les
vents. Ils fondent au chalumeau en un émail noir verdâtre.

§ 377. Les basaltes et en général les laves basaltiques cellulaires sont très-fréquents ; nous
avons déjà dit que la superficie supérieure de
la majeure partie des courants présentait une surface toute boursouflée et scorifiée ; qu'à mesure
qu'on s'enfonçait, les cavités bulleuses diminuaient

Basaltes cellulaires

2. 37

de grosseur, jusqu'à ce qu'on arrivât à des parties compactes, au moins en apparence.

Lorsque la masse des laves est en mouvement,
les bulles s'allongent très-fréquemment dans le
sens du courant, et prennent la forme d'ellipsoïdes
quelquefois semblables à des tuyaux. Les expériences de Spallanzani ne laissent point de doute
sur la cause de cette forme : ce naturaliste remarque que, tant que la matière des laves qu'il
faisait fondre restait dans le creuset, les bulles
étaient orbiculaires, mais qu'elles devenaient el-
liptiques dans les parties qu'il faisait couler. Quelquefois, sur tout lorsque la matière est visqueuse,
en se dilatant pour former des bulles, elle produit, au milieu de ces vides, des filaments plus ou
moins nombreux, et plus ou moins déliés, à-peu-
près comme ceux que nous voyons dans une pâte
bien levée. Ces filaments, ainsi que les parois des
cellules, ayant éprouvé un plus prompt refroidissement que le reste de la masse, ont ordinairement pris un aspect émaillé et comme vernissé,
tandis que la masse générale est entièrement passée à l'état lithoïde.

Quoiqu'en général les laves cellulaires aient,
par les raisons que nous venons de donner, plus
de rigidité et d'*aigreur* que les laves compactes,
il s'en trouve cependant quelques-unes, criblées
d'ailleurs de pores et semblables à des éponges,
qui sont entièrement lithoïdes et *traitables*. Elles

se travaillent aisément en pierres de taille, que leur porosité et la légèreté qui en est une suite font employer avec avantage dans les constructions.

Je citerai deux exemples que j'ai été à même d'observer, et qui donneront une idée de la manière dont les laves poreuses se trouvent dans les terrains volcaniques.

Auprès de la petite ville de Volvic, en Auvergne, on a une grande coulée de lave basaltique, qui sort d'un ancien volcan, le *Puy de la Nugère*, et qui s'étend à plus de trois mille mètres de distance, ayant en quelques endroits plus de mille mètres de largeur. La lave est boursouflée à la superficie, et jusqu'à environ un mètre de profondeur. Au-dessous, elle est d'un noir grisâtre, pleine de petites cavités arrondies, moins pesante, moins dure, et sur-tout moins aigre que celle des autres courants de l'Auvergne; ce qui permet de la tailler avec facilité, et ce qui a fait établir des carrières sur plusieurs de ses points. La pierre y est divisée par des fissures en masses prismatiques très-informes, que les ouvriers détachent à l'aide de leviers et de coins, et qu'ils taillent ensuite. Les villes de Riom et de Clermont, tous les bourgs et villages voisins en sont bâtis.

A Niedermenich, à cinq lieues à l'ouest de Coblentz, on a des carrière sencore plus importantes dans une lave à-peu-près semblable, également criblée de petits pores, et divisée en gros prismes informes. Elle gît sous une couche épaisse de tuf volcanique, et l'exploitation a lieu dans la masse jusqu'à une profondeur de huit à neuf mètres : au-dessous, le basalte est plus dur, et ne peut plus servir aux mêmes usages; celui qu'on travaille est principalement destiné à des meules de moulin, pour la Hollande, l'Angleterre et le nord de l'Europe.

§ 378. L'altération me paraît être la cause de quelques états que présentent les laves basaltiques, et qui les a fait regarder comme des variétés, et

Basaltes altérés.

37

même comme des espèces particulières. Telles seraient les pierres de Sorrente et le *piperno* qu'on emploie à Naples dans les constructions; telles seraient même plusieurs wackes.

Je dis quelques mots sur ces substances.

Dans les Chams-Phlégréens du royaume de Naples, près Sorrente, on a une lave assez noire et compacte dans sa partie inférieure; mais dans sa partie supérieure, elle est grise, tendre et friable : on la prenait généralement pour un tuf; mais MM. Thomson et Breislak l'ayant examinée avec soin, et ayant vu, à l'aide d'une forte loupe, que son grain était cristallin, égal et serré comme celui du sucre, l'ont reconnue pour une vraie lave : elle renferme beaucoup de cristaux de feldspath, quelques lames de mica et du fer. Le *piperno* est une substance à-peu-près pareille; au milieu de parties noires, dures et compactes, elle en présente qui sont d'un gris clair, tendre, friable et à gros grains. M. Breislak pense qu'au moment de la consolidation des parties grises et friables de ces laves, il s'y sera fait un développement général de gaz, lequel, en s'interposant entre les molécules, a empêché leur rapprochement, et qu'il en est résulté une masse poreuse et légère : dans les parties inférieures, la compression ayant mis un plus grand obstacle au développement du gaz, la masse sera plus compacte, et se rapprochera du basalte. Mais l'état de ces laves ne serait-il pas un simple effet du relâchement du tissu et de la décoloration par l'action de l'atmosphère? J'ai quelquefois vu des basaltes dont des parties, ayant cédé à cette action, étaient devenues grises, et avaient perdu leur consistance; elles se réduisaient en poussière sous le marteau : au milieu d'elles, on avait des masses inaltérées, noires et compactes, de sorte que le tout présentait l'image d'une vraie brèche.

Wacke.   Werner désigne en général sous le nom de

wacke, un minéral semblable à une argile ferrugineuse fortement endurcie, d'un aspect terne
et terreux, à cassure concoïde et grenue à petits
grains, tendre, douce au toucher, d'un gris verdâtre passant au vert olive, et approchant quelquefois du brun et même du noir. Dans une acception plus restreinte, la wacke est, d'après lui,
une roche congénère du basalte, mais moins dure
et plus terreuse, et ayant fréquemment la structure amygdaloïde. M. Menard de la Groye, voyant,
au volcan éteint de Beaulieu, une lave moins dure
que le basalte, d'apparence un peu terreuse, contenant de l'amphibole et du mica noir en lames
hexagones, de structure amygdaloïde, contenant
des noyaux de chaux carbonatée, dit, avec raison,
qu'elle présente tous les caractères de la wacke de
Werner.

S'il m'était permis d'émettre mon opinion sur les substances
auxquelles on a donné le nom de wacke, je dirais :

1° Que les unes sont des masses basaltiques d'un tissu originairement peu serré, qui ont été pénétrées par les eaux, et
qui, par suite de cette longue pénétration, ont perdu de leur
rudesse et de leur aspect primitifs ; ce sont celles qui forment
la base d'un grand nombre d'amygdaloïdes.

2° Que d'autres ne sont que des basaltes ramollis par l'action
des éléments atmosphériques. J'ai trouvé souvent des basaltes
dont la surface était molle, cédant sous le marteau ; et M. Menard a vu, en Italie, le ramollissement pénétrer jusqu'à une
grande profondeur (1). Ce sont ces wackes que l'on a représen-

(1) *Journal de physique*, tom. LXXXII.

tées comme formant l'intermédiaire et le passage entre le basalte et l'argile.

3° Que d'autres enfin sont des tufs argiloïdes et endurcis.

En résultat, je ne crois pas qu'il y ait dans les terrains volcaniques, ni même dans le règne minéral, une substance *suæ
speciei*, à laquelle il convienne de donner le nom de wacke : on
peut toutefois le conserver au basalte altéré.

Quelques auteurs le donnent à la pierre qui constitue une
partie de collines sur lesquelles Rome avait été bâtie, et en
particulier à·celle qui forme le mont Capitolin : elle est d'un
rouge de brique foncé, d'une cassure terreuse, semi-dure; elle
contient des cristaux de feldspath, d'augite et de mica, ainsi
que des fragments de phyllade, d'après M. Borkowski. Ce minéralogiste la considère comme un simple porphyre terreux
(*thonporphyr*, § 196). M. Breislak remarque que, vue à la
loupe, elle est cristallisée dans toute sa masse, et il la regarde
comme le reste d'une coulée de lave sortie du cratère, au centre
duquel est le *Forum;* car cet auteur pense que les sept collines
sont les restes d'un cratère détruit, non-seulement par les injures du tems, mais encore par les changements qu'y a produits
le peuple le plus nombreux et le plus puissant qui ait existé.
M. de Buch, tout en regardant les collines de Rome comme
formées de matières volcaniques, a combattu cette opinion.

Couches
étrangères.

§ 379. Les terrains basaltiques que j'ai été à
même d'observer ne renferment point de couches
étrangères à celles dont nous venons de parler;
les auteurs n'en citent qu'un très-petit nombre
d'exemples, et encore tous sont-ils loin d'être
bien constatés; s'il en existe dans d'autres localités, elles doivent être très-rares.

On a souvent parlé, il est vrai, des alternatives
de couches de basalte et de calcaire. Suivant Do-

lomieu, « sur les flancs du plateau granitique de
l'Auvergne , . les laves alternent avec les pierres
calcaires coquillières , elles en sont recouvertes.
Dans le Vicentin et le Tyrol , il est des montagnes
qui renferment jusqu'à vingt bancs de laves , intercalés entre les bancs calcaires. En Sicile , on
voit des couches volcaniques et de calcaire qui se
succèdent plus de vingt fois , et qui constituent
ensemble de grandes montagnes. » M. Berthier a
remarqué , dans le Quercy, des roches basaltiques
alternant avec un grès chlorité et recouvertes par
des couches de grès et de calcaire. M. Jameson a
observé , en divers endroits de l'Écosse , des terrains composés des mêmes substances (1). On a
trouvé, en plusieurs endroits, à Ferroë, en Écosse,
des couches de combustible fossile entre des bancs
de nature basaltique (2). Mais ces bancs, ces laves,
ces basaltes appartenaient - ils aux terrains dont

---

(1) J'ai rapporté ces exemples dans mon *Mémoire sur les basaltes de la Saxe*. Le savant M. Neill, qui s'est donné la peine de
faire une traduction anglaise de cet ouvrage, y ajoute le fait le plus
positif que je connaisse en ce genre. C'est une alternative de 65 couches de basalte, de *grünstein* , de calcaire coquillier, de schistes-
siliceux, argileux et bitumineux, de grès, etc. , observée en Ecosse,
par M. Jameson et lui , entre Kircaldy et Kinghorn.

(2) J'ai déjà fait mention des couches d'aspect basaltique qu'on
trouvait dans les terrains houillers , § 263 : j'ajouterai ce que dit
Williams dans son histoire du règne minéral : « Les couches de
roche basaltine sont très-communes dans plusieurs houillères de
l'Ecosse : il y en a des lits puissants entre les couches de houille à
Borrowstounness ; une d'elles y sert de toit immédiat à la houille

nous traitons ici? J'en doute. Ils me semblent plutôt se rapporter aux formations intermédiaires qui comprennent les amygdaloïdes du Derbyshire, de l'Irlande, d'Oberstein, etc.

Les couches que l'on a trouvées dans les terrains volcaniques sont :

1° Quelques minces lits terreux, et même marneux. M. de Humboldt a vu de ces lits de marne alterner cent fois avec les basaltes aux îles Canaries ; il les regarde comme étant plutôt le produit d'éruptions boueuses, que des dépôts marins. Ailleurs, des tufs volcaniques occupent une pareille position et ont un même aspect.

2° De minces couches d'une terre bolaire, provenant peut-être de la décomposition du basalte, et appelée assez convenablement, sous le rapport de sa nature et de son gissement, *wacke ferrugineuse* par quelques auteurs. On en a des exemples dans les terrains volcaniques de Ferroë, et sur-tout du comté d'Antrim en Irlande, etc. : dans ce dernier terrain, ces couches ont quelques mètres d'épaisseur, s'étendent horizontalement à de grandes distances, et séparent les diverses assises de basalte : elles sont ferrugineuses au point de passer à l'ocre rouge, et de pouvoir être considérees comme un vrai minerai de fer.

à Bathgate-Hills, plusieurs strates de cette substance alternent avec celles de basalte. » Williams conclut à la non volcanicité de ces roches.

3° Le basalte d'Antrim, ainsi que quelques autres, renferme encore des couches de lignite : leur épaisseur varie depuis deux pouces jusqu'à cinq pieds et plus : la texture ligneuse est souvent reconnaissable, et semble se rapporter à celle du sapin. Très-vraisemblablement une partie des houilles qu'on dit alterner avec les basaltes, ne sont que de pareils lignites.

§ 380. Les terrains volcaniques renferment certainement des laves d'une nature différente de celles que nous venons de traiter ; mais, d'après les observations faites jusqu'ici, nous n'avons guère reconnu que celles à base de leucite (amphigène de M. Haüy).

Laves leucitiques.

Ce minéral paraît y remplacer le feldspath : ces deux substances, d'après l'observation de Dolomieu, semblent s'exclure réciproquement, comme si l'une avait été formée, à quelques modifications près, des principes qui auraient dû entrer dans la composition de l'autre.

Les laves leucitiques abondent dans les États romains ; Dolomieu y a vu, sur quelques points, des cristaux de leucite se multiplier en telle quantité, qu'ils finissaient par faire disparaître entièrement la pâte qui les enveloppait : leur substance formait alors la masse de la lave, et contenait des cristaux d'augite et de mica. D'après les observations de M. Fleuriau, la lave de *Capo di Bove* est principalement composée de leucite et d'augite, ainsi

que nous l'avons dit. M. Menard de la Groye, d'a-
près ses propres observations, pense qu'il en est
de même des laves de Viterbe, de Bolsena, et
en général de toutes celles qui renferment une
grande quantité de cristaux de leucite.

Les laves du Vésuve, tant anciennes que modernes, paraissaient être en partie leucitiques.
M. de Buch ayant soigneusement examiné celles
de 1767 et 1779, s'est convaincu qu'elles étaient
formées d'une multitude de grains et de points
de leucite qui, allant en diminuant peu-à-peu
de grosseur, finissaient par disparaître même à
l'œil armé d'une forte loupe.

§ 381. Les montagnes volcaniques n'étant que
des tas de laves, de scories, de tufs, amoncelés
pêle-mêle, au fur et à mesure de leur émis-
sion, ne sauraient présenter dans leur structure aucun ordre, aucune loi propre à fixer
l'attention du géognoste. Il en est de même des
terrains volcaniques loin des cratères : je remarquerai seulement que, lorsque les courants arrivent dans les plaines, ils s'y étendent souvent
en forme de nappe, et qu'en s'accumulant les
uns sur les autres, ils forment des terrains qui
semblent stratifiés.

Basalte en filons ou dikes. § 382. Les basaltes présentent un mode de gissement qui doit être remarqué ; ils se trouvent en
vrais filons, non-seulement dans les terrains basaltiques et volcaniques, mais encore dans ceux

qui leur servent de support, et même dans ceux qui les entourent.

Le Vésuve, au milieu de ses sables, scories et courants, en renferme plusieurs : ils sont verticaux ou presque verticaux; leur épaisseur n'est souvent que d'un mètre ; ils sont formés par un basalte parsemé d'augites et de leucites, et divisé en petits prismes parallèles aux parois du filon.

Le Mont-Dore et le Cantal m'en ont montré un grand nombre de pareils, même sur leurs parties les plus élevées; le terrain trachytique qui les renferme, étant moins dur, a plus résisté à la décomposition, et ils sont restés en saillie souvent de plusieurs mètres ; quelques-uns contiennent des fragments de trachyte.

Mais c'est encore le nord de l'Irlande qui nous présente les filons ou dikes de basalte les plus considérables et les plus intéressants.

On peut admettre qu'ils prennent naissance dans la région basaltique de la contrée. Ils se dirigent tous à-peu-près parallèlement vers le nord-ouest; ils traversent indistinctement toutes sortes de terrains, la syénite, le schiste-micacé, le terrain houiller, la craie, le basalte, etc. Leur largeur n'est quelquefois que de quelques pouces, d'autres fois elle est de plus de cent mètres. En général, ils sont moins larges dans les roches primitives que dans les secondaires; et, sur 62 que M. Berger en a mesurés, l'épaisseur moyenne, dans les premières, est de près de trois mètres, et dans les secondes, elle va de sept à huit. Ils coupent presque perpendiculairement les couches de ces roches, et s'élèvent quelquefois au-dessus d'elles. Un d'eux, auprès

d'Arragh, forme comme une grande muraille de douse mètres
de hauteur. La profondeur qu'ils atteignent est inconnue; des
coupes du terrain les montrent, le long de la côte, à 120 mètres
au-dessous de la superficie du sol, et ils n'y ont rien perdu de
leur épaisseur. La substance qui les compose, est un basalte
approchant quelquefois de la lydienne, et d'autres fois de la
wacke. Plus il est compacte, plus il affecte la forme prismatique,
et moins il contient de substances étrangères : ces substances
sont des grains d'augite, d'olivine, des cristaux de feldspath vitreux, de la stéatite, de la zéolite, du calcaire, des pyrites, du
sulfate de baryte, et des concrétions quartzeuses. Le basalte est
en général divisé en prismes plus ou moins réguliers, couchés
horizontalement, et perpendiculaires au plan des filons. Lorsque
ceux-ci sont fort larges, le milieu a souvent une structure différente des bords ; tantôt c'est un basalte irrégulièrement divisé;
tantôt c'est lui, au contraire, qui présente, plus que les côtés,
des prismes parfaits, etc. La roche est ordinairement altérée
aux points de contact : si ce sont des argiles ou des grès, ils sont
durcis; si ce sont des calcaires, ils sont rendus phosphorescents;
si ce sont des craies, elles sont assez souvent changées en marbre
cristallin. (*Voyez*, pour les houilles, § 267.) Ces filons contiennent fréquemment des fragments de la roche adjacente : ils rencontrent quelques filons métalliques, et ils les coupent.

**Pétri-
fications.**

§ 383. On a trouvé, dit-on, des camites dans les
basaltes du Vicentin, des ammonites et des gryphites dans ceux des environs de Constance. Be-
rolding a décrit une ammonite empâtée dans ceux
du Forez ; mais ces roches étaient-elles de vrais
basaltes? Ce point important n'est pas constaté.
Dans ces derniers tems, on a beaucoup insisté
sur des empreintes d'ammonite trouvees à la
chaussée des Géants même, et dans le basalte le

plus dur; mais ce prétendu basalte, ayant été examiné par MM. Conybeare, Buckland, Berger, etc., n'a plus été, au jugement de ces savants, qu'une argile schisteuse, tenant à la formation du calcaire (*lias*) placé sous la coulée basaltique, et qui avait été fortement endurcie par l'action ignée du basalte; fait analogue à celui qui est produit par les dikes sur les argiles qui leur sont adjacentes.

Au reste, lors même qu'on trouverait des coquilles empâtées dans de vraies laves basaltiques, ce fait, aisé à concevoir, n'aurait pas toute l'importance qu'on lui a donnée. Il existe des volcans soumarins, et leurs coulées, en s'étendant sur le fond des eaux, peuvent très-bien y avoir empâté des coquilles. Il pourrait en être de même des laves des volcans situés près des côtes, lorsqu'elles atteignent la mer.

§ 384. Les basaltes, ainsi que nous l'avons dit, renferment une très-grande quantité de grains de fer oxidulé titanifère et de fer oxidé; on y a même vu quelques veines de ces minerais. On y a encore remarqué de petits cristaux de pyrite, soit engagés dans leur masse, soit sur les parois de leurs géodes. Voilà, je crois, les seules substances métalliques qu'on y ait trouvées jusqu'ici.

Métaux contenus.

§ 385. Les terrains basaltiques, même ceux qui ne tiennent plus à aucun volcan, soit brûlant, soit éteint, sont superposés à toute espèce de terrains, même à ceux qui appartiennent aux épo-

Age.

ques les plus récentes. En Auvergne, on les voit sur
la dernière formation pierreuse, le calcaire d'eau
douce (§ 325). Près d'Annaberg en Saxe, ils
reposent sur un terrain de transport. Dans le Vivarais, à la sommité des Coirons, M. Beudant les
a observés sur une terre contenant des coquilles
terrestres (*cyclostoma elegans*) dont les analogues vivent dans la contrée même. Nulle part je
ne les ai vus recouverts par d'autres couches minérales; et je serais, en conséquence, porté à
les regarder comme postérieurs à tous les autres
terrains, ceux de transport en partie exceptés.

Cependant des auteurs citent quelques basaltes
sous des couches calcaires, et alternant avec elles.
J'ai déjà remarqué, au sujet de ce fait, qu'on avait
souvent confondu des basaltes, faisant partie du
terrain basaltique, avec des roches qui ont bien
effectivement des rapports minéralogiques avec
eux, mais qui appartiennent à des formations
antérieures, et dont l'origine est très-douteuse.
Je ferai observer, de plus, qu'il existe des volcans
soumarins, et que leurs coulées étendues sur le
fond des mers peuvent très-bien, peut-être encore
aujourd'hui, se recouvrir d'un dépôt calcaire;
que de pareils faits peuvent avoir eu lieu pour
ceux de nos volcans éteints qui étaient naguère
soumarins, ou dont le pied était baigné par les
mers; qu'une alternative entre des éruptions (qui
n'arrivent souvent que de siècle en siècle) et des

dépôts marins ou calcaires peut encore se présenter. Cependant, malgré ces possibilités, les exemples qu'on a donnés de formations minérales superposées aux terrains basaltiques, sont extrêmement rares, et ces formations n'appartiennent très-vraisemblablement qu'aux derniers des terrains tertiaires, et peut-être même encore à une époque postérieure, et je crois ainsi qu'on peut définitivement conclure que l'existence des volcans actuels, et même celle des volcans qui ont produit les terrains basaltiques, ne remontent guère au-delà des dernières révolutions que le globe a éprouvées.

§ 386. A peine les laves ont-elles été étendues sur la surface du globe, qu'elles se sont trouvées exposées à l'action décomposante de l'atmosphère ; cette action les pénètre (§ 374); elle adoucit et relâche d'abord leur tissu, et finit par le détruire et par les convertir en terre.

Décomposition.

Mais toutes sont loin de céder également à cette action. On a d'abord remarqué que celles à base vitreuse y résistaient beaucoup plus que les laves lithoïdes. Spallanzani, parcourant les masses vitreuses de Lipari, était frappé de leur stérilité; pas une plante vivante sur la montagne *della Castagna*, dont nous avons parlé (§ 359). « Cette stérilité, dit-il, est une conséquence du fond vitreux; et, entre toutes les productions volcaniques, celles qui ont un pareil fond sont les plus réfractaires à l'action de l'air. (*Voyages*, etc., ch. XV.)

La nature des laves influe encore beaucoup sur leur plus ou moins de facilité à la décomposition. Toutes choses égales d'ailleurs, celles où le feldspath domine se détruisent plus aisément; les trachytes en sont un exemple.

Dans les basaltes même, on trouve des différences extrêmes. A l'Etna, la lave basaltique de 1157 est recouverte de douze pouces de terre végétale provenant de sa décomposition; celle de 1329 l'est de huit pouces. D'un autre côté, plusieurs de celles de l'Auvergne présentent une surface intacte; elle est toute boursouflée et hérissée d'aspérités dont les arêtes et les angles sont encore vifs et bien conservés : on dirait que ces courants viennent d'être vomis des entrailles de la terre, et qu'ils ont eu à peine le tems de se refroidir. Cependant il est vraisemblable que, depuis plus de trois mille ans, ils sont, sur le sol de l'Auvergne, exposés à l'action des éléments : il y en a deux mille que César campait dessus, et la tradition ne lui avait rien appris de leur origine. Dans la même couche, on trouve de grandes différences dans le même bloc; j'en ai vu quelques-uns dont une extrémité repoussait avec force le marteau qui la frappait, tandis que l'autre extrémité en recevait facilement l'empreinte. Nous avons déjà (§ 87) donné ces différences dans l'aptitude à la décomposition, comme une des causes de morcellement des assises basaltiques.

Par suite de ce morcellement et de la dureté des portions qui ont résisté à la décomposition, nous aurons souvent des masses de basalte terminant, sous forme de plateau ou de cime, des montagnes d'une nature différente ; et ces montagnes prendront naturellement la forme d'un cône plus ou moins fortement tronqué.

La terre qui résulte de la décomposition des basaltes, paraît en général très-propre à la végétation. La fertilité des terres de l'Etna, dit Dolomieu, est un sujet d'admiration pour tous ceux qui visitent cette montagne.

§ 387. Indépendamment de la décomposition à laquelle les laves sont sujettes comme toutes les autres roches, elles sont encore soumises à une cause d'altération et de décomposition particulière due aux vapeurs qui s'exhalent des volcans : au reste, ce genre d'altération est très-circonscrit; il n'affecte guère que les laves voisines des cratères ou de quelques soupiraux volcaniques.

Ces vapeurs, presque toujours chargées d'acide sulfureux, et quelquefois d'acide muriatique, attaquent et pénètrent les laves qui se trouvent sur leur passage ; elles en relâchent et détruisent le tissu, les ramollissent, dissolvent et entraînent quelques-uns de leurs principes, notamment le fer, et, après les avoir teintes de diverses nuances, elles finissent par les décolorer, et par les réduire en une terre douce comme de l'argile (*Spal-*

Altération due aux vapeurs.

2.   38

lanzani). Lorsqu'on arrive au sommet du Vésuve,
dit M. Menard de la Groye , on croit voir , à
quelque distance , des mousses fleuries, blanches,
jaunes, rougeâtres ; et ces places ont presque toute
la mollesse d'un terrain tourbeux.

Non-seulement les vapeurs décolorent et décomposent, en peu de jours, la surface des basaltes
lithoïdes les plus durs, mais encore elles affectent
les laves vitreuses. Spallanzani a observé , sur le
cratère de Volcano , des verres volcaniques convertis , par les vapeurs , en masses cinéreuses,
tendres et opaques , renfermant un noyau encore vitreux. Les pierres ponces y étaient également décomposées , et quelquefois le simple at-
touchement faisait tomber en poussière celles qui
paraissaient avoir conservé leur tissu.

Reproduc-
tions dues
aux vapeurs.
§ 388. Ces décompositions sont souvent suivies
de reproductions. Les vapeurs acides, dans leur
trajet au milieu des laves , s'emparent de divers
principes susceptibles de se combiner avec elles,
et vont, un peu plus loin, produire des substances
salines sur la surface des pierres où elles s'attachent. Telle est l'origine des sulfates d'alumine, de chaux, de magnésie, de soude et de fer,
des muriates d'ammoniaque et de soude , des carbonates de soude, etc. , que l'on trouve soit seuls,
soit réunis , et en quantité plus ou moins considérable, sur les parois intérieures des cratères des
volcans , ainsi que sur quelques courants de lave,

ou dans les fentes qu'ils présentent. C'est encore aux substances dont les vapeurs volcaniques sont chargées, que nous devons le soufre, le sulfure de fer, le fer spéculaire, et peut-être quelques-unes des concrétions siliceuses que présentent les terrains volcaniques.

Au Vésuve, où les vapeurs muriatiques dominent, les muriates s'y trouvent en abondance : le muriate de soude (sel commun) y est en assez grande quantité sur certains points , d'après M. Menard de la Groye, pour que les paysans du pays aillent en prendre des charges destinées à leurs usages domestiques : à son defaut, ils y prennent quelquefois du muriate d'ammoniaque. Des courants de lave, tant sur le Vésuve que sur l Etna, présentent, immédiatement après leur refroidissement, tant à leur surface que sur les parois de leurs fentes, des enduits blanchâtres de ce dernier sel.

Aucun des volcans connus n'offre des faits plus intéressants, sous le rapport des productions opérées par les vapeurs, que le volcan presque éteint de la *Solfatara*, situé au milieu des Champs-Phlégréens du royaume de Naples, à un quart de lieue de Pouzzole : il tire son nom du soufre qui s'y produit. Ses éruptions ont cessé depuis un tems immémorial ; son cratère cependant ; tel qu'il existe aujourd'hui, a environ 2200 mètres de circuit ; l'intérieur présente comme une plaine, dont la partie occidentale est couverte de terre végétale et de châtaigneraies, tandis que la partie orientale n'est formée que d'une terre blanche, produit de la décomposition des laves at-

taquées par les vapeurs des *fumeroles* qui s'élèvent d'un grand
nombre de points de cette partie. Ces fumeroles, dont la chaleur approche quelquefois de celle de l'eau bouillante, consistent
principalement en gaz hydrogène sulfuré. Dès que ce gaz se
trouve en contact avec l'air atmosphérique, il se décompose;
l'hydrogène, se combinant avec l'oxigène, forme de l'eau; une
partie du soufre se dépose dans son état naturel, tandis qu'une
autre partie, en s'oxigénant, se convertit en acide sulfurique,
lequel, par son action sur les matières environnantes, donne
naissance à divers sulfates, notamment à des sulfates d'alumine
et de fer. Le premier, qui est l'objet d'une exploitation, se
présente sous un grand nombre de formes diverses; tantôt ce
sont des croûtes fibreuses de quelques lignes d'épaisseur, tantôt
ce sont des mamelons, des tubes, des grappes. Les vapeurs
sont quelquefois chargées de sulfure de fer, et recouvrent d'un
enduit pyriteux les parois de quelques grottes, et les corps
qu'on expose à leur action (1).

Peut-être encore quelques-unes des incrustations siliceuses,
telles que les minces couches d'hyalite, qu'on trouve sur les parois des fentes des laves, doivent-elles leur origine à la silice
dont les vapeurs volcaniques pouvaient être chargées? Au
reste, je pense que ces vapeurs auront eu plus souvent une influence indirecte sur ces formations; en s'emparant de l'alumine, du fer, etc., elles auront laissé la silice dans un état de
division extrême : les eaux de filtration s'en seront chargées,
et les auront déposées dans les cavités, sous forme de stalactites,
de stalagmites, etc. Telle serait l'origine des belles stalactites

---

(1) Voyez des détails très-intéressants sur les divers produits
de la Solfature dans les *Voyages physiques et lithologiques en
Campanie*, par M. Breislak. Ce savant distingué a été pendant
quelque tems directeur des fabriques qui sont dans ce lieu, et on
lui doit non-seulement la théorie de plusieurs des productions qui
s'y opèrent, mais encore le perfectionnement de leur exploitation.

de calcédoine qui viennent des terrains basaltiques de Ferroë, de ces gouttelettes d'hyalite semblables au verre le plus limpide, de ces croûtes hyalitiques et mamelonnées que M. de Humboldt a observées sur les basaltes de l'île Gratiosa, une des Canaries.

§ 389. Ce que nous avons dit (§ 54) sur le nombre et la position des volcans en activité, montre la fréquence des terrains basaltiques dans les diverses parties du globe ; car ces volcans (à un petit nombre d'exceptions près) produisent des basaltes ; mais il ne donnera qu'une idée imparfaite de leur étendue, les laves basaltiques provenant des anciens volcans, tant de ceux qui nous présentent des vestiges de cratère que de ceux qui n'en montrent plus, étant bien plus nombreuses.

Etendue et localités remarquables.

Nous allons, par quelques exemples pris de nos contrées et de celles qui les avoisinent, faire connaître la manière d'être des terrains basaltiques.

« Il n'y a peut-être pas dans tout l'univers, dit M. de Buch, une contrée où les terrains volcaniques soient plus variés, mieux liés entre eux, et par conséquent plus instructifs, que dans le milieu de la France. » —En venant du nord, les premiers basaltes qui se présentent sont en Auvergne, à l'ouest de Clermont, sur le plateau granitique compris entre l'Allier et la Sioule. Ils sont de deux espèces : les premiers doivent leur existence à nos volcans éteints. Ces volcans, au nombre de cent environ, se présentent sous forme de montagnes coniques, isolées, qui ne dépassent guère 200 mètres de hauteur, et qui sont formées d'un tas de quartiers de laves, de scories spongieuses, de *lapilli* : la cime offre des enfoncements en forme

de cratère, dont quelques–uns sont encore très-bien conservés. Les courants sont, à leur surface, boursouflés et héris-
sés d'aspérités scoriformes, qui quelquefois atteignent et même
dépassent un mètre de hauteur : l'intérieur est d'autant plus
compacte et moins cellulaire, qu'on s'enfonce dans la masse ;
et souvent sa pâte ne diffère en rien de celle des plus beaux prismes basaltiques ; elle contient des grains ou cristaux d'augite,
d'olivine et de feldspath. Les courants se sont répandus dans les
plaines, ou bien ils ont gagné quelques vallées dont ils ont suivi
le cours jusqu'à trois et quatre lieues de distance. On remarque
que dans leur route, ils se portent successivement vers les points
les plus bas, en se pliant et se courbant autour des terrains
élevés qu'ils ont rencontrés : en un mot, semblables aux
courants de matières fluides, ils ont obéi à toutes les lois de
l'hydrodynamique. L'histoire de ces courants est complète,
l'imagination n'a rien à suppléer; on voit la bouche dont ils sont
sortis, la route qu'ils ont tenue, les obstacles qu'ils ont évités,
le terrain qu'ils ont occupé ou qu'ils occupent encore (1).—Les
basaltes de la seconde espèce sont d'une époque manifestement
plus ancienne : les premiers sont postérieurs à l'excavation des
vallées, et ceux-ci sont antérieurs. Ils se présentent sous
forme de nappes, de plateaux et de cimes, recouvrant des portions
élevées de l'ancien sol, ou constituant le sommet de quelques
montagnes ou pics isolés : ce sont évidemment les vestiges et
comme les lambeaux d'anciennes coulées. Ils sont séparés des
premiers par l'espace prodigieux de tems qu'il a fallu pour
creuser des vallées de cinq et six cents mètres de profondeur.
    Au midi du groupe de Clermont se trouve le Mont–Dore.
Ses flancs, ainsi que nous l'avons vu, portent des courants basaltiques dont l'extrémité supérieure voisine de la cime du mont

---

(1) Voyez dans le *Journal de Physique*, tom. LVIII, pag. 310,
une notice que j'ai donnée sur ces basaltes, et une description circonstanciée d'un de ces volcans éteints.

est ordinairement accompagnée de scories , de blocs basaltiques tout boursouflés ; ici tout indique qu'on est près de l'origine , et cependant on ne voit nulle part de cratère qui puisse mettre à même d'assigner avec certitude leur point de départ. A mesure qu'on descend le long d'un courant , les scories sont plus rares , les boursouflures, les cavités diminuent en nombre et en grosseur , la lave devient plus compacte ; arrivée au pied , elle s'est répandue encore à une grande distance ; elle a recouvert le sol granitique environnant , et ses vestiges forment le sommet de plusieurs des pics isolés qui sont autour du mont.

Le basalte se présente d'une manière à-peu-près semblable au Cantal ; il y est cependant en moindre quantité.

Dans le Velay et le Vivarais, il forme une grande partie de la superficie du sol , et , sur quelques points, il y présente les faits les plus instructifs. Je me borne à citer le suivant. Auprès de Montpezat , Thueys , Jaujac, etc., on voit encore de petits volcans éteints ; du pied de chacun d'eux il sort une coulée qui occupe le fond de la vallée. La forme de courant est on ne peut mieux prononcée : la lave repose sur des galets, sa partie inférieure est toute scorifiée ; au-dessus, elle est divisée en prismes très-réguliers , sonores comme du fer, formant de belles colonnades. Sa pâte est noire et très-compacte ; elle contient des grains d'olivine et d'augite : en un mot, c'est un basalte aussi parfait que celui de la chaussée des Géants , ou de Stolpen ; et cependant c'est évidemment une lave , et une lave très-moderne , car elle est postérieure à l'entière excavation des vallées. Dans la discussion sur l'origine des basaltes, rien n'est décisif comme l'histoire de ces courants, notamment de celui de Montpezat (1).

Les basaltes se continuent dans le midi de la France jusqu'au bord de la Méditerranée, où l'on a près d'Agde le volcan éteint de Saint-Loup, dont les laves cellulaires fournissent

---

(1) Ces laves sont représentées dans le grand ouvrage de M. Faujas, sur les volcans du Vivarais.

d'excellents matériaux aux belles constructions hydrauliques du canal de Languedoc.

L'Allemagne, notamment sur les bords du Rhin, dans la Hesse, la Saxe et la Bohême, présente un grand nombre de restes de coulées basaltiques, accompagnées assez souvent de phonolites constituant des groupes de montagnes. Dans quelques endroits, on y voit des tufs volcaniques et des laves celluleuses et même scorifiées; mais ailleurs, notamment en Saxe, ce ne sont que quelques plateaux, formant le plus souvent la sommité de montagnes isolées. Ici, rien ne décèle leur origine; nulle part on ne voit ni scories, ni cendres volcaniques. Les roches basaltiques y paraissent comme celles qui leur servent de support; et naturellement les personnes qui ne les ont observées que dans ces localités, n'ont pu leur croire une origine différente.

Il est superflu de rappeler que l'Italie, notamment dans le Vicentin, aux environs de Rome, de Naples et dans la Sicile, renferme de grands terrains basaltiques.

Le basalte est rare en Angleterre; mais il est en très-grande quantité en Écosse et en Irlande. Nous avons déjà eu occasion de citer celui que ce dernier pays renferme à sa partie septentrionale, dans le comté d'Antrim, et qui comprend la *chaussée des Géants* (1). J'ajouterai les observations suivantes. — Ce terrain basaltique, très-remarquable sous tous les rapports, présente une assise d'environ cent lieues carrées (800 milles anglais), sur une épaisseur de 165 mètres, terme moyen, mais qui en atteint 300 en quelques endroits. Cette assise est comme stratifiée, et composée, 1° de basalte, le plus souvent divisé en tables, quelquefois formant, le long de la côte, de magnifiques colonnades de plus de mille mètres d'étendue : nous

_____

(1) Voyez diverses coupes de ces terrains dans les *Transactions de la société géologique de Londres*, tom. II.

en avons cité une ; 2° d'un basalte (*greenstone*) qui se rapproche
de la dolérite, qui est vert, et contient des grains d'uagite et
d'olivine ; il est divisé en prismes informes ; 3° du phonolite ;
4° d'une amygdaloïde verte ou rougeâtre, contenant des noyaux
de stéatite, beaucoup de zéolite, et très-peu de calcédoine ;
5° de terre bolaire ; 6° enfin, de quelques couches de lignite :
nous avons parlé de ces deux dernières substances. Ces matières
n'ont point d'ordre de superposition déterminé. La formation
repose immédiatement sur la craie, et, dans quelques parties, les
deux substances semblent mêlées, ou plutôt on y voit des mélanges de leurs débris ; vers les extrémités, le basalte s'étend sur
un terrain houiller et sur un terrain de calcaire *lias.*

Le terrain basaltique manque en Suède et Norvége ; les roches
semblables au basalte, trouvées dans ce pays, appartiennent
vraisemblablement à une formation plus ancienne.

§ 390. En rapprochant les basaltes des divers
pays, ceux de l'île Bourbon, de l'Amérique, de
l'Irlande, de la Saxe, etc., on ne peut qu'être
frappé de l'identité des caractères qu'ils présentent : par-tout même couleur, même cassure,
même dureté, même tendance à la division prismatique, mêmes cristaux d'augite, d'olivine, etc.
Les volcans qui les versent à la surface du globe, et
par suite presque tous les volcans brûlants, au-
raient-ils donc leur foyer dans une roche presque
par-tout la même et de nature basaltique ? ou bien
les agents volcaniques combineraient-ils les divers
éléments minéraux qu'ils trouvent dans l'intérieur
de la terre, de manière à produire continuellement des basaltes ?

Identité des basaltes.

§ 391. Nous ne saurions terminer l'histoire du basalte sans faire

Origine des basaltes.

au moins mention de la division qui règne depuis plus de quarante ans parmi les minéralogistes, au sujet de l'origine de cette substance : les uns ne voient en elle qu'une roche d'une formation analogue à celle des autres roches en général, et ils la considèrent en conséquence comme un produit de la voie humide; ce sont les *neptuniens*. Les autres soutiennent son origine ignee : ce sont les *vulcanistes;* parmi lesquels une nouvelle secte, sous le nom de *plutonistes*, adoptant la théorie de Hutton, regarde la basalte, ainsi que le granite, comme un produit de la fusion générale que les roches ont éprouvée au fond des mers. (*Voyez* tom. I, p. 421.)

Mes premières observations, dans un pays (la Saxe) où tout éloigne absolument l'idée des volcans et de l'action du feu, me portèrent à croire que les basaltes de cette contrée avaient la première de ces origines, et me rendirent enclin à penser qu'il en était de même de tous les basaltes en général. Je publiai un Mémoire à ce sujet (1). Mais je ne donnai mon opinion que comme une conjecture *hasardée;* je sentais qu'il me manquait des données pour résoudre entièrement le problème, et je disais : *Peut-être un jour, lorsque j'aurai vu de mes propres yeux les volcans et leurs produits, lorsque j'aurai parcouru les basaltes et les volcans éteints du Vivarais et de l'Auvergne, je serai plus en état d'embrasser la question dans toute son étendue, et d'apprécier ce qui a été écrit à ce sujet* (2).

Depuis, j'ai vu ces volcans éteints; j'ai observé les effets du feu volcanique; j'ai vu des basaltes qui étaient on ne peut plus évidemment d'origine ignée; les progrès de la physique minérale ont en outre enrichi la science de nouveaux théorèmes, d'où on a déduit de nouveaux corollaires; j'ai dû, en con-

---

(1) *Mémoire sur les basaltes de la Saxe*, 1803.
(2) *Idem*, pages 97, 100 et 101.

séquence, introduire de nouvelles données dans le raisonnement, et modifier mes premières conclusions (1). Les faits que je venais de voir parlaient trop distinctement; la vérité était trop manifestement devant mes yeux ; il aurait fallu me refuser absolument au témoignage de mes sens pour ne pas la voir, et à celui de ma conscience pour ne pas l'exposer.

Je ne reviendrai pas sur cette discussion : mon mémoire sur les basaltes de la Saxe, renferme à-peu-près toutes les raisons qui pouvaient rendre plausible l'origine aqueuse, dit M. Breislak ; et les écrits de MM. Dolomieu, Spallanzani, Faujas, Breislak, et sur-tout les *Institutions géologiques* de ce dernier, font connaître l'opinion contraire. Ce que je viens de rapporter dans cet article donne implicitement les motifs de cette opinion, et me paraît devoir fixer définitivement l'état de la question.

Je me bornerai ici à dire quelques mots pour la justification des savants illustres, Bergmann, Saussure, Klaproth, Werner, qui ont autrefois soutenu l'origine neptunienne des basaltes.

Toute opinion, ou plutôt toute proposition qu'on établit dans les sciences physiques, lorsqu'elle n'est pas le résultat simple et direct de l'observation d'un fait manifeste, ne peut être qu'une induction déduite, par analogie, des faits connus. Ce principe incontestable de toute bonne logique étant posé, les savants que j'ai cités, après avoir vu le feu dénaturer ou vitrifier toutes les substances minérales qu'ils soumettaient à son action, pouvaient-ils penser que plusieurs d'entre elles, qui se présentaient à eux avec un aspect absolument pierreux et même cristallin, dussent leur origine à ce même élément? Lorsqu'une expérience journalière leur montrait que le premier effet de la chaleur sur les pierres exposées à son action, est d'en dégager et d'en volatiliser l'eau qui entre dans leur composition, pouvaient-ils présumer

_____

(1) *Mémoire sur les volcans et les basaltes de l'Auvergne*, lu à l'Institut en 1804 : par extrait dans le *Journal de physique*, tom. LVIII, LIX et LXXXVIII.

que des roches, contenant une quantité notable d'eau, étaient
restées peut-être des années entières en fusion dans les four-
naises volcaniques? Lorsqu'ils voyaient un feu assez léger
fondre un cristal de feldspath en un grain d'émail, n'étaient-ils
pas fondés à penser qu'une masse pleine d'aiguilles délicates de
ce minerai, qu'une roche presque entièrement composée de
paillettes cristallines de cette même substance, n'était qu'une
coulée de pierres fondues ; que ces aiguilles, ces paillettes si
minces, si fusibles, s'étaient trouvées dans un bain de minéraux
en fusion? Lorsqu'ils savaient qu'un assez faible degré de chaleur calcine et décompose la pierre calcaire, pouvaient-ils admettre que des fragments intacts de cette pierre, que de minces
écailles de coquille qu'on trouve dans quelques basaltes, avaient
séjourné au milieu d'une lave dont la chaleur va jusqu'à fondre
le fer forgé? Lorsque, sous un énorme banc de basalte, ils
voyaient une couche intacte de bois bituminisés, devaient-ils
admettre que ce banc eût été une coulée de matières incandes-
centes qui se serait répandue sur ces bois sans les embraser et
les consumer? Non, ces faits étaient trop en opposition avec ce
qu'ils voyaient et ce qu'ils savaient, pour qu'ils pussent les
admettre.

Alors, les expériences de Hall et de Watt n'avaient pas appris
à tous les naturalistes que, par un refroidissement lent et gradué,
les pierres fondues reprennent l'aspect pierreux et cristallin
qu'elles avaient originairement; que, sous une certaine pression,
la pierre calcaire exposée à l'action du feu se fond sans perdre
son acide carbonique, et cristallise en se refroidissant; que,
sous une pareille pression, le feu ne consume pas le bois, mais
qu'il le bituminise, etc.

Quelques géologistes, il est vrai, avaient bien observé et
signalé, dans les produits des volcans, ces effets du feu et de la
compression ; mais comme c'était précisément dans l'objet con-
testé qu'ils prenaient leurs témoins, leurs antagonistes étaient
naturellement enclins à récuser ce témoignage.

D'ailleurs, un fait qui est presque en opposition avec ceux que l'on connaît déjà, et que l'on n'a pas vu soi-même, ne peut que bien difficilement produire sur nous cette croyance, cette conviction intime que donnerait l'observation directe du fait. Il n'y a pas encore vingt ans que tout physicien se refusait à croire à la chute des aérolites, malgré ce qui avait été dit à ce sujet.

Tout ce qu'on doit conclure à l'égard des savants que j'ai cités, et de ceux qui seraient dans le même cas, c'est que, n'ayant pas vu par eux-mêmes les volcans et leurs produits incontestables, ils ne sauraient être admis à juger la question.

On trouve en Auvergne et dans le Vivarais des basaltes d'o- Observation rigine volcanique ; c'est un fait évident ; on retrouve en Saxe, et dans les terrains basaltiques en général, des masses qui ont une pâte exactement pareille, qui contiennent exactement et exclusivement les mêmes cristaux, qui ont exactement les mêmes circonstances de gissement : il y a non-seulement analogie, mais parité complète, et l'on ne peut se dispenser de conclure à l'identité de formation et d'origine. Mais qu'on ne pense pas que les questions relatives à l'origine des autres roches, soient susceptibles d'une solution aussi bien fondée. Déjà, dans les trachytes, il y a des différences tant dans la nature des substances que dans le gissement ; et, si l'on n'était conduit par une continuité certaine avec les terrains basaltiques, et par des signes irrécusables de l'action du feu, ou pourrait douter. Mais lorsque ces signes ont disparu, lorsqu'il n'y a plus de continuité, lorsqu'on est dans une toute autre époque, lorsqu'il s'agit, par exemple, de ces trapps (*grünstein* ou *whin*) que l'on trouve en couches dans les terrains de grès, que M. Jameson vient encore de nous montrer en strates minces, alternant avec des grès, des pierres calcaires inaltérées (*Edimb. phil. Journal.* 1819), on peut bien trouver quelque analogie entre ces roches et les basaltes ; mais elle est loin d'être complète : il y a différence manifeste et non parité dans le gissement, et l'on peut rester dans le doute. Si on voulait conclure dès qu'il y a une seule analogie, on irait successivement de ces roches aux aphanites, aux porphyres, aux granites, au gneis, au schiste-micacé, au phyllàde, au terrain houiller, et l'on attribuerait à toutes ces formations une origine ignée ; et cependant toutes les probabilités sont encore pour l'origine aqueuse. (*Voyez* tome I, note 3.)

b) Des brèches et tufs volcaniques.

§ 392. Les volcans lancent une immense quantité de matières incohérentes : scories, sables et cendres (§§ 57—59) ; elles forment la majeure partie de leurs produits. Ces matières, pétries de la même pâte que les laves, sont de même nature.

Malgré l'état vitreux, suite d'un prompt refroidissement, leur porosité et la petitesse de la surface de leurs parties par rapport à leur volume, donnant beaucoup de prise à l'action décomposante de l'atmosphère, elles en éprouvent bientôt les effets. Les scories perdent leur rigidité, leur couleur noire (1) devient souvent rouge ; elles

(1) Les scories noires, à leur sortie du cratère, ont souvent un luisant gras comme celui d'une matière charbonneuse et bitumineuse ; et Dolomieu a effectivement observé que plusieurs d'elles faisaient détoner le nitre. Le changement dans la couleur des scories exposées à l'air, a porté quelques naturalistes à penser que cette exposition pourrait même produire une décoloration complète, et ils ont ainsi rendu raison de la grande quantité de ponces grises et presque blanches que l'on trouve quelquefois dans les tufs des terrains basaltiques. Mais ne serait-il pas plus naturel d'admettre que dans le bain même de la matière basaltique, il a pu se former à sa surface comme une écume qui aurait laissé précipiter dans les parties placées au dessous les matières colorantes et notamment le fer ?

se brisent, se réduisent en plus petits fragments, et enfin elles se convertissent en terre.
Les cendres volcaniques, assemblage de molécules
vitreuses, finissent également par former une
sorte d'argile faisant pâte avec l'eau (*Dolomieu*).

Ces substances se mêlent avec les produits de la
destruction et de la décomposition des laves.
Toutes ces matières ensemble, charriées par les
eaux, étendues par elles sur la surface de la terre,
ou quelquefois sur les fonds des mers ou des lacs,
y forment des assises qui, par le tassement et par
l'effet de l'humidité dont elles sont continuellement imprégnées, se transforment en couches
plus ou moins consistantes : ce sont les brèches
et tufs volcaniques.

Quelquefois ils prennent une assez grande solidité pour pouvoir être employés dans les constructions ; tel est le *peperino* dont on fait usage à Rome.

Il pourra encore arriver ici, comme nous l'a-
vons vu en parlant des tufs trachytiques, qu'un suc
agglutinateur ait pénétré dans la masse, et l'ait
durcie au point d'en faire une vraie brèche, ou
un grès, ou une pierre.

On en a un exemple aux environs de Coblentz. Parmi les
tufs volcaniques qui forment le sol du pays, il se trouve des
parties consistant principalement en fragments de scories et de
ponces, qui ont acquis un tel degré de dureté, qu'on ne peut
les exploiter qu'à l'aide de la poudre. Elles sont l'objet d'un
commerce particulier. On les pile, les crible ; et le sable ou

terre qui en résulte, est vendu aux Hollandais, qui en font,
avec la chaux, un excellent ciment pour les constructions hydrauliques : ce sable porte le nom de *trass* dans le pays. C'est
une vraie et très-bonne pozzolane. La pozzolane ordinaire,
celle que l'on tire de Pouzzol et d'autres lieux de l'Italie,
n'est qu'un assemblage de petites scories volcaniques assez pe-
santes, peu poreuses, et qui ont acquis un certain degré d'altération; celles provenant des anciens courants, et qui sont
ainsi notablement dévitrifiées, sont en général les plus estimées.

L'accumulation des tufs peut former des couches ou masses
quelquefois bien épaisses. Celle qui recouvre Herculanum
a plus de cent pieds en quelques points; elle consiste en
une matière terreuse, mêlée de beaucoup de petites ponces.
Ce tuf, soit qu'il ait été originairement liquide et comme dé-
trempé par les eaux, soit qu'il ait été simplement ramolli par
les filtrations, et qu'il ait cédé en même tems au tassement,
a comblé non-seulement les rues, les places et les autres lieux
ouverts, mais encore il a pénétré dans l'intérieur des édifices,
et en a rempli tous les vides. Les fragments qu'on en extrait,
présentent ainsi l'empreinte des bustes et autres objets sur
lesquels ils se sont appliqués. Cette circonstance a porté quelques auteurs à regarder ce tuf comme le produit d'une éruption
boueuse; d'autres pensent qu'une irruption de la mer doit avoir
concouru à sa formation.

Les tufs occupent quelquefois des espaces considérables; le
sol de la délicieuse Campanie, notamment aux environs de Ca-
poue, en est presque entièrement formé. Il y est en couches
horizontales qui présentent la plus grande variété, tant par leur
couleur que par leur grain. Ils sont ou noirâtres, ou jaunâtres, ou d'un gris cendré; quelques-uns présentent une pâte
fine et homogène; mais la majeure partie contient une grande
quantité de ponces, de scories, et de fragments de laves, soit
lithoïdes, soit vitreuses, soit cellulaires. Il en est même qui

ne sont formés que de ponces et de fragments ponceux légèrement agglutinés. Quelques-uns présentent une division prismatique assez bien caractérisée, et leur consistance va quelquefois jusqu'à leur faire rendre un son métallique lorsqu'on les
frappe. M. Breislak, qui fournit les détails que nous venons
de donner, regarde les tufs de la Campanie comme ayant été
étendus sous les eaux de la mer.

Les tufs, malgré leur peu de dureté, se retrouvent en quantité
dans les contrées anciennement volcanisées. J'en ai vu des masses
considérables dans la Hesse, et même dans des lieux où les vestiges lithoïdes des volcans ont disparu, auprès de Beziers, par
exemple.

Quoique la plupart des eaux qui descendent des
volcans ne paraissent venir que des grandes
averses qui ont lieu autour des cratères lors des
éruptions volcaniques, ou des neiges qui fondent
à ces mêmes époques (1), ou des fentes qui s'o-
pèrent dans quelques-unes de ces montagnes
(§ 69), cependant elles entraînent avec elles
une si grande quantité de matières terreuses, cinéreuses et scorifiées, qu'elles doivent étendre,
sur les terrains environnants, des couches de tufs,

(1) D'après ce que rapporte M. Ferrara, dans ses *Campi flegrei
della Sicilia*, § 34, le grand *Nilo d'aqua*, que les magistrats du
pays disent être sorti de l'Etna en 1755, ne proviendrait que d'une
pareille cause.

Le même auteur rapporte qu'en 1790, près *Sainte-Marie de
Niscemi*, au milieu d'un bruissement formidable, une montagne
se fendit, et que, d'une ouverture de trois pieds de diamètre, il en
sortit un fleuve de boue marneuse, salée, ayant une odeur de soufre
et de bitume, et qui forma une couche de soixante pieds de long,
trente de large et deux et demi d'épaisseur.

comme le feraient de vraies éruptions boueuses.

Nous avons vu de pareils torrents couvrir , au Pérou, des espaces de plusieurs myriamètres carrés, d'une vase tufeuse (le Moya, § 69), que nous rappellerons ici, quoiqu'elle soit d'ailleurs de nature trachytique. D'après les observations de M. de Humboldt, elle est en grande partie composée de fragments de feldspath vitreux et dé petites ponces. Celle qui, en 1797, détruisit le village de Peliléo, et fit périr quarante mille habitants , contient un principe charbonneux qui permet de l'employer comme combustible. Klaproth, qui l'a analysée, en a retiré, indépendamment des substances terreuses et alcalines qu'on trouve dans la plupart des laves, sur cent grains :

Eau saturée d'ammoniaque, et contenant un peu d'huile empyreumatique 11
Carbone . . . . 5 $\frac{1}{4}$
Gaz hydrogène (en pouces cubes). . . . . 14 $\frac{1}{2}$
Gaz carbonique. . . . . 2 $\frac{1}{4}$

D'après ce que nous venons de dire sur la composition des tufs volcaniques, on ne sera point étonné d'y trouver assez souvent des bois fossiles et des vestiges d'animaux.

Lavages dans les tufs. § 393. Les tufs, qu'on pourrait en quelque sorte appeler les terrains de transport volcaniques , renferment, comme les terrains de transport dont nous avons parlé, des minéraux à qui la dureté a permis de se conserver au milieu de la décomposition générale. Tels sont les zircons, les saphirs, les grenats, peut-être les diamants , etc., qui étaient dans les laves, et sur-tout le fer oxidulé qui s'y trouve en si grande quantité. Les ruisseaux qui traversent les terrains volcaniques, y dégagent également ces substances de la terre qui les entourait ; ils les lavent et les laissent à nu sur leurs rives ; assez souvent ils y coulent sur un sable presque entièrement ferrugineux.

Les flots de la mer opèrent eux-mêmes quelquefois un pareil lavage : c'est ainsi que, sur la côte des Champs-Phlégréens, entre Naples et Pouzzole, ils étendent sur le rivage une couche de sable ou gravier principalement composé de cristaux octaèdres de fer oxidulé, et ayant, en quelques endroits, jusqu'à huit ou dix pouces d'épaisseur ; il a été, pendant quelque tems, fondu dans des forges construites au voisinage pour son traitement.

§ 394. Les terrains volcaniques présentent encore des pierres lancées par les volcans, et non altérées par l'action du feu : elles ont été vraisemblablement arrachées des parois des cavernes souterraines (§ 60). *Pierres étrangères aux volcans.*

Aucun volcan n'en présente autant que l'ancien Vésuve. Dans presque toutes les coupures de cette montagne (la Somma), on trouve des morceaux plus ou moins volumineux d'un beau calcaire cristallin, quelquefois à gros grains, quelquefois presque compacte ; ils sont souvent mêlés de beaucoup de mica vert dont les lames sont groupées entre elles ; et dans ces groupes, ainsi que dans les cavités du calcaire, on a des cristaux de feldspath,

épidote, trémolite, amphibole, mélanite, fer oxidulé et oxidé, leucite, pyroxène, spinelle, sodalite,
zircon, titane, chaux fluatée et sulfatée, topaze,
et particulièrement des cristaux d'idocrase (Vésu-
vienne de Werner), d'haüyne, de méionite
(sommite de Lamétherie.), et de néphéline.
Ces deux derniers minéraux n'ont point encore
été trouvés dans d'autre gissement. Cette multitude et cette diversité de cristaux, dans un si petit
espace, et apportés à la surface de la terre d'une
manière si extraordinaire, est un fait bien étonnant; la fraîcheur et l'éclat, les couleurs tendres
et délicates de ces échantillons, venant des cavernes volcaniques, ne le sont pas moins.

On trouve encore, dans ou sur les terrains volcaniques, et
particulièrement sur ceux d'ancienne origine, des masses de
roches primitives, dont il est difficile de concevoir l'arrivée dans
leur position actuelle. Ce qu'on connait de plus extraordinaire à
ce sujet, c'est le *Puy-Chopine*, montagne isolée de trois à
quatre cents mètres de hauteur, située à trois lieues au N. O.
de Clermont. Sa partie occidentale est formée d'un trachyte
pareil à celui du Puy-de-Dôme, et sa partie orientale consiste
principalement en roches primitives qui semblent être encore
en place, et parmi lesquelles j'ai vu un beau granite siénitique
rouge à gros grains, et une roche granitique grise à grains très-
fins et contenant beaucoup de mica : je n'ai pu déterminer la
position respective de ces diverses masses. Cet inconcevable
assemblage de roches volcaniques et primitives a sur-tout porté
M. de Buch à admettre l'hypothèse du soulèvement des masses
trachytiques.

SECONDE SECTION.

DES GITES PARTICULIERS DE MINÉRAUX,

ET PRINCIPALEMENT

DES GITES DE MINERAIS.

Les *gîtes de minéraux*, avons-nous dit (tom. 1 ,
page 374), sont les espaces souterrains dans lesquels les minéraux ont été formés, et dans lesquels ils se trouvent ; en un mot, les espaces ou
masses dans lesquels ils gissent. On les distingue
en *gîtes généraux*, que nous venons de décrire
sous le nom de terrains ; en *gîtes particuliers*, qui
sont compris dans les premiers, mais qui sont
d'une matière différente : ils vont être l'objet de
cette seconde section.

Ce sont eux qui renferment la plus grande partie des substances métalliques , combustibles et
salines que l'homme extrait du sein de la terre
pour les approprier à ses usages ; et ils ont été
ainsi l'objet spécial de son attention. Nous avons
déjà eu occasion de parler de la plupart de ceux
qui renferment les combustibles et les sels minéraux , en traitant des terrains houillers et du sel
gemme : nous insisterons principalement , dans
cette section , sur ceux qui contiennent des substances métalliques, et que l'on nomme en con-

séquence *gîtes de minerais*. On se rappellera qu'en minéralogie et dans l'art des mines, on désigne sous le nom de *minerais*, les minéraux dans lesquels un métal entre comme partie constituante, et en assez grande quantité pour que l'exploitation s'en fasse ou puisse s'en faire avec profit : par extension, on dit quelquefois un minerai d'alun, de vitriol, etc.

Les gîtes particuliers sont de deux classes : les uns sont des parties du terrain qui les comprend, et sont ainsi de *formation contemporaine*; les autres, produits dans les terrains qui les contiennent postérieurement à leur existence, sont de *formation postérieure*.

CHAPITRE I.

DES GITES DE FORMATION CONTEMPORAINE.

Les gîtes de formation contemporaine sont donc ceux qui ont été formés en même tems que le terrain qui les renferme, ou, plus exactement, qui ont été formés après les assises de ce terrain sur lesquelles ils reposent, et avant celles qui les recouvrent: on les distingue en *couches*, *amas* et *stockwerks*.

ARTICLE PREMIER.

DES COUCHES.

Erzlager des Allemands.

§ 395. On se rappellera qu'on donne le nom de *couche* à une masse minérale étendue en longueur et largeur, mais d'une petite épaisseur relativement aux deux autres dimensions, et qui, sous cette forme plate, fait une des assises d'un terrain. Il ne sera question ici que des couches métallifères comprises entre des couches pierreuses: M. de Bonnard les désigne sous le nom de *bancs*.

Dans cet état des choses, et par suite de la contemporanéité de formation, les couches sont parallèles aux assises du terrain qui les renferme; elles ont toutes même direction, même inclinaison et mêmes inflexions. C'est en cela qu'elles dif-

Caractère essentiel.

fèrent essentiellement des filons, lesquels coupent
la stratification , au lieu de lui être parallèles.

§ 396. Les couches métallifères ont été autrefois, et sont encore souvent confondues avec les
filons, dont elles diffèrent, non-seulement par le
caractère essentiellement distinctif que nous venons d'assigner, mais encore par diverses circonstances, au nombre desquelles nous citerons les
suivantes : 1° elles ne sont pas, comme un très-
grand nombre de filons , divisées, dans le sens de
l'épaisseur, en deux moitiés symétriquement
composées de diverses substances ; 2° leur masse
est en général homogène , et ne présente pas
cette variété de minéraux différents qu'on voit
dans la plupart des filons , et qui fournit à Werner un caractère empirique pour reconnaître à
laquelle de ces sortes de gîtes appartient une masse
donnée ; 3° celle des couches est habituellement
compacte, et n'offre pas aussi fréquemment ces fentes ouvertes; ces druses qui se rencontrent presqu'à
chaque pas dans les filons, et qui sont tapissees de
cristallisations; 4° rarement les couches sont-elles
accompagnées de *lisières* d'argile ou de limon.

L'allure des couches est en général plus régulière que celle des filons , c'est-à-dire qu'elles
présentent moins de variations en direction , inclinaison et puissance , ainsi que moins de ramifications et de dérangements

Leur inclinaison est en général moins considérable; il est rare que celle des filons soit au-dessous de 45°; et celle des couches est le plus souvent dans ce cas. Au reste, assez fréquemment, on en trouve qui ont une forte inclinaison et qui sont même verticales.

Leur parallélisme à la stratification fait qu'elles ne présentent point les diverses circonstances d'intersection, de croisement et de rencontre qu'on voit si souvent dans les filons. Quelquefois cependant, les strates qui séparent deux couches, venant à s'amincir et finalement à disparaître, les couches se joignent et se confondent en une seule, laquelle montre ainsi une bifurcation dans une de ses parties.

§ 397. Les couches présentent de grandes variations dans leur étendue et le rapport respectif de leurs dimensions. On ne peut guère dire que les plus puissantes sont aussi les plus étendues en longueur et en largeur : cette règle serait sujette à trop d'exceptions. Nous avons vu la couche marno-bitumineuse cuprifère de la Thuringe se porter peut-être à cent lieues, quoiqu'elle ait à peine un pied de puissance (§ 287)

Étendue et forme.

Des couches très-épaisses sont quelquefois très-courtes, et finissent par devenir des *amas*.

En général, les couches sont plus étendues et plus régulières dans les terrains secondaires que dans ceux de formation primitive ou intermédiaire.

Elles finissent d'ordinaire en s'amincissant vers leurs bords, et se terminent ainsi sous forme de coins plus ou mois aigus ; rarement se divisent-elles à leurs extrémités en ramifications qui se perdent dans la roche ; rarement encore se terminent-elles brusquement avec une grande puissance : la couche ferrifère de Rancié nous a offert un exemple de ce dernier cas. Quelquefois le volume d'une couche restant le même, on la voit changer peu-à-peu de nature et devenir tout autre à une certaine distance : au reste, ce fait est assez rare, et je n'en ai pas vu d'exemple bien positif.

Les particularités que les couches de houille présentent dans leurs étranglements et leurs renflements, ainsi que dans leur rejet lorsqu'elles sont traversées par des filons (§§ 260 et 266), se montrent encore quelquefois dans les couches des substances pierreuses et métalliques. Il serait superflu de revenir sur cet objet.

Rapport entre les couches et les terrains.

§ 398. Tous les terrains ne contiennent pas la même quantité de couches : dans les primitifs, ce sont ceux de schiste-micacé et de schiste-phyllade qui en présentent le plus grand nombre. D'un pays à l'autre, le même terrain offre, sous ce rapport, de grandes différences : en Saxe, le gneis, qui abonde en filons auprès de Freyberg, ne renferme presque plus que des couches à Ehrenfriedersdorff, c'est-à-dire à dix lieues plus loin. Ail-

leurs, on ne trouve guère que cette espèce de gîte :
je n'en ai point vu d'autre dans les Alpes piémon-
taises.

L'âge des montagnes semble être en quelque rapport avec la nature de certaines couches métallifères ; c'est ainsi que les observations faites jusqu'ici, n'ont fait trouver que dans les terrains
anciens, les couches d'étain, de fer oxidulé, de
cuivre oxidé. Dans les montagnes secondaires, on
trouve principalement des couches de plomb sulfuré, de zinc oxidé, de fer hydraté, etc.

Arrêtons-nous quelques instants sur les minerais
qui se trouvent le plus fréquemment en couches.

1° Le *fer oxidulé* ou *fer magnétique*. Les fameuses exploitations de Dannemora en Suède,
qui donnent le meilleur fer connu, 250 mille
quintaux par an, ont lieu sur une énorme couche
renflée, ayant jusqu'à 55 mètres de puissance, et
formée d'un minerai presque compacte. Celles
d'Utoë, les secondes de la Suède, tant par la qualité que la quantité (200 mille quintaux par
an), présentent un banc ayant environ quarante
mètres de puissance, et près de mille mètres de
long, sur une petite largeur ; son minerai est à
grain fin, et est traversé par des veines de fer carbonaté.

J'ai observé des couches de fer oxidulé en Saxe et en Piémont, et j'y ai trouvé presque toujours ce minerai accompagné
d'amphibole, d'actinote, de grenats, d'épidote, de chlorite, etc.,

classe particulière de minéraux que l'on pourrait appeler *sidé-*
ritiques (σιδηρος, fer), vu la disposition où ils sont de se charger habituellement de protoxide de fer (oxide vert); disposition qui paraît inhérente à leur nature, car quelques autres
substances, telles que le calcaire, le quartz et même le feldspath,
que l'on trouve aussi assez souvent dans le même gissement, ne
prennent point ou presque point le même oxide.

2° *Fer oxidé.* J'ai observé auprès d'Ivrée, une
couche très-régulière ayant environ un pied d'é-
paisseur , et toute composée de la variété dite fer
micacé. On a des couches de fer d'oligiste aux mines
de Norberg et de plusieurs autres lieux de la Suède.
Celles de minerai de fer rouge sont très-fréquentes.

3° *Fer hydraté.* Ses couches sont peut-être les
plus communes, sur-tout dans les terrains secondaires.

Qu'il me soit permis de citer l'exemple d'un gîte extrêmement important et que j'ai été à même de bien observer ; c'est la
couche ferrifère de Rancié, près de Vicdessos , dans le pays de
Foix. La montagne de Rancié est calcaire , et fait partie d'un
terrain primitif ou intermédiaire qui repose sur le granite. Les
couches de cette montagne sont presque verticales. Une d'elles
est principalement formée de fer hydraté compacte , assez
souvent accompagné ou mélangé de fer carbonaté , et même
d'un peu de fer oxidé : en quelques endroits, elle est imprégnée
d'oxide de manganèse. Elle s'étend depuis la cime de la montagne jusqu'à son pied ; ce qui donne une hauteur verticale de 600 mètres, et peut-être s'enfonce-t-elle encore bien au-
dessous : des galeries d'exploitation l'ont fait reconnaître sur
une longueur de cinq cents mètres; quant à sa puissance, elle
est, terme moyen, d'une vingtaine de mètres; quelquefois elle
s'élève à trente ou quarante; mais d'autres fois elle baisse jusqu'à

trois ou quatre. Il faut se la représenter comme une couche calcaire , ou masse très-aplatie , chargée de beaucoup de minerai, lequel est souvent en telle abondance, qu'il constitue entièrement ou presque entièrement sa masse, et forme ainsi au milieu d'elle de grandes veines et parties de minerai absolument pur. Quoique ce gîte soit bien décidément une couche, et de formation contemporaine à celle de la montagne, il ne laisse pas de présenter quelques – uns des caractères ordinaires aux filons; ainsi, outre sa situation presque verticale, il offre , dans plusieurs endroits, beaucoup de cavités , ou fours de plusieurs pouces de diamètre , et dont les parois sont recouvertes de mamelons d'hématite ; et, ce qui est assez remarquable parmi les diverses zones que présentent ces masses mamelonnées d'hématite brune , on en trouve quelques-unes d'hématite rouge : de plus , ce gîte porte souvent, sur les salbandes, une lisière bien marquée d'une argile très-grasse et ayant quelques pouces et quelquefois jusqu'à un pied d'épaisseur. Cette couche, exploitée depuis plus de six cents ans, alimente seule cinquante forges dites à la catalane, qui fournissent annuellement environ cinq millions de myriagrammes de fer ; c'est près de la vingtième partie de celui qui se fabrique et même qui se consomme en France.

4° Les *pyrites martiales* et *cuivreuses*. Toutes les exploitations de cuivre que j'ai vues sont sur des couches dans du schiste-micacé ; telles sont celles d'Alagna, d'Ollomond, de St.-Marcel et de Fenis en Piémont. Telles sont encore celles de Rœraas en Norwége, celles de Kupferberg en Silésie, celles de Schmœllniz en Hongrie, et celles qui alimentent les fabriques de vitriol de la Saxe.

5° La *galène* ou *plomb sulfuré*, quoique se trouvant le plus souvent en filons , ne laisse pas de se

présenter en couches en un grand nombre d'endroits, même dans des terrains peu anciens.

J'en donne un exemple que j'ai fait connaître ailleurs dans ses
détails. Au fond de la Silésie, près la petite ville de Tarnowitz,
dans un calcaire compacte, gris bleuâtre, quelquefois bituminifère, à couches horizontales, et que M. de Buch rapporte
au calcaire alpin, on a une couche consistant en une marne
tendre, très–chargée de fer hydraté, et qui contient une
grande quantité de plomb; elle s'étend à plusieurs lieues de
distance, et n'a qu'un ou deux pieds d'épaisseur. Le minerai,
ou plomb sulfuré, s'y trouve en veines ou strates de quelques
mètres d'étendue et de quelques pouces d'épaisseur, en gros
rognons et en petits grains; on y voit encore du plomb carbonaté, du plomb phosphaté et du zinc oxidé.

6° On cite encore comme exemple d'un gisse-
ment d'*étain* en couches, des bancs exploités à
Zinnwald, sur la frontière de la Saxe et de la
Bohême.

7° Le *mercure* a été observé en couches à Ro-
senau en Hongrie et à Schneeberg en Saxe, au
Mexique, dans des terrains secondaires : à Huan-
cavelica, au Pérou, on le voit disséminé dans un
énorme banc de grès.

8° On a le *cobalt* en couches à Tunaberg en
Suède, à Kupferberg en Silésie, à Querbach en
Norwége.

ARTICLE II.
DES AMAS.

Amas. *Liegendes stock* (bloc ou amas couché) des Allemands.

§ 399. Lorsqu'une couche de médiocre étendue, prenant une grande épaisseur, se renfle considérablement, elle devient un *amas*. Quelquefois ce sera une couche simplement renflée dans son milieu et amincie sur ses bords comme un énorme disque; d'autres fois ce sera une grosse masse informe dont les trois dimensions différeront peu les unes des autres.

La nature et la composition des amas sont les mêmes que celles des couches.

Ils ont une pareille origine : quelques circonstances particulières de formation auront décidé la précipitation ou le départ de leur matière sur un seul endroit.

Cette sorte de gîte est plus commune qu'on ne l'admet communément : j'ai eu occasion d'en observer plusieurs, parmi lesquels j'indique le suivant :

A Traverselle, en Piémont, à cinq lieues à l'O. N. O. d'Ivrée, dans un terrain de schiste-micacé, se trouve une énorme masse granitique, contenant un amas de fer oxidulé, ayant près de 500 mètres de long, 400 de large et 300 de haut. Le fer oxidulé est grenu, mêlé à du spath calcaire, et assez souvent à du talc ou de la stéatite; en quelques endroits, il est parsemé de pyrites. Ces diverses substances sont souvent disposées par veines ou bandes. Ce bloc alimente une vingtaine de hauts-fourneaux.

J'ai déjà fait connaître (§ 215) le gros amas de Cogne, dont l'exploitation faite à ciel ouvert, présente l'image d'une carrière de fer métallique.

Parmi les plus célèbres amas connus je citerai les suivants :

Celui de Fahlun en Suède, qui livre annuellement dix mille quintaux de cuivre, est une énorme masse pyriteuse ayant la forme d'un demi-ellipsoïde, placée verticalement ; sa hauteur est de près de 400 mètres, et sa plus grande coupe, qui est à la surface du terrain, a environ 250 mètres de diamètre. Elle consiste en une pyrite martiale portant une croûte épaisse de pyrite cuivreuse; elle est entourée d'une mince couche stéatiteuse, et est placée dans une masse de quartz, laquelle est renfermée dans le schiste-micacé qui compose le sol du pays.

L'exploitation de mercure à Idria, qui fournit cinq mille quintaux de ce métal, a lieu dans un amas, mélange informe de schiste bitumineux et de cinabre, entremêlé de blocs de roche, et renfermé dans une montagne calcaire que M. Héron de Villefosse regarde comme de même formation que celle qui contient le schiste cuivreux de Thuringe (§ 287). L'amas a environ 500 mètres de long, 300 de large et 150 d'épaisseur.

Les fameuses mines du Ramelsberg, dans le Hartz, sont ouvertes sur une couche fortement inclinée, bifurquée, et dont une des branches, reconnue jusqu'à trois cents mètres de profondeur, présentant, vers sa partie inférieure, un renflement de 25 mètres d'épaisseur, peut être considérée comme un amas. Elle consiste en un mélange intime de pyrites, de galène, de blende, de quartz, de baryte, etc., formant une masse très-dure, qui ne peut être exploitée qu'à l'aide du feu. Elle est renfermée dans un phyllade de formation intermédiaire. On en retire du plomb, du cuivre, du zinc, de l'argent et même un peu d'or (deux ou trois kilogrammes par an).

Voyez, sur ces trois fameux gîtes, les détails consignés dans la *Richesse minérale*, ainsi que les planches du bel atlas de cet ouvrage.

Montagnes de minerai.

§ 400. Lorsque les amas sont très-grands et très-épais, et que, résistant à la décomposition qui baisse le terrain environnant, ils restent en saillie à la surface du globe, ils y forment des masses de montagnes.

Parmi les exemples qu'on cite habituellement, le Mont-Taberg, en Suède, est au premier rang. Quelque intéressant qu'il soit sous tous les rapports, l'amour du merveilleux a singulièrement porté à l'exagération en le représentant comme une montagne toute composée de fer. C'est un monticule de 125 mètres de haut, et de cinq à six cents mètres dans sa plus grande longueur. M. Hausmann, après l'avoir soigneusement examiné, n'a vu en lui qu'un banc de diabase, à très-petits grains, chargé de beaucoup de fer oxidulé, d'une grande puissance, et autrefois renfermé dans du gneis. Le minerai n'y paraît distinctement, avec son éclat métallique, que sous forme de veines ou petits filons, et encore il est très-rare qu'il y soit entièrement pur; presque par-tout il est intimement pénétré d'amphibole et de feldspath. Les blocs détachés qui sont au pied d'une face escarpée de ce monticule, alimentent depuis deux siècles une douzaine de fourneaux; ils rendent environ 25 pour cent d'un excellent fer.

M. de Buch a vu, en divers endroits de la Laponie, de pareilles masses de montagnes, mais formées par du fer oxidulé pur et à gros grains; il cite, entre autres, l'amas ou bloc de Kirnnavara, reconnu sur une épaisseur de huit cents pieds. Ce célèbre géognoste observe que toutes ces montagnes ou blocs de minerai de fer qu'on trouve en Suède et en Laponie, n'étaient originairement

que de gros bancs ou amas renfermés dans du
gneis, et qui ont plus résisté que lui à l'action destructive des météores atmosphériques.

ARTICLE III.

DES STOCKWERKS.

(Roches contenant beaucoup de minerai.)

§ 401. Le nom de *stockwerk*, qui signifie étage
en allemand, a été donné par les mineurs aux exploitations qui se font par *chambres* et *étages*, et
quelquefois aux gîtes qui en sont l'objet. Werner
avait restreint cette dernière acception *aux seules
portions de roche pénétrées et traversées, dans toutes
sortes de directions, par une quantité presque innombrable de veines ou petits filons.* Je reprendrai
l'ancienne acception, et je donnerai le nom de
stockwerk (1) à toute portion de roche qui
renferme une grande quantité de minerai, soit
en veines, soit en rognons ou grains, soit en molécules indiscernables.

Werner plaçait ses stockwerks dans la classe des gîtes de formation postérieure à la roche qui les renferme. Cependant,
d'après les explications qu'il donnait, ils étaient de formation

Des masses
de monta-
gnes char-
gées de mi-
nerai.

---

(1) Le mot *stockwerk* étant devenu un terme technique dans la
langue des mineurs francais, je le conserverai ici. Prononcez
stocverque.

Sous le rapport de la législation des mines, un stockwerk est
considéré comme un amas dans lequel les parties métalliques sont
séparées par des parties interposées de la roche qui les contient.

contemporaine ou presque contemporaine à celle de la roche :
la contemporanéité des grains et rognons est évidente.

Pour nous faire une idée exacte des stockwerks
formés par un assemblage de veines, repré-
sentons - nous une roche au moment de sa formation; supposons qu'après qu'elle a été déposée,
et avant son entière consolidation, elle a éprouvé
un retrait; qu'elle s'est alors fendillée et crevas-
sée comme ferait une masse d'argile en se desséchant; que le fluide qui la pénétrait encore et
qui la tenait molle, en suintant à travers sa masse,
comme à travers un filtre, a gagné les fentes,
n'amenant que des substances qui étaient dans
une dissolution plus intime, telles pouvaient être,
entre autres, les parties métalliques, et qu'il les a
déposées dans ces fentes : il en résultera de petits
filons, ou veines métallifères, qui constitueront la
roche à l'état de stockwerk.

Nous avons vu des formations analogues dans les filons feldspathiques qu'on trouve au milieu des granites et des gneis
(§ 156 *bis* et 169), dans les veines de quartz pur qui traversent les lydiennes, et dans celles de spath calcaire blanc qui
courent dans les marbres colorés. Werner donne le nom de
schwærmer (serpenteaux) à ces filons formés presque en même
tems que la roche, et remplis par transsudation d'une matière
qu'elle contenait; différant en cela essentiellement des vrais filons, qu'il regarde comme des fentes qui se sont faites dans la
roche après son entière consolidation, et qui ont été remplies,
par le haut, de matières étrangères. Nous donnons exclusivement le nom de *veines* aux petits filons de la première espèce.

40.

Ils sont très-communs dans le règne minéral; on peut leur rapporter les veines d'asbeste qui traversent les serpentines (1), les cloisons de spath calcaire dans les marnes appelées *ludi helmontii*, etc.

Werner cite comme des exemples des stockwerks dont nous venons de parler, les gîtes d'étain d'Altenberg, de Geyer et d'Ehrenfriedersdorff en Saxe. A Altenberg, je n'ai cependant vu, au milieu du porphyre, qu'une masse quartzeuse, intimement mélangée de chlorite, et imprégnée de minerai d'étain en particules indiscernables à la vue simple ; quelques endroits en contenaient plus que d'autres : ce serait bien un stockwerk, mais non dans le sens que l'entendait Werner. A Geyer, on a de petits filons parallèles qui traversent une masse granitique et se prolongent dans un gneis qui l'enveloppe et qui est ainsi de même formation; la roche est imprégnée d'étain, sur-tout au voisinage des filons. Le gîte d'Ehrenfriedersdorff est semblable, mais les filons de quartz, contenant de l'étain, des pyrites arseni-

---

(1) Dans ces veines d'asbeste, ainsi que dans toutes celles à minéraux fibreux, tels que certains calcaires, gypses, etc., les fibres sont perpendiculaires au plan de ces petits filons. On remarque une pareille position dans les prismes des filons basaltiques (§ 338), et cependant ici ce sont de vrais filons remplis par le haut, et la forme prismatique est l'effet d'un retrait, tandis que la forme fibreuse est un produit de la cristallisation. Au reste, nous avons observé qu'une attraction moléculaire paraissait aussi avoir concouru à la division en prismes (§ 115).

cales, des topazes, de la chaux phosphatée, etc., sont
plus considérables et s'étendent avec beaucoup
de régularité à de plus grandes distances; ils forment moins de stockwerks, qu'un de ses systèmes
de filons parallèles, que Werner nomme *gangzüge*
(traînées de filons).

Nous donnerons comme un exemple d'un stockwerk formé par des rognons ou grains disséminés,
dans une masse, la montagne de Bleyberg, à huit
lieues au sud-est d'Aix-la-Chapelle : elle consiste
en un grès siliceux blanchâtre, à grains légèrement agglomérés (§277), alternant avec des poudingues à galets de quartz ; il contient une immense quantité de grains de plomb sulfuré, ordinairement gros comme des pois , et plus ou
moins mêlés de sable : dans les poudingues,
le minerai se dispose quelquefois en forme de
couche ou d'auréole autour des galets. On retire
annuellement de cette montagne seize mille
quintaux de plomb, et quarante mille quintaux
d'*alquifoux* ou plomb sulfuré pour le vernis des
poteries.

Plusieurs portions des montagnes granitiques
du pays de Cornouailles, qui sont comme imprégnées de minerai d'étain, et quelquefois en assez
grande quantité pour donner lieu à une exploitation profitable , seraient encore un exemple des
stockwerks consistant en portions de roches chargées de minerai en parties extrêmement petites.

~~~~~~

CHAPITRE II.

DES FILONS,
ou *gîtes de formation postérieure.*

Gænge (filons) des Allemands.

L s gîtes, que tout indique être de formation postérieures à celle du terrain qui les renferme , sont
des filons, ou des modifications de filons.

Définition et caractère distinctif. §402. *Les filons sont des masses minérales qui coupent presque toujours les strates des terrains qui les renferment, et qui sont formés d'une matière distincte de celle de ces terrains.*

On s'en fera une idée très-exacte, en se les représentant comme de grandes fentes qui se sont
opérées dans les roches, et qui ont été ensuite
remplies de matières minérales.

Ils diffèrent essentiellement des couches, comme
nous l'avons déjà remarqué, en ce qu'ils ont été
formés postérieurement a la roche qui les entoure, et qu'ainsi ils en coupent presque toujours
les strates. Nous disons presque toujours, parce
qu'il est fort possible qu'une fente se soit faite,
en tout ou en partie, dans le sens de la stratification : lorsqu'elle sera remplie de matière minérale, elle présentera un gîte qui sera, en tout
ou en partie, parallèle aux strates, quoiqu'elle
soit de formation postérieure, et par conséquent

un vrai filon. Werner cite des exemples de ce cas pris aux environs de Freyberg.

Nous allons traiter succinctement de filons considérés en eux-mêmes, en faisant connaître la nomenclature de leurs diverses parties, les particularités que présente leur volume et la masse qui les compose; nous les considérerons ensuite par rapport à la roche qui les entoure, et aux divers filons qui se rencontrent dans un même terrain; nous ferons de courtes observations sur leur mode de formation, et nous terminerons en jetant un coup-d'œil sur quelques gîtes particuliers qui n'en sont que des modifications. Ce que je vais dire ici, étant en quelque sorte le résumé méthodique de mes nombreuses observations sur ces gîtes, je citerai peu d'exemples à l'appui; on en trouvera d'ailleurs un grand nombre dans la *Théorie de la formation des filons, par Werner*, ouvrage qui est entre les mains de tous les minéralogistes; ainsi que dans l'article *Filon* du *Nouveau Dictionnaire d'histoire naturelle*, article rédigé par M. de Bonnard.

a) Filons en eux-mêmes.

§ 403. D'après l'idée que nous avons donnée des filons, on peut se les représenter comme de grandes plaques, présentant diverses inflexions, et coupant la roche sous diverses inclinaisons.

Les deux faces de cette plaque sont les *sal-*

Des diverses parties d'un filon, et de leur nomenclature.

bandes (*saalbœnder*, en allemand) du filon, et
les deux parois de la fente qui le renferme en
sont les *épontes.* Lorsque le filon est incliné , ce
qui est presque toujours le cas, celle sur laquelle
il repose en est le *mur* (*liegendes*), et celle qui
le recouvre, c'est-à-dire qui est en contact avec
la salbande supérieure, en est le *toit* (*hangendes*).

Le bord supérieur du filon en est la *tête*, et
lorsqu'il n'est pas recouvert de roche, et qu'il
se montre par conséquent à la surface du sol, il
prend le nom *d'affleurement.* Les autres bords
sont les *extrémités.*

L'épaisseur du filon , c'est-à-dire la distance
d'une de ses salbandes à l'autre, en est appelée la
puissance; comme si c'était de cette partie que
dépendît principalement sa grandeur et quelques
autres de ses particularités.

Ordinairement un filon s'amincit vers ses extrémités, et il se termine en forme de coin ; ou bien
encore il se *ramifie* et s'éparpille en une multitude de petits filets qui se perdent également
dans le rocher.

Non-seulement à ses extrémités, mais encore dans
l'étendue de son cours, il se divise quelquefois en
plusieurs *branches* qui courent dans la roche
jusqu'à une certaine distance , pour se rejoindre
et reformer ensuite le filon. Lorsqu'au lieu de
se diviser de la sorte, il pousse seulement une
branche qui suit son cours en cheminant parallè-

lement, il en résulte une *branche accompagnante* : quelquefois elle se perd dans la montagne, d'autres fois elle rejoint le tronc, et enferme entre elle et lui un massif de roche.

On fixe la position d'un filon comme celle d'un plan, par deux lignes tracées sur ce plan. Une d'elles sera une ligne horizontale, menée sur une des salbandes; c'est la *ligne de direction :* et en apposant une boussole près d'elle, on verra l'angle qu'elle fait avec la méridienne; c'est l'angle de direction , ou simplement la *direction du filon*. Une seconde ligne menée sur la salbande , perpendiculairement à la première , donnera la ligne de plus grande pente ou d'*inclinaison*, et l'angle qu'elle fera avec une ligne horizontale (imaginée dans le même plan vertical), sera l'angle d'inclinaison ou simplement l'*inclinaison du filon*. Il est superflu de dire qu'il faut bien avoir soin de ne pas confondre la direction ou l'inclinaison générale d'un filon, avec les directions ou inclinaisons partielles de ses parties : lorsqu'on prend la direction d'une rivière ou d'une route , on fait abstraction des sinuosités : on en usera de même à l'égard d'un filon.

Quand un pareil gîte éprouve peu de variations en direction, en inclinaison et en puissance, en un mot , lorsque sa forme reste suffisamment plane, on dit que son *allure* est régulière, ou qu'il est bien réglé.

Les variations ou inflexions en direction et inclinaison sont en général peu considérables ; et les filons se propagent assez directement en ligne droite vers un point : les déviations ne sont ni grandes ni de longue durée ; cependant il se présente quelques exceptions : j'ai vu à Poullaouen un filon qui formait un arc, au moins dans la partie exploitée. Quant à la puissance, elle est sujette à de fréquentes variations ; quelquefois elle devient fort petite, et le filon est comme *étranglé;* plus loin elle sera considérable et donnera lieu à un *ventre*, ou *renflement.*

Grandeur.   § 404. Les filons éprouvent les plus grandes variations en grandeur. En général leur étendue paraît dépendre principalement de leur puissance ; si celle-ci n'est que de quelques lignes, l'étendue ne dépassera guère quelques mètres ; mais si elle est de un ou deux mètres, alors le filon se prolongera jusqu'à de grandes distances, quelquefois jusqu'à des lieues entières.

Un filon, au moins en Europe, passe pour être déjà fort considérable lorsqu'il a un mètre de puissance et mille mètres d'étendue. On en connaît cependant de bien plus longs et plus puissants ; on rapporte qu'à la Croix-aux-Mines, en Lorraine, on en a reconnu un sur une longueur de treize mille mètres. A Freyberg, une exploitation de quatre siècles en a ouvert un sur une longueur de 3600 mètres, et une profondeur de 580 mètres :

le plus considérable de ceux qu'on y a reconnus a 6200 mètres de long et deux mètres de puissance moyenne. Aux célèbres mines de Schemnitz, en Hongrie, le filon principal, le *Spitalergang*, a jusqu'à quarante mètres de puissance en quelques points. On cite comme le plus grand de l'Allemagne, le *Mordlauer*, en Franconie, qui est exploité sur une longueur de 18000 mètres, et dont la puissance est de 10 à 12 mètres. Mais le plus considérable, comme le plus riche des filons connus, est la *Veta Madre*, près de Guanaxuato, au Mexique; d'après M. de Humboldt, sa puissance est de 40 à 45 mètres, il est exploité sur une longueur de 12700, et sur une profondeur de 514 : on en retire annuellement pour trente millions de francs d'argent.

A l'autre extrémité de la progression que présente la grandeur des filons, nous en trouverons quelques-uns qui n'ont que quelques pouces d'épaisseur et quelques mètres de longueur. Nous ne parlons pas ici des petites ramifications ou filets que les filons poussent habituellement dans la roche qui les encaisse, et qui n'ont souvent que quelques pieds de long et quelques lignes de large.

§ 405. La masse des filons, avons-nous dit, est distincte de celle qui constitue les roches environnantes. Ce n'est pas que quelquefois ces masses ne soient de même nature, c'est-à-dire qu'on ne

Masse et structure des filons.

trouve des filons de granite dans des montagnes
de granite; mais encore, dans ce cas, leur matière diffère de celle de la roche dans la texture
et la grosseur du grain, etc. En général, elle est
plus épurée, et présente les indices d'une combinaison plus intime et d'une formation plus
tranquille généralement parlant, on peut dire
que la substance qui compose les filons, est plus
pure et plus cristalline que celle des roches
environnantes (§ 169).

Ce sont des matières pierreuses qui constituent
ordinairement la masse des filons; et la plupart
de ceux qui existent sont entièrement formés de
granite, de porphyre, de quartz, de spath calcaire, de diabase, de grès et d'argile. Mais comme
aussi les substances métalliques se trouvent habituellement dans cette sorte de gîte, ce sont elles
qui les ont principalement rendus importants aux
minéralogistes et aux mineurs, et c'est aussi
comme gîtes de minerais que nous allons en traiter dans ce qui suit.

Tous les métaux se trouvent en filons, et la
plupart y sont en plus grande abondance que
dans toute autre espèce de gîte; mais ils n'en
forment point, sauf quelques cas assez rares,
la masse entière et même la masse dominante.
Elle est composée de matières pierreuses qui sont
principalement le quartz, passant souvent au silex
corné et au jaspe, la chaux carbonatée tantôt

pure, tantôt chargée de fer et de magnésie (formant le spath calcaire et le spath perlé), la baryte sulfatée et la chaux sulfatée : on les nomme *gangues* (du mot allemand *gang*, filon), et quelquefois *matrices*. Ce dernier nom est celui qu'on leur donnait autrefois, dans l'idée où l'on était que les métaux s'engendraient au milieu d'elles. Assez souvent même on a des filons composés de matières terreuses ou d'argile, ou d'un limon gras prenant quelquefois la texture schisteuse, et que les mineurs allemands nomment *letten*. Ces filons terreux, qu'on appelle *filons pouris*, sont quelquefois stériles, d'autres fois ils contiennent une grande quantité de substances métalliques : c'est ainsi que les plus riches de ceux qu'on exploite au Pérou, sont en grande partie composés d'une matière terreuse et ferrugineuse nommée *paco* dans ce pays, et *colorado* dans le Mexique.

Les parties métalliques sont dans les filons, tantôt en masses, rognons, ou grains plus ou moins gros disséminés dans la gangue, tantôt alternant par couches avec elle, tantôt sous forme de veines. De quelque manière que le minerai s'y trouve, il est loin d'être uniformément répandu dans toute l'étendue du gîte : le plus souvent il n'y est que dans certaines parties qui forment comme de larges bandes ; et, pour arriver de l'une à l'autre, il faut traverser des bandes intermédiaires, dépourvues de minerais, et par conséquent *stériles*.

J'en ai donné des exemples en décrivant les filons de
Poullaouen et de Huelgoat en Bretagne (1). M. de
Humboldt observe que ce n'est que sur une bande
de 2600 mètres de large, que le fameux filon de
la *Veta Madre* est d'une grande richesse.

Les diverses matières, gangues et minerais, qui
composent les filons, ne présentent le plus souvent
entre elles aucun arrangement régulier. Cependant, dans les endroits où elles sont en nombre
considérable, et où, en même tems, tout indique
que la formation n'a été ni troublée ni gênée, et
qu'elle s'est faite en pleine tranquillité, leur disposition réciproque, c'est-à-dire la structure du
filon, est vraiment digne de remarque. Elles sont
disposées par couches parallèles aux salbandes;
et, à partir de chaque salbande, en allant vers
le milieu du filon, on a, de part et d'autre, des
couches pareilles. Par exemple, si, à compter d'une
des salbandes, on a successivement des couches
de quartz, galène, spath calcaire, blende, quartz,
blende, etc. ; à compter de l'autre salbande, on
aura, dans le même ordre, quartz, galène, spath
calcaire, blende, quartz, blende, etc. ; en un
mot, le filon, dans sa coupe, présentera deux
moitiés parfaitement symétriques, chacune composée de bandes pareilles en nombre, en nature,
en disposition réciproque, et même en largeur.

---

(1) *Journal des Mines*, tom. XX et XXI.

Quoiqu'il ne faille pas prendre à la rigueur géo-
métrique ce que nous venons de dire, je puis assurer cependant avoir vu un filon composé de
couches de baryte sulfatée, et de chaux fluatée,
diversement colorées, et disposées avec une si
exacte symétrie de part et d'autre, qu'avec la
règle et le compas on n'aurait pu faire mieux (1).
Je dois remarqure que cette structure dans un
filon cst exactement ce qu'elle aurait été, si la
fente qui le contient eût été remplie d'une dissolution ou de diverses dissolutions qui auraient
successivement déposé sur ses parois différents
précipités. La coupe de certains tuyaux de conduite dans lesquels les eaux ont fait des dépôts
successifs, et celle de certaines géodes allongées, présentent des faits analogues.

Lorsque la matière composant les précipités
ou couches dont nous venons de parler, a montré
une grande tendance à se former en cristaux, soit
parfaits, soit imparfaits, tels sont le cristal de
roche, l'améthyste, le spath calcaire, etc., on remarque que la pointe des cristaux de forme py-
ramidale est toujours tournée vers l'intérieur du
filon, le cristal étant à-peu-près perpendiculaire
aux salbandes : chaque couche prend, en conséquence, sur celle de ses faces tournée du côté de
la salbande, l'empreinte des cristaux de la couche

(1) *Des Mines de Freyberg*, tom. I, pag. 54.

adjacente, tandis que les cristaux qu'elle porte sur
l'autre face, semblent enfoncer leur pointe dans
la couche subséquente. Enfin, les cristaux des deux
couches du milieu se présentant leurs sommets,
s'engrènent les uns dans les autres, et, en crois-
sant, ils finissent par remplir le filon.

Il arrive assez souvent que les deux couches
intérieures ne se joignent pas, et qu'elles laissent
ainsi un vide entre elles. De là les cavités que l'on
voit dans les filons, et dont les parois, ordinairement tapissées de cristallisations, portent le
nom de *druses*, et de *fours* ou *poches à cristaux*:
elles sont presque toujours oblongues, parallèles aux salbandes, et se trouvent le plus souvent
dans les parties où le filon, par une augmentation
de puissance, présente un renflement considérable. Ce sont évidemment les restes d'une fente
qui ne s'est pas entièrement remplie.

Les cristaux qu'on voit dans les druses, montrent quelquefois un fait extrêmement remarquable. Leur moitié supérieure (celle qui est tournée
vers le zénith) est recouverte d'autres cristaux plus
petits, tandis que la partie inférieure n'en porte
aucun. Dans le cabinet de minéralogie de Freyberg, on a de gros fragments de druses, dont les
cristaux de quartz ou de spath calcaire sont recouverts, sur une moitié seulement, de petits cristaux
de pyrite, de fer oxidulé et de plomb sulfuré.
Dans un grand nombre de mines, j'ai vu le dessus

de cristaux de quartz qui s'avançaient dans les druses, garnis de cristallisations de spath calcaire, ou de spath perlé ; elles ont été manifestement produites par un liquide qui, venant d'en haut, les a déposées à la surface des parties saillantes sur lesquelles il tombait.

La masse des filons offre encore quelquefois une particularité dont nous devons faire mention. Entre elle et la roche adjacente, tantôt du côté du toit ou du mur, tantôt des deux côtés, et sur une étendue plus ou moins considérable, on a une mince couche d'argile ou de limon. Les Allemands donnent à cette *lisière* le nom de *besteg* (1).

Les filons renferment souvent des fragments de la roche adjacente, qui sont comme empâtés dans leur masse ; leur nombre est quelquefois assez considérable pour que le tout présente l'aspect d'une brèche. Leur forme anguleuse et l'identité parfaite de leur substance avec celle de la roche voisine ne laissent aucun doute sur leur origine. Quelquefois le métal s'est porté de préférence autour d'eux, et il les a enveloppés d'une mince couche. Les mines du Hartz présentent un pareil fait ; le minerai, plomb sulfuré, y porte le nom de

---

(1) Cette argile, dans des filons que tout indique être antérieurs à la formation des terrains secondaires et même intermédiaires, me paraît très-remarquable. L'argile serait-elle quelquefois de forma ion primitive, et non une production de la destruction des roches feldspathiques ?

ringertz (minerai en anneau) : j'en ai observé un semblable dans la mine d'Huelgoat, et la montagne de Bleyberg nous en a montré un autre. On dirait que ces fragments, entourés d'une mince couche de galène, comme par une sorte d'affinité, ont décidé la précipitation des parties métalliques à se faire sur leur surface.

Non-seulement on trouve dans les filons des fragments de la roche adjacente et de leur propre masse, mais encore on en voit quelquefois, quoique rarement, qui appartiennent à des roches étrangères ; on y voit même des galets ou vraies pierres roulées. J'ai observé à Altenberg en Saxe, dans une roche de gneis, des cailloux de quartz absolument semblables à ceux qu'on trouve sur les bords des rivières. Werner et tous ceux qui ont vu beaucoup de filons rapportent des faits semblables. M. Schreiber a décrit des filons près des Chalanches en Dauphiné, qui étaient entièrement remplis de pierres roulées. On en exploite en Cornouailles, qui ne sont composés que de gravier. Au reste, ce que rapportent les auteurs au sujet de ces matières doit être examiné avec discernement : souvent on a pris pour des galets des masses qui, par un effet de leur formation primitive, avaient acquis une forme arrondie, et nous avons vu combien cette forme était fréquente dans le règne minéral (§ 118). Elle l'est également dans les filons ; celui de Huelgoat en offre des exemples : j y ai vu en quelque sorte les filets de quartz qui composaient sa masse, se replier sur eux-mêmes, et former des boules que l'on a confondues avec des pierres roulées.

On cite encore quelques filons qui contiennent du bitume, des coquilles et autres débris d'êtres organisés : ces exemples sont très-rares.

Les différences que les filons présentent dans leur composition, ont porté Werner à les diviser en diverses formations. Il regarde comme appartenant à une même formation tous ceux qui ont une seule et même origine, tant sous le rapport de l'époque à laquelle ils ont été formés, que sous celui des substances qui les composent; quelles que soient d'ailleurs les contrées dans lesquelles on les trouve.

b) Des filons, par rapport à la roche qui les renferme.

§ 406. Nous avons dit que les filons coupaient presque toujours les strates des roches qui les renferment, et que les exceptions à cette règle étaient peu nombreuses. Elles ont lieu lorsque la fente, devenue filon par le remplissage, s'est faite dans le sens des couches, ou lorsqu'elle s'est opérée entre deux terrains de nature différente : à la première espèce, on rapporterait le fameux filon de Guanaxuato, que M. de Humboldt croit parallèle aux strates du schiste phyllade qui l'en-

Rapport des positions.

caisse ; et le filon de Villefort, dans la Lozère, qui court entre le granite et le schiste micacé, fournirait un exemple de la seconde. Au reste, les mineurs ayant habituellement donné le nom de filons à tous les gîtes de minèrai, sur-tout lorsqu'ils approchaient de la verticale, auront souvent cité comme filons des gîtes qui sont de vraies couches ; et quelquefois même les observateurs les plus expérimentés sont embarrassés de savoir à laquelle des deux classes ils doivent rapporter un gîte qui se présente à eux.

Ordinairement les strates se correspondent exactement de part et d'autre du filon ; cette correspondance est frappante, lorsque la roche contient des assises de nature différente ; par exemple un banc de quartz dans du gneis. Mais souvent aussi, d'un des côtés du filon, principalement à son toit, elles sont plus basses que celles qui leur correspondent de l'autre côté (1). La cause de ce fait proviendra de ce qu'à l'époque de la formation de la fente qu'occupe le filon, une des deux portions du terrain qui ont été séparées, aura éprouvé un affaissement Nous avons déjà traité de cet objet (§ 266) en parlant des *failles* ou filons qui traversent les terrains houillers.

---

(1) On peut voir dans l'atlas de la *Richesse minérale*, par M. Héron de Villefosse, planche 23, des exemples de pareils dérangements produits par des filons de cobalt, aux mines de Riegelsdorff en Hesse, et à celles de Bieber, près de Hanau.

§ 407. La masse du filon est ordinairement bien distincte de celle de la roche; elle en est même assez souvent séparée par une lisière d'argile, ainsi que nous l'avons observé. Cependant, il arrive quelquefois que l'adhérence entre les deux masses est intime, et Werner remarque que cette circonstance a principalement lieu lorsque les filons sont d'une formation presque contemporaine à celle de la montagne. Quelquefois même on voit des filons tenir à la roche adjacente par une multitude de petits filets qui la pénètrent; les exploitations de Clausthal et d'Andreasberg, au Hartz, ont présenté de fréquents exemples de ce fait à M. Héron de Villefosse.

La roche est assez souvent altérée à son contact avec le filon; tantôt son tissu est relâché, et elle est en partie décomposée, tantôt elle est même un peu dénaturée. C'est ainsi qu'à Freyberg, dans le voisinage de quelques filons, le gneis prend un aspect verdâtre et devient savonneux comme s'il était plus stéatiteux.

Fréquemment encore, la roche, dans le voisinage du filon, est imprégnée de sa substance, et renferme même quelques parcelles de minerai; et cela au point qu'elle devient quelquefois un objet d'exploitation. Ce fait est une suite naturelle du mode de formation des filons : la dissolution, qui a déposé leur masse à l'époque où elle remplissait la fente, aura pénétré les parois

de ce récipient, dans toutes les parties où de petites fentes (produites peut-être lors de la formation de la grande), des fissures et un relâchement de tissu lui permettaient de s'insinuer; et
elle y aurait déposé une partie des substances
pierreuses et métalliques qu'elle contenait.

Une semblable pénétration de la substance du
filon doit avoir eu lieu, à plus forte raison, sur les
fragments de la roche qui sont tombés dans la
fente au milieu de la dissolution. Aussi, ai-je vu
des morceaux de gneis, retirés des filons de
Freyberg, contenir jusqu'à trente pour cent de
plomb sulfuré; et le filon de Poullaouen m'a
montré, à chaque pas, des fragments de schiste
pénétrés de la matière quartzeuse et métallique
qui constitue ce gîte.

Rapport
de nature.

§ 408. Les mineurs étaient trop intéressés à
connaître les rapports qui pouvaient exister entre
les roches et les filons qui les contiennent, sous
le rapport de leur nature, afin de pouvoir se diriger dans leurs recherches et dans leurs exploitations, pour n'avoir pas étudié ces rapports.
Mais, de leurs observations, on peut presque
conclure que chaque espèce de roche contient,
ou est susceptible de contenir toute espèce de
filons; et que de ce qui a lieu dans un pays, on
ne peut guere en inférer ce qui sera dans un
autre.

Un filon traverse indistinctement toutes les

roches et tous les bancs de la contrée dans laquelle
il se trouve, sans éprouver de changement,
soit dans son volume, soit dans la richesse. Tel
est le fait général, et les exceptions sont peu nombreuses. On cite, en exemple de pareilles exceptions, les filons d'Audreasberg, qui, traversant
un terrain composé de bancs de phyllade et de
schiste siliceux, sont ordinairement plus larges
dans les premiers que dans les seconds. Les filons
de plomb qui sont, en Angleterre, dans le calcaire
à encrines (§ 251), lequel contient des bancs d'amphibolite (*toadstone*), sont étranglés et quelquefois entièrement coupés par ces bancs; on dit
même qu'ils se reproduisent ensuite au-dessous,
et cela à diverses reprises; mais ces faits deman-
dent un nouvel examen. Quelques filons, en traversant des bancs d'une nature différente, sont
plus riches dans les uns que dans les autres : c'est
ainsi qu'aux célèbres mines d'argent de Kongsberg, en Norwége, les filons sont riches, lorsqu'ils traversent certains bancs contenant beaucoup de pyrites et de zinc, et qui portent le nom
de *faalbænder* dans le pays; et ils sont souvent
stériles dans le reste de la roche (*schiste micacé*).
Ces faits sont encore purement locaux, et ne peuvent donner lieu à une conclusion générale.

Dans mes observations, j'ai été frappé du peu de
rapport qu'il y a entre la nature des filons et celle
des roches qui les contiennent; par exemple, dans

les montagnes de gneis de Freyberg, si riches en filons de spath brunissant et d'argent sulfuré, on ne trouve pas la moindre parcelle de ces substances dans les couches. Ce fait est répété presque par-tout; et quoique les auteurs citent des exemples de montagnes où la même substance se trouve tantôt en couches, tantôt en filons, il n'en est pas moins vrai qu'ils sont rares.

On a peut-être également trop généralisé les observations faites dans certains pays, lorsqu'on a dit que les montagnes de gneis, de schiste micacé et de phyllade, étaient les plus riches en filons; que le granite et le porphyre étaient peu métallifères; qu'il en était de même des montagnes très-escarpées, ou dont la stratification était irrégulière; que la direction la plus générale des filons dans une contrée, était parallèle aux grandes vallées voisines. Ces faits, généralement vrais en Saxe, ne le sont plus en Amérique, où l'on voit les porphyres et les calcaires renfermer les plus riches des filons qui nous sont connus, où on voit ces gîtes à des hauteurs de quatre mille mètres.

b) *Rapport des filons entre eux.*

§ 409. Rarement un filon est-il seul dans une contrée; en général ces gîtes se trouvent comme par groupes dans lesquels ils sont quelquefois parallèles; mais le plus souvent ils se croisent.

Dans la même région, les filons d'une même

formation sont ordinairement parallèles : c'est ainsi qu'à Freyberg on voit les principaux filons de plomb dirigés du nord au sud ; et qu'à Ehrenfriedersdorff, les filons d'étain sont dirigés de l'est à l'ouest, en affectant un parallélisme remarquable.

Mais ceux de formation différente, et quelquefois ceux de même formation, se joignent, se croisent, en présentant dans leurs jonctions et intersections des phénomènes qui sont d'un grand intérêt dans l'exploitation des mines, et sur lesquels nous allons nous arrêter un instant.

§ 410. Lorsque deux filons se croisent, il y en a un qui, sans éprouver aucune interruption, traverse l'autre, et le coupe ainsi en deux parties. Le filon coupé existait déjà lorsqu'il s'est fait, dans la montagne, la fente qui, remplie ensuite de matière minérale, a formé le filon coupant ; de sorte que celui-ci est le plus nouveau, et que le filon traversé est le plus ancien. En partant de ce principe, et en combinant les observations sur les divers filons de la contrée de Freyberg, Werner est parvenu, de la manière la plus ingénieuse, à déterminer l'âge relatif de chacun d'eux.

Quelquefois le filon coupant, aux approches de l'autre, se ramifie ou s'éparpille en petites veines, lesquelles se rejoignent et présentent de nouveau ce filon au-delà du filon coupé.

Intersection des filons.

Il arrive très-souvent que lorsqu'un filon en traverse un autre, il le dérange et le *jette hors de sa direction;* c'est-à-dire que les deux parties du filon coupé, au lieu de rester en ligne droite, sont portées sur deux lignes parallèles plus ou moins éloignées les unes des autres : ce fait est vraisemblablement produit par l'affaissement ou l'écartement d'une des deux parties du terrain séparées par la nouvelle fente. Les observations sur le *rejet* des filons, sont du plus grand intérêt pour le mineur; elles lui indiquent la marche qu'il doit suivre pour retrouver un filon qui s'est perdu, à la rencontre d'un autre filon ou même d'une simple fissure. Si le filon coupé a été simplement jeté hors de sa direction, on voit, d'après ce qui vient d'être dit, qu'il faudra suivre le filon traversant, et qu'à une distance plus ou moins considérable, on retrouvera le filon perdu : l'expérience a appris qu'il fallait se diriger du côté de l'angle obtus formé à l'intersection des deux filons ; mais ces observations sont locales. C'est en voyant comment un même filon ou des filons de même nature, dans la même contrée, ont été dérangés par les diverses espèces de veines ou fissures qui les traversent, que l'on peut, par induction, conclure la conduite qu'il faut tenir lorsqu'on viendra à reperdre ce même filon ou des filons de même nature.

D'autres fois on voit, dans le même encaissement et à côté l'un de l'autre, deux filons de nature entièrement différente : j'ai été à même d'observer auprès d'Annaberg, des filons de wacke à côté de filons de quartz et argent ; à Zinnwald, des filons de vacke à côté de filons d'étain, et sans que leur matière se mélangeât en aucune manière : vraisemblablement un des deux était déjà consolidé lorsque l'autre s'est formé.

Un filon, en en joignant un autre, se propage quelquefois dans sa masse ; il en suit la direction jusqu'à une certaine distance, pour reprendre ensuite celle qu'il avait d'abord.

Les intersections des filons sont souvent les points les plus riches en minerai : c'est ainsi qu'aux mines de Baygorri (dix lieues au sud de Bayonne), l'intersection de trois filons a été un point d'une grande richesse. Ce fait, dont il est difficile d'entrevoir la cause, paraît cependant n'être pas un simple effet du hasard; il en sera de même du suivant : toutes les veines qui rencontrent un filon sous une certaine direction, l'enrichissent, et il est appauvri par celles qui le joignent sous une autre direction. De pareils faits, souvent observés par les mineurs, leur servent de règle : mais encore ici ils sont dépendants des localités, et il serait imprudent de conclure de ce qui a lieu dans une contrée, ce qui doit se passer dans une autre.

d) De la formation des filons.

Les filons sont si importants pour le mineur, si intéressants pour le géologiste, ils se distinguent tellement de tous les autres gîtes de minéraux, qu'ils ont fixé, d'une manière particulière, l'attention des savants, lesquels ont cherché à expliquer et les faits particuliers qu'ils présentent, et leur mode de formation. Je n'entrerai point dans le détail de toutes les hypothèses qui ont été faites à ce sujet : on peut en voir l'exposition et la victorieuse réfutation dans l'ouvrage de Werner déjà cité.

Diverses hypotheses.

§411. Parmi les hypothèses complétement réfutées, je citerai, 1° celle dans laquelle on regarde les filons comme les branches d'un énorme tronc placé dans le sein de la terre ; 2° celle qui les représente comme des portions de la roche, qui, sur quelques bandes, ont été transmutées par l'action de certains menstrues qui les auront pénétrées ; 3° celle dans laquelle on considère les filons comme des fentes qui se sont faites dans les roches, et qui ont été remplies de matières terreuses que les eaux pluviales, filtrant à travers les roches, y ont conduites, et qui ont été ensuite changées en gangues et minerais par l'influence du soleil, ou par l'action de l'air, ou par des exhalaisons venues de l'intérieur du globe. Aucune de ces théories ne présente le moindre degré de vraisemblance aux yeux de celui qui a seulement vu quelques filons.

Il en est de même de celle qui a été reproduite, en dernier lieu, par Lamétherie, et dans laquelle on regarde ces gîtes comme formés, en même tems que les montagnes qui les contiennent, par un effet de l'affinité de leurs molécules. Pendant que la matière des roches, en se précipitant et cristallisant, formait les strates de la montagne, celle des filons, en se réunissant de son côté, aurait produit comme des traînées de substance métallique. Lorsqu'une force d'affinité réunit des molécules similaires au milieu d'une dissolution ou d'une masse molle, elle en forme des cristaux, des masses globuleuses ou tuberculeuses, et peut-être quelques géodes, mais non des plaques minces et allongées, composées de substances différentes, renfermant des cavités, coupant les strates de la roche, etc.

Werner réfute encore, d'une manière qui me paraît péremptoire, l'opinion de ceux qui considèrent les filons comme des fentes qui se sont remplies par l'effet de divers agents fluides, lesquels, ayant pénétré dans les roches, y ont dissous ou pris certaines substances, les ont entraînées avec eux dans les fentes, où ils les auront déposées sous forme de précipités chimiques, et ont ainsi successivement produit la masse du filon. Dans cette opinion, on attribue, comme l'on voit, aux filons une formation pareille à celle des géodes. Quoiqu'il y ait bien quelques rapports entre elles cependant, on ne peut admettre une même origine; très-souvent il n'y a pas la moindre ressemblance entre la matière du filon et celle de la roche : à Freyberg, celle-ci ne contient pas un atome de baryte et de plomb, et les filons en présentent une immense quantité. Lorsque, dans une contrée, on voit tous les filons qui ont une certaine direction, contenir un métal, et que ceux qui ont une autre en contiennent un absolument différent; par exemple, lorsqu'à Ehrenfriedersdorff, on voit les filons argentifères dirigés du nord au sud, coupant les filons d'étain qui sont dirigés de l'est à l'ouest, il est difficile de penser que l'argent et l'étain étaient originairement contenus dans la roche; que le premier n'a été porté que dans les filons septentrionaux, et le second dans les filons orientaux. On peut voir dans l'ouvrage de Werner un grand nombre d'autres objections à cette hypothèse.

§ 412. A ces diverses théories, Werner en substitue une qu'il établit ainsi qu'il suit : *Les filons sont des fentes produites dans les roches, et qui ont été ensuite remplies, par le haut, de diverses substances.* Il regarde les fentes comme faites dans les roches après leur dépôt, soit à l'époque où leur masse, en se desséchant ou en se consolidant, a éprouvé un retrait, soit

Théorie de Werner.

par suite des affaissements que les masses des montagnes ont
éprouvés, et qui ont été infiniment plus nombreux et considérables dans les tems voisins de leur formation qu'aux époques
subséquentes. Quant à la masse des filons, Werner la croit
produite par une dissolution qui couvrait les terrains renfermant les fentes, et qui par conséquent pénétrait dans leur intérieur; car elles étaient alors ouvertes par leur partie supérieure.
Cette dissolution, dit-il, dont la nature a souvent varié, a successivement déposé, sur les parois de ces fentes, différents principes, et elle les a ainsi remplies en tout ou en partie : comme
elle y était beaucoup plus tranquille, ses produits y ont été
plus cristallins et plus purs que ceux qu'elle déposait ou pouvait
déposer à la superficie du sol, sous forme de couches.

Certainement cette théorie explique de la manière la plus sa-
tisfaisante la plupart des phénomènes que présentent les filons,
notamment ceux de Freyberg, dans leur structure, leurs intersections, etc.; mais elle ne rend qu'imparfaitement raison de
quelques faits qui se présentent dans la nature. La partie de
cette théorie qui regarde les filons comme formés dans des
fentes préexistantes, me paraît hors de tout doute : depuis long-
tems elle est généralement admise parmi les minéralogistes.
Mais il n'en est pas exactement ainsi de celle qui concerne le
remplissage des fentes opéré uniquement *par le haut;* et Werner même admet une classe de filons, les veines (§ 401), qui
ne sont plus dans ce cas. Le remplissage par le haut est absolument incontestable pour les filons qui renferment des galets,
des pétrifications pour les filons de grès, de sable, etc.; il l'est
pour les filons de basalte dont nous avons parlé (§ 382);
il l'est, à mes yeux, pour un grand nombre des filons métalliques que j'ai observés : mais l'est-il également pour tous? Je
n'oserais l'affirmer. Qu'on me permette l'observation suivante.

Observation.   Lorsque, dans une contrée de cent lieues d'étendue, composée uniquement de roches de texture grossière, grès et phyl-

lade (*grauwackenschiefer*), par exemple , je vois de nombreux filons de galène et de quartz bien cristallins ; lorsque ,
dans des montagnes de gneis d'une étendue aussi grande, je
trouve une multitude de filons d'argent et de spath, et que je ne
vois pas le moindre indice de ces substances dans la masse de ces
montagnes , il m'est bien difficile de concevoir que ces filons
soient le produit d'une dissolution qui, couvrant la contrée, pénétrait dans les fentes , et y déposait les matières dont elle était
chargée. N'aurait - elle donc déposé ses précipités que dans ces
fentes ? Ou bien aurait-elle déposé des masses de gneis à la superficie du sol et des masses de spath et d'argent dans les fentes de
ce même sol ? On conçoit bien qu'un précipité, fait dans un
lieu avec plus de tranquillité, puisse donner un produit plus
cristallin ; mais non qu'il puisse former des corps entièrement
différents , par exemple , du feldspath et du mica dans un lieu ,
du plomb sulfure et du spath calcaire dans un autre ; ce serait
admettre la transmutabilité de la matière , celle de principes
regardés comme simples et que tout nous indique être tels. Je
ne dirai pas que la transmutabilité , ou plutôt la conversion de
plusieurs de ces corps les uns dans les autres , par l'addition ou
la soustraction de quelque principe incoercible, soit impossible à la nature ; car tous ses moyens sont loin de nous être
connus ; la pile galvanique vient de nous en découvrir dont l'existence n'était pas même soupçonnée ; et la formation des aérolites met sous nos yeux des faits qui semblent tenir à un ordre
de choses dont nous n'avons pas même une idée. Mais, comme
en bonne logique nous ne devons baser nos raisonnements que
sur des faits positifs, et qu'aucun ne peut nous porter à croire
que jamais les éléments du feldspath, différemment combinés,
puissent produire du plomb sulfuré, il serait absolument chi-
mérique de baser une théorie sur le principe de cette transmutabilité, quoique je convienne d'ailleurs que la considération
des filons était bien propre à en faire naître l'idée.

Je renvoie au traité de Werner pour la discussion et l'établissement des divers points de sa théorie, et des théories sur les filons en général : qu'il me suffise d'avoir fait connaître les faits généraux qu'ils présentent.

Filons en amas.

§ 413. Les filons , comme les couches , en se renflant considérablement, c'est-à-dire en prenant une grande épaisseur , peuvent donner lieu à de grosses masses ou amas qui diffèrent de ceux provenant du renflement des couches , en ce qu'ils coupent la stratification des roches qui les entourent, au lieu que les autres sont parallèles à cette stratification. Werner nomme cette sorte de gîte *stehendes stock* (bloc ou amas debout), par opposition aux amas couchés , qui sont les amas proprement dits. M. de Bonnard a traduit par *amas transversal* la dénomination allemande. Cette sorte de gîte est fort rare, je n'ai pas été à même de l'observer , et je n'en trouve même pas d'exemple bien positif dans les auteurs.

On pourrait y rapporter le gîte que quelques anciens minéralogistes français ont appelés *mine en sac ;* il se trouve dans les montagnes calcaires et consiste en grottes ou cavernes qui ont été remplies par les filtrations de minerai de fer hydraté , et principalement de la variété connue sous le nom de mine en grains.

Filons épais et cunéiformes.

§ 414. Il a dû quelquefois arriver , et il est effectivement arrivé, que les fentes qui se sont faites dans les montagnes ont été beaucoup plus larges dans leur partie supérieure , et qu'en allant en diminuant à mesure qu'on s'enfonce, elles se terminent en coin : lorsqu'elles sont remplies de matières minérales , elles présentent l'image d'une grande masse cunéiforme. Werner donnait autrefois le nom de *putzenwerk* à ce gîte ; mais il paraît que depuis il l'a plus particulièrement donné aux *mines en sac*.

On cite, comme exemple, le gîte de *Maria-Loretta* , près Fatzebaie en Transilvanie , lequel , d'après la description de Born , consiste en une fente cunéiforme , remplie de grès en couches horizontales ; et contenant une quantité d'or assez considérable pour être l'objet d'une exploitation importante. On cite encore le gîte de Joachimstal en Bohême : c'est une grande masse cunéiforme de wacke, au milieu d'un phyllade : elle coupe les couches de la roche, et traverse plusieurs filons sans changer leur direction : elle s'enfonce à une profondeur de plus de 400 mètres : sa largeur, à la superficie du terrain, excède cent mètres ; et à 300 mètres au-dessous , elle n'est plus que de vingt mètres : elle renferme des pierres de diverses espèces et des débris d'êtres organisés ; on y a trouvé des arbres entiers, avec leurs branches et leurs feuilles ; ils étaient demi-bituminisés : les habitants du pays les nomment (*sündfluth holz*) bois du déluge, comme si c'était le déluge universel qui les eût portés et enfouis dans cette fente.

M. Héron de Villefosse rapporte aux amas dont nous parlons, la grosse masse de fer spathique du *Stahlberg* (montagne d'acier), dans le pays de Nassau-Siegen, d'où l'on retire annuellement cinquante mille quintaux de minerai que l'on convertit en acier. Elle n'a point de forme déterminée ; sa longueur est de 200 mètres, sa largeur de 50, et la profondeur, reconnue jusqu'à 150 mètres, n'atteint pas la fin du minerai. La roche environnante est une *grauwacke*.

Filon en stockwerk.

§ 415. Si, lorsque le terrain s'est fendu, au lieu de s'y faire une seule fente, il s'y en est produit une grande quantité dont l'ensemble, occupant un espace étendu en longueur sur une petite épaisseur, ait une direction bien marquée, il en résultera, après le remplissage en minerai, un filon composé d'une multitude de petits filons et filets : c'est, en quelque sorte, un filon en stockwerk.

Le gîte de Poullaouen fournit un exemple de ce mode de formation.

FIN DU SECOND ET DERNIER VOLUME.

TABLE

DES CHAPITRES ET DES PARAGRAPHES

CONTENUS DANS CE VOLUME.

———

SECONDE PARTIE.

CONSIDÉRATIONS PARTICULIÈRES SUR LES DIVERSES MASSES
MINÉRALES QUI CONSTITUENT LE GLOBE TERRESTRE.

PREMIÈRE SECTION.

DES TERRAINS.

CHAP. Ier. *Des Terrains primitifs.*

42.

Chap. II. *Des terrains intermédiaires.*

CHAP. III. *Des terrains secondaires.*

SECONDE SECTION.

DES GITES PARTICULIERS DE MINÉRAUX,

et particulièrement *des gîtes de minerai.*

CHAP. Ier *Des couches, amas et stockwerks.*

CHAP. II. *Des filons.*

———

La table alphabétique est dans le premier volume, après le Discours Préliminaire.

———

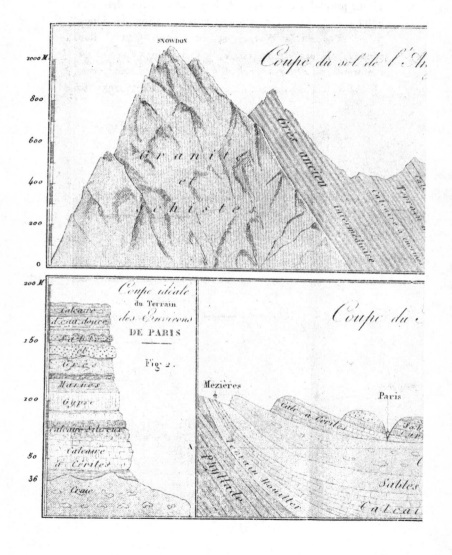

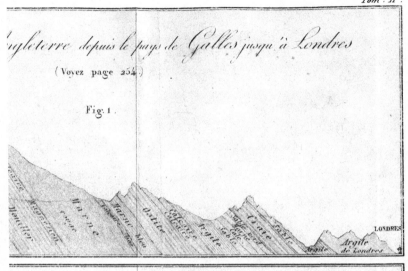

...gleterre depuis le pays de Galles jusqu'à Londres

(Voyez page 254.)

Fig. 1.

LONDRES

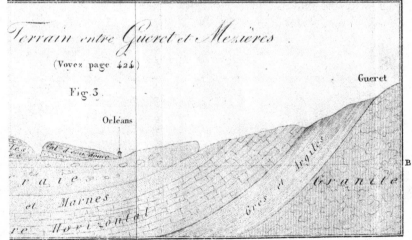

Terrain entre Gueret et Mezières.

(Voyez page 424.)

Fig. 3.

Orléans

Gueret

B